社 区 安 全

龚琬岚 著

应急管理出版社

·北 京·

图书在版编目（CIP）数据

社区安全/龚琬岚著. --北京：应急管理出版社，2021
ISBN 978 - 7 - 5020 - 8906 - 1

Ⅰ.①社… Ⅱ.①龚… Ⅲ.①社区安全—高等学校—
教材 Ⅳ.①X956

中国版本图书馆 CIP 数据核字（2021）第 187570 号

社区安全

著　　者	龚琬岚
责任编辑	周鸿超　唐小磊　刘永兴
责任校对	邢蕾严
封面设计	卓义云天

出版发行　应急管理出版社（北京市朝阳区芍药居 35 号　100029）
电　　话　010 - 84657898（总编室）　010 - 84657880（读者服务部）
网　　址　www.cciph.com.cn
印　　刷　中煤（北京）印务有限公司
经　　销　全国新华书店

开　　本　710mm×1000mm$^1/_{16}$　印张　26　插页　1　字数　454 千字
版　　次　2021 年 9 月第 1 版　2021 年 9 月第 1 次印刷
社内编号　20200359　　　　　　定价　65.00 元

前　　言

社区安全是社区范围内的人员、财产、环境等所有主体和要素的安全状态，是"总体国家安全观"涉及的政治安全、国土安全、军事安全、经济安全、文化安全、社会安全、科技安全、信息安全、生态安全、资源安全、核安全11类安全在"最后一公里"社区层面的延伸，是公共安全领域"抓基层、打基础、苦练基本功"的"三基建设"在重点行业领域的表现，也是应对自然灾害、事故灾难、公共卫生事件、社会安全事件法定四类突发事件的应急管理工作终端。

社区安全，事关城乡基层防灾减灾救灾能力，事关平安中国的建设，事关总体国家安全观的贯彻，事关发展和安全的有效统筹，事关防风险、保安全、护稳定、促发展的实际成效，事关应急管理、国家治理的体系和能力现代化，事关人民群众获得感、幸福感、安全感。

目前，社区安全建设的科学性、有效性、实用性、全面性亟待进一步提升，需要调动各方的主观能动性，发挥各方资源优势，以实现社区安全的可持续和长期有效。总体而言，社区安全的建设与管理，应综合把控以下关键要素、重点环节、核心架构。

一是社区安全的多元主体。社区安全需要各级党委政府、社区内主体、社会力量的共同参与，构建清晰型权责关系，要各归其位、各担其责、各履其职，要无缝衔接、消除空白、规避盲区，要条块协调、纵横联动、良性互动，形成有效的共建共治共享格局。

二是社区安全的风险评估。安全风险评估要求在对社区安全现状的了解和掌握过程中，要对安全风险进行全面识别、全貌分析、全域定级，要对致灾因子、承灾体的脆弱性、应急能力和防灾能力进行系

1

统评估，要形成风险清单、风险地图、应对计划等有益于防范化解风险的工具和抓手，实现"底数清、情况明"。

三是社区安全的风险应对。安全风险应对需构建起环环相扣、系统有序、运转高效的有机治理闭环，要科学选择风险应对策略、专业制定应对计划、有效执行防范化解措施，要加强对社区安全风险的源头防控、过程把控、应急管控，要综合应用人防、物防、技防、制防、心防等技术方法，实现从源头到末梢的全程治理。

四是社区安全的应急预案。应急预案是预先制定的社区突发事件应对处置行动指南，要把握分析现状、岗位责任、设定流程、应知应会等预案编制要件，要加强预案编制、评估、修订、宣传、培训、演练等全生命周期管理工作，要落实组织机构和职责分工以及事前准备、事中实施、事后总结的预案演练"一组织三流程"，形成处置突发事件的规范性指导文件。

五是社区突发事件的应急处置。社区紧急状态下开展应急处突与紧急救援的工作过程，要坚持以人为本、预防为主、统一调度、社会参与的原则，要明确事发、事中、事后的3阶段9方面重要工作，要有应急队伍、应急物资、应急避难场所和疏散路径等综合保障，最大限度地减少人财损失、保护公众的生命财产安全。

六是社区安全的文化建设。安全文化建设是强化社区风险治理的长效之策，要以宣传教育和专业培训为抓手开展多样化、针对性、实用导向的文化建设，要以安全生产为抓手、以安全生活为支撑、以安全发展为最终目标，要动员社会全员共同解决社区安全的"最后一公里"问题，促进安全文化植入人心、融入血液、嵌入认知、落于行动。

七是社区安全治理的评估和考核。成效评估和绩效考核发挥"指挥棒"作用，促进形成社区安全"内生机制"。要科学设计社区安全的多维度、多元化、多路径的评估指标和考核机制；要与安全发展示范城市创建相互贯通结合，找准载体抓手；要与平安中国建设形成纽带，创新实现路径。

　　基于以上方面，本书针对社区安全的科学规划、风险评估、系统建设、有效管理、多元治理、考核评价等，作出全方位、立体化的展现，进行全流程、周期性的分析，以8章26节、8个实践范例和8个实用工具的内容，力求对社区安全给出通俗化、具象化的介绍和专业化、规范化的指导，希望对我国社区安全的政策完善、实际工作、理论学习等有所帮助，对从事社区安全工作、参与社区安全建设和管理，或对社区安全作出贡献的同仁与伙伴有所裨益。

龚琬岚

2021 年 6 月

目　　次

第一章　社区安全概论

◎ 拓 扑 图

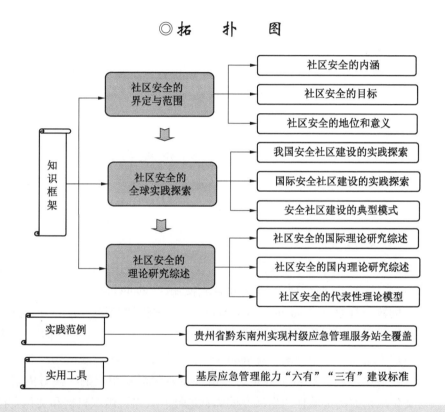

◎ 本 章 概 要

　　社区（Community）是聚居在居民委员会、村民委员会等基层群众性自治组织辖区内一定地域范围内的人们所组成的社会生活共同体。根据我国城市和农村的社会发展状况，社区发挥着经济、管理、服务、教育等多方面的社会功能。社区安全是社区范围内的所有人员、财产、环境等主体和要素的安全状态；社区安全风险是指社区范围内的由危险源等因素引发安全事故、突发事件，

1

导致人员死亡、伤害、疾病、财产损失或其他损失的安全隐患。全球范围内，各国家、地区、组织机构根据实际需要和区域特征均在推进各类安全社区的实践工作，由我国推行的"综合减灾示范社区"、世界卫生组织倡导推动的"安全社区"、美国政府推动建立的"防灾型社区"、日本"防灾生活圈"模式、东南亚等国家推出"以社区为基础的灾害风险管理"，是安全社区建设的五种典型模式。在社区安全的理论研究中，西方国家的相关研究起步早，成果丰硕；我国科研领域围绕社区安全治理价值、主体、路径、内容、机制等维度展开研究，内容由"传统安全"向"非传统安全"、由"小安全"向"大安全"、由"安全管理"向"安全治理"转变，代表性的理论模型包括"致灾因子—承灾体—孕灾环境"模型、"脆弱性—韧性"模型等。

第一节　社区安全的界定与范围

一、社区安全的内涵

（一）社区的界定

"社区（Community）"一词源于拉丁语，意思是共同的东西和亲密的伙伴关系。德国社会学家 F. 滕尼斯于 1881 年首先使用"Community"这一名词，在其著作《共同体与社会（Community and Society）》中将"社区"界定为"具有共同习俗和价值观念的同质人口所形成的关系密切、富有人情味的团体"①。中国最早是由费孝通等人将国外的"community"翻译成"社区"并沿用至今。徐永祥《社区发展论》将"社区"界定为"由一定数量居民组成的、具有内在互动关系与文化维系力的地域性的生活共同体；地域、人口、组织机构和文化是社区构成的基本要素"。

社会学家给出社区的定义有 140 多种，尽管社会学家对社区的定义各不相同，在构成社区的基本要素上认识基本一致，普遍认为一个社区应该包括一定数量的人口、一定范围的地域、一定规模的设施、一定特征的文化、一定类型的组织。社区是社会的基本组成单位，是人们生活的基本区域；与此同时，社区代表

---

① 滕尼斯：《共同体和社会》，林荣远译，商务印书馆，1998。

了一个社会集体，给予其成员"集体身份"和归属感。有的学者认为社区可大可小，可以大到一个省一个国家，小到一个村一个街道。也有人认为社区指人们共同生活的一定区域，也称为占有一定地域的人口集体。世界卫生组织于1974年将社区（Community）界定为"一固定的地理区域范围内的社会团体，其成员有着共同的兴趣，彼此认识且互相来往，行使社会功能，创造社会规范，形成特有的价值体系和社会福利事业。每个成员均经由家庭、近邻、社区而融入更大的社区。"

社区由五个要素组成：一是地域，即指人们进行生产、生活活动的地理位置，地域有地界标志；二是人口，即有以一定生产关系为基础，而组织起来的聚居在一个区域的一群人；三是关系，即指在一个社区内人群之间具有多种关系，如亲属关系、邻里关系、职业关系等社会关系；四是制度，即指为保证人际关系的协调而颁布的各种社会规范，行为准则及规章制度；五是机构，即指负责落实各项规章制度、协调人际关系、控制各种活动的机构。

从实践和法律的层面，社区的操作定义主要分为两类：第一类是地域性社区，作为地理的区域划分；第二类是功能性社区，是指具有相同问题、共同兴趣或者相近背景的社群。就我国现状而言，社区是地域性社区的概念，《民政部关于在全国推进城市社区建设的意见》（中办发〔2000〕23号），将社区明确界定为"聚居在一定地域范围内的人们所组成的社会生活共同体"，其中城市社区的范围一般是指"经过社区体制改革后作了规模调整的居民委员会辖区"。2017年6月12日中共中央国务院《关于加强和完善城乡社区治理的意见》，进一步纳入农村区域，形成"城乡社区"的概念。

基于此，现将"社区"界定为：聚居在居民委员会、村民委员会等基层群众性自治组织辖区一定地域范围内人们所组成的社会生活共同体。根据《中华人民共和国城市居民委员会组织法》"居民委员会是居民自我管理、自我教育、自我服务的基层群众性自治组织"；与此相对应，农村的社区即为行政村，是村民委员会辖区内的社会生活共同体，根据《中华人民共和国村民委员会组织法》，"村民委员会是村民自我管理、自我教育、自我服务的基层群众性自治组织，实行民主选举、民主决策、民主管理、民主监督。"本节中的社区包含城市的社区和农村的自然村。

（二）社区的功能

根据《城市居民委员会组织法》，居民委员会的任务包括：①宣传宪法、法律、法规和国家的政策，维护居民的合法权益，教育居民履行依法应尽的义务，爱护公共财产，开展多种形式的社会主义精神文明建设活动；②办理本居住地区居民的公共事务和公益事业；③调解民间纠纷；④协助维护社会治安；⑤协助人民政府或者它的派出机关做好与居民利益有关的公共卫生、计划生育、优抚救济、青少年教育等项工作；⑥向人民政府或者它的派出机关反映居民的意见、要求和提出建议。根据《村民委员会组织法》，村民委员会办理本村的公共事务和公益事业，调解民间纠纷，协助维护社会治安，向人民政府反映村民的意见、要求和提出建议。

根据《城市居民委员会组织法》《村民委员会组织法》《关于加强和完善城乡社区治理的意见》等法律法规和政策制度，根据我国城市和农村的社会发展状况，社区发挥着经济、管理、服务、教育等多方面的社会功能。

（1）经济功能：社区为其成员提供工作和就业的机会，并通过进行各种生产经营活动，实现社区的经济发展。

（2）管理功能：管理生活在社区的人群的社会生活事务，维护居民的合法权益，办理本居住地区居民的公共事务和公益事业，协商决策涉及城乡社区公共利益的重大决策事项，协调解决关乎居民群众切身利益的实际困难问题；根据社会的法律规章制度，建立社区的行为准则，以规范社区的行为及思想，化解社会矛盾，调解民间纠纷，协助维护社会治安，保证社区稳定有序。

（3）服务功能：为社区居民和单位提供社会化服务，与城乡社区居民利益密切相关的劳动就业、社会保障、卫生计生、教育事业、社会服务、住房保障、文化体育、公共安全、公共法律服务、调解仲裁等公共服务事项，协助人民政府或者它的派出机关做好与居民利益有关的公共卫生、计划生育、优抚救济、青少年教育等项工作，向人民政府及其派出机关反映居民的意见、要求和提出建议。

（4）教育功能：宣传宪法、法律、法规和国家的政策，培育和践行社会主义核心价值观，开展多种形式的社会主义精神文明建设活动，弘扬中华优秀传统文化，教育居民履行依法应尽的义务、爱护公共财产，引导居民崇德向善，培育心口相传的城乡社区精神，增强居民群众的认同感、归属感、责任感和荣誉感。

社区安全与社区功能的发挥是相辅相成的关系。一方面，社区安全是社区发挥上述功能的前提，社区成员只有在拥有一个安全稳定的工作、生活、学习环境之后，才有条件和意愿参与社区组织的各项活动，实现社区和成员的有效互动；

另一方面，社区的功能开展是安全工作开展的重要前提，通过将安全管理、服务、教育等融入社区功能中，将大大提升社区安全管理的效果。

（三）社区安全的相关界定

1. 社区安全

社区安全是社区范围内的人员、财产、环境等所有主体和要素的安全状态。社区安全，侧重于"安全"，主要从风险、问题、隐患、危机等负面因素的角度对社区安全进行界定和理解。社区安全是"国家总体安全观"涉及的政治安全、国土安全、军事安全、经济安全、文化安全、社会安全、科技安全、信息安全、生态安全、资源安全、核安全的 11 类安全在社区层面的延伸，是公共安全体系涉及的各行业领域在社区层面的表现，也是自然灾害、事故灾难、公共卫生事件、社会安全事件的法定四类突发事件对社区带来的威胁和危害，既涉及社区辖区内居民生产生活、衣食住行、生老病死的方方面面，也涉及社区辖区内各类地点、场所、设施、设备、产业、活动等的安全问题和风险隐患。

2. 社区安全风险

社区安全风险是指社区范围内的由危险源等因素引发安全事故、突发事件，导致人员死亡、伤害、疾病、财产损失或其他损失的安全隐患。从安全管理的角度，社区风险来源于可导致事故与伤害发生的人的不安全行为、物的不安全状态、不良环境及管理上的缺陷；从风险管理的角度，社区安全风险是特定安全事故或突发事件发生的可能性与后果的组合。

根据社区安全的理论研究和实践工作，社区安全风险的重点领域包括以下方面。

（1）生产安全（工作场所安全）：主要关注小微企业、"九小"场所、人员密集场所、工贸企业、建筑施工、有限空间作业、高处悬吊作业、市政设施、职业病防治、危险化学品、轨道交通、特种设备、电器设备。主要关注特种设备安全、职业病危害、建筑与设施安全、危险化学品安全、消防安全、从业人员安全等方面，新建、改建、扩建和技术改造、技术引进建设项目是否进行环境保护污染防治设施、安全设施、职业病防护设施"三同时"工作，生产经营单位是否按照当地政府要求的进度、比例完成企业安全生产标准化建设，是否按照安全隐患排查治理体系和常态化机制建设要求开展工作等。

（2）交通安全：主要关注人、车、路、环境、管理等方面，包括机动车、驾乘人员、行人、安全标志、安全防护设施、停车位规划、交通微循环建设、重点路段交通设备设施完善、电动车骑行安全、交通安全"五进"等。

（3）公共场所安全：主要关注火灾、爆炸、踩踏、食物中毒、电梯等公共设施安全、群体性事件等方面。

（4）居家安全：主要关注家庭火灾、触电、煤气中毒、防盗、家庭暴力、物业安全管理及运行、无物业小区的安全管理、用电安全、用气安全、电梯安全、宠物伤人预防、高空抛物、用药安全、弱势群体身心健康、居民是否具备急救和逃生技能等方面。

（5）社会治安：主要关注流动人口和出租房屋管理、视频监控网络建设、入室盗窃、车辆盗窃、金融与电信诈骗、暴力预防、黄赌毒治理、警情通报、治安志愿者参与活动等方面。

（6）消防安全：主要关注"三合一"问题、餐饮行业火灾预防、出租屋火灾预防、高层楼宇火灾预防、平房区火灾预防、消防通道占用、社区居民楼消火栓配备及完好情况，平房狭窄道路消防措施，消防知识宣传普及、消防应急疏散演习、居民楼道可燃物清理等方面。

（7）燃气安全：主要关注"黑煤气"问题、燃气充装站与服务点、燃气管线占压、居民家庭燃气安全、直排式热水器使用、地下室或高层建筑使用液化气气瓶、餐饮企业燃气安全、液化气用户与供应企业合同规范、用气安全知识宣传等方面。

（8）学校安全：主要关注暴力恐怖分子袭击校园、食宿安全、消防安全、校园安全教育、交通安全（校车安全、骑行安全、步行安全）、校园实验室安全、防楼道拥挤踩踏、校园食品安全、伤害监测、校园托管管理、运动伤害预防、心理健康干预、校园欺凌预防、校内外集体活动安全、游乐设施安全、网络安全、校园幼儿伤害预防、近视预防等方面。

（9）老年人安全：主要关注家居安全、跌倒预防、病患关爱、运动安全、孤寡老人帮扶、心理健康等方面。

（10）儿童安全：主要关注交通安全、家居安全、户外安全、食品药品安全、玩具安全、游乐设施安全、留守儿童心理健康等方面。

（11）残疾人安全：主要关注残疾人家居安全、心理健康、助残设备设施等方面。

（12）体育运动安全：主要关注体育用品安全、体育器械安全、运动场地安全和运动方式安全等方面。

（13）涉水安全：主要关注江河湖泊、塘库渠堰等涉水区域的安全防护设施、安全标志，水上交通安全，生产生活用水安全等方面。

（14）防灾减灾与环境安全：主要关注应急避难场所、滑坡、泥石流、洪涝、旱灾、环境污染、气象灾害等方面。

（15）辖区特别安全：如农业、医院、养老院等的安全，结合社区实际情况进行针对性分析。

3. 安全社区

根据国内外理论研究和实践，安全社区是指建立了跨部门合作的组织机构和程序，联络社区内相关单位和个人共同参与事故与伤害预防和安全促进工作，持续改进地实现安全目标的社区。安全社区侧重于"社区"，主要从社区的体制机制、组织架构、管理制度、技术设备、规划实施、环境改造等角度对社区安全进行界定和理解。

二、社区安全的目标

社区安全建设与管理的目标，可分为过程性目标和结果性目标两大类。

（一）社区安全的过程性目标

社区安全的过程性目标，根据对安全社区进行系统性的建设和管理标准，从安全社区建设、管理、运营的各种人力、物力、财力、机构、资源以及社会经济状态等的指标进行目标设定，反映的是相关机构或组织维护和支持安全社区的各种投入（包括社区人、地、物、事等多种要素的管理投入）和持续促进。

1989 年世界卫生组织（WHO）在第一届事故与伤害预防大会上正式提出"安全社区（Safe Community）"的概念。会议通过的《安全社区宣言》指出：任何人都享有健康和安全的权利。根据 WHO 关于安全社区的界定，安全社区至少应具备以下两个条件：一是制定针对所有居民、环境和条件的积极的安全预防方案；二是拥有包括政府、卫生服务机构、志愿者组织、企业和个人共同参与的工作网络，网络中各个组织之间紧密联系，充分运用各自的资源为社区安全服务。以此为基础，社区安全建设的基本目标包括：①有一个负责安全促进的跨部门合作的组织机构；②有长期，持续，能覆盖不同的性别、年龄的人员和各种环境及状况的伤害预防计划；③有针对高风险人员、高风险环境以及提高脆弱群体的安全水平的伤害预防项目；④有记录伤害发生的频率及其原因的制度；⑤有安全促进项目、工作过程、变化效果的评价方法；⑥积极参与本地区及国际安全社区网络的经验交流等活动。

我国从强化基层应急管理能力的角度对社区安全提出多方面过程性目标，2007年7月国务院办公厅印发《关于加强基层应急管理工作的意见》，力争通过两到三年的努力，基本建立起"横向到边、纵向到底"的应急预案体系，建立健全基层应急管理组织体系，初步形成"政府统筹协调，社会广泛参与，防范严密到位，处置快捷高效"的基层应急管理工作机制，相关法规政策进一步健全，基层应急保障能力全面加强，广大群众公共安全意识和自救互救能力普遍提升，基层应对各类突发公共事件的能力显著提高。突发事件应急体系建设"十三五"规划提出：①基层应急队伍的建设目标，包括推进"专兼结合、一队多能"的综合性乡镇应急队伍建设，发展灾害信息员、气象信息员、群测群防员、食品药品安全联络员、网格员等应急信息员队伍，加强民兵应急力量建设等；②开展以有班子、有机制、有预案、有队伍、有物资、有培训演练等为主要内容的乡镇（街道）基层应急管理能力标准化建设；③推进以有场地设施、有装备物资、有工作制度等为主要内容的行政村（社区）应急服务站（点）建设等。

（二）社区安全的结果性目标

社区安全的结果性目标，是主要从社区安全风险的角度，对于安全事故、突发事件及其导致的人员死伤、财产损失等后果预先设定的限制类、禁止类目标。

在全国各省市的"平安社区"创建工作中，从全面加强平安综治维稳的角度对社区安全提出多方面结果性目标。例如，某地通过开展"六无"村（社区）创建，广大群众参与平安建设的积极性进一步提高，基层基础工作进一步加强，社会治安形势进一步好转，社会稳定局面进一步巩固，群众安全感和满意度进一步提升。"六无"标准具体包括：

（1）无刑事案件：辖区没有发生"民转刑"案件；没有发生刑满释放、社区服刑、戒毒康复、精神病人等特殊人群刑事犯罪；没有发生黑恶势力犯罪；没有发生"两抢一盗"刑事犯罪；没有发生诈骗、电信诈骗、"黄赌毒"等刑事犯罪。

（2）无邪教：辖区无邪教和有害气功组织；无未转化的邪教和有害气功组织成员；无邪教和有害气功组织的违法犯罪活动；无传播、散发邪教和有害气功宣传品。

（3）无涉毒：无吸毒、无贩毒、无种毒、无制毒及其他涉毒违法犯罪行为。

（4）无信访：辖区无规模性集体上访；无因信访问题引发极端恶性事件和负面舆论炒作。

（5）无安全事故：不发生致人重伤以上的生产经营安全责任事故。

（6）无突出环保问题：辖区内未发生环境污染事件，无"散乱污"企业；无焚烧秸秆现象；无污水横流现象；无"脏乱差"现象；辖区内畜禽养殖粪污得到规范化处置；垃圾定点收集和堆存，村容村貌干净整洁。

三、社区安全的地位和意义

社区治理是国家治理体系重要组成部分，社区安全是贯彻落实国家总体安全观的基础。社区作为社会治理的基本单元，事关党和国家大政方针贯彻落实，事关居民群众切身利益，事关城乡基层和谐稳定，在国家公共安全体系、平安中国建设、防范化解重大风险中发挥着无可替代的基础性作用，也是防灾减灾和应急管理的重要支撑与支柱，这一点已经在我国一些重要会议精神、相关政策制度中有所体现，并在全球多国的防灾减灾和应急管理实践中达成共识。

1. 社区安全是国家总体安全观的基础

在国家总体安全观指导下，要构建集政治安全、国土安全、军事安全、经济安全、文化安全、社会安全、科技安全、信息安全、生态安全、资源安全、核安全等于一体的国家安全体系；坚持总体国家安全观，统筹发展和安全，坚持人民安全、政治安全、国家利益至上有机统一。以人民安全为宗旨，以政治安全为根本，以经济安全为基础，以军事、科技、文化、社会安全为保障。社区作为以人民群众为核心的社会共同体，与人民安全直接相关，并与总体安全观所覆盖的11 种安全（政治安全、国土安全、军事安全、经济安全、文化安全、社会安全、科技安全、信息安全、生态安全、资源安全、核安全）中的经济安全、文化安全、社会安全、信息安全、生态安全等直接相关。

2. 社区安全是保障人民群众生命财产安全、减轻群众利益损失的重要途径

国际上第一个开展安全社区系统建设的国家是瑞典，他们在伤害预防计划实施不到两年半即见成效：社区内交通伤害减少了28%，家庭伤害减少了27%，工伤事故伤害减少了28%，学龄前儿童伤害减少了45%。此后经 WHO 社区安全促进合作中心在对全球安全社区进行综合分析之后认为，成功开展安全社区建设的社区，事故与伤害可减少30% ~50%。

3. 社区安全是创建平安中国的重心

平安中国建设的工作重心在城乡社区，要把重心落到城乡社区，加强基层组织、基础工作、基本能力建设，构建富有活力和效率的新型基层社会治理体系，

将和谐稳定创建在基层，将矛盾纠纷化解在基层。

4. 社区安全是防范化解重大风险的重要途径

全球实践中，可通过对社区居民的提前风险告知和风险沟通来加强重大风险的预防与应急准备。1984 年的印度博帕尔事件之后，肇事的美国联合碳化物公司在美国西弗吉尼亚又发生了类似的化学品泄漏，引发了美国民众对危险化学品泄漏的担心。在此背景下，美国国会于 1986 年通过了《应急预案与社区知情权法》（Emergency Plan and Community Right – to – Know Act）。按照该法案的要求，设施拥有者或使用者需为美国联邦、州和地方政府、公众，尤其是设施周围社区中的居民，提供相关信息，同时通知公民有毒化学制品在环境中的排放，辅助政府机构工作，促进相关条例、指南和标准的完善。《应急预案与社区知情权法》实施的效果非常明显，根据美国环保局的统计，自 1988 年首次使用至 2007 年，美国现场和离场有毒化学品处置或排放总量减少了 61%，报告的企业数量同比减少了 21%。

5. 社区安全是公共安全体系的基础环节

2015 年 5 月中共中央政治局就健全公共安全体系进行第二十三次集体学习。习近平总书记强调，维护公共安全体系，要从最基础的地方做起。要把基层一线作为公共安全的主战场，坚持重心下移、力量下沉、保障下倾。要认真汲取各类公共安全事件的教训，推广基层一线维护公共安全的好办法、好经验。

6. 社区安全是城市安全发展的重要内容

2018 年 1 月中办国办《关于推进城市安全发展的意见》明确提出"加强安全社区建设"；国务院安委办《国家安全发展示范城市评价细则》《国家安全发展示范城市建设指导手册》等相关文件进一步明确了"城市社区安全网格化，社区网格化覆盖率 100%，网格员发现的事故隐患处理率 100%；社区开展安全文化创建活动，城市社区开展安全文化创建，相关节庆、联欢等活动体现安全宣传内容，相关安全元素和安全标识等融入社区；全国综合减灾示范社区的显著成效"等细化要求。

7. 社区安全是应急管理体系和能力现代化的重要依托

习近平总书记针对完善重大疫情防控体制机制、健全国家公共卫生应急管理体系专门提出加强农村、社区等基层防控能力建设，织密织牢第一道防线的相关要求，并针对充分发挥我国应急管理体系特色和优势，积极推进我国应急管理体系和能力现代化，明确要求要坚持群众观点和群众路线，坚持社会共治，完善公民安全教育体系，推动安全宣传进社区，加强公益宣传，普及安全知识，培育安全文化，开展常态化应急疏散演练，支持引导社区居民开展风险隐患排查和治理，积极推进安全风险网格化管理，筑牢防灾减灾救灾的人民防线。

8. 社区是防灾减灾的基层单位，也是基层防灾减灾能力提升的重要平台

加强基层应急能力建设是做好防灾减灾救灾工作、推进应急管理体系和能力现代化的前提，要广泛发动群众、依靠群众，整合资源、统筹力量，切实加强基层应急能力建设，从源头上防范化解群众身边的安全风险，真正把问题解决在萌芽之时、成灾之前，筑牢防灾减灾救灾的人民防线。1999 年 7 月于瑞士日内瓦召开的联合国"国际减灾十年"论坛上总结的 16 条"日内瓦基本结论"，提出"以社区为基本单元，加强灾害风险的评估工作，以提高社区的减灾意识"；2005 年 1 月，在日本兵库县神户召开的第二次世界减灾大会上，联合国通过了《兵库宣言》和《2010—2015 兵库行动框架：加强国家和社区的抗灾能力》，明确提出"尤其需要加强社区在地方一级减少灾害风险的能力"。在我国，灾害风险隐患的普查和防治、灾害信息的监测预警和发布、灾害隐患的综合治理、基层应急的资源和力量、全民防灾减灾意识、国家应急救援力量体系中的社会力量等，均在城乡社区的框架下开展相关工作并得到发展和提升。基于此，近年来我国高度重视社区层面的灾害风险隐患普查和防治、灾害预警发布"最后一公里"、基层综合应急救援队伍建设、全国综合示范社区创建、防灾减灾知识普及教育"进社区"、社区应急志愿者队伍和群防群治力量建设等一系列工作，从而提高基层综合防灾减灾救灾能力。

9. 社区安全是国家治理体系与能力现代化的基石

社区安全作为基层社会治理的核心，是国家治理体系与能力现代化建设的重要支撑。2020 年 10 月，党的十九届五中全会上通过的《中共中央关于制定国民经济和社会发展第十四个五年规划和二〇三五年远景目标的建议》提出"推动社会治理重心向基层下移，向基层放权赋能，加强城乡社区治理和服务体系建设"；2017 年中共中央国务院《关于加强和完善城乡社区治理的意见》、2019 年中办国办《关于加强和改进乡村治理的指导意见》均提出，城乡社区治理体系的形成、城乡社区治理体制的完善、城乡社区治理能力的提升，为推进国家治理体系和治理能力现代化奠定坚实基础。而社区安全则是城乡社区治理的重中之重。2019 年 12 月，全国市域治理现代化工作会议强调，只有把基层基础工作做实做强，才能打通市域社会治理的"神经末梢"。

四、我国社区安全的环境和现状

我国社区安全的建设与管理，受到党和国家的高度重视和政策支持，但同时也面临复杂的国内外社会环境，其现状存在一系列问题。

社区安全是以习近平同志为核心的党中央，着眼于人民安居乐业、社会安定有序、国家长治久安，全面重视和长期关注的重点领域。党的十八大以来提出社区安全建设与管理的多方面战略目标，对安全社区、平安社区、社区防灾减灾、社区风险防控等作出一系列重要指示，阐明了具有全局性、战略性、基础性的重大理论和实践问题。

一是明确其战略定位。树立安全发展理念，把社区安全置于中国特色社会主义事业发展全局中来谋划，紧紧围绕"两个一百年"奋斗目标来推进。二是明确其服务目标。在总体国家安全观的指导下，社区安全应有助于防范和化解影响我国现代化进程的各种风险，筑牢国家安全屏障，确保人民安居乐业、社会安定有序、国家长治久安。三是明确其根本保证。要坚持党的绝对领导，把党的领导落实到安全社区建设各领域各方面各环节。四是明确其价值追求。以人民为中心的发展思想，在共建共治共享中推进安全社区的建设与管理，不断增强人民群众获得感、幸福感、安全感。五是明确其重点任务。围绕影响人民群众的生命财产安全和美好生活需要，聚焦法定四类突发事件对社区带来的威胁和危害。六是明确其工作机制。党建引领、多元参与，形成问题联治、工作联动、平安联创的良好局面。七是明确其科学方法。强调要坚持和发展新时代"枫桥经验"，贯彻落实有关安全生产、风险防控、治安维稳、防灾减灾等多方面的政策、标准、规范，把专项治理和系统治理、综合治理、依法治理、源头治理结合起来，全面提升社区安全建设科学化、社会化、法治化、智能化水平。八是明确其重要载体。强调把基层社会治理现代化作为重要抓手，加强基层组织、基础工作、基本能力建设，注重在科学化、精细化、智能化上下功夫，构建富有活力和效率的新型基层社会安全治理体系。九是明确责任要求。党委政府、社区居民、社会力量都应依法依规、尽职尽责、履行义务，共同维护和保障社区安全。

社区安全的建设与管理，仍面临错综复杂、深刻变化的国内外社会环境，存在诸多隐患问题和薄弱环节。

一是经济社会发展提出了更高要求，为实现社会主义现代化远景目标，全面贯彻党的十九大和十九届二中、三中、四中、五中全会精神，认真落实中央经济工作会议部署，立足新发展阶段，贯彻新发展理念，构建新发展格局，准确把握新形势新挑战新要求，坚持人民至上、生命至上，坚持统筹发展和安全等，需要在着力防范化解重大安全风险、健全完善体制机制、加快提升综合应急救援能力、筑牢夯实应急管理基层基础上狠下功夫，这些都为社区安全提出更高的新要求。二是突发事件态势和社会安全形势复杂多变，全国范围内重特大自然灾害分布地域广、造成损失重、救灾难度大，生产安全事故总量仍然偏大，道路交通、矿产开采、危险化学品等重点行业领域重大事故时有发生，城市各类基础设施和公共场所的事故隐患逐步显现，突发环境污染事件时有发生，法定报告传染病时有发生，新型突发急性传染病在全球出现，食品药品安全基础依然薄弱，公共卫生事件防控难度增大；社会利益关系错综复杂，诱发群体性事件因素较多，涉外安全风险日益增加，社会安全面临新的挑战；另有各种风险相互交织，呈现出自然和人为致灾因素相互联系、传统安全与非传统安全因素相互作用、既有社会矛盾与新生社会矛盾相互交织等特点；公众对政府及时处置突发事件、保障公共安全提出了更高的要求。三是安全生产、公共安全、防灾减灾救灾等社区安全基础依然薄弱，重事后处置、轻事前准备思想仍有存在，一些地方城市高风险、农村不设防的状况尚未根本改变，基层抵御灾害的能力仍显薄弱；防灾减灾救灾体制机制与经济社会发展仍不完全适应，应对自然灾害的综合性立法和相关领域立法滞后，风险隐患排查治理不到位，信息资源共享不充分，政策保障措施不完善，应急能力建设存在短板；公共安全科技创新基础薄弱、成果转化率不高，应急产业市场潜力远未转化为实际需求，公众参与应急管理的社会化组织程度较低，公共安全意识和自救互救能力总体薄弱，社会力量和市场机制作用尚未得到充分发挥。

第二节　社区安全的全球实践探索

一、我国安全社区建设的实践探索

针对安全社区建设，我国相关部门陆续推出"综合减灾示范社区""消防安全社区""地震安全示范社区""平安社区"等创建工作，以综合提升社区应急管理和风险防控的规范化水平，详见表 1－1。表 1－1 列举了部分实例，相关具体内容，将在本书各相关章节作为典型案例、主要论据、经验做法、实用工具等具体说明。

表1-1 我国安全社区的实践探索

实践做法	牵头部门	基本情况简介
综合减灾示范社区	国家减灾委员会、民政部等	"综合减灾示范社区"的概念由民政部提出，其原型是"减灾示范社区"，并在2007年《国家综合减灾"十一五"规划》中进一步提出"推进基层减灾工作，开展综合减灾示范社区创建活动"，并提出"十一五"期间建设1000个综合减灾示范社区。自此，综合减灾示范社区的建设工作摆上政府相关部门的议事日程，纳入五年规划，逐年在全国范围内开展实施，并根据实际工作需要不断优化建设标准和管理办法。2010年，国家减灾委员会办公室对原《"减灾示范社区"标准》（民函〔2007〕270号）进行了修订完善，制定并印发了《全国综合减灾示范社区标准》，提出3项基本条件和10板块、41项的基本要素。2011年《国务院办公厅关于印发国家综合防灾减灾规划（2011—2015年）的通知》进一步提出"创建5000个全国综合减灾示范社区，每个城乡基层社区至少有1名灾害信息员"。2012年6月，民政部印发《全国综合减灾示范社区创建管理暂行办法》（民函〔2012〕191号），要求全国综合减灾示范社区创建依民政部颁布的《全国综合减灾示范社区创建规范》（MZ/T 026—2011），并按程序进行评定和管理。2016年《国务院办公厅关于印发国家综合防灾减灾规划（2016—2020年）的通知》（国办发〔2016〕104号）进一步提出"深入推进综合减灾示范社区创建工作，增创5000个全国综合减灾示范社区，开展全国综合减灾示范县（市、区）创建试点工作。全国每个城乡社区确保有1名灾害信息员。"2018年2月，民政部、中国地震局、中国气象局联合对《全国综合减灾示范社区创建管理暂行办法》进行修订。 当前"综合减灾示范社区"的建设按照2018年出台的办法实施，申报全国综合减灾示范社区必须具备《全国综合减灾示范社区创建标准》所规定的基本条件，在组织管理、灾害风险评估、应急预案与演练、宣传教育培训、应急储备与避难场所、志愿者队伍建设、资金投入等基本要素的评分达到80分以上，且社区减灾工作对其他社区有示范作用。全国综合减灾示范社区创建管理工作将在国家减灾委员会的领导下，由民政部、中国地震局、中国气象局共同负责组织、指导；地方各级民政、地震、气象等部门负责做好本行政区域示范社区创建管理和候选单位的审查、验收和推进工作，并积极推动创建和管理工作纳入党委、政府的工作考核体系
消防安全社区	原公安部消防局	2016年，公安部消防局印发《关于创建消防安全社区活动的指导意见》，部署全国深入开展"创建消防安全社区"活动，要求在地方党委、政府的统一领导下，充分发挥基层自治组织作用，按照消防安全网格化管理要求，坚持群防群治、综合治理，实现社区消防安全规范管理，2016年底全面启动，并逐年推进深化，"十三五"期间社区亡人火灾事故明显下降，居民群众消防安全满意度提升，夯实基层火灾防控基础，切实预防和减少居民住宅区火灾事故的发生。 消防安全社区的创建标准，从消防管理组织制度健全、消防通道安全畅通、电气及危险品管理规范、消防设施器材完整好用、消防宣传实效管用、微型消防站有战斗力等6方面提出具体要求。一是消防管理组织制度健全，要求社区消防管理责任主体明确、消防管理制度健全、综合治理落实；二是消防通道安全畅通，

表 1-1（续）

实践做法	牵头部门	基本情况简介
消防安全社区	原公安部消防局	要求消防车通道畅通、疏散通道和安全出口畅通；三是电气及危险品管理规范，要求用电管理规范、电动自行车停放管理规范、危险物品使用管理规范；四是消防设施器材完整好用，要求建筑消防设施完备、竖向管井封堵到位、消防设施维护到位、消防控制室管理规范、技术防范措施落实；五是消防宣传实效管用，要求提示性宣传落实、常识宣传常态化、定期组织消防演练、建立消防体验室；六是微型消防站有战斗力，要求建立微型消防站、规范执勤训练、开展巡查宣传、实行联勤联动
地震安全示范社区	中国地震局	2008 年，根据国务院防震减灾工作联席会议精神和中国地震局党组提出的有重点的全面防御理念，中国地震局印发了《关于推进城市地震安全示范社区试点工作的通知》，正式开始推进地震安全社区建设工作。 根据中国地震局《地震安全示范社区管理暂行办法》（中震防发〔2012〕33号）和《关于加强基层防震减灾示范工作的通知》（中震防发〔2013〕47号）的要求，地震安全社区建设应包括组织机构、工作制度、建筑物抗震性能、地震次生灾害防范、地震应急预案、应急物资储备、应急避难场所（地）、防震减灾宣传教育、地震应急志愿者队伍、地震应急演练、震情灾情搜集等 11 方面的内容。 2015 年，中国地震局再次下发《关于加强地震安全社区建设工作的指导意见》（中震防发〔2015〕46号），要求将地震安全社区创建工作纳入防震减灾示范县和示范城市创建工作之中，加强对创建工作的指导和服务，主动帮助相关社区解决创建工作中的问题，培养典型，大力宣传，推广经验，推动创建工作的顺利开展
平安社区	中央政法委员会、中央社会治安综合治理委员会等	在 2003 年中央综治委南昌会议推出平安建设的经验后，平安建设在全国城镇乡村迅速展开，各地结合实际开展了以"平安社区"为代表的一系列基层平安创建活动。2005 年 5 月，时任中共中央总书记胡锦涛同志在接见全国社会治安综合治理先进集体、先进工作者代表时明确要求深入开展基层安全创建和平安建设活动，切实把社会治安综合治理的各项措施落到实处。2005 年 10 月，党的十六届五中全会把"深入开展平安创建活动"写进了《中共中央关于制定国民经济和社会发展第十一个五年规划的建议》；2005 年 12 月 5 日，中共中央办公厅、国务院办公厅转发了《中央政法委员会、中央社会治安综合治理委员会关于深入开展平安建设的意见》，提出"继续广泛深入地开展基层安全创建活动，认真开展'平安家庭'创建活动，着力整合群防群治力量，形成人人参与治安防范的工作格局"。2006 年 11 月和 2007 年 4 月中央综治委先后下发了《关于深入开展农村平安建设的若干意见》和《关于深入推进农村平安建设的实施意见》，提出广泛开展"平安乡镇""平安村寨"创建活动；2020 年 4 月 21 日，平安中国建设协调小组第一次会议在京召开，提出探索平安中国建设的有效路径，研究如何通过以开展平安社区为代表的多种形式的平安创建活动，积极探索以平安社区为根基、以平安市域为抓手、以平安行业为支撑的平安中国实现路径。

表1-1（续）

实践做法	牵头部门	基本情况简介
平安社区	中央政法委员会、中央社会治安综合治理委员会等	在平安社区创建的过程中，除了中央的长期重视和政策指导之外，全国各省市结合地方实际情况，因地制宜制定相应的规范、标准、形式、内容等。例如，浙江省杭州市萧山区出台平安村社创建"双十条"评审办法，包括化解矛盾控信访、落实管控防滋事、严防重特大恶性案件及警情高发等十条结果性指标，组织开展平安宣传、动员组织治安巡逻、及时调处矛盾纠纷、积极开展法治建设等十条过程性指标[①]

注：根据公开资料整理，为不完全统计。

二、国际安全社区建设的实践探索

全球范围内，各国家和地区、世界卫生组织、红十字会及其他国际组织机构根据实际需要和区域特征，均在推进各类安全社区的实践工作，表1-2列举了部分实例，相关具体内容，将在本书各相关章节作为典型案例、主要论据、经验做法、实用工具等具体说明。

表1-2　全球其他国家、地区、国际组织的安全社区实践

国家、地区和国际组织	实践做法	基本情况简介
美国	"影响工程"（Project Impact）	自1997年推动，到2001年底计划终止前，全美各州总计约有250个社区成为"影响工程"社区，并建设了7个示范性社区，"影响工程"为这7个社区设定了4个目标，包括建立社区伙伴关系、识别风险源和社区脆弱性、确立社区风险削减行动的先后次序、发展沟通战略并在公众中间更为广泛地宣传"影响工程"和灾害减缓。 实施过程主要包括四个步骤：①建立社区伙伴关系：政府机构、社区工作人员、社区学校、企业团体等建立合作伙伴关系，共同构建强有力的社区防灾资源平台，推动社区的防灾建设，并为长年遭受灾害困扰的社区推行社区防灾计划提供持续性动力。②社区灾害评估鉴定：确认社区内可能致灾的地点，研究灾害防范范围，制作相关社区风险地图，并针对社区致灾地点，充分利用现有公共资源，防范致灾隐患。③制订社区减灾计划：参照社区内灾害评估鉴定结果，制定各项社区风险减灾计

---

① 《我区着力推进平安村（社区）创建》，浙江省杭州市萧山区政府官网，2020 - 7 - 3. http：// www. xiaoshan. gov. cn/art/2020/7/3/art_ 1302903_ 49716175. html。

表 1-2（续）

国家、地区和国际组织	实践做法	基本情况简介
美国	"影响工程"（Project Impact）	划，并通过对照现有防救灾相关政策法规，制定包括社区管理计划、土地使用与管制、开放空间、运输计划等相关规划。④防灾社区的建立：以防灾社区建立为目标，重点关注防灾社区的推广方法，社区经常参考和利用美国联邦紧急应变管理总署提供的资源、工具与计划
	社区版的"可持续减灾计划"（Sustainable Hazards Mitigation Plan）	推行以社区为基础的全新灾害减缓计划，要求建立包括各利益相关者在内的伙伴关系，识别并减少灾害风险，把风险及风险规避决策纳入社区日常决策之中，具体包括五方面内容。①土地利用规划：包括对于社区所在位置的潜在自然灾害（如山崩、洪水、泥石流、海岸冲蚀）及科技灾害状况的了解；居民房屋建筑选址的安全性检查；用于避难场地的绿地是否预留等。②示警系统设置：包括灾害预警、示警及在一般电信中断后的紧急通报系统。③建筑管理与监督：各社区成员都有权要求地方政府确实执行建筑管理，并进行监督检验。④紧急救助及医疗系统：各社区都备有急难救助设备及人力动员计划，还要进行日常定期防灾演习，确认任务分组及相关物资与设备的完备性。⑤危机管理指挥系统：以社区或村为单位，从地方的横向联系、地方驻军的动员直至中央危机管理机构之间，都应赋予不同程度的危机管理指挥动员职责，并有经常性的演练
	"基于社区的减灾"（Community-based Mitigation）	1972 年，美国修订了《全国洪水保险法案》，将参加保险计划与获得联邦抵押支持的住房贷款挂钩，提高了社区和居民参加洪水保险计划的积极性，发展了"基于社区的减灾"（Community-based Mitigation）的方法
	"抵御工程：建设抗灾的社区（Project Impact：Building Disaster Resistant Communities）	1997 年由时任 FEMA（美国联邦应急管理署）署长的詹姆斯·李·维特（James Lee Witt）启动，旨在通过降低自然灾害的影响，为家庭、商业和社区提供保护。1997 年 11 月，西雅图被 FEMA 选为 7 个先行试点的社区之一，初期投入了 100 万美元，开展了"家户改造"（Home Retrofit）、"学校改造"（School Retrofit）和"危险地图"（Hazard Mapping）三项计划
	"减灾型社区"（Disaster Prevention Community）	2001 年"9·11"事件后，国土安全部推进"减灾型社区"，要求社区既可以顺利地接受公共部门的援助，又能在无公共部门协助的情况下，独立进行灾害应急，成为防灾减灾与应急管理的基本单元。主要由 4 阶段的工作组成：①建立社区合作伙伴关系，使社区形成灾害风险利益共同体；②社区内灾害评估鉴定，评估基层社区灾害风险概率；③制定和实施社区灾害风险防治计划；④推动实现"减灾型社区"的建立完成

表 1-2（续）

国家、地区和国际组织	实践做法	基本情况简介
美国	水灾保险的"社区评级体系"（Community Rating System）	美国国会在 1968 年颁布国家洪水保险法案（National Flood Insurance Act），规定不考虑房屋的权属而为所有建成房屋和在建房屋提供水灾保险，旨在为水灾后的恢复重建提供资金。为了鼓励地方政府防灾减灾，联邦应急管理署推出社区评级体系（Community Rating System），该体系是一个提供 4 大系列、19 种的积分项目系统，社区可以选择可实施的项目，根据总积分来换取保险费上的折扣。4 大系列积分项目为：①提供公众信息服务，旨在提高人们对洪水灾害和洪水保险的认识（如提供地图信息服务、海拔高度认证、公开灾害信息、公开泛洪信息、提供防洪援助）；②制图及规范，旨在为新的土地开发发展提供更多的保护（如制作洪水泛滥区地图、洪灾数据维护、雨水管理）；③防洪减灾，减少洪灾对建成区造成的损害（如洪灾区域管理规划、土地征用与搬迁、采取防洪措施、排水系统维护）；④防洪准备，提高对洪水的防御（如洪水预警和响应、确保堤坝安全）。根据积分数量，保险费打折从 5% 到 45% 不等
英国	社区系统抗灾力	英国内阁办公室制订《关于形成社区系统抗灾力的战略框架》（Strategic National Framework on Community Resilience），细化了在形成社区系统抗灾能力中个人、社区和其他参与者行为的指导原则，解释了"战略框架"应用后可能出现的效果，理清参与社区减灾救灾合作者的角色分工，规定了中央政府如何帮助地方政府在形成当地社区系统抗灾能力的方向等
	"社区自救"理念	强调积极引导和培育社区面对灾害时形成自救的能力，帮助社区及时发现、预防和回应灾害，强调事前、主动、系统地防灾应灾，强调不断加强能力建设，而不是被动应对。此外，英国政府通过公共服务一体化网站（Direct. gov），将如何预防灾害，灾后如何向保险公司寻求赔偿，以及帮助社区居民了解一般性灾害的紧急求助电话等信息集成化。同时，地方政府帮助社区和居民通过掌握、了解和运用社区内的资源，最大程度使社区居民形成"社区灾害第一反应意识"
	"我为人人，人人为我"的社区互动减灾救灾模式	卡梅伦政府执政以后推行"大社会"的社会管理思路，实施新的社区建设发展模式。加快政府职能转移，试图让更多的公共服务的生产和提供由社会组织或个人来承担。在社区减灾救灾建设中，协调政府、社会组织和个人的力量，以"联合生产"的方式，通过充分沟通协作，共同管理社区公共事务，提供社区公共服务。政府更多地在宏观层面调控，赋予社区更大的自治权力，充分调动社会资源，鼓励和引导社会组织和个人参与社区管理与服务，社区居民在社区运作中同时充当设计者、提供者和使用者
	建立"社区防灾数据库"	英国政府在内阁办公室内成立"社区防灾论坛"（Community Resilience Forums），专门搜集英国境内社区在减灾救灾中的成功案例，并分析和总结各自成功的经验和主要做法，信息上传到全国统一的网站上，以帮助社区形成应对灾害的成熟预案和社区快速回应灾害的能力。例如，推广 2011 年卡斯特在社区防洪中的经验（Community Floodward Enscheme），艾塞克斯寓社区减灾救灾于社区学校培训的做法（Developing Community Resilience through Schools）

表1-2（续）

国家、地区和国际组织	实践做法	基本情况简介
英国	"社区应急方案模板"（Local Emergencies Plan Template）	英国内阁办公室建立了"社区应急方案模板"，方便英国社区形成统一的灾害应急管理模式，供社区或社区居民下载。社区或社区居民根据所要求的信息进行填写，帮助社区理清形成灾害应急方案的具体思路。"社区应急方案模板"包括社区风险评估、社区资源和技能评估、应急避难场所地址选取、应急联系人员、沟通联系方式"树状图"、社区中可提供服务的组织机构名称、应急响应机制、社区应急小组会议地点、联络中断的备用方案等
英国	"社区灾害回馈机制"	英国社区充分利用"社区灵活论坛"平台，定期召开由消防、警察、地方医疗机构等组成的"社区灾害回应员"群体，定期分析和排查社区里的灾害隐患，并帮助补充形成完整的应急方案
日本	"城镇守望"（Town-watching）	基于社区的"城镇守望"（Town-watching）活动要求当地百姓、地方官员和减灾专家共同在城镇周围进行实地考察，辨认危险，加强对当地灾害的认识和信息的共享能力
日本	防灾生活圈	日本于1980年制定《都市防灾设施基本规划》，以"火不出，也不进"为基本观点，利用阻断燃烧带将城市分割成许多防灾生活圈，并以其为基本单元构建安全城市；以此为基础，日本国土防灾局在《防灾基本计划》中将避难道路、避难空间、防灾据点及安全防灾街道规划等防灾生活圈的基本要素列入日本防灾基本规划体系。防灾生活圈的建构，以日常生活圈域为规划单元而形成相对独立的防灾单元，统筹物质建设与综合化防灾目标。防灾生活圈主要具备以下两方面的功能：①推动城市防灾建设的基本空间单元，防灾生活圈的防灾机能是通过建立相对完整的社区防灾避难空间体系，阻隔街区内外的灾势蔓延，以形成相对独立的防灾空间单元。②作为城市平灾一体的生活机能单元，除防灾机能外，防灾生活圈内公园、绿地等防灾设施日常也作为社区活动、教育场所，促进社区功能服务及人际关系网络的建立
日本	防灾福利社区事业计划	1995年阪神大地震后，日本开始推行"防灾福利社区事业计划"，希望可以通过市民、计划推动者与市政府的合作推动，发挥社区既有的社会福利组织以及人际网络，开展灾害防救的宣传、教育与训练，提升组织运作效率，提升社区的自主防灾能力。神户市与大阪市政府为全日本受灾较为严重的地区，神户市于1998年由市消防局以按年度预算与补助办法补助社区居民购买防灾器材的方式协助地区内防灾社区工作的推动，社区居民利用地区营造协会与其他社区团体的联合来协助推动社区防灾教育与野外求生训练，并结合社区内的企业团体组成自卫消防队，开设训练组别并明确各组防灾任务，进行灾害应变演练与防灾地图的制作；大

表1-2（续）

国家、地区和国际组织	实践做法	基本情况简介
日本	防灾福利社区事业计划	阪市2001年编制《自主防灾组织手册》，社区日常接受政府或专业团队（包含大学院校）提供的防灾训练外，也需参与定期的防灾演习。"防灾福利社区事业计划"共有10个步骤：召集全部的居民，即动员社区的人员；针对防灾福利社区进行提案；在会议中，通过相互讨论及说明让民众了解防灾福利社区的内容及意涵；成立防灾福利社区组织；讨论地震及洪水灾害的相关事项，讨论社区的灾害危险度；从赏花等活动开始建立伙伴关系，进行社区踏勘；与社区内邻居建立朋友关系；由自治会或妇女会做观察者，结合社区团队，开展倡导工作；观察制作防灾地图；通过制作倡导海报，宣传"防灾福利社区事业计划"
澳大利亚	"有准备的社区"（the Prepared Community）	强调社区与居民对危险的知情权以及相应的预防与准备，专门从社区层面对应急管理作了规定，制定《社区应急预案编制指南》，指导社区应急预案的编制，使社区的应急预案和当地政府应急预案接口，保证了救援行动的一致性
印度尼西亚	"社区洪水减灾方案"	亚洲备灾中心与印度尼西亚国家灾害管理部门及万隆科技学会于2000年合作选取了2个社区开展"社区洪水减灾方案"，以期通过社区、政府、学术团体与民间组织共同参与，提高当地居民的危机意识，并执行社区能够实际运用的减灾措施，以降低灾害发生概率，并持续地改善当地环境的安全。该方案主要通过以下7个步骤来推动：①水灾历史回顾。调查过去发生过的水灾事件及受灾地点与所造成的影响，让居民了解社区的水灾历史，并且有助于发展后续的活动。②制作社区行事历。搜集社区季节性的活动情况与问题，以了解社区的生活作息、时间使用模式，以及社区活动的周期性。③社区地图制作。通过共同制作社区环境地图的过程，使居民更了解社区的地理环境与灾害风险。④社区环境扫描。以步行的方式进行社区环境踏勘，以了解当地河川、溪流的危险性，并发掘社区里有问题和有潜在灾害的地点。⑤水灾地点汇制。将所观察到的水灾地点标明出来，帮助居民更了解社区易受灾地区的各项信息，并可促使居民开始思考减灾对策。⑥排定灾害议题的顺序。针对已确认的灾害议题，排定议题的优先级，选择最合适的解决方案。⑦减灾行动的筹划。依照解决对策的讨论结果，考虑社区实际状况，进行未来的活动计划
中国台湾地区	社区防救灾总体营造计划	1999年中国台湾地区"9·21"大地震后，台湾地区行政管理机构灾害防救委员会与"9·21"震灾灾后重建委员会推动社区防救灾总体营造计划。

表1-2（续）

国家、地区和国际组织	实践做法	基本情况简介
中国台湾地区	社区防救灾总体营造计划	其实施项目主要包括基本项目和发展项目两大类：①基本项目，包括紧急避难部分（紧急避难设备，医药、粮食、饮水等救援物资，救援器械的储备与管理，通信设施、逃生线路及避难场所的规划，紧急通报系统、防灾资料库的建立等）、灾害隐患整治部分（包括居民在专家的指导下参与绘制社区防灾地图，标识环境潜在的危险地点，制定社区防灾计划，参与社区环境建设与改善等）、组织训练部分（包括组建社区防灾组织、专业防灾团队的培训及志愿团体的组织）；②发展项目：依据地方特色及当地居民的共同意愿，通过民间非营利组织的协助，发展文化保存、休闲观光旅游、精致农业发展、生态保育等社区营造项目，以推动社区的综合化发展
世界卫生组织	"安全社区"建设/"安全促进项目"	世界卫生组织专门成立了"社区安全促进合作中心"，开展全球范围的安全社区创建工作。"安全社区"建设也称为"社区安全促进"（Safety Promotion），安全社区至少具备两个条件，具有6项基础标准
红十字会	"社区安全和恢复框架"	红十字会与红新月会国际联合会同80多个国家协会合作，编制了"社区安全和恢复框架"，为各国家红十字会和红新月会设计和执行多部门社区方案提供了基础。至少130个国家红十字会和红新月会报告称它们执行了社区减少灾害风险方案，包括教育和提高认识活动
亚洲备灾中心	"社区为基础的灾害风险管理"（CBDRM）	社区积极参与灾害风险的识别、分析、处置、监控和评估，以减少社区的脆弱性并提升社区应对灾害能力的灾害风险管理过程，主要包括六个步骤：①建立社区灾害风险管理组织；②建立社区灾害风险基金；③开展居民充分参与的社区灾害风险评估；④制定社区应急预案；⑤完善社区防灾减灾基础设施建设；⑥组织社区灾害风险管理培训及灾害应急演练

三、安全社区建设的典型模式

综合全球安全社区的建设实践，由我国推行的"综合减灾示范社区"、世界卫生组织倡导推动的"安全社区"、美国政府推动建立的"防灾型社区"、日本的"防灾生活圈"模式、东南亚等国家推出的"以社区为基础的灾害风险管理"，是安全社区建设的五种典型模式。

（一）我国的"综合减灾示范社区"模式

根据《全国综合减灾示范社区创建管理暂行办法》《全国综合减灾示范社区创建标准》（2018年修订），我国"综合减灾示范社区"的建设，需以满足9个基本条件为基础，进而需在组织管理、灾害风险评估、应急预案、应急演练、宣

21

传教育培训、应急避难场所、应急储备、志愿者队伍建设、资金投入、创建特色等10方面部署实施工作并达到相应要求和标准，即可评定为"综合减灾示范社区"。其中，9个基本条件具体包括：①近3年内没有发生因灾造成的责任事故；②有社区灾害风险地图和脆弱人群清单；③有符合社区特点的社区应急预案；④有经常性应急演练和防灾减灾宣传教育培训活动；⑤有社区应急避难场所和应急疏散路线图；⑥有应急物资储备点并储备一定物资；⑦有防灾减灾救灾志愿者队伍；⑧有预警信息发布渠道；⑨主要建（构）筑物达到当地抗震设防要求。10方面的评定要求和标准，详见表1-3。

表1-3 "综合减灾示范社区"的建设与评定标准

一级指标	二级指标	评 定 内 容
1. 组织管理	1.1 社区减灾组织管理机构	成立了社区综合减灾组织管理机构，负责综合减灾示范社区的创建、运行、评估与改进等工作，并配备灾害信息员
	1.2 社区减灾工作制度	制定社区综合减灾规章制度，建立社区综合减灾工作机制，并与当地派出所、消防救援、医疗等机构以及邻近社区建立应急联动机制，规范开展风险评估、隐患排查、灾害预警、预案编制、应急演练、灾情报送、宣传教育、人员培训、档案管理、绩效评估等工作
	1.3 具体改进措施	定期对综合减灾工作开展自评自查，针对存在问题和不足，落实改进措施
	1.4 减灾工作档案	建立和保存社区综合减灾工作的文字、照片、音频、视频等档案资料
2. 灾害风险评估	2.1 灾害风险隐患清单	（1）定期开展社区灾害风险排查，列出社区内潜在的自然灾害、安全生产、公共卫生、社会治安等方面的隐患清单，及时制定防范措施并协调有关单位开展治理。 （2）维护社区内道路设施完好，及时清理障碍物，确保消防车、急救车等应急车辆行驶畅通。 （3）对不符合抗震设防要求的建（构）筑物及时进行隐患排查和加固改造
	2.2 社区灾害脆弱人群清单	（1）有社区老年人、儿童、孕妇、病患者和残障人员等脆弱人群清单。 （2）有脆弱人群结对帮扶救助措施。 （3）向脆弱人群发放防灾减灾明白卡，明确社区灾害隐患及防范措施，注明社区应急联系人和联系方式
	2.3 社区灾害风险地图	有社区灾害风险地图，标示灾害危险类型、强度或等级、风险点或风险区的时间、空间分布及名称

表1-3（续）

一级指标	二级指标	评定内容
3. 应急预案	3.1 综合应急预案	（1）预案针对社区面临的各类灾害风险。 （2）明确协调指挥、预警预报、隐患排查、转移安置、物资保障、信息报告、医疗救护等小组分工。 （3）明确预警信息发布方式和渠道，便于居民接收。 （4）明确应急避难场所分布和安全疏散路径。 （5）明确临时设立的生活救助、医疗救护、应急指挥等功能分区的位置。 （6）明确社区所有工作人员和脆弱人群的联系方式以及结对帮扶责任分工
	3.2 应急预案修订	根据灾害形势变化、社区实际以及应急演练发现的问题，及时修订应急预案
4. 应急演练	4.1 预案演练内容	经常开展社区应急演练，演练内容包括组织指挥、隐患排查、灾害预警、灾情上报、人员疏散、转移安置、自救互救、善后处理等环节
	4.2 预案演练质量	（1）演练吸纳社区居民、社区内企事业单位、社会组织和志愿者等广泛参与。 （2）演练结束后及时开展演练效果评估
5. 宣传教育培训	5.1 组织减灾宣传教育	（1）利用现有公共活动场所或设施（图书馆、学校、宣传栏、橱窗等），通过设置防灾减灾专栏专区、张贴减灾宣传材料、设立安全提示牌等加强宣传教育。 （2）利用现代技术手段，充分发挥广播、电视、网络、手机、电子显示屏等载体的防灾减灾宣传作用
	5.2 开展防灾减灾活动	（1）结合防灾减灾日、唐山地震纪念日、全国科普日等，集中开展防灾减灾宣传教育活动。 （2）宣传教育活动形式多样，方法灵活，效果显著
	5.3 防灾减灾培训	（1）组织社区干部、居民及社区内学校、医院、企事业单位、社会组织等机构人员参加防灾减灾培训。 （2）培训内容包括应对地震、洪涝、台风、强对流天气、地质灾害、火灾等不同灾害的逃生避险和自救互救技能
6. 应急避难场所	6.1 建立应急避难所	城市社区按照《城市社区应急避难场所建设标准》，通过共享、新建、扩建或加固等方式，建立社区灾害应急避难场所；农村社区因地制宜设置避难场所，明确可安置人数、管理人员、各功能区分布等信息
	6.2 明确应急疏散路径	（1）张贴社区应急疏散路径示意图。 （2）在避难场所、关键路口设置了安全应急标志或指示牌

表1-3（续）

一级指标	二级指标	评 定 内 容
7. 应急储备	7.1 社区应急物资储备	设有社区应急物资储备点，备有救援工具、广播和应急通信设备、照明工具、应急药品和基本生活用品，并做好日常管理维护和更新
	7.2 应急物资社会储备	与社区内及邻近超市、企业等合作开展救灾应急物资协议储备，保障灾后生活物资、救灾车辆和大型机械设备等供给
	7.3 家庭应急物资储备	社区居民家庭配备防灾减灾用品，如逃生绳、收音机、手电筒、哨子、灭火器、常用药品等
	7.4 社区灾害预警系统	社区有灾害预警系统，及时发布当地气象、地质、火灾等灾害预警信息，定期对系统进行维护和调试
8. 志愿者队伍建设	8.1 志愿者队伍参与防灾减灾活动	（1）志愿者或社工队伍承担社区综合减灾建设的有关工作，如宣传教育和培训等。 （2）志愿者或社工队伍承担社区灾害应急时的有关工作，如帮助脆弱人群等
	8.2 社区主要机构参与防灾减灾活动	（1）社区内学校、医院、商场等企事业单位积极做好单位自身的灾害综合风险防范。 （2）社区内学校、医院、商场等企事业单位经常对单位人员进行防灾减灾教育。 （3）社区内学校、医院、商场等企事业单位主动参与风险评估、隐患排查、宣传教育、应急演练等社区防灾减灾活动
	8.3 社会组织参与防灾减灾活动	各类社会组织发挥自身优势，积极参与社区综合减灾工作
9. 资金投入	9.1 工作经费	有防灾减灾救灾相关工作经费支持，并严格管理和规范使用资金
	9.2 灾害保险	鼓励居民参与各类灾害保险
10. 创建特色	10.1 有效的工作方法	在创建过程中具有有效地调动社区居民、企事业单位、社会组织和志愿者参与的方式方法
	10.2 有可供借鉴的做法或经验	（1）明显的减灾工作创新，如利用本土知识和工具进行灾害监测预警预报。 （2）总结出值得推广的社区综合减灾做法或经验
	10.3 宣传教育有特色	社区防灾减灾宣传教育活动具有地方特色

（二）世界卫生组织的"安全社区"模式

国际实践中，"安全社区"建设也称为"社区安全促进"（Safety Promotion），是世界卫生组织自1989年开始发起、倡导，在全球多个国家和地区积极推行的安全社区建设运动。

"安全社区"的雏形形成于20世纪70年代的瑞典，Lidkoping、Motala、Falkoping等社区为了防止伤害事故，将社区力量和政府、地方资源结合起来。制定并实施了有针对性的伤害预防计划，经三年试验效果显著。社区内交通伤害减少了28%，家居伤害减少了27%，工伤事故减少了28%，学龄前儿童伤害减少了45%。在相邻社区，上述伤害现象并未减少。这一成果引起世界卫生组织的重视，1989年世界卫生组织第一届事故与伤害预防大会上正式提出"安全社区"的概念，来自50个国家的500多名代表在会上通过《安全社区宣言》，宣言指出"任何人都平等享有健康和安全的权利"。此后多年来推广"安全社区"概念成为世界卫生组织在伤害预防和安全促进的一项重点工作。为了推广安全社区的理念，世界卫生组织专门成立了"社区安全促进合作中心"，1991年在瑞典举行了第一届国际安全社区大会。

我国自2002年开始引入安全社区的理念和实践，原国家安全生产监督管理总局2006年出台《国家安全社区建设基本要求》（AQ/T 9001—2006），2009年印发《关于深入开展安全社区建设工作的指导意见》（安监总政法〔2009〕11号），并成立中国职业安全健康协会，2009年印发《安全社区评定管理办法（试行)》，2010年印发《全国安全社区现场评定指标》，在全国范围开展安全社区的建设和评定工作，直到2016年11月结束。直到现在，我国地方省市仍在积极响应国际安全社区的理念并开展相应的创建工作；与此同时，北京市、四川省等部分省市根据国际安全社区的理念，结合本地区的实际情况和建设需要，形成本土化的安全社区建设标准和模式，并持续开展创建。

世界卫生组织所倡导的"安全社区"建设，是指"建立了跨部门合作的组织机构和程序，联络社区内相关单位和个人共同参与事故与伤害预防、控制和安全促进工作，持续改进地实现安全目标的社区"。根据世界卫生组织关于安全社区的概念，一个安全社区首先是一个地方社区，至少具备两个条件：一是制定针对所有居民、环境和条件的积极的安全预防方案；二是拥有包括政府、卫生服务机构、志愿者组织、企业和个人共同参与的工作网络，网络中各个组织之间紧密联系，充分运用各自的资源为社区安全服务。根据这一概念，安全社区并非仅仅以社区的安全状况为评判指标，而是着眼于一个社区是否建立了一套完善的程序和框架，使之有能力去完成安全目标。

世界卫生组织认可的"安全社区"，首先应具有6项基础标准：①有一个负责安全促进的跨部门合作的组织机构；②有长期、持续、能覆盖不同性别、年龄的人员和各种环境及状况的伤害预防计划；③有针对高风险人员、高风险环境以及提高脆弱群体的安全水平的伤害预防项目；④有记录伤害发生的频率及其原因的制度；⑤有安全促进项目、工作过程、变化效果的评价方法；⑥积极参与本地区及国际安全社区网络的经验交流等活动。

　　在上述六条标准的基础上，提出交通安全、工作场所安全、公共场所安全、涉水安全、学校安全、老年人安全、儿童安全、家居安全、体育运动安全9个重点领域的具体指标。每个领域有7项指标，7项指标的共性要求可总结为"有组织、有制度、有项目、有措施、有记录、有评估、有交流"，详见表1-4。

表1-4　世界卫生组织社区安全促进中心的安全社区建设9个重复领域的指标

9领域	每个领域的7项具体指标
交通安全	（1）已成立一个由管理人员、工人、技术人员、志愿者组织以及安全专家组成的跨界组织，以伙伴合作模式，负责交通方面的所有安全促进事宜，由一名政府代表和一名志愿者代表共同担任负责人。 （2）有交通安全规章制度，这些制度应由跨界组织制定，并被安全社区内的交通部门所采纳。 （3）长期、持续地开展交通安全促进工作，并覆盖到不同的性别、年龄、未采取保护措施的行人、机动驾驶者，所有交通场所、环境和状况。 （4）有针对高风险人群、高风险环境，以及脆弱群体的安全措施。 （5）有记录伤害（包括意外伤害和故意伤害）发生的频率及其原因的制度。 （6）有评估规章制度、项目或措施及其实施过程、变化效果的评价方法。 （7）积极参与本地及国际交通安全有关的活动
工作场所安全	（1）已成立一个由管理人员、工人、技术人员以及安全专家组成的跨界组织，以伙伴合作模式，负责工作场所的所有安全促进事宜，由一名管理者代表和一名工会代表共同担任负责人。 （2）有工作场所安全规章制度，这些制度应由跨界组织制定，并被安全社区内的管理部门和工会所采纳。 （3）长期、持续地开展工作场所安全促进工作，并覆盖到不同的性别、工龄的人员以及各种环境和状况。 （4）有针对高风险人群、高风险环境，以及脆弱群体的安全措施。 （5）有记录伤害（包括意外伤害和故意伤害）发生的频率及其原因的制度。 （6）有评估规章制度、项目或措施、工作过程及变化效果的评价方法。 （7）积极参与本地及国际工作场所安全有关的活动

表1-4（续）

9领域	每个领域的7项具体指标
公共场所安全	（1）已成立一个由管理人员、志愿者组织代表、技术人员以及安全专家组成的跨界组织，以伙伴合作模式，负责公共场所的安全促进事宜，由一名社区行政管理代表和一名志愿者代表共同担任负责人。 （2）有公共场所安全规章制度，这些制度应由跨界组织制定，并被安全社区内的志愿者组织采纳。 （3）长期、持续地开展公共场所安全促进的项目，并覆盖到不同的性别、年龄的人员及各种环境和状况。 （4）有针对高风险人群、高风险环境，以及脆弱群体的安全措施。 （5）有记录伤害（包括意外伤害和故意伤害）发生的频率及其原因的制度。 （6）有评估规章制度、项目或措施、工作过程及变化效果的评价方法。 （7）积极参与本地及国际公共场所安全有关的活动
涉水安全	（1）已成立一个由管理人员、水源开发者、志愿者组织、技术人员以及安全专家组成的跨界组织，以伙伴合作模式，负责用水方面的所有安全促进事宜，由一名政府代表和一名志愿者代表共同担任负责人。 （2）有安全用水规章制度，这些制度应由跨界组织制定，并被社区采纳。 （3）长期、持续地开展用水安全促进项目，并覆盖到不同的性别、年龄的人员及各种环境和状况。 （4）有针对高风险人群、高风险环境，以及脆弱群体的安全措施。 （5）有记录伤害（包括意外伤害和故意伤害）发生的频率及其原因的制度。 （6）有评估规章制度、项目或措施、工作过程及变化效果的评价方法。 （7）积极参与本地及国际用水安全有关的活动
学校安全	（1）已成立一个由老师、学生、技术人员以及学生父母组成的跨界组织，以伙伴合作模式，负责学校的安全促进事宜，由一名学校董事会代表和一名教师共同担任负责人。 （2）有学校安全规章制度，这些制度应由安全社区内的学校董事会和社区居委会制定。 （3）长期、持续地开展学校安全促进项目，并覆盖到不同的性别、校龄的人员及各种环境和状况。 （4）有针对高风险人群、高风险环境，以及脆弱群体的安全措施。 （5）有记录伤害（包括意外伤害和故意伤害）发生的频率及其原因的制度。 （6）有评估规章制度、项目或措施、工作过程及变化效果的评价方法。 （7）积极参与本地及国际安全学校有关的活动
老年人安全	（1）已成立一个由管理者、老年人、志愿者组织代表、技术人员以及安全专家组成的跨界组织，以伙伴合作模式，负责老年人的安全促进事宜，由一名社区行政管理代表和一名志愿者代表共同担任负责人。 （2）有老年人安全规章制度，这些制度应由安全社区内的跨界组织制定。 （3）长期、持续地开展老年人安全促进项目，并覆盖到不同的性别、所有年龄阶段的老年人以及各种环境和状况。 （4）有针对高风险人群、高风险环境，以及脆弱群体的安全措施。 （5）有记录伤害（包括意外伤害和故意伤害）发生的频率及其原因的制度。 （6）有评估规章制度、项目或措施、工作过程、变化效果的评价方法。 （7）积极参与本地及国际老年人安全有关的活动

表1-4（续）

9领域	每个领域的7项具体指标
儿童安全	（1）需成立一个由管理者、儿童/父母、志愿者组织代表、技术人员以及安全专家组成的跨界组织，以伙伴合作模式，负责儿童安全促进事宜，由一名社区行政管理代表和一名志愿者代表共同担任负责人。 （2）有儿童安全规章制度，这些制度由安全社区内的跨界组织制定。 （3）长期、持续地开展儿童安全促进工作，并覆盖到不同的性别、所有年龄阶段的儿童以及各种环境和状况。 （4）有针对高风险人群、高风险环境，以及脆弱群体的安全措施。 （5）有记录伤害（包括意外伤害和故意伤害）发生的频率及其原因的制度。 （6）有评估规章制度、项目或措施、工作过程、变化效果的评价方法。 （7）积极参与本地及国际儿童安全有关的活动
家居安全	（1）已成立一个由管理者、志愿者组织代表、技术人员以及安全专家组成的跨界组织，以伙伴合作模式，负责家居的所有安全促进事宜，由社区一名行政管理代表和一名志愿者代表共同担任负责人。 （2）有家居安全规章制度，这些制度应由跨界组织制定，并被安全社区的志愿者组织采纳。 （3）长期、持续地开展儿童安全促进工作，并覆盖到不同的性别、年龄的人员及各种环境和状况。 （4）有针对高风险人群、高风险环境，以及脆弱群体的安全措施。 （5）有记录伤害（包括意外伤害和故意伤害）发生的频率及其原因的制度。 （6）有评估规章制度、项目或措施、工作过程、变化效果的评价方法。 （7）积极参与本地及国际家居安全有关的活动
体育运动安全	（1）已成立一个由管理者、运动参与者、技术人员以及安全专家组成的跨界组织，以伙伴合作模式，负责运动场所的安全促进事宜，由一名运动组织代表和一名运动参与者代表共同担任。 （2）有体育运动安全规章制度，这些制度应由跨界组织制定，并被安全社区的运动组织所采纳。 （3）长期、持续地开展体育运动的安全促进工作项目，并覆盖到不同的性别人员、运动场所、环境和状况。 （4）有针对高风险人群、高风险环境，以及脆弱群体的安全措施。 （5）有记录伤害（包括意外伤害和故意伤害）发生的频率及其原因的制度。 （6）有评估规章制度、项目或措施、工作过程、变化效果的评价方法。 （7）积极参与本地及国际体育运动安全有关的活动

（三）美国的"防灾型社区"模式

建立防灾型社区，必须满足五个条件：一是获得公共部门的支持；二是培养和增强社区意识；三是推动社区居民组织进行配合，建立社区同舟共济的观念；四是重视社区灾害教育，培训防救灾技能；五是促进社区居民、组织的参与，加强灾害信息交流。另外，还要建立相关的社区灾害信息数据库，这样能有利于预估灾害规模，在灾前做出相关损害评估，让社区有充分进行减灾的准备，适时发现并处理问题。

美国"防灾型社区"模式的运行主要包括四个程序。

1. 评估基层社区灾害风险概率

风险评估主要是通过委托风险领域专家学者，对各基层社区抵御风险的能力及风险发生的概率进行全方位评估，从中分析出可能发生灾害的风险点，确定灾害可能波及的范围，进而针对灾害制定行之有效的防御策略。社区内灾害评估一般分两步。一是先确定社区易受灾的地点及环境；二是确认灾害发生源及影响的范围，找出易发生灾害的建筑或区域，并制作社区地图标注出社区受灾时的薄弱环节。

2. 构建社区民众的伙伴合作关系

社区是一个包括民众、学校、医院、商场等在内的多元综合体。不同的主体在社区中都会发生千丝万缕的关系，构建社区民众合作关系就是要增强不同主体之间的紧密联系，使社区形成一个无法分割的灾害风险利益共同体。该共同体的建立将会极大推动社区防灾备灾工作的开展，使社区内各主体都能够积极参与到灾害的防治中，为长期防灾规划的执行打下坚实基础。

3. 制定灾害风险防治计划

基于专家对本地的灾害风险评估，分析和排定灾害所造成损失的计划优先顺序，以社区内灾害评估鉴定为依据，社区与民众沟通协商，共同制定适宜本地区施行的灾害风险防治计划。这一计划包括灾前的准备与预警、灾时的疏散路线以及灾后的重建恢复流程，列明了本社区长期的防灾备灾策略，指明了社区灾害风险防治工作的发展方向。

4. 推动实现"防灾型社区"的构建

各社区完成风险评估、民众关系构建与防治计划制定三个程序后，便意味着"防灾型社区"的基本成型。但"防灾型社区"的建设不能仅仅依靠社区与民众，也需要上级主管部门的支持。社区需要及时向上级部门申请"防灾型社区"财政拨款，为防治计划的实施寻求专项资金支持。

（四）日本的"防灾生活圈"模式

日本于1980年制定《都市防灾设施基本规划》，以"火不出，也不进"为基本观点，利用阻断燃烧带将城市分割成许多防灾生活圈，并以其为基本单元构建安全城市。在此基础上，日本国土防灾局在《防灾基本计划》中将避难道路、避难空间、防灾据点及安全防灾街道规划等防灾生活圈的基本要素列入日本防灾基本规划体系。

目前，防灾生活圈作为日本防灾体系的重要组成部分，已发展出一套完整的防灾生活圈建设模式（图1-1）。日本的防灾社区建设以社区为基础，通过组建防灾生活圈形成相对独立的防灾单元，统筹物质建设与综合化防灾目标。防灾生活圈主要具备以下两方面的功能：

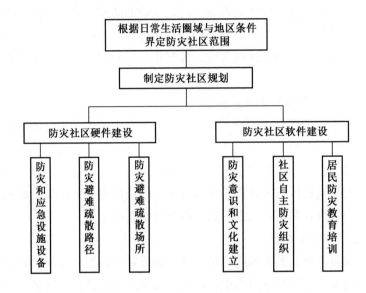

图1-1　日本"防灾生活圈"框架图

（1）推动城市防灾建设的基本空间单元防灾生活圈的防灾机能，为通过建立相对完整的社区防灾避难空间体系，阻隔街区内外的灾势蔓延，以形成相对独立的防灾空间单元。

（2）作为城市平灾一体的生活机能单元除防灾机能外，防灾生活圈内的许多防灾设施，如公园、绿地等，平日也能作为社区活动、教育场所，促进社区功能服务及人际关系网络的建立。

日本的防灾生活圈是以日常生活圈域为规划单元。这一方面能在社区居民熟悉的生活网络中开展防灾计划，同时也有助于居民参与灾害防救活动的积极性。将防灾与居民的日常生活相结合，以加强社区灾时的自救互救能力。

（五）东南亚的"以社区为基础的灾害风险管理"模式

由亚洲备灾中心等倡导和推广，在全球尤其是东南亚国家广泛实施的安全社区建设模式："以社区为基础的灾害风险管理"（CBDRM，Community – based Disaster Risk Management）模式，是指社区积极参与灾害风险的识别、分析、处置、监控和评估，以减少社区的脆弱性并提升社区应对灾害能力的灾害风险管理过程，集中体现五个理念和特征。一是自上而下与自下而上机制的结合，充分体现了"以社区为本"的基本理念；二是社区群众的广泛参与，让群众参与到灾害管理的各个方面和过程中；三是关注弱势群体，优先满足脆弱群体的需求；四是改变重救轻防的传统灾害管理模式，建立减灾和备灾机制；五是将灾害风险管理纳入社区发展的过程当中，以促使社区发展目标与灾害管理目标相结合。

在步骤上，"以社区为基础的灾害风险管理"分五个阶段：一是进行社区灾害风险评估，让社区居民参与讨论，得出社区所面临的灾害风险，与风险评估专家共同完成灾害风险的评估及灾害风险管理计划的制定；二是制定社区级预案，并进行宣传、解读和演练；三是营造社区灾害文化，构建灾害管理志愿者和社区减灾队伍；四是对社区的灾害风险源进行排查，加强防灾减灾基础设施建设；五是建立社区备灾工作，做好物资和思想上的准备。

具体实施中，"以社区为基础的灾害风险管理"模式主要指标见表1－5。

表1－5 "以社区为基础的灾害风险管理"的建设与管理标准

一级指标	二 级 指 标	核心要素
1. 社区组织机构（CBO）	1.1 社区领导竞聘并参与风险评估、行动规划和培训	领导的公认度
	1.2 组建社区建设和风险评估团队	团队身份认同
	1.3 若社区组织不能代表社区居民的利益，将通过社区全体居民协商，产生新的组织	各团队合作，加强、发挥集体决策的功能
	1.4 职责包括：建立工作规范、程序和职责；定期召开会议，讨论灾害风险、脆弱性，并制定灾害风险管理行动；定期参加相关培训；协助社区居民向地方政府和其他机构申请援助	加强社区组织的风险管理能力建设
2. 社区减轻灾害风险基金	2.1 当地政府建立财政支持机制	资金机制到位
	2.2 社区建立基金制度，支持备灾和应对措施；社区组织机构和社区弱势群体共同参与建立社区基金使用标准	
	2.3 社区基金由社区组织机构代为管理	社区组织机构账户
	2.4 社区组织机构工作人员接受基金管理岗前培训	财务管理人员培训
	2.5 社区基金来源于社会弱势群体、其他社会力量和利益相关者的贡献	社区成员的贡献报告

表 1-5（续）

一级指标	二级指标	核心要素
2. 社区减轻灾害风险基金	2.6 社区基金的使用由社区组织机构依据相关标准并与弱势群体协商后决定	资金拨付标准
	2.7 与社区成员共同讨论社区基金的管理和使用报告	
3. 社区致灾因子、脆弱性和能力地图（HVCM）	3.1 政府和非政府组织支持社区定期编制社区致灾因子、脆弱性和能力地图	致灾因子风险图，高危脆弱群体确定，贫困人口确定与分布地图，弱势群体与贫困的关系，风险评估数据的发布
	3.2 社区致灾因子、脆弱性和能力地图注明社区致灾因子、脆弱性和能力分布情况	
	3.3 社区致灾因子、脆弱性和能力地图编制由社区组织机构组织，不同弱势群体积极参与	
	3.4 社区致灾因子、脆弱性和能力地图放置于公共场所，如寺庙、教堂、学校等	
	3.5 周期性编制社区致灾因子、脆弱性和能力地图，最好在雨季等特殊季节开始前	
4. 社区灾害风险管理规划	4.1 当地政府支持社区定期开展社区灾害风险管理规划	社区居民收入增加，社区居民生产前投入加大，社区居民在生活设施和需求上投入增加，社区居民在儿童教育和家庭健康上的投入增加
	4.2 制定资金分配方案保障规划实施	
	4.3 社区组织机构负责制定灾害风险减轻和应对规划	
	4.4 规划的制定需要社区各弱势群体积极参与	
	4.5 详细描述不同群体和整个社区面临的致灾因子、脆弱性和能力	
	4.6 明确与致灾因子和脆弱性相关的措施	
	4.7 明确实施风险减轻措施的职责、资源和时间框架	
	4.8 每年修订一次风险减轻和应对规划	
5. 社区培训系统	5.1 政府支持建立社区培训中心，充分利用本地非政府组织、学术机构、政府官员和社区领导和专家资源	社区培训中心落成，并有专职人员
	5.2 制定资金分配方案资助培训中心	地方财政预算中列出培训经费
	5.3 当地政府官员接受管理培训	培训报告
	5.4 培训手册以当地语言编写	培训手册副本
	5.5 对社区组织机构成员、普通社区居民开展周期性训练	社区培训日历副本
	5.6 通过个人和家庭调查对训练效果进行定期检查评估	社会调查报告
	5.7 基于社区培训需求更新培训内容	新课程

表 1-5（续）

一级指标	二级指标	核心要素
6. 社区灾害演练系统	6.1 当地政府支持社区定期组织灾害演练	家庭和社区层面协作救灾需要更多合作；居民按商定程序与步骤在紧急情况下立即疏散；社区灾害演练是社区备灾行动可持续的关键；强调利用本地资源进行演练；如果可能，邀请当地政府官员参与社区灾害演练
	6.2 制定资金分配方案支持灾害演练	
	6.3 社区组织机构定期组织开展社区灾害演练	
	6.4 社区组织机构接受灾演练培训	
	6.5 社区组织机构向社区居民介绍地方政府应急响应系统	
	6.6 社区演练突出特殊群体（儿童、老人、残疾人、孕妇等）的需求	
	6.7 及时总结演练的经验与教训，确定需要改进的领域	
7. 社区学习体系	7.1 当地政府支持社区建立学习系统，并将其写入当地法律法规中	社区居民有持续的收入；社区居民因灾后卫生习惯的改变享受健康；社区居民因具备更好的备灾和响应举措而面临更小的压力
	7.2 制定资金分配方案支持定期的学习材料编制	
	7.3 社区组织机构定期组织社区集中学习	
	7.4 社区致灾因子、脆弱性和能力地图放置于公共区域	
	7.5 使用当地常用的沟通渠道	
8. 社区灾害预警系统	8.1 当地政府支持发展社区灾害预警系统	个人、家庭和社区成员采取适当的预防措施，避免灾害的影响
	8.2 制定资金分配方案支持社区预警系统建设	
	8.3 预警系统可预测风险发生、传递预警信息和提示社区成员的行动	
	8.4 社区预警系统建立的基础是对社区灾害频率的认识	
	8.5 社区预警系统与当地、省级甚至国家预警系统联网	
	8.6 社区居民熟悉预警信号和信息	
	8.7 预警信息发布的渠道要适合脆弱人群	

来源：http://www.humanitari-anforum.org/data/files/resources/759/en/C2-ADPC_ communi-ty-based-disaster-risk-managementv6.pdf.

第三节 社区安全的理论研究综述

一、社区安全的国际理论研究综述

工业革命后，欧洲国家为应对工业发展带来的社会问题和挑战，加强了社区社会工作力度，围绕制度改革和居民参与等方面探索社区治理。20 世纪初，在西方"睦邻运动"和"社区组织运动"等推动下，学界开始深入关注社区治理，社区安全治理亦被提及。例如帕克的《城市——对都市环境研究的提议》（1925）、H. 佐巴夫的《黄金海岸和贫民窟》（1929）等涉及社区安全议题。"二战"后，西方社会贫穷、失业等社会问题大量出现，仅仅依赖政府力量比较乏力，如何运用社区组织方法，发挥社区自助力量解决现实问题成为重要探索方向，加之联合国 20 世纪 50 年代初的"社区发展计划"推动，人口对社区秩序影响、社区冲突预防与化解成为主要关注点，例如以 Coleman 为代表的学者们提出了社区冲突理论，深入分析冲突根源并提出要制止冲突所导致的恶性循环①。20 世纪 60—70 年代，研究主要关注邻里关系、居民互动和凝聚力营造等内容，并开始针对不同类型社区展开研究，例如 Gans（1977）结合居民群体特征和需求取向区分社区类型，提出要重视社区结构和居民关系，以打造凝聚力，保持社区稳定性②。

西方真正系统研究社区安全治理是从 20 世纪 80 年代开始的，这得益于世界卫生组织"安全社区"、美国"防灾社区"和"减灾社区"等项目的助推，研究范围大大拓宽，议题更加丰富。社区安全治理中政府、社区、企业、社会组织等主体互动，社区突发事件处置，社区居民失业与经济风险应对等都成为关注点。例如 Robert（1989）在评价纽约市宪章修订对社区影响基础上，建议社区与政府互动以迅速应对各类突发事件，促使社区能有效回应居民诉求，以维护社区稳定③；Helsley、Strange（1999）提出要重视失业、财政赤字、环境污染等给社区安全带来的挑战等④。

进入 21 世纪以来，社区自愿组织功能发挥与公众参与、新技术手段运用等被西方学界所关注，研究对象开始从社区治安、社区矛盾纠纷化解等传统问题向社区环境污染、社区信息安全、社区失业风险等非传统议题转变，且研究更为系统深入。当前西方城市社区安全治理研究主要关注两个维度议题。一是传统问题

---

① Coleman J S. *Social capital in creation of human capital*（American Journal of Sociology, 1957），pp. 95 – 120.

② 吕芳：《社区减灾：理论与实践》，中国社会出版社，2011。

③ Robert F. Pecorella, *Community governance: a decade of experience*（Academy of Political Science, 1989），pp. 97 – 109.

④ Robert W. Helsley, William C. Strange, *Gated communities and the economic geography of crime*（Journal of Urban Economics, 1999），pp. 46.

研究，如城市社区犯罪与社区治安问题，社区防火与家庭消防，社区居民疾病防治与公共卫生问题，社区建筑安全问题，对酗酒者、吸毒人员和同性恋等社区特殊群体的关注等。二是非传统问题研究，如恐怖袭击与城市社区居民应对、城市新兴污染问题防治与社区环境风险应对、社区居民新兴传染性疾病防控、失业问题对社区安全影响与化解等。

二、社区安全的国内理论研究综述

我国自 20 世纪初引入社区概念后，社区相关研究几经变迁，曾一度掀起研究热潮。新中国成立之初，囿于学术资源和力量有待整合，加之 20 世纪 50 年代的院校调整取消了社会学科，社区研究陷入低谷。"文化大革命"期间，所有学术研究空间尽失，社区研究亦停滞甚至出现倒退。改革开放后，社会学科恢复，社区研究逐渐升温，社区安全议题也随之得到关注。尤其是 20 世纪 90 年代以来，由于城市化进程加快和社区实践深入，基层现实问题不断增多，社会矛盾和利益纠纷更加复杂；加之治理理论为解释和分析社区安全问题搭建了理论框架，社会学、政治学和管理学等学科学者都参与到社区治理研究中，社区安全治理研究得到关注。进入 21 世纪以来，学界一度掀起社区安全研究热潮。

当前，城市社区安全治理研究聚焦以下五个方面。一是意义和价值研究，例如社区安全治理是促进经济社会可持续发展前提[1]、是国泰民安重要保证和治国理政基本内容[2]等。二是主体及其参与研究，例如政府、社区和个人等多元主体参与[3]，政府、企业和社会共同参与[4]等。三是治理路径研究，例如以信息化和精细化为导向的社区网格化治理[5]、以社区安全项目驱动的治理[6]等。四是治理

---

[1] 吕芳：《社区减灾：理论与实践》，中国社会出版社，2011。

[2] 滕五晓：《社区安全治理：理论与实务》，上海三联书店，2012。

[3] 陈毅：《政府、社区和个人的角色塑造：优化社区公共安全治理的路径——以上海市优秀园林 JY 小区治理优化为例》，《行政科学论坛》2016 年第 10 期。

[4] 孙雪：《城市社区公共安全治理研究——基于重庆的调研》，《重庆行政（公共论坛）》2017 年第 1 期。

[5] 谢志强：《用网格化治理新思维构建社区治理新体系》，《人民论坛》2015 年第 1 期。

[6] 陆继锋，张存楼，习亚胜：《安全社区建设历程回顾及其对城市社区公共安全治理的借鉴》，《四川警察学院学报》2016 年第 5 期。

内容研究，例如社区治安与警务研究①、社区消防研究②、社区自然灾害防治研究③、社区公共卫生保障研究④等。五是治理机制研究，例如社区维稳机制研究⑤、社区减灾机制研究⑥、社区应急管理机制研究⑦等。

综上，西方国家的相关研究起步早，成果丰硕，正从社区传统公共安全问题转向非传统问题研究。我国相关研究结合不同时期社会建设需要，结合不同学科背景，围绕社区安全治理价值、主体、路径、内容、机制等维度展开研究，研究内容由"传统安全"向"非传统安全"、由"小安全"向"大安全"、由"安全管理"向"安全治理"转变，结合共建共治共享理念系统分析城市社区安全治理机制构建与创新稍显薄弱。

三、社区安全的代表性理论模型

国内外研究中，逐步形成多种社区安全的理论模型，在此介绍两种代表性的理论模型。

（一）"致灾因子—承灾体—孕灾环境"模型

按照自然灾害系统理论，致灾因子、孕灾环境、承灾体共同构成了灾害系统，三者相互作用而产生灾情，结合《自然灾害承灾体分类与代码》（GB/T 32572—2016）、《自然灾害灾情统计》（GB/T 24438.1—2009）等国家标准，致灾因子属性包含灾害事件的发生时间、结束时间、发生地点，灾害类别、频率、强度，人口伤亡、房屋损毁、农作物受损等灾情等；承灾体属性包含种类、暴露度、数量等；孕灾环境属性包含地形地貌、气象、水文等。

---

① 李春华，陈萍：《城市社区治安防控中的市民意识研究》，《中国人民公安大学学报（社会科学版）》2016年第6期。

② 董大旻，冯顺伟：《基于投影寻踪模型的社区消防脆弱性评估》，《中国安全科学学报》2018年第9期。

③ 尹秋怡，甄峰，闫欣：《面向社区防灾的社区治理体系整合策略研究》，《现代城市研究》2018年第1期。

④ 蒋艳，白冰楠，王芳，等：《基于超效率DEA的北京市社区公共卫生服务效率评价研究》，《中国卫生经济》2019年第2期。

⑤ 陆继锋，孙洪波，朱雪芹，等：《城市化进程中的城市社区维稳问题研究——以青岛市黄岛区为例》，《陕西行政学院学报》2017年第4期。

⑥ 吕芳：《社区减灾：理论与实践》，中国社会出版社，2011。

⑦ 李菲菲，庞素琳：《基于治理理论视角的我国社区应急管理建设模式分析》，《管理评论》2015年第2期。

1. 致灾因子的内涵和分类

致灾因子是自然或人为环境中，引发或导致突发事件或安全事故，对人类生命、财产或各种活动产生危害、带来损失、引发不利影响的因素，实际工作中一般也称为"危险源"或"安全隐患"等。

联合国国际减灾战略署（UNISDR）在 2004 年颁布了《术语：减轻灾害风险基本词语》，对致灾因子的释义为"可能带来人员伤亡、财产损失、社会和经济破坏或者环境退化的，具有潜在破坏性的物理事件、现象或人类活动"[1]。2009 年，国际减灾战略署对该定义修订为："可能造成人员伤亡或影响健康、财产损失、生计和服务设施丧失、社会和经济混乱或环境破坏的危险的现象、物质、人类活动或局面"。美国联邦紧急事务管理局（FEMA，Federal Emergency Management Agency）在其报告《多种致灾因子识别和风险评估》中给出的定义是"潜在的能够造成死亡、受伤、财产破坏、基础设施破坏、农业损失、环境破坏、商业中断或其他破坏和损失的事件或物理条件"。联合国开发计划署（UNDP）2004 给出自然致灾因子（Natural Hazard）的定义："自然致灾因子是指发生在生物圈中的自然过程或现象，这种自然过程或现象可能造成破坏性事件，并且人类的行为可以对其施加影响，例如环境退化和城市化[2]"。

致灾因子除自然致灾因子以外，还包括技术致灾因子和人为致灾因子，技术致灾因子是指起因于技术或工业环境的致灾因子，生产上的安全事故就是比较典型的技术致灾因子，技术致灾因子也可能是由于自然致灾因子直接作用的结果；人为致灾因子包括动乱、暴乱和战争等，往往会造成严重的社会灾害。致灾因子基本的决定因素包括位置、时间、强度和频率。例如用震源、震中和震源深度等描绘地震发生的位置，用震级和烈度表示地震的强度。对于台风致灾因子来说，其致灾因子往往包括大风、降雨、巨浪及风暴潮等，一般采用大风强度作为台风致灾因子强度的衡量标准。此外，一些自然致灾因子如台风在时间上具有周期性发生的特点，并且可以预测其位置和影响范围。

2. 承灾体的内涵和分类

承灾体是指直接受到灾害影响和损害的人类社会主体，包括人类本身和社会

---

① UN Publications, "Living with Risk. A Global Review of Disaster Reduction Initiatives", *United Nations International Strategy for Disaster Reduction* (*UN/ISDR*), 2004.

② UNDP, *Reducing Disaster risk a challenge for development*, 2004.

发展的各个方面，如工业、农业、能源、建筑业、交通、通信、教育、文化、娱乐、各种减灾工程设施及生产、生活服务设施，以及人们所积累起来的各类财富等。

各类承灾体的分布（空间位置及数量）是灾害损失评估的重要输入信息，特别是人口、建筑物、交通、通信等重要承灾体的信息。因此，建立完备详细的承灾体数据库具有重要作用。根据国家标准《自然灾害承灾体分类与代码》（GB/T 32572—2016），针对自然灾害的承灾体，一般划分为人、财产、资源与环境共3大门类。"人"可依据性别、年龄属性划分具体类别，"财产"可根据其形态和所有权属性划分为固定资产、流动资产、家庭财产、公共财产等具体类别，资源与环境承灾体可分为土地资源、矿产资源、水资源、生物资源、生态环境等类别，如图1−2所示。

3. 孕灾环境的内涵和分类

孕灾环境是指孕育灾害的环境，是由自然环境与人文环境所组成的综合地球表层环境。自然环境可划分为大气圈、水圈、岩石圈、生物圈，包括地形、地貌、水文、气候、植被、土壤、动植物等要素；人为环境则可划分为人类圈与技术圈，包括工矿商贸、各种管线、交通系统、公共场所、人、经济市场等要素。

（二）"脆弱性—韧性"模型

1. 社区脆弱性的界定和内涵

社区安全风险或致灾因子，无论是天灾还是人祸，都可能对社区造成不同类型、不同程度的损害，这是一种外在于社区的破坏力量；而同样的灾害或事故对不同的社区所形成的威胁或造成的损失不一样，例如同样烈度的地震，对不同的社区，因其建筑结构、防范措施、人员密度等不同，震后损失也存在差异，这种差异性是由社区自身的"脆弱性"因素造成的。

脆弱性（Vulnerability）问题最初来源于流行病学领域，描述的是哪些地区更容易发生流行病或易被流行病所感染。脆弱性关注的是研究对象内在的风险因素，强调灾害中的人类因素，反映个人和由物质、经济、社会和环境等构成的集合体易于受到影响或破坏的状态。皮尔斯·布莱基（Piers Blaikie）在其1994年出版的《风险之中：自然致灾因子、人类脆弱性和灾害》一书中，给出了自然灾害背景下的脆弱性的初步定义："关于预测、处置、抵御和从自然灾害影响中恢复过来能力的个人或团体的性质"。这一概念被红十字会与红新月会国际联合会所认可，并在此基础上进一步加以完善，把这一概念扩大到包含人为灾害的所

门类	大类	中类	小类

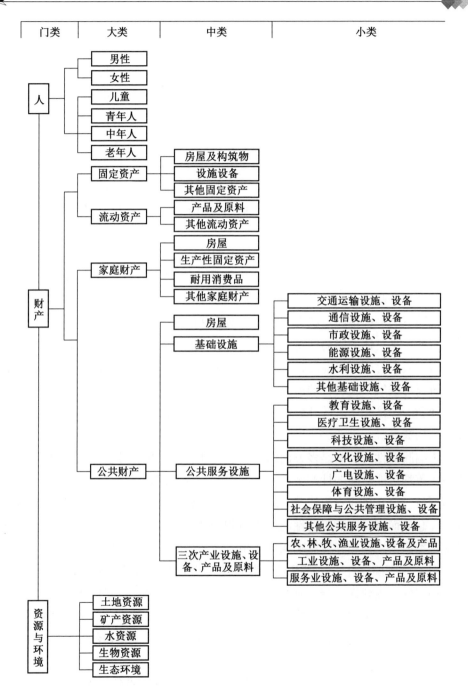

图 1-2 承灾体的分类示意图

有灾害，其定义为："关于预测、处置、抵御和从自然或人为灾害影响中恢复过来能力的个人或团体的性质"。随着经济社会的发展，时代赋予脆弱性更为广泛的定义；针对不同的研究领域，脆弱性的概念界定也存在差异，例如以自然系统的角度，脆弱性被定义为暴露程度、应对能力和压力后果的综合体现，主要是指生态环境的稳定性差，变化概率高、幅度大，抗干扰能力差，敏感性差，向不利于城市生存发展的方向演化，以及受到冲击后的恢复能力等；从社会系统的角度，脆弱性是指各社会群体或整个社会因灾害等造成的各种潜在的损伤及应对能力；从经济系统的角度，脆弱性是指在各类灾害的侵袭下，人口、建筑物等承灾体受损带来的经济价值损失等，是决定人们（单独个人、群体和社区）应对压力和变化能力的社会经济因素。

总而言之，脆弱性是指系统受到伤害和破坏的易感状态以及承受不利影响的能力，是个人、团体、财产、生态环境等易于受到某种特定致灾因子影响的性质；社区安全脆弱性（Vulnerability on Community Safety）指社区安全状况暴露在风险扰动下的一种不稳定状态。社区的安全状况越好，遭受的风险扰动越小，脆弱性越低。承灾体的脆弱性是承灾体抗击灾害能力的一种度量，换句话说，它衡量在遭受灾害打击时可能的损失程度，是灾损估算和风险评估的重要基础之一。随着研究的进展，脆弱性的内涵开始突破"内部的风险"束缚，逐渐开始向自然、社会、经济和生态等外延因素拓展，使之从单因素向多因素、从一元结构到多元结构演变。

影响脆弱性的因素是多方面的，经济、社会、文化、环境、政治以及人的行为态度等均可能对脆弱性产生影响。例如建筑达不到防灾设计要求、安全防护措施不到位、公众风险意识淡薄、政府灾害风险管理水平低下等可能导致脆弱性的提高。总体而言，影响脆弱性的因素可划分为物理因素、社会因素、环境因素，且这三类因素之间相互交影响相互作用。

（1）物理脆弱性。物理因素是影响脆弱性的物质因素，主要是指由工程结构所构成的人类建筑环境，如房屋、厂房、设备、大坝、公路、桥梁和水、电、气等资本资产和基础设施。物理脆弱性可以用建筑本身的设计、建筑材料和是否符合建筑规范等描述，也可以用位于不合适的地理位置或错误的时间错误的位置等来描述。通常用暴露元素（exposure）概念来描述物理脆弱性大小，联合国国际减灾战略署将其定义为"暴露是指位于危险地区易于受到损害的人员、财产、系统或其他成分，可以用某个地区有多少人或多少类资产来衡量暴露元素"；暴露元素可以通过建立资产清单的方式来描述，财产清单应该包括财产的类型、数量、价值、用途和空间分布等项目。

（2）社会脆弱性。社会脆弱性与个人、团体或社会的经济状况和福利水平相联系。影响脆弱性的社会因素很多，包括经济发展、经济结构、财政资源、教育水平、社会治安、管理体系、社会公平、传统、宗教信仰、意识形态和公共卫生及基础设施等多方面。经济因素对社会脆弱性存在重要影响。例如，若某一社区所在地区的经济发展水平较高、财政资源丰富，则可运用资源做好灾前的准备工作，同时具备较高的应对灾害的能力，并且有可能较快从灾害的影响中恢复过来。另一方面，具备较高经济发展水平往往具备建设高质量交通、通信、供水、供电和医疗等基础设施的能力，具有较为先进的早期预警系统，从而具有较高的抵御灾害的能力。微观层面，脆弱性水平依赖于个人或团体的经济地位，穷人尤其是其中的妇女和老人，往往比富人具有更高的脆弱性。

（3）环境脆弱性。环境脆弱性侧重于自然环境，影响环境脆弱性的主要因素包括资源损耗、环境退化、环境污染等。乱垦滥伐、乱牧滥采等行为，造成土壤侵蚀、土地沙化、森林枯竭、草原退化，从而加剧了洪水、风沙、干旱、滑坡、山崩、泥石流等灾害的发生频度和强度。

2. 社区韧性的定义及其与脆弱性的关联

"韧性"（Resilience）一词源于拉丁文 resilio，一般也翻译为"抗逆力"或"恢复力"，最早应用于物理科学领域，继而被引入生态领域，现已逐渐成为社会治理领域的新概念，是指暴露于风险中的系统、社区通过有效方式对风险的抵抗、吸收和适应，以保持基本结构和功能，并从灾害中恢复的能力。社区韧性，强调在社区内部人们不依靠外界力量，在可能的最短时间内应对、适应外界打击及干扰，以及从中恢复的过程和情况。

与普通社区相比，具有韧性的社区具有鲁棒性（Robustness）、冗余性（Redundancy）、谋略性（Resourcefulness）和及时性（Rapidity）的 4R 特质，在面对同样灾害的冲击和压力时"往往会更少地遭受灾难影响，并能更快地从灾害中恢复"，是提升社医适应灾害能力和优化国家灾害治理体系的重要途径，也是增强社区生计、推动可持续发展的最优方式。因此，联合国在第二次世界减灾大会上提出题为《2005—2015 年兵库行动框架：提高国家和社区适应灾害的韧性》的减灾行动纲领，将"韧性社区"在国际灾害管理工作中的地位提升到一个新的高度。国外许多机构和学者也积极开展社区韧性相关实践探索和理论研究，使其成为社区防灾减灾领域的主流研究范式。例如，美国制定的《国家灾难恢复框架》、日本的《社区韧性筹备地图：地震》以及国际红十字会提出的《社区韧性框架》等。

美国总统政策8号令"国家应急准备"（PPD-8；National Preparedness）以及国家应急准备目标（NPG）中对"社区韧性"的定义为"社区适应变化条件、承受破坏以及从突发事件中快速恢复的能力"。社区对包括气候变化影响在内相关危害影响的韧性，是国家整体安全和韧性中的一项要素，也是联邦政府拟实现的重点目标之一。联邦紧急事务管理局（FEMA）和国家海洋与大气管理局（NOAA）曾合作探索韧性指标及相关措施，该项合作最终发展成减缓框架领导小组（Mitigation Framework Leadership Group，MitFLG）下的更广泛的跨部门合作。该团队制定了联邦层面的概念文件草案，使用联邦资源在全国范围内跟踪社区韧性能力建设的进度，确定需求和机会。该概念文件草案提供了一种结构化的方法，可用于调整国家级社区韧性指标，并提出了一套与国家应急准备目标相一致的社区韧性指标体系。该体系由国家应急准备目标下缓解和恢复任务领域的10个核心能力组成，即住房、卫生与社会服务、经济恢复、基础设施系统、自然和文化资源、威胁与危害识别、风险和灾害韧性评估、规划、社区韧性和降低长期脆弱性；涵盖人口、地理、威胁或危害、重大基础设施环节、气候变化和韧性主题等类别，涉及社区韧性能力、基础设施系统韧性、生态系统和自然资源韧性、风险和韧性评估等主题。其指标体系见表1-6。

表1-6　美国社区韧性的主要指标体系

核心能力	指标	建议衡量措施
住房	指标1：居住条件	至少有4种严重房屋问题之一的住户百分比（5年平均）
	指标2：住房支付能力	成本支付困难家庭比例（每月住房成本，包括水电费，超过月收入的30%）
卫生和社会服务	指标3：卫生服务的可获得性	每10万居民中初级保健医师人数
	指标4：健康行为	不参加业余体育活动的成年人的百分比
	指标5：环境健康	暂无
经济恢复	指标6：就业机会	3年平均失业率
	指标7：收入	人均收入

表 1-6 (续)

核心能力	指标	建议衡量措施
基础设施系统	指标8：道路条件	暂无
	指标9：交通连接	具有多式联运功能的公共交通客运终端的比例
基础设施系统	指标10：交通可达性	符合《1990年美国残疾人法》（ADA）无障碍要求的交通系统站点百分比
	指标11：水务部门紧急支援	通过水/废水机构响应网络，有相互援助和援助协议的州的数量
	指标12：大坝安全	暂无
	指标13：综合基础设施环节准备	暂无
自然和文化资源	指标14：水源保护	所有家庭用水的人均用水量
	指标15：湿地保护	暂无
	指标16：森林保护	暂无
	指标17：生境质量	暂无
威胁与危害识别	指标18：风险辨识	暂无
	指标19：风险数据	暂无
风险和灾害韧性评估	指标20：风险意识	暂无
	指标21：社区准备	指定暴风雨和/或海啸庇护所数量
规划	指标22：减灾规划	居住在现有地方减灾计划覆盖的社区的人口百分比
	指标23：规划融合	暂无
社区韧性	指标24：合作网络	暂无
	指标25：公民能力	被调查人员中过去12个月内参加过志愿活动或相关组织的人员百分比
降低长期脆弱性	指标26：建筑法规条例	受灾害（地震、飓风或洪水）影响的社区采用相关建筑抗灾规定规范的百分比
	指标27：更高标准	社区评级系统中参加国家洪水保险计划（NFIP）社区的百分比
	指标28：减灾投入	暂无

实践范例：贵州省黔东南州实现村级应急管理服务站全覆盖

基层应急管理工作是夯实应急管理工作的基石，全面加强基层应急管理工作是当前应急管理工作全局中一项突出的重要任务。2020 年，贵州省黔东南州应急系统坚持改革引领，全面加强应急管理"三基"工作，突出一张网全覆盖、一条线治全域，在各乡镇建立物资储备库，50 户以上建设义务消防队，扩大村级喊寨员、护林员队伍，率先在全省按照"五有"标准（有牌子、有场所、有人员、有制度、有保障）建立村级应急管理服务站，全面推进全州村居应急管理服务站实体化、规范化，统筹推进应急管理基层网格化、信息化建设，高效整合各级应急管理工作资源，有力提升应急管理服务站的综合实战能力。2020 年，全州 2917 个村居（社区）村村设有应急管理服务站，配备人员达 2.5 万余人，村级服务站共排查问题隐患 55127 个，村级自治整改 54803 个，上报整改 512 个，有效整改率达 99%。

为进一步加强应急管理体制机制建设，黔东南州积极探索应急管理工作新思路，率先在全省建立村级应急管理服务站，有效整合各级应急管理工作资源，有力提升应急管理服务站的综合实战功能，努力打通应急管理"最后一公里"，做到隐患排查在一线、防灾减灾在一线、应急服务在一线、群众满意在一线，实现工作一条线到底、一盘棋推进，固牢维护社会安全第一道防线。目前，全州 2917 个村（居、社区）全部按"五有"标准完成了村级应急服务站规范化建设，村级站队伍建设和基层应急服务工作有序推进。

1. 横纵"两线贯通"覆盖

制定印发《黔东南州应急管理局关于组建村级应急管理服务站的工作方案》（黔东南应急〔2020〕33 号），明确了指导思想、总体要求、基本原则、工作目标、工作职责和工作要求，成立了局长任组长的工作领导小组，召开推动工作部署会议全面推动落实。按照打通应急管理工作"最后一公里"的基本构建，根据具体经济状况、人口数量和加强应急管理、强化风险隐患排查整治的实际需求，因地制宜按需整合村级现有资源、人员、设施，建设规模合理、层级清晰、功能定位明确的应急管理服务站，并加强运行维护和管理，夯实应急管理工作基层基础。目前，已在纵向实现州、县、乡、村"四级"应急管理工作机构规范运行、衔接有序、指挥高效，在横向促进村级应急管理服务站与乡（镇）级实现高效联动，通过乡（镇）级与有关部门资源联动、信息共享、协调一致，实现一体化运作，实体化运行。

2. 坚持"四个原则"建站

各村根据实际情况，采取四种形式建立应急管理服务站。一是坚持因"地"

制宜，采取镇村联结的"帮建模式"，由镇级帮助选址，出人员，出建设经费，且与村级综治中心进行融合搭建。二是坚持因"势"制宜，采取"大中小"三级建站模式，因存在行政村合并的实际情况，各村建站时根据村级实际情况建立三种规模站点。三是坚持因"力"制宜，依托社区力量的"并建模式"，将村级应急管理服务站和村级综治中心平台打通，对监管平台发出的告警，由服务站工作人员和社区保安共同负责处理，积极动员社会力量参与，形成共建共享、共治共管的合力。四是坚持因"需"制宜，根据实际需求，充分运用信息化手段，横向促进应急管理服务站与乡（镇）级系统资源连接、整合，纵向推动"四级"机构由指导协调型逐级向实战协调型转变。同时，建立健全应急管理服务站建设、管理、维护等配套管理机制，强化工作措施，确保村级应急管理服务站长效运行。

3. 按照"五有标准"落实

根据该州现有 2064 个 50 户以上木质结构连片村寨，且村寨分布较散的实际情况，为了便于基层开展安全巡查、及时核查和报告突发险情，在原乡镇安监站的基础上，积极推进村级应急管理站建设，打通"神经末梢"。积极向党委政府汇报争取支持，明确村应急管理服务级站的"五有"标准，确保村级站有牌子、有场所、有制度、有人员、有保障，实现村级站实体化运行。村级设立安监员，作为村级五大员之一，享受村干待遇，成立由村支书为站长、村主任和安监员为副站长、村网格员、喊寨员、报灾员、护林员、小组长为成员的应急服务站，并合理划分应急网格，全面推进农村应急网格化治理。同时，建立村级制度清单和责任清单，创新乡村两级消防安全工作"按月安排任务、按月督查检查、按月兑现报酬"的"三按月"工作机制和其他防灾减灾工作运行机制，落实村级有关人员工作报酬。并将村级应急管理服务建设工作纳入年度考核范围，建立工作督查督办机制，定时通报进度情况，确保全州村级应急服务站建设如期全面完成并全部达到规范化建设标准。目前，全州 2917 个村（居、社区）全部按"五有"标准完成了村级应急服务站规范化建设。

4. 实现"1＋N"信息连接

村级应急管理服务站，打通了村级综治信息系统、社区治理中心、镇街应急指挥中心等层级的信息传送、互通，充分弥补了村级应急管理人员不足、技术不足、应急不足、装备不足、值守不足、宣传不足等方面的短板，同时实现了监控有人看、告警有人除、排险有人去、值守有人在、监督有人管的效果。在基层有了队伍、有了装备、有了联动、有了保障等基础上,成功实现了"1+N"数字化应急管理体系("1"即综治信息化平台,"N"即接入县级指挥中心的气象、消防、水务等多个部门信息系统),打破了"无数字难应急"的困局。

实用工具:基层应急管理能力"六有""三有"建设标准

山东省日照市安委会创新基层应急管理能力建设,聚焦乡镇(街道)、村居(社区)"防抗救"应急工作衔接落实,构建"镇企联动、镇村呼应、安全为本、科学救援"的末梢工作落实机制,实行基层应急管理能力"六有""三有"标准化。

1. 乡镇(街道)应急管理能力"六有"标准化建设

(1)有班子。健全乡镇(街道)安委会办公室、减灾委办公室和防汛抗旱指挥部、森林防灭火指挥部"两办、两指"组织协调机构,明确"两办两指"职责。

(2)有队伍。各乡镇(街道)应急管理机构以"1+2+N"为模式,落实1名专职主任、2名专业人员、多名编制人员,成立满编满员的安全生产专职监管队伍。

(3)有机制。强化安全生产"网格化、实名制"监管机制建设,摸清辖区内风险数量和分布,形成动态管理清单,定期分析研判安全生产形势,严格安全生产监督检查和风险排查,充分发挥基层优势。

(4)有培训。各乡镇(街道)至少建设一个应急文化广场,指导督促村居(社区)应急文化一条街建设,定期组织生产经营单位、应急救援队伍安全生产和应急管理培训,动态开展安全生产法律法规和应急常识宣传教育。

(5)有预案。乡镇(街道)按规范要求修订编制突发事件总体应急救援预案和安全生产类、自然灾害类以及森林火灾、消防等专项应急预案或现场处置方案,并组织开展预案专题培训。

(6)有演练。按照"有预案、有脚本、有记录、有评估"的要求,乡镇(街道)每年至少组织两次综合性应急救援演练及多次专项预案演练,持续提升应急能力。

2. 村居(社区)应急管理能力"三有"标准化建设

(1)有检查队伍。健全乡镇(街道)安委会办公室、减灾委办公室和防汛抗旱指挥部,成立以村居(社区)领导成员(网格长)、民兵、治安员、党小组长、村民小组长为基干的安全生产和应急人员队伍，并落实一名灾害信息员（网格员），实现安全生产和灾害防治末梢落实。健全指挥部、森林防灭火指挥部"两办、两指"组织协调机构，明确"两办两指"职责。

（2）有物资装备。有条件的重点村居（社区）建立一个微型消防站，每个村居（社区）建立一个应急救援站点，配备必要的防护应急物资，至少落实一处抗旱、消防所用水源，做好日常维护管理，满足应急需要。

（3）有宣传教育。各村居（社区）建设应急文化一条街，并通过"村村响"等方式，广泛宣传生活安全常识及减灾救灾知识，提高群众安全意识和自救互救能力。

日照市安委会办公室将基层应急能力标准化建设工作纳入各区县年度应急管理工作考核，工作落实情况实行季通报、半年评估、年底考核验收。强化典型带动，对工作推进落实快、成效好的乡镇（街道）、村居（社区），通过现场会、观摩学习等方式进行推广借鉴，并给予一定的资金扶持；对工作进度慢、效果差的予以通报约谈、督促帮扶，整体推进抓落实。

第二章　社区安全的多元主体

◎ 拓　扑　图

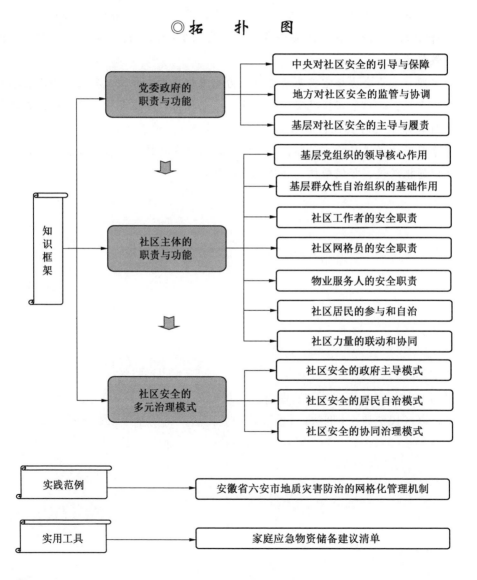

党委政府的职责与功能
- 中央对社区安全的引导与保障
- 地方对社区安全的监管与协调
- 基层对社区安全的主导与履责

社区主体的职责与功能
- 基层党组织的领导核心作用
- 基层群众性自治组织的基础作用
- 社区工作者的安全职责
- 社区网格员的安全职责
- 物业服务人的安全职责
- 社区居民的参与和自治
- 社区力量的联动和协同

社区安全的多元治理模式
- 社区安全的政府主导模式
- 社区安全的居民自治模式
- 社区安全的协同治理模式

知识框架

实践范例——安徽省六安市地质灾害防治的网格化管理机制

实用工具——家庭应急物资储备建议清单

◎本章概要

　　社区安全的建设与管理，需要各级党委政府、社区内主体、社会力量的共同参与。党委和政府层面，中央对社区安全提供制度、政策、技术等多方面的引导和保障；地方对社区安全负有领导责任，相关部门各有监管职责，还需形成条块协调和纵横联动；基层（街道乡镇）对社区安全起到主导作用，依法依规履行职责，并提供相应的指导支持保障。社区和社会层面，基层党组织发挥领导核心作用，基层群众性自治组织发挥基础作用，社区工作者、社区网格员、物业服务人依法依规履行安全职责，社区居民积极参与并有效自治，社会力量形成有机联动和高效协同。当前全球实践中，社区安全的多元治理主要有政府主导模式、居民自治模式、协同治理模式等三种模式。在我国既有行政管理体制和基层治理框架下，应发挥各主体的优势特长，整合各类治理资源，形成共建共治共享格局。

第一节　党委政府的职责与功能

一、中央对社区安全的引导与保障

　　在国家层面，党中央、国务院及各相关部委通过健全法律法规、部署专项行动、研发标准规范等政策和制度，为社区安全提供多方面的引导和保障。

　　（一）健全法律法规，提供制度保障

　　1. 我国有关社区安全的法治建设

　　针对社区安全，我国主要从以下四方面加强相应的法治建设。

　　（1）从社会治理体系和治理能力现代化的角度，坚持把宪法作为根本活动准则，以《民法典》《刑法》《治安管理处罚法》等为基础，加强社区安全相关领域的法律制度建设，完善党委领导、政府负责、民主协商、社会协同、公众参与、法治保障、科技支撑的社会治理体系，为在社区层面维护社会治安、强化公共安全保障、实施健康中国战略等社区安全管理关联工作提供有力保障。

　　（2）在国家应急管理法律体系的整体架构下，逐步建立健全社区安全的法律体系。以《突发事件应对法》为基础，截至2019年底，我国累计颁布实施《突发事件应对法》《安全生产法》等70多部法律法规，涉及社会治安、食品药品、生态环境、安全生产等领域。接下来将运用法治思维和法治方式提高应急管理的法治化、规范化水平，系统梳理和修订应急管理相关法律法规，抓紧研究制定应急管理、自然灾害防治、应急救援组织、国家消防救援人员、危险化学品安全等方面的法律法规，加强平安建设领域立法工作和制度建设，形成系统完备、科学规范、运行高效的法律制度体系，为社区安全的建设和管理提供有效的制度保障。

（3）在加强和完善城乡社区治理的系统建设中，逐步建立健全社区安全的法律体系。《城市居民委员会组织法》和《村民委员会组织法》是针对城乡社区治理的基本法律。2017年中共中央国务院出台《关于加强和完善城乡社区治理的意见》，2019年中办国办印发《关于加强和改进乡村治理的指导意见》。以此为基础，逐步建立健全相关法律体系，依法有序组织居民群众参与社区治理，弘扬社会主义法治精神，坚持运用法治思维和法治方式推进改革，促进法治、德治、自治有机融合，着力推进社区建设制度化、规范化、程序化，充分实现其治理能力现代化。

（4）构建职责明确、依法行政的政府治理体系，加强社区安全方面的执法力度。2021年1月，中共中央印发的《法治中国建设规划（2020—2025年）》中对此提出：深化行政执法体制改革，加大执法人员、经费、资源、装备等向基层倾斜力度；加大食品药品、公共卫生、生态环境、安全生产、劳动保障、野生动物保护等关系群众切身利益的重点领域执法力度；严格执行突发事件应对有关法律法规，依法实施应急处置措施，全面提高依法应对突发事件能力和水平。

2. 全球有关社区安全的法治建设

以全球实践来看，从国家层面开展有关社区安全的法治建设，从中央、联邦到地方政府建立健全社区安全相关的法律法规政策体系，以确保社区安全治理的长效化、常态化，是全球共识。以下以美国、日本举例说明。

日本政府根据不同的灾害特征制定了大量防灾减灾及与灾后重建等相关的法律法规，并不断更新和完善，形成了较为健全的法律法规体系。国家层面的立法，日本的《灾害对策基本法》是应对灾害管理的基本法。该法明确规定了中央政府、地方政府、地方团体、社区居民和社区企业在应对灾害时的责任和相互合作关系。除《灾害对策基本法》外，还有《水害预防组合法》《国家全面发展法》《治山治水紧急措施法》《地震防灾对策特别措施法》《地震预知联络会设计法》《抗震对策特别措施法》《灾害救助法》等法律法规，这些法律法规在一定程度上都对社区减灾的相关问题进行了规定和说明。地方层面的立法，日本政府除了制定应对灾害管理的国家基本法外，各地方社区根据国家基本法的规定，制定社区自己的法律法规体系。以东京为例，除《东京都震灾对策条例》外，还有《东京都灾害救助法施行细则》《东京都地震灾害警戒本部条例》《水灾救援法处理手续》《东京都安全和安心街区建设条例》等法律法规，不仅内容全面、覆盖面广，而且还可以根据实际情况不断更新。

（二）部署专项行动，提供政策保障

在中央层面，将社区作为防灾减灾与应急管理的基本单元，成立专项组织、部署专项行动、投入专项资金，从而为社区安全的建设和发展提供一系列、可持续的政策保障，是国家层面参与社区安全的另一重要工作。

例如缅甸针对多样性、综合性的灾害类型和风险，设置两个防灾减灾中央最高机构：国家备灾中心委员会（National Disaster Preparedness Central Committee），主席是总理；国家备灾管理工作委员会（National Disaster Preparedness Management Working Committee），主席是委员会秘书长。防灾减灾的工作目标由 7 大部分构成，包括①政策、制度安排和进一步的制度；②致灾因子、脆弱性和风险评估；③多种致灾因子的早期预警系统；④从国家到地方乡镇政府的灾害防治和响应计划；⑤将减轻灾害风险纳入国家发展计划；⑥以社区为基础的备灾和减轻灾害风险；⑦公共意识、教育和培训①。

在我国，中央层面对于社区安全的专项部署和政策保障，可总体分为以下 5 方面。

（1）党和国家的重大会议、重大决定、重大决策等，涉及有关社区安全的内容。2020 年 11 月 10 日，平安中国建设工作会议召开，会议认真学习贯彻习近平总书记关于平安中国建设的重要指示精神，深入学习贯彻党的十九届五中全会精神，总结交流平安中国建设工作经验，分析当前形势，研究部署建设更高水平的平安中国；2019 年 10 月 31 日，中共十九届四中全会通过《中共中央关于坚持和完善中国特色社会主义制度　推进国家治理体系和治理能力现代化若干重大问题的决定》，作出"完善正确处理新形势下人民内部矛盾有效机制""完善社会治安防控体系""健全公共安全体制机制""构建基层社会治理新格局"等

---

① UoM（The Government of the Union of Myanmar），"Mistry of Social Welfare，Relief and Resettlement"，*in Myanmar Action Plan on Disaster Risk Reduction（MAPDRR）2009—2015，2009，P. 11.*

社区安全相关的指示。

（2）党中央、国务院牵头出台专项行动，中办国办印发相应的政策文件。2019年6月23日中办国办印发《关于加强和改进乡村治理的指导意见》，提出"加强平安乡村建设""健全乡村矛盾纠纷调处化解机制"等社区安全的相关要求。2018年1月7日中办国办《关于推进城市安全发展的意见》提出"加强安全社区建设""完善城市社区安全网格化工作体系，强化末梢管理"等社区安全相关政策意见。2017年6月12日中共中央、国务院《关于加强和完善城乡社区治理的意见》提出"提升社区矛盾预防化解能力"及其相关要求，以及"强化社区风险防范预案管理，加强社区应急避难场所建设，开展社区防灾减灾科普宣传教育，有序组织开展社区应对突发事件应急演练，提高对自然灾害、事故灾难、公共卫生事件、社会安全事件的预防和处置能力。加强消防宣传和消防治理，提高火灾事故防范和处置能力，推进消防安全社区建设。"国办2016年12月印发《国家突发事件应急体系建设"十三五"规划》和《国家综合防灾减灾规划（2016—2020年)》，其中对社区安全均提出相关要求。中共中央国务院2016年12月19日印发《关于推进防灾减灾救灾体制机制改革的意见》提出"推进防灾减灾知识和技能进学校、进机关、进企事业单位、进社区、进农村、进家庭。加强社区层面减灾资源和力量统筹，深入创建综合减灾示范社区，开展全国综合减灾示范县（市、区、旗）创建试点；定期开展社区防灾减灾宣传教育活动，组织居民开展应急救护技能培训和逃生避险演练，增强风险防范意识，提升公众应急避险和自救互救技能"等社区安全相关要求。

（3）应急管理部、公安部、民政部、中央政法委等中央部委，出台专项行动和政策方案。2019年9月中国科协、中央宣传部、科技部、国家卫生健康委、应急管理部五部门印发《关于进一步加强突发事件应急科普宣教工作的意见》；2017年9月原国家安全监管总局印发《安全生产应急管理"十三五"规划》（安监总应急〔2017〕107号）；2016年12月公安部消防局印发《关于创建消防安全社区活动的指导意见》；2015年10月中国地震局印发《关于加强地震安全社区建设工作的指导意见》；2011年10月原卫生部印发《国家卫生应急综合示范县（市、区）创建工作指导方案》。

（4）国家减灾委员会、国务院安全生产委员会等中央部门联合机构出台专项政策，国家减灾委员会办公室、国务院安全生产委员会办公室等办事机构下发专项文件。国家减灾委员会办公室每年部署全国防灾减灾日有关工作的通知中，均对社区安全提出相关要求；国务院安委会于 2020 年 4 月印发《全国安全生产专项整治三年行动计划》，聚焦在风险高隐患多、事故易发多发的煤矿、非煤矿山、危险化学品、消防、道路运输、民航铁路等交通运输、工业园区、城市建设、危险废物等 9 个行业领域，在全国部署开展安全生产专项整治三年行动。

（5）临时成立的中央层面安全相关工作领导小组出台的政策文件。为应对 2020 年初突发的新冠肺炎疫情而启动的中央人民政府层面的多部委协调工作机制平台"国务院联防联控机制"（全称：国务院应对新型冠状病毒感染的肺炎疫情联防联控工作机制），自 2020 年 1 月 23 日印发首个文件《关于严格预防通过交通工具传播新型冠状病毒感染的肺炎的通知》，在疫情防控期间出台《关于科学防治精准施策分区分级做好新冠肺炎疫情防控工作的指导意见》《关于依法科学精准做好新冠肺炎疫情防控工作的通知》《关于做好新冠肺炎疫情常态化防控工作的指导意见》等一系列政策文件，对包括社区在内的全社会各行业领域疫情防控工作部署专项行动、提供政策指导。

（三）研发标准规范，提供技术保障

国家层面研发了社区安全相关的一系列标准和规范，为社区安全的建设和管理提供相应的技术保障，也为社会多元主体参与社区安全工作提供相应的指导和监督。在我国，落实社区安全建设的实际工作与规范标准同规划、同部署、同发展，加快制修订国家标准和行业标准，鼓励社会组织制定团体标准，鼓励地方制定地方标准。目前我国现有的社区安全相关的国家标准，详见表 2-1。

表 2-1　我国社区安全相关的国家标准示例

序号	标　准　名　称	标准号	主管部门
1	生产经营单位生产安全事故应急预案编制导则 Guidelines for enterprises to develop emergency response plan for work place accidents	GB/T 29639—2020	应急管理部
2	电梯制造与安装安全规范 Safety rules for the construction and installation of lifts	GB/T 7588—2020	国家标准化管理委员会
3	中小学生安全教育服务规范 Primary and secondary school students safety education service specification	GB/T 38716—2020	国家标准化管理委员会

表2-1（续）

序号	标 准 名 称	标准号	主管部门
4	农村（村庄）河道管理与维护规范 Specification for management and maintenance of rural（village）rivers	GB/T 38549—2020	国家市场监督管理总局
5	历史文化名村保护与修复技术指南 Technical guidelines for the conservation and restoration of historical and cultural villages	GB/T 39049—2020	国家市场监督管理总局
6	美丽乡村气象防灾减灾指南 Guidelines of meteorological disaster prevention and reduction for beautiful villages	GB/T 37926—2019	中国气象局
7	公共体育设施 安全使用规范 Public sports facilities—Specification for safety use	GB/T 37913—2019	国家标准化管理委员会
8	家用防灾应急包 Household emergency disaster survival kit	GB/T 36750—2018	国家标准化管理委员会
9	公共安全重点区域视频图像信息采集规范 Specifications for video and image information collection in public security key areas	GB 37300—2018	公安部
10	临时搭建演出场所舞台、看台安全 Temporary perform site safety for stage and stand	GB/T 36731—2018	文化部
11	公共安全 应急管理 突发事件响应要求 Societal security—Emergency management—Requirements for incident response	GB/T 37228—2018	国家标准化管理委员会
12	充气式游乐设施安全规范 Safety requirements of inflatable play equipment	GB/T 37219—2018	国家标准化管理委员会
13	公共安全 大规模疏散 规划指南 Societal security—Mass evacuation – Guidelines for planning	GB/T 35047—2018	国家标准化管理委员会
14	城乡社区网格化服务管理规范 Specification of grid – based services and management for urban and rural communities	GB/T 34300—2017	国家标准化管理委员会
15	农村民居防御强降水引发灾害规范 Prevention specification of disasters caused by intense rainfall for rural buildings	GB/T 34294—2017	中国气象局

表 2-1（续）

序号	标 准 名 称	标准号	主管部门
16	用电安全导则 General guide for safety of electric user	GB/T 13869—2017	国家标准化 管理委员会
17	健身器材和健身场所安全标志和标签 Fitness equipment and location safety sign and labels	GB/T 34289—2017	国家标准化 管理委员会
18	健身运动安全指南 Guidelines of exercise injury – precaution in fitness	GB/T 34285—2017	国家标准化 管理委员会
19	公共体育设施 室外健身设施应用场所安全要求 Public sports facilities—Safety requirements for outdoor fitness equipments	GB/T 34284—2017	国家标准化 管理委员会
20	大型活动安全要求 Safety requirements for large – scale activities	GB/T 33170—2016	公安部
21	消防安全工程 Fire safety engineering	GB/T 31593—2015	公安部
22	消防安全工程指南 Fire safety engineering guide	GB/T 31540—2015	公安部
23	电气火灾监控系统 Electrical fire monitoring system	GB 14287—2014	公安部
24	社区地震应急指南 Guideline of earthquake emergency for community	GB/T 31079—2014	中国地震局
25	儿童安全与健康一般指南 General guidelines for safety and health of children	GB/T 31179—2014	国家人口和 计划生育委员会
26	普通高等学校安全技术防范系统要求 Requirements for security systems in regular higher education institutions	GB/T 31068—2014	公安部
27	学校安全与健康设计通用规范 Health and safety for design and technology in schools and similar establishments — Code of practice	GB 30533—2014	教育部
28	建筑火灾逃生避难器材 Escape apparatus for building fire	GB 21976—2012	公安部
29	灾后过渡性安置区基本公共服务 Basic public services for post – disaster transitional resettlement area	GB/T 28221—2012	国家标准化 管理委员会

表 2-1（续）

序号	标 准 名 称	标准号	主管部门
30	救助管理机构安全 The safety of administration and relief shelters	GB/T 29354—2012	民政部
31	中小学、幼儿园安全技术防范系统要求 Requirements for security system in medium and primary school and kindergarten	GB/T 29315—2012	公安部
32	室外健身器材的安全 通用要求 Safety for outdoor body – building equipment – General requirements	GB 19272—2011	国家标准化管理委员会
33	救灾物资储备库管理规范 Management specification of relief supplies reserve base	GB/T 24439—2009	民政部
34	电梯安全要求 Safety requirements for lifts	GB/T 24803—2009	国家标准化管理委员会
35	食品生产加工小作坊质量安全控制基本要求 Basic requirements for quality and safety control of food workshop	GB/T 23734—2009	国家标准化管理委员会
36	社区志愿者地震应急与救援工作指南 Guideline of earthquake emergency response and rescue for community volunteer	GB/T 23648—2009	中国地震局
37	安全标志及其使用导则 Safety signs and guideline for the use	GB 2894—2008	原国家安全生产监督管理总局
38	体育场馆公共安全通用要求 General requirements of public safety and security for stadium and sports hall	GB/T 22185—2008	国家体育总局
39	住宅小区安全防范系统通用技术要求 General specifications of security & protection system for residential area	GB/T 21741—2008	公安部
40	社区服务指南 Guideline for community service	GB/T 20647—2006	国家标准化管理委员会

注：来源国家标准全文公开系统（http：//www.gb688.cn/bzgk/gb/index）；主要为社区安全重点领域、共
　　性问题、常见隐患的相关标准，为不完全统计，暂未纳入安全生产专项领域的精细化技术标准；根据
　　发布时间排序。

二、地方对社区安全的监管与协调

地方党委政府、相关部门对社区安全负有领导责任和监管职责，同步在跨区域、跨部门之间形成条块协调和纵横联动。

（一）党委政府完善领导体制和工作机制

针对社区安全在内的城乡社区治理工作，各级党委和政府的首要工作，是切实完善领导体制和工作机制，以建设形成党委和政府统一领导、有关部门和群团组织密切配合、社会力量广泛参与的城乡社区治理工作格局，具体工作包括以下方面。

（1）把城乡社区治理工作纳入党政重要议事日程，建立研究决定包括社区安全在内的城乡社区治理工作重大事项制度，定期研究包括社区安全在内的城乡社区治理工作。

（2）完善社区治理工作协调机制，抓好统筹指导、组织协调、资源整合和督促检查。

（3）市县党委书记要认真履行第一责任人职责。

（4）把包括社区安全在内的城乡社区治理工作纳入地方党政领导班子和领导干部政绩考核指标体系，纳入市县乡党委书记抓基层党建工作述职评议考核。

（5）逐步建立以社区居民安全感、获得感、幸福感、满意度为主要衡量标准的社区治理评价体系和评价结果公开机制。

（6）加强财政保障力度，统筹使用各级各部门投入城乡社区的符合条件的相关资金，提高资金使用效率，重点支持做好社区安全治理等各项工作。

（二）相关部门"职责清单"式安全监管

党委工作部门和政府职能部门，在各自职责范围内，严格落实"党政同责、一岗双责、齐抓共管、失职追责"和"管行业必须管安全、管业务必须管安全、管生产经营必须管安全"的原则，紧密结合各自工作实际，通过进一步捋清、完善、更新、履行以监督管理为主的职责清单，强化各项社区安全防范责任措施落实，严防各类人身伤亡事故发生，确保人民群众生命财产安全和社会稳定。

在中央层面，正在不断厘清党委政府各相关部门的权责清单。2020年11月，平安中国建设工作会议明确：按照"谁主管、谁负责"原则，建立健全职能部门平安建设权责清单，严格落实部门对分管行业领域安全风险防控监管职责。2020 年 12 月，国务院安全生产委员会印发《国务院安全生产委员会成员单位安全生产工作任务分工》的通知（安委〔2020〕10 号），对 37 个国务院安委会成员单位的安全生产工作任务予以明确。其中国务院应急管理部门依法对全国安全生产工作实施综合监督管理，承担职责范围内行业领域安全生产监管执法工作；负有安全生产监督管理职责的有关部门在各自职责范围内，对有关行业领域的安全生产工作实施监督管理；负有行业领域管理职责的国务院有关部门要将安全生产工作作为行业领域管理工作的重要内容，切实承担起安全管理的职责，制定实施有利于安全生产的法规标准、政策措施，指导、检查和督促企事业单位加强安全防范；其他有关部门结合本部门工作职责，为安全生产工作提供支持保障。

与此同时，地方省市也在加快出台和更新相应的政府职责清单，其中涉及社区安全的也在予以相应明确。例如，2020 年四川省成都市发布《安全生产监管工作职责任务清单》和《自然灾害防治工作职责任务清单》，厘清 53 个市级部门（单位）和产业功能区的 191 项安全生产监管、46 个市级部门（单位）和产业功能区的 111 项自然灾害防治工作职责，初步构建了"照单履职、照单尽责、照单追责"的全链条责任体系。

社区安全的监管职责，目前零散分布于党委工作部门和政府职能部门（包含工会、共青团、妇联、红十字会等事业单位）的具体职责中，现以某县级安全生产委员会成员单位安全生产工作职责任务分工中社区安全相关内容举例说明，详见表 2-2。

表 2-2　党委工作部门和政府职能部门的安全生产监管职责清单示例
（与社区安全相关部分）

党委政府 相关部门	相　关　职　责
党委组织部	1. 将安全生产纳入领导班子和领导干部考核、任职考察重要内容，作为评价和奖惩使用干部的一项约束性指标。 2. 把安全生产纳入党政领导干部培训内容，在主体班次中开设安全生产课程，协助有关部门制定实施安全生产人才政策、规划、计划。 3. 加强安全生产监督管理部门领导班子和干部队伍建设。 4. 根据国家、省、市主管部门部署，推进安全监管执法人员分类管理工作

表2-2（续）

党委政府 相关部门	相 关 职 责
党委宣传部	1. 加大安全生产宣传教育力度，纳入本级宣传教育总体规划之中。 2. 指导相关职能部门制定实施安全生产宣传教育计划、开展安全生产宣传教育工作。 3. 组织媒体开展普及安全生产法律法规和安全生产基本知识的公益宣传教育活动，指导安全生产舆情监测工作。 4. 组织各新闻媒体做好安全生产新闻报道工作。 5. 将安全生产纳入文明单位创建内容，在文明单位考核中，凡发生生产安全事故的实行"一票否决"
党委政法 委员会	将安全生产纳入平安建设内容，在平安建设考核中，凡发生生产安全事故的实行"一票否决"
党委机构 编制委员会 办公室	1. 加强安全监管体制建设，科学核定安全生产监督管理部门内设机构、人员编制和下属事业单位。 2. 厘清部门安全生产职责，配合制定安全生产权责清单
党委统战部 （民宗局）	1. 促进各宗教场所落实安全生产主体责任。 2. 配合有关部门定期组织宗教活动场所安全检查，督促、指导全市宗教活动落实安全防范措施，做好事故防范工作。 3. 参与宗教活动场所突发事件及安全生产事故应急救援和调查处理工作
应急管理局	1. 拟订安全生产方针政策，组织编制本县安全生产规划，起草安全生产法律法规草案，指导协调本县安全生产工作，综合管理本县安全生产统计工作，分析和预测本县安全生产形势，发布本县安全生产信息，协调解决安全生产中的重大问题。 2. 负责安全生产综合监督管理工作，依法行使本县安全生产综合监督管理职权，指导协调、监督检查本县有关部门和各乡镇街道、经济技术开发区安全生产工作，组织开展安全生产和消防工作考核、巡查。 3. 负责工贸行业安全生产监督管理工作，按照分级、属地原则，依法监督检查工贸生产经营单位贯彻执行安全生产法律法规情况及其安全生产条件和有关设备（特种设备除外）、材料、劳动防护用品的安全生产管理工作。负责监督管理工贸行业安全生产工作。 4. 依法组织并指导监督实施安全生产准入制度；负责危险化学品安全生产监管工作和危险化学品安全监管综合工作，负责烟花爆竹生产、经营的安全生产监督管理工作。 5. 负责对本县的消防工作实施监督管理，指导各乡镇街道、经济技术开发区消防监督、火灾预防、火灾扑救等工作。 6. 组织制定相关行业安全生产规章、规程和标准并监督实施，指导监督相关行业企业安全生产标准化、安全预防控制体系建设工作。会同有关部门推进安全生产责任保险实施工作。 7. 组织协调本县安全生产检查以及专项督查、专项整治等工作，依法组织指导生产安全事故调查处理，监督事故处和责任追究落实情况。按照职责分工对工贸行业事故发生单位落实防范和整改措施的情况进行监督检查。

表2-2（续）

党委政府 相关部门	相　关　职　责
应急管理局	8. 指导应急预案体系建设，建立完善事故灾难分级应对制度，组织编制本县生产安全事故应急预案和安全生产类专项应急预案，综合协调应急预案衔接工作，组织开展预案演练。 9. 指导各乡镇街道、经济技术开发区各部门应对安全生产类突发事件，组织指导协调安全生产应急救援工作，负责生产安全事故救援等专业应急救援力量建设，健全完善本县安全生产应急救援体系。 10. 指导监督职责范围内建设项目安全设施"三同时"工作。 11. 负责安全生产宣传教育和培训工作［矿山（含地质勘探）除外，下同］，组织指导并监督特种作业人员的操作资格考核工作和危险化学品、烟花爆竹、金属冶炼等生产经营单位主要负责人、安全生产管理人员的安全生产知识和管理能力考核工作，监督检查工贸生产经营单位安全生产培训工作。 12. 指导本县安全评价检测检验机构管理工作，拟订注册安全工程师制度并组织实施。 13. 指导协调和监督本县安全生产行政执法工作。 14. 组织拟订安全生产科技规划并组织实施，指导安全生产科学技术研究、推广应用和信息化建设工作。 15. 组织开展安全生产方面的国际交流与合作，组织参与安全生产类等突发事件的救援工作。 16. 承担本县安全生产委员会的日常工作和本县安全生产委员会办公室的主要职责
发展和改革 委员会	1. 将应急管理体系建设规划和安全生产规划纳入国民经济和社会发展规划，指导各级各部门开展安全生产监管监察基础设施、执法装备、执法和应急救援用车、信息化建设、技术支撑体系、应急救援体系建设和隐患治理等上级资金项目申报，对中央预算内投资计划执行情况进行监督检查。协调安全监管能力建设项目列入政府本级投资。 2. 按照职责分工，参与对不符合有关矿山工业发展规划和总体规划、不符合产业政策、布局不合理等矿井关闭及关闭是否到位情况进行监督和指导。 3. 按照项目基本建设程序，负责建设项目审批、核准和备案；监督能源行业项目落实安全生产"三同时"制度及日常安全监管工作。 4. 认真执行国家产业结构调整指导目录，对安全生产风险高的项目实行部门会签联合审批。 5. 将安全生产纳入诚信体系建设重要内容，审核监督安全生产领域联合惩戒信息管理制度是否规范，归集共享安全生产领域失信生产经营单位及其有关人员失信信息，通过全国信用信息共享平台和全国企业信用信息公示系统向各有关部门通报。 6. 负责本县能源行业安全监察工作。牵头组织实施能源行业安全生产抽查检查，对发现的重大事故隐患采取现场处置措施，向县政府提出改善和加强能源行业安全监管的意见建议，督促开展重大隐患整改和复查。 7. 执行国家、省、市能源安全生产有关政策，拟定能源发展规划并监督实施。 8. 执行能源行业安全准入、监督监管、风险分级管控和事故隐患排查治理等政策。依法对能源行业企业贯彻执行安全生产法律法规情况进行监督检查，对煤矿、电力企业安全生产条件、设备设施安全情况、违法违规问题，监督落实整改，按照权限实施行政处罚。

表 2 - 2（续）

党委政府相关部门	相 关 职 责
发展和改革委员会	9. 负责统筹煤矿、电力等能源安全生产监管执法保障体系建设，制定监管监察能力建设规划，完善技术支撑体系，推进监管执法制度化、规范化、信息化。 10. 参与编制煤矿、电力等能源安全生产应急预案，指导和组织协调煤矿、电力等能源事故应急救援工作，参与煤矿、电力等能源事故应急救援工作。依法组织或参与煤矿、电力等能源生产安全事故和特别重大煤矿、电力等能源生产安全事故调查处理，监督事故查处落实情况。负责统计分析和发布煤矿、电力等能源安全生产信息和事故情况。 11. 负责煤矿、电力等能源安全生产宣传教育，组织开展煤矿、电力等能源安全科学技术研究及推广应用工作。指导煤矿、电力等能源企业安全生产基础工作，会同有关部门指导和监督煤矿、电力等能源生产能力核定工作。对煤矿、电力等能源安全技术改造和综合治理与利用项目提出审核意见。 12. 拟定本县粮食流通宏观调控、总量平衡和粮食流通中长期规划，进出口总量计划，提出实施储备粮规模、收储和动用的建议。负责本县粮食流通监督检查。 13. 组织实施国家、省、市战略和应急储备物资的收储、轮换和日常管理，落实有关动用计划和指令。 14. 拟订并组织实施能源发展战略、规划和政策，制定实施有利于安全生产的政策措施，指导督促能源行业加强安全生产管理，严格行业准入条件，提高行业安全生产水平。 15. 拟定并实施煤炭产业发展规划，协调有关方面开展煤层气开发、淘汰煤炭落后产能、煤矿瓦斯治理和利用工作，制定相关标准和政策措施，会同有关部门推进煤炭企业兼并重组。 16. 负责汇总提出能源的中央财政性建设资金投资安排建议，按规定权限核准、审核国家规划内和年度计划规模内能源投资项目，将安全设施"三同时"纳入建设项目管理程序。 17. 负责电力安全生产监督管理、可靠性管理和电力应急工作，指导和监督电力行业安全生产教育培训考核工作，组织电力安全生产新技术的推广应用。 18. 负责电力行业安全生产统计分析，依法组织或参加有关事故的调查处理，按照职责分工对事故发生单位落实防范和整改措施的情况进行监督检查
教育局	1. 负责全面掌握学校（幼儿园、中等职业学校）安全工作状况，制定学校安全工作考核目标，加强对学校安全工作的检查指导，督促各类学校制定安全管理制度和突发事件应急预案，落实安全防范措施。 2. 将安全教育纳入学校教育内容，指导学校开展安全教育活动，普及安全知识，加强实验室、实训实习期间和校外社会实践活动的安全管理。 3. 会同有关部门依法负责校车安全管理的有关工作。 4. 负责教育系统安全管理统计分析，依法参加有关事故的调查处理，按照职责分工对事故发生单位落实防范和整改措施的情况进行监督检查。 5. 将学校有关设施通过相关安全审查情况纳入拟开办学校审查内容。 6. 组织承担中小学校舍安全工程领导小组成员单位协调工作，协调配合相关部门及单位进行中小学校舍安全工程的监督检查工作

表2-2（续）

党委政府 相关部门	相 关 职 责
科学技术局	1. 将安全生产科技进步纳入科技发展规划和科技计划（专项、基金等）并组织实施。 2. 负责安全生产重大科技攻关、基础研究和应用研究的组织指导工作，会同有关部门推动安全生产科研成果的转化应用。 3. 加大对安全生产重大科研项目的投入，引导企业增加安全生产研发资金投入，促使企业逐步成为安全生产科技投入和技术保障的主体。 4. 在科学技术奖励工作中，加大对安全生产领域重大研究成果的支持，引导社会力量参与安全生产科技工作
工业和 信息化局	1. 指导工业、通信业加强安全生产管理。负责做好工业和信息化领域的技术改造投资管理；贯彻技术改造投资的有关政策措施；研究和规划技术改造项目投资方向和布局；负责技术改造项目初步审查、备案，在行业发展规划、政策法规、标准规范等方面统筹考虑安全生产和应急管理，严格行业规范和准入管理，实施传统产业技术改造，淘汰落后工艺和产能，指导重点行业排查治理隐患，促进产业结构升级和布局调整，促进工业化和信息化深度融合，从源头治理上指导相关行业提高企业本质安全水平。 2. 负责配合地方通信管理部门做好通信业及通信设施建设安全生产监督管理，制定相关行业安全生产规章制度、标准规范并组织实施，指挥协调生产安全事故应急通信。 3. 负责权限内民用爆炸物品生产、销售的安全监督管理，按照职责分工组织查处非法生产、销售（含储存）民用爆炸物品的行为。 4. 按照职责分工，依法负责危险化学品生产、储存的行业规划和布局。会同有关部门推动安全（应急）产业发展。 5. 负责相关行业安全生产统计分析，依法参加有关事故的调查处理，按照职责分工对事故发生单位落实防范和整改措施的情况进行监督检查。 6. 引导重点行业规范安全生产条件，把安全生产"一票否决"制度作为国家、省、市新型工业化示范基地申报、考核、质量评价的重要条件。 7. 推动安全（应急）产业发展，会同有关部门把安全应急产业作为战略性产业优先扶持发展，鼓励企业研发先进、急需的安全（应急）技术、产品和服务，提升安全应急产品供给能力
公安局	1. 负责本县道路交通安全管理工作，拟订道路交通安全管理的政策、规定，指导、监督各乡镇街道、经济技术开发区公安机关预防和处理道路交通事故，维护道路交通安全、道路交通秩序，以及开展机动车辆（不含拖拉机）、驾驶人管理工作，组织指导道路交通安全宣传教育工作。 2. 指导、协调、监督民用爆炸物品购买、运输、爆破作业，以及烟花爆竹道路运输、燃放环节实施安全监管，监控民用爆炸物品流向，按照职责分工组织查处非法购买、运输、使用（含储存）民用爆炸物品的行为和非法运输、燃放烟花爆竹的行为。 3. 指导、监督、依法核发剧毒化学品购买许可证、剧毒化学品道路运输通行证，并负责危险化学品运输车辆的道路交通安全管理。 4. 负责消防安全工作，指导、监督、依法开展防火工作，履行防火职责。组织职责范围内的消防行政审批、监督检查、火灾扑救和重大灾害事故及其他以抢救人员生命为主的应急救援等工作，指导专职消防队、志愿消防队工作。

表2-2（续）

党委政府相关部门	相关职责
公安局	5. 指导、监督、依法对相关大型群众性活动实施安全管理。 6. 配合国家、省、市公安机关做好民用枪支使用单位的安全监督管理工作。 7. 指导查处涉及安全生产的刑事案件、治安管理案件、妨碍公务案件。 8. 负责相关安全生产统计分析，依法组织或参加有关事故的调查处理，按照职责分工对事故发生单位落实防范和整改措施的情况进行监督检查；指导查处相关刑事案件和治安案件
民政局	1. 负责民政系统的安全监督管理。在拟订相关民政事业发展法律法规草案、政策、规划以及制定相关部门规章和标准时，将安全生产纳入其中，并负责组织实施。 2. 指导各乡镇街道、经济技术开发区养老服务机构、儿童福利机构、未成年人救助保护机构、流浪乞讨人员救助管理机构、殡葬服务机构、精神卫生福利机构等安全管理工作，制定相关安全法规、行业标准并监督实施，督促其落实安全责任和防范措施。 3. 指导、协助做好生产安全事故善后和死亡人员殡葬监督管理工作。 4. 监督指导在民政局直接登记管理的社会团体的安全生产工作。 5. 负责民政系统安全管理分析，依法组织或参加民政服务机构安全事故调查处理，按照职责分工对事故发生单位落实防范和整改措施的情况进行监督检查。指导协调各地民政部门参与安全事故处置工作
司法局	1. 负责审查备案有关部门起草以县政府名义发布的行政规范性文件。 2. 承办申请县政府裁决的有关安全生产行政复议案件，指导、监督安全生产行政复议工作。 3. 将安全生产法律法规纳入公民普法的重要内容，协调推动有关部门落实"谁执法谁普法"普法责任制，广泛宣传普及安全生产法律法规知识；指导律师、公证、基层法律服务工作，为生产经营单位提供安全生产法律服务。 4. 负责司法行政系统安全生产统计分析
财政局	1. 指导各街道乡镇、经济技术开发区健全安全生产监管执法经费保障机制，将安全生产监管执法经费纳入同级财政保障范围。 2. 把安全生产专项资金纳入财政预算，统筹安排安全生产建设项目及安全监管能力建设资金，保障安全监管执法费用。 3. 会同应急、审计、人社等部门共同监督管理中央、省、市下拨的安全生产预防及应急相关资金，监督安全生产专项资金、工伤预防资金的提取和使用。 4. 督促国有企业主要负责人落实安全生产第一责任人的责任和企业安全生产责任制，开展企业负责人履行安全生产职责的业绩考核。 5. 依照有关规定，参与开展国有企业安全生产和应急管理的检查、督查，督促企业落实各项安全防范和隐患治理措施。 6. 参加国有企业特别重大事故的调查，负责落实事故责任追究的有关规定。 7. 督促国有企业做好统筹规划，把安全生产纳入中长期发展规划，保障职工健康与安全，切实履行社会责任。 8. 把安全生产纳入直接监管企业经营业绩考核体系，把事故防控和主要负责人履行安全生产职责情况作为约束性指标

表 2-2（续）

党委政府相关部门	相 关 职 责
人力资源和社会保障局	1. 将安全生产法律、法规及安全生产知识纳入相关行政机关工勤人员、事业单位工作人员的培训（含职业教育、继续教育等）学习计划并组织实施，将安全生产履职情况作为行政机关工勤人员、事业单位工作人员奖惩、考核的重要内容。 2. 贯彻落实国家工伤保险政策，依法推进企业参加工伤保险、开展工伤预防。 3. 协助有关部门制定和实施安全生产领域各类专业技术人才、技能人才规划、培养、继续教育、考核、奖惩等政策。 4. 指导技工院校、职业培训机构的安全知识和技能教育培训，制定突发事件应急预案，落实安全防范措施。 5. 指导劳动安全卫生集体合同订立工作，组织查处损害女职工劳动健康和违法使用童工的行为。 6. 会同有关部门落实安全生产领域职业资格相关政策，按照职责分工组织注册安全工程师职称评审工作
自然资源和规划局	1. 负责查处越界勘查、无证勘查开采、越界采矿等违法违规行为，维护良好的矿产资源开发秩序。 2. 按照职责分工，负责对无采矿许可证、越界采矿被吊销采矿许可证、资源枯竭应当关闭退出等矿井的关闭工作及关闭是否到位情况进行监督和指导；会同相关部门组织指导并监督检查本县废弃矿井的治理工作。 3. 负责矿产资源管理工作。组织编制实施矿产资源规划。监督指导矿产资源合理利用和保护。负责管理地质勘查行业和地质工作。 4. 依法组织编制和实施国土空间规划，充分考虑实施安全生产规划、管道发展规划必要的空间需求和时序安排。指导本县、各乡镇街道、经济技术开发区在国土空间规划编制工作中统筹安排管道发展规划，依法依规推进管道建设规范化管理。同时，依据国土空间规划，严格实施国土空间用途管制。 5. 对森林草原资源保护利用进行监督管理。参与森林草原应急救援，参加调查处理森林草原生产安全事故，按规定权限调查处理森林草原生态破坏相关事件等，按照职责分工对事故发生单位落实防范和整改措施的情况进行监督检查。 6. 开展森林草原预警监测、灾害预防、风险评估和隐患排查治理，发布警报和公报。建设和管理本县森林草原立体观测网。参与重大森林草原灾害应急处置。 7. 组织指导协调和监督地质灾害调查评价及隐患的普查、详查、排查。指导开展群测群防、专业监测和预报预警等工作，指导开展地质灾害工程治理工作。负责确权且登记范围内部分二类矿产资源及全部三类矿产资源的矿山井坑工作，督促推进矿山地质环境恢复治理工作。 8. 落实综合防灾减灾规划相关工作，组织编制森林和草原火灾防治规划并指导实施，指导开展林业和草原防火巡护、火源管理、防火设施建设等工作。 9. 负责推进林业和草原改革相关工作。负责落实综合类防灾减灾规划相关要求，指导实施林业和草原火灾防治规划和防护标准。 10. 依法履行林业、草原安全生产监督管理职责。负责指导林业、草原及以国家、省、市公园为主体的各类自然保护地等相关单位安全监督管理工作。 11. 负责林业、草原系统安全生产统计分析，依法参加有关事故的调查处理，按照职责分工对事故发生单位落实防范和整改措施的情况进行监督检查

表2-2（续）

党委政府相关部门	相 关 职 责
生态环境局	1. 依法对废弃危险化学品等危险废物的收集、贮存、处置等进行安全监督管理，防止人身伤亡和财产损失事故发生。按照职责分工负责危险化学品生产安全事故相关环境污染、生态破坏问题调查和事故现场应急环境监测。 2. 指导协调开展生产安全事故次生环境污染和其他相关突发环境事件的应急、预警和处置工作。 3. 指导督促各乡镇街道、经济技术开发区和相关企业单位对重点环保设施和项目组织开展安全风险评估和隐患排查治理
住房和城乡建设局	1. 依法对本县的建设工程安全生产实施监督管理（按照规定职责分工的铁路、交通、水利、电力、通信等专业建设工程除外）。负责拟订建筑安全生产政策、规章制度并监督执行，依法查处建筑安全生产违法违规行为。监督管理房屋建筑工地和市政工程工地用起重机械、专用机动车辆的安装、使用。 2. 指导农村住房建设、农村住房安全和危房改造。指导农村管道天然气工程质量和运行安全。 3. 指导城市市政公用设施建设、安全和应急管理，指导城市供水、燃气、热力、市政设施、园林、市容环境治理、城市规划区绿化、城镇污水处理设施和管网等安全运行监督管理。指导城市地下空间开发利用安全监督管理。 4. 负责建筑施工、建筑安装、建筑装饰装修、勘察设计、建设监理等建筑业和房地产开发、物业服务、房屋征收拆迁等房地产业安全生产监督管理工作。负责指导和监督建筑施工企业安全生产准入管理，指导建筑施工企业从业人员安全生产教育培训工作。 5. 指导建设工程消防设计审查验收工作。 6. 组织职责范围内的房屋和市政基础设施建设，加强入场建筑材料安全性能复检、复验监督管理。 7. 负责建筑业、房地产业和住房城乡建设系统安全生产统计分析，依法组织或参加有关事故的调查处理，按照职责分工对事故发生单位落实防范和整改措施的情况进行监督检查
交通运输局	1. 指导公路行业安全生产和应急管理工作。执行并监督实施公路行业安全生产政策、规划和应急预案，指导有关安全生产和应急处置体系建设，承担公路重大突发事件处置的组织协调工作，承担有关公路运输企业安全生产监督管理工作。负责指导交通运输综合执法和队伍建设有关工作。 2. 负责公路交通安全监督管理。负责公路交通及相关设施检验、登记和防治污染、运输保障、救助、通信等工作。 3. 负责道路运输管理工作。指导运输线路、营运车辆、枢纽、运输场站等管理工作；负责贯彻执行经营性机动车营运安全标准并监督实施，指导机动车维修、营运车辆综合性能检测管理，负责机动车驾驶员培训机构和驾驶员培训管理工作；指导公共汽车交通运营、出租汽车（含巡游出租汽车和网络预约出租汽车）、汽车租赁等安全监督管理工作。指导或配合有关部门查处车辆超限超载和打击无牌、无证、报废车辆营运等违法行为。 4. 按照职责分工指导并组织开展交通运输行业安全生产专项整治工作。指导组织实施公路安全生命防护工程，加强道路交通安全设施建设。

表2-2（续）

党委政府相关部门	相 关 职 责
交通运输局	5. 指导危险货物道路运输的许可以及运输工具的安全管理和从业人员资格认定。按照职责范围组织实施危险货物有关标准。 6. 指导有关交通运输企业安全生产标准化建设和从业人员的安全生产教育培训工作。 7. 监督指导公路和城市公共交通行业安全生产和应急管理，监督实施公路安全生产政策、规划和应急预案，指导有关安全生产和应急救援体系建设，配合建立本县范围内实施应急救援绿色通道机制。 8. 监督交通运输基础设施管理和维护，组织实施公路安保工程，负责指导督促公路危险路段和道路交通隐患点段治理。 9. 组织公路运输工程安全监督管理工作，监督实施公路运输工程建设安全生产政策、制度和技术标准。落实公路建设项目安全评价、安全设计审查制度。 10. 负责交通运输行业安全生产统计分析，依法组织或参加有关事故的调查处理，按照职责分工对事故发生单位落实防范和整改措施的情况进行监督检查
水利局	1. 负责水利行业安全生产工作，组织实施水利工程质量和安全监督，组织指导水库、水电站大坝的安全监督管理。 2. 组织实施水利工程建设安全生产监督管理工作，按规定制定水利工程建设有关政策、制度、技术标准和重大事故应急预案并监督实施。 3. 负责组织、协调和指导河流河道采砂活动的统一管理和监督检查；监督管理河道采砂工作，并对采砂影响防洪安全、河势稳定、堤防安全负责。 4. 组织提出并协调落实水利工程运行和后续工程建设的有关政策措施，指导监督工程安全运行，组织工程验收有关工作，督促指导配套工程建设。 5. 组织指导水利工程蓄水安全鉴定和验收，指导河流干堤、重要病险水库、重要水闸的除险加固。 6. 指导、监督水利行业从业人员的安全生产教育培训考核工作。 7. 负责水利行业安全生产统计分析，依法参加有关事故的调查处理，按照职责分工对事故发生单位落实防范和整改措施的情况进行监督检查
农业农村局	1. 指导农业行业安全生产工作，拟订农业行业安全生产政策、规划和应急预案并组织实施。 2. 指导渔业安全生产工作。代表国家、省、市行使渔政渔港监督管理权，依法对渔港水域交通安全实施监督管理，负责渔业和渔政渔港、渔船、渔业船员等监督管理。承担职责范围内渔业应急处置和渔业安全事故调查处理工作。 3. 指导农机安全生产工作。指导农机作业安全和维修管理；组织农机安全监理，按照职责分工，依法指导农机登记、安全检验、事故处理、农机驾驶人员培训和考核发证工作。 4. 负责农药监督管理工作，承担农药使用环节安全指导工作。指导农村可再生能源综合开发利用。指导畜禽屠宰行业安全生产工作。 5. 监督管理硝基类肥料生产经营，指导硝基类肥料使用安全。 6. 监督管理农业设施、农村沼气工程施工安全，指导沼气使用安全。

表2-2（续）

党委政府相关部门	相 关 职 责
农业农村局	7. 组织提供气象灾害监测、预报、预警及气象灾害风险评估信息，指导生产安全事故应急救援气象保障工作。 8. 督促落实雷电灾害风险评估和安全防御组织管理工作，组织承担气象部门负责的防雷装置设计审核和工程竣工验收、防雷设施的安全检查。 9. 负责农业行业安全生产统计分析，依法组织或参加有关事故的调查处理，按照职责分工对事故发生单位落实防范和整改措施的情况进行监督检查
商务局	1. 配合有关部门做好商贸服务业（含餐饮业、住宿业）安全生产管理工作，按有关规定对拍卖、展览、汽车流通、旧货流通和成品油流通等行业进行安全生产管理，指导再生资源回收行业安全生产工作。指导督促商贸、流通企业贯彻执行安全生产法律法规，加强安全管理，落实安全防范措施。 2. 会同有关部门指导督促对外投资合作企业主体加强投资合作项目安全生产工作。 3. 配合有关部门对商贸、流通企业违反安全生产法律法规行为进行查处。 4. 把安全生产纳入现代流通业发展规划
文化体育广电和旅游局	1. 负责文化、体育、广电、旅游安全监督管理工作，在职责范围内依法对文化市场、旅游行业、体育运动项目、文艺演出、体育比赛活动、景区、宾馆饭店、农家乐、滑雪场、旅行社等企业安全生产及应急管理监督检查工作，拟订文化市场和旅游行业有关安全生产政策，组织制定文化市场和旅游行业突发事件应急预案，加强应急管理；会同有关部门指导户外运动安全，指导各乡镇街道、经济技术开发区对旅行社企业安全生产工作进行监督检查，推动协调相关部门加强对自助游、自驾游等新兴业态的安全监管，依法指导景区建立具备开放的安全条件；配合有关部门组织开展景区内游乐园安全隐患排查整治。 2. 在职责范围内依法对互联网上网服务经营场所、娱乐场所和营业性演出、文化艺术经营活动执行有关安全生产法律法规的情况进行监督检查。 3. 旅游安全实行综合治理，配合有关部门加强旅游客运安全管理，发布旅游安全预警信息。 4. 负责文化系统所属单位的安全监督管理，指导图书馆、文化馆（站）等文化单位和重大文化活动、基层群众文化活动加强安全管理，落实安全防范措施。 5. 负责本县旅游安全管理的宣传、教育、培训工作。加强对有关安全生产法律法规和安全生产知识的宣传，配合有关部门共同开展安全生产重大宣传活动。 6. 负责文化市场、文化系统和旅游行业安全生产统计分析，依法参加有关事故的调查处理，按照职责分工对事故发生单位落实防范和整改措施的情况进行监督检查。 7. 监督管理所属单位及设施、设备的安全生产工作，监督公共文化体育新闻出版广电设施安全运行。把文化娱乐场所有关设施通过相关安全审查情况纳入拟开办文化娱乐场所审查内容。 8. 把安全生产工作纳入社区文化建设、乡镇街道（镇）文化馆和文化室建设内容。 9. 依法依规查处利用安全生产问题恶意炒作和新闻敲诈等违纪违法行为。 10. 会同有关部门对旅游安全实行综合治理，督促旅游企业落实建设项目施工、交通、特种设备的法规制度和标准。指导规范其他旅游企事业单位的安全生产及应急管理工作。

表 2-2（续）

党委政府相关部门	相 关 职 责
文化体育广电和旅游局	11. 负责旅游突发事件的应急管理，会同有关部门监督、指导户外运动休闲旅游安全，户外徒步穿越、汽车越野旅游项目和户外运动俱乐部安全。 12. 负责指导、监督广播电视机构及设施设备安全管理，指导、协调全国性重大广播电视活动，指导推进国家应急广播体系建设，制定广播电视有关安全制度和处置重大突发事件预案并组织实施。 13. 组织指导广播电视机构及新闻媒体开展安全生产宣传教育，配合有关部门共同开展安全生产重大宣传活动，对违反安全生产法律法规的行为进行舆论监督。负责公共体育设施安全运行的监督管理。 14. 按照有关规定，负责监督指导游泳、滑雪、潜水、攀岩等高危险性体育项目、有关重要体育赛事和活动、体育彩票发行的安全管理工作。 15. 负责本系统所属单位的安全管理工作，监督检查系统内单位贯彻执行有关安全法律法规的情况，落实安全防范措施。 16. 负责本县文物和博物馆安全生产监督管理，组织开展文物和博物馆安全检查、督察工作。 17. 拟订文物和博物馆安全制度、标准和办法，参与起草文物保护法律法规并负责督促检查。 18. 协同配合有关部门查处文物安全事故，协同住房城乡建设部门负责历史文化名城（镇、村）安全生产监督管理工作。 19. 组织指导文物和博物馆安全宣传工作
卫生健康委员会	1. 按照职责分工，负责职业卫生、放射卫生的监督管理工作。负责起草职业卫生、放射卫生监管有关法规，制定用人单位职业卫生、放射卫生监管相关规章，组织拟订本县职业卫生标准。 2. 负责用人单位职业卫生监督检查工作，依法监督用人单位贯彻执行本县有关职业病防治法律法规和标准情况。 3. 负责职业卫生、放射卫生检测、评价技术服务机构的监督管理工作。组织查处职业病危害事故和违法违规行为。 4. 负责卫生系统安全管理工作。指导医疗卫生机构、计划生育技术服务机构等制定安全管理制度和突发事件应急预案，落实安全防范措施，做好医疗废物、放射性物品安全处置管理工作。负责直属医疗机构安全监督管理。 5. 协调指导生产安全事故的医疗卫生救援工作，对重特大生产安全事故组织实施紧急医学救援。 6. 指导伤亡事故医疗救护工作。 7. 监督指导医疗机构危险化学品、医疗废弃物、放射性物品安全处置管理工作，监督卫生医疗机构建立安全管理制度和应急预案，落实危险物品和用电、消防安全防范措施。 8. 督促落实危险化学品及毒麻药品的监督管理工作

表 2-2（续）

党委政府相关部门	相 关 职 责
市场监督管理局	1. 配合有关部门加强对商品交易市场的安全检查和促进市场主办单位依法加强安全管理。 2. 负责特种设备安全监督管理，综合管理特种设备安全监察、监督工作。监督检查特种设备的生产（包括设计、制造、安装、改造、修理）、经营、使用、检验检测和进出口。监督管理特种设备检验检测机构和检验检测人员、作业人员的资质资格。推动特种设备安全科技研究并推广应用。 3. 依法负责保障劳动安全的产品、影响生产安全的产品质量安全监督管理。负责危险化学品及其包装物、容器（不包括储存危险化学品的固定式大型储罐）生产企业的工业产品生产许可证的管理工作，并依法对其产品质量实施监督，对烟花爆竹实施质量监督。 4. 配合有关部门开展安全生产专项整治，按照职责依法查处无照经营等非法违法行为；对有关前置许可审批部门依法吊销、撤销许可证或者其他批准文件，或者许可证、其他批准文件有效期届满的生产经营单位，根据有关部门的通知，配合主管部门依法督促其办理变更登记或注销登记，对于擅自从事相关经营活动情节严重的，依法吊销营业执照；配合有关部门依法查处未经安全生产（经营）许可的生产经营单位。 5. 配合有关部门委托相关技术机构开展风险评估、检验检测等技术服务工作，为小型游乐设施安全管理提供指导和服务。 6. 在组织实施行政许可、执法检查中，监督药品生产经营者履行安全生产主体责任、落实安全生产规定。 7. 把餐饮服务单位的安全生产纳入餐饮服务经营者审查内容。 8. 对于安全生产许可作为前置条件的单位，吊销、撤销安全生产许可的单位依法变更经营范围或者注销登记，对擅自从事相关经营活动情节严重的依法撤销登记或吊销营业执照，按照职责分工组织查处无照经营行为。 9. 负责特种设备安全生产统计分析，依法组织或参加有关事故的调查处理，按照职责分工对事故发生单位落实防范和整改措施的情况进行监督检查
气象局	1. 建立健全气象灾害监测预报预警联动机制，根据天气气候变化情况及防灾减灾工作需要，及时向各有关地区和部门提供气象灾害监测、预报、预警、气象灾害风险评估等信息，为有关地区和部门发布各类突发事件预警信息提供平台。负责为安全生产预防控制和事故应急救援提供气象服务保障。 2. 依法履行雷电灾害安全防御的监督管理职责，组织制定有关安全生产政策措施并监督实施，依法参加有关事故的调查。 3. 会同有关部门指导无人驾驶自由气球和系留气球活动安全生产监督管理工作，负责无人驾驶自由气球和系留气球活动审批监督管理。组织制定有关安全生产政策措施并监督实施。负责人工影响天气作业期间的安全检查和事故防范
共青团委员会	1. 会同应急管理部门组织开展"青年安全生产示范岗""安康杯"活动，组织开展群众性安全生产活动。 2. 组织宣传未成年工劳动保护法规知识，维护青年安全生产合法权益。 3. 加强志愿者工作、培训、日常工作

表2-2（续）

党委政府相关部门	相 关 职 责
总工会	1. 依法对安全生产工作进行监督，反映劳动者的诉求，指导地方工会依法组织职工参加本单位安全生产工作的民主管理和民主监督，维护职工在安全生产方面的合法权益。 2. 调查研究安全生产工作中涉及职工合法权益的重大问题，参与涉及职工切身利益的有关安全生产政策、措施、制度和法律、法规草案的拟订工作。 3. 指导地方工会参与职工劳动安全卫生的培训和教育工作。开展群众性劳动安全卫生活动，动员广大职工开展群众性安全生产监督和隐患排查，参与落实职工岗位安全责任，推进群防群治。 4. 依法参加特别重大生产安全事故的调查处理，向有关部门提出处理意见。代表职工监督事故发生单位防范和整改措施的落实。 5. 指导基层工会开展劳动保护工作，加强劳动保护检查员队伍建设。 6. 将取得安全生产显著成绩的单位和个人纳入劳动模范评选范围
妇女联合会	1. 把以人为本、关注安全、关爱生命的安全文化理念融入平安家庭创建体系。 2. 组织开展群众性安全生产活动，提高妇女安全生产意识。 3. 组织做好妇联管理的幼儿园（所）的安全生产工作。 4. 组织维护妇女、儿童安全生产合法权益

注：根据公开资料整理，为不完全统计；不同省、市的政府部门设置或名称不同，根据实际情况进行调整。

（三）社区安全的条块协调和纵横联动

社区安全建设与管理中的某些问题，往往涉及跨部门、跨区域的协调解决；基于此，在地方层面，还应加强各相关党委工作部门与政府职能部门之间、地方和部门之间的协调与联动工作机制建设，构建纵横交织、条块联动的网状社区安全治理结构。

在安全生产领域，围绕道路交通、民航水上铁路交通、消防、建设工程、煤矿和油气长输管线、危险化学品、非煤矿山和油气集输管线、工业和工矿商贸、医疗卫生、旅游、特种设备、校园、电力、商贸和成品油、民爆物品、农林牧渔等安全生产工作重点领域，地方省市在安全生产委员会体制下，设置多个安全生产专业委员会，由分管副市长担任各专业委员会主任，办公室设在有关市级单位，所有相关党委工作部门与政府职能部门的主要负责人担任副主任，共同协商处置和联动解决安全生产问题。安全生产专业委员会的职责一般设置为：

（1）组织本安全生产专业委员会贯彻执行中央、省和市委、市政府关于安全生产的方针政策和决策部署，落实市安委会确定的各项重点任务。

（2）严格执行安全生产法律法规和规章制度，建立健全该安全生产专业委员会工作运行机制，定期召开工作例会，分析安全生产形势，研究解决安全生产突出问题。

（3）围绕安全生产领域改革发展重点任务，以及安全生产责任制规定，结合行业（领域）实际，加大工作落实力度，健全完善责任制和责任清单。

（4）加强对本行业（领域）安全生产工作调研，突出重点时段、重点地区、重点企业和容易引发事故的关键环节、要害场所、核心部位，加强隐患排查治理，强化风险防控，切实遏制本行业（领域）较大事故，杜绝重特大事故。

（5）加强本行业（领域）安全生产指导和协调，将安全生产工作与经济发展、行业（领域）管理工作同时安排部署、同时组织实施、同时监督检查。

（6）贯彻落实《生产安全事故应急条例》，按照职责分工，加强安全生产应急管理工作，建立完善应急预案体系，定期组织演练，按照安全生产事故应急响应程序，实施生产安全事故抢险救援，依法开展事故调查处理和责任追究、落实整改措施。

（7）按照市政府和市安委会的统一部署，组织开展安全生产综合督查、专项检查，切实加大执法力度，推动企业安全生产等。

2020年11月，平安中国建设工作会议召开，针对建设更高水平的平安中国，提出"创新纵横联动机制"的三方面要求，也是社区安全在地方党委政府层面实现条块协调和纵横联动的重要路径。一要构建条块结合新格局，厘清上级职能部门与乡镇（街道）之间权责、属地管理与部门职责之间边界，推动力量在基层整合、问题在基层解决，积极探索扁平化治理模式，提高快速响应、精准落地能力；二要构建部门协同新体系，按照"谁主管、谁负责"原则，建立健全职能部门平安建设权责清单，严格落实部门对分管行业领域安全风险防控监管职责，健全部门间信息互通、资源共享、工作联动机制，实现资源整合、力量融合、功能聚合、手段综合，形成联动融合、集约高效的工作体系；三要构建区域协作新模式，完善责任共担、合作共赢的区域安全协作新机制，努力实现重大安保任务联手、重大突发事件联处、突出矛盾风险联治。

自2018年开始，北京市以党建引领街乡管理体制机制创新，实施"街乡吹哨、部门报到"和"接诉即办"改革，其中一系列措施和做法，能够充分发挥街道乡镇积极性、主动性，推动重心下移、力量下沉、服务基层；能够突出条块结合，建立健全工作机制，形成工作合力，解决城市基层治理"最后一公里"难题；能够搭建执法部门到街道乡镇开展综合执法的工作平台，建立高效运行工作机制，强化街道乡镇统筹协调职能，从而有效促进社区安全的条块协调和纵横联动，具体措施详见表2-3。

表2-3 北京市"街乡吹哨、部门报到"促进社区安全的条块协调和纵横联动一览表

推进举措	促进社区安全的条块协调和纵横联动的相关措施	负责部门
1. 加强党对街道乡镇工作的领导	进一步明确相关程序和要求，落实街道乡镇对相关重大事项提出意见建议权、对辖区需多部门协调解决的综合性事项统筹协调和督办权、对政府职能部门派出机构工作情况考核评价权。区政府职能部门向街道乡镇派出机构领导人员的任免要事先征求街道乡镇党（工）委意见，综合执法派驻人员日常管理考核由街道乡镇党（工）委负责。建立各级党组织向属地街道乡镇党（工）委报到制度。建立健全党建工作协调委员会，作为街道乡镇统筹区域化党建工作的议事协调平台，着力形成地区事务共同参与、共同协商、共同管理的工作格局	北京市委组织部、市编办、市委社会工委、市委农工委
2. 推进区政府职能部门向街道乡镇派出机构的管理体制改革	对于适宜由街道乡镇管理的职能部门派出机构，逐步下沉至街道乡镇，实行分级管理，并由按区域设置调整为按区划设置，实现"一街（乡）一所"；按照"一街（乡）一队"设置街道乡镇城管执法队，作为区城管执法局的派出机构，实行以街道办事处（乡镇政府）为主的双重管理体制；对于暂不宜下沉至街道乡镇、实际工作又与街道乡镇联系紧密的职能部门派出机构，安排专门力量常驻街道乡镇。提高区政府职能部门派驻街道乡镇执法人员的比例，执法力量尽可能向基层倾斜，确保一线工作需要。完成区级规划和国土部门整合	北京市编办
3. 加强街道乡镇实体化综合执法平台建设	落实《关于进一步加强街道乡镇实体化综合执法平台建设的指导意见》要求，在街道乡镇普遍建立实体化综合执法中心，公安、消防、城管、工商、交通、食品药品监管等部门执法力量到街道乡镇办公，将人员、责任、工作机制、工作场地相对固化，推动执法力量下沉基层、综合执法。加快实现联合执法向综合执法转变，做到职能综合、机构整合、力量融合	北京市各区
4. 推进城乡"多网"融合发展	继续落实《关于加强北京市城市服务管理网格化体系建设的意见》要求，健全完善信息采集、事件立项、任务派遣、任务处置、结果反馈、核实结项、综合评价、绩效考评等工作流程，加快推进城市管理网、社会服务管理网、社会治安网、城管综合执法网等"多网"融合发展，实现区、街道（乡镇）、社区（村）三级在信息系统、基础数据等方面的深度融合、一体化运行	北京市委社会工委、市编办、市城市管理委、首都综治办、市城管执法局

三、基层对社区安全的主导与履责

有效发挥基层党委政府主导作用是城乡社区治理体系的支撑，也是社区安全治理的核心。在我国，基层党委政府是指街道党工委和办事处、乡镇党委和政府。在社区安全方面的主导作用发挥，集中表现为依法依规履行相应职责，并对社区自治进行相应的指导、支持和保障工作。

（一）基层党委政府的社区安全法定职责

当前，为提升基层治理体系和治理能力现代化水平，推动城乡社区减负增效，各省（自治区、直辖市）按照条块结合、以块为主的原则，制定街道办事处（乡镇政府）在社区安全方面的权责清单。现以北京市街道党工委和办事处职责清单中有关社区安全的相关法定职责规定为例予以说明。

北京市以党建引领街乡管理体制机制创新，开展"街乡吹哨、部门报到"，赋予街道乡镇更多自主权，充分发挥街道乡镇积极性、主动性，实行扁平化管理，推动重心下移、力量下沉、服务基层。以此为基础，北京市制定完善街道党工委和办事处职责清单，聚焦街道抓党建、抓治理、抓服务的主责主业，按照强化党的领导、统筹辖区工作，促进社会共治、维护安全稳定，协调城市管理、营造良好环境，组织公共服务、指导社区建设的职能定位，梳理、汇总形成全市统一的街道党工委和办事处的职责清单。其中，街道党工委和办事处、乡镇的有关安全社区建设的法定职责规定，详见表2-4、表2-5。

表2-4 北京市街道党工委和办事处层面的社区安全相关职责清单

版块	职责事项
1. 党群工作	（1）加强思想政治教育，组织街道党工委理论学习中心组学习，组织学习党的路线、方针、政策和决议，学习党的基本知识；加强和改进意识形态工作，落实意识形态工作责任制；组织辖区单位和居民开展多种形式的社会主义精神文明建设创建活动。 （2）团结和动员职工，负责区域内企事业单位组建工会、发展会员工作，指导基层工会加强组织建设，参与研究制定涉及职工切身利益的政策规定问题，开展区域性平等协商、集体合同和民主管理工作，协调处理劳动争议，监督企业落实劳动保护措施，改善职工劳动安全卫生条件，为职工群众办实事、办好事
2. 平安建设	（1）维护辖区安全稳定，在重大会议、重大活动期间及其他重要时期保障辖区公共安全。 （2）协同开展辖区"疏解整治促提升"专项行动，落实辖区人口调控目标。

表 2-4（续）

版块	职 责 事 项
2. 平安建设	（3）检查、推动辖区内的社会治安综合治理各项措施的落实，指导和帮助居民委员会、协调辖区内其他单位做好社会治安综合治理工作，掌握辖区内社会治安综合治理工作进展情况，组织开展对社会治安和社会稳定形势的整体研判、动态监测，协调推动辖区内涉及多个部门的社会治安综合治理事项的解决。 （4）加强群防群治组织建设，组织协调辖区社会治安防控体系建设，开展基层平安创建活动及各种形式的治安防范活动，动员、组织人民群众维护社会治安和社会秩序，促进相关社会组织在社会治安防控体系建设等工作中充分发挥作用。 （5）协助开展流动人口及出租房屋的综合管理。配合做好基层流管站日常工作，对基层流管站日常运行经费予以保障。协同相关部门，加强对外地来京务工、经商人员的管理和教育，保护其合法权益，制止违法行为。 （6）贯彻国家总体安全观，动员公民和组织防范、制止危害国家安全的行为。对街道机关及所属单位的人员进行维护国家安全的教育，动员、组织街道机关及所属单位的人员防范、制止间谍行为和其他危害国家安全的行为。 （7）协助、配合开展反恐怖主义工作，发现恐怖活动嫌疑或者恐怖活动嫌疑人员的，及时向公安机关或者有关部门报告。动员和组织辖区社会力量，严防邪教组织的滋生和蔓延，防范邪教活动。 （8）协助做好辖区"扫黄打非"相关工作。 （9）处理信访请求，办理信访事项，协调、督促检查信访案件办理、落实情况，提供相关咨询服务，研究、分析信访情况并提出工作建议。预防、排查、化解社会矛盾和纠纷，引导信访人依法信访。配合做好涉访突发事件和集体上访的处置工作，教育、疏导、劝返信访人。 （10）负责社区戒毒、社区康复工作。指定有关基层组织，根据戒毒人员本人和家庭情况，与戒毒人员签订社区戒毒协议，落实有针对性的社区戒毒措施。对无职业且缺乏就业能力的戒毒人员，提供必要的职业技能培训、就业指导和就业援助。加强对不适用强制隔离戒毒的吸毒成瘾人员的帮助、教育和监督。 （11）承担社区矫正日常工作，组织开展对刑满释放和解除社区矫正人员的过渡性安置和帮教工作，组织开展基层法律服务和法律援助工作。 （12）根据需要设立人民调解委员会，调解民间纠纷，指导社区居民委员会调解组织开展工作。 （13）负责办理本地区的民兵工作，领导本地区的民兵政治工作。 （14）负责本地区的征兵工作，设立兵役登记站，组织兵役登记，依法确定并报批应当服兵役、免服兵役和不得服兵役的人员，组织应征公民参加体格检查，对应征公民的政治审查进行复审。 （15）负责本地区的人民防空工作，组织实施除国家机关、社会团体、企业事业单位人员以外的其他人员的人民防空教育。组织、协调和监督本辖区内地下空间的行政执法工作，定期清查地下空间的使用情况，发现违法使用地下空间或者地下空间存在事故隐患的，通知有关行政主管部门。 （16）落实安全生产"党政同责"。监督、检查生产经营单位的安全生产机构设置、专兼职安全员配备、劳动防护用品发放使用、安全标志设置、应急预案制定实施、开展相关教育培训情况。发现安全生产违法行为或者生产安全事故隐患的，责令生产经营单位改正或

表2-4（续）

版块	职　责　事　项
2. 平安建设	者排除，并向区安监部门和政府其他有关部门报告。协助依法履行安全生产监督管理、事故隐患排查治理监督管理。 （17）开展依法、文明、安全燃放烟花爆竹的宣传、教育活动，配合做好烟花爆竹燃放安全看护工作。 （18）建立消防安全组织，制定消防安全制度，落实消防安全措施。根据需要建立专职消防队、志愿消防队承担火灾扑救、应急救援等职能，开展消防宣传、防火巡查、隐患查改。因地制宜落实消防安全"网格化"管理的措施和要求，加强消防宣传和应急疏散演练。部署消防安全整治，组织开展消防安全检查，督促整改火灾隐患。指导社区居民委员会开展群众性的消防工作。 （19）负责辖区防震减灾工作，组织开展地震应急知识的宣传普及活动和必要的地震应急救援演练。协助开展气象灾害防御知识宣传、应急联络、信息传递、灾害报告和灾情调查等工作。 （20）负责突发事件应对工作。制定、管理本级突发事件应急预案，向区政府备案，并向社会公布。开展突发事件应对法律、法规和应急知识的宣传教育，组织开展应急演练，指导其他基层组织和单位开展应急管理工作。组织建立应急救援队伍。组织储备、配备必要的应急物资。获悉发生或者可能发生突发事件信息后，向区政府报告。组织群众转移疏散，指挥和安排公民、单位开展自救互救，采取措施控制事态发展，做好专业应急救援队伍引导等工作，向区政府报告事件情况
3. 城市管理	（1）负责本行政区域内禁止违法建设相关工作。建立日常巡查监控制度，实时监控，及时发现、制止违法用地违法建设的行为。组织、协调和配合做好查处违法用地和违法建设工作配合实施强制拆除、查封施工现场工作。 （2）摸排辖区内的无证无照经营和"开墙打洞"违法行为，建立健全基础台账，协调、配合辖区无证无照经营和"开墙打洞"整治。组织辖区占道经营整治，落实露天烧烤治理任务。 （3）对辖区河湖开展定期巡查，发现并协调解决河湖管理保护存在的问题，本级无法解决的问题及时向上级河长报告。 （4）建立"街长""巷长"制，开展背街小巷环境整治提升，创建文明示范街巷。 （5）协助开展老旧小区综合整治工作。 （6）组织单位和居民开展爱国卫生运动，落实门前三包责任制。协助建设和改造公共卫生设施。组织、动员做好除"四害"工作，负责辖区内街巷的除"四害"工作。做好辖区内的控制吸烟工作。 （7）参与检查辖区施工单位地下管线保护方案和规范作业情况。 （8）配合做好本辖区内的供热采暖管理工作，配合做好对供热单位的供热设施实施应急接管工作。 （9）负责统筹辖区内的机动车停车管理工作。组织领导、综合协调、监督检查停车执法事项，协助维护道路停车秩序，劝阻、告知道路停车违法行为。 （10）依职责做好本辖区内的绿化工作，制止相关违法行为，向区园林绿化部门报告，并配合进行查处。按规定指定专人管护生长在居住小区内或者城镇居民院内的古树名木。发现森林火灾风险、病虫害、侵占湿地林地行为，向区园林绿化部门报告。对单位、个人

表 2-4（续）

版块	职 责 事 项
3. 城市管理	因保护国家和本市重点保护陆生野生动物造成损失的情况进行调查，对损失情况调查清楚的提出初步处理意见，报区园林绿化部门。 （11）负责本行政区域内的防汛抗洪工作。 （12）组织居民做好未实行物业管理的居民居住地区（包括胡同、街巷、住宅小区等）扫雪铲冰工作。 （13）制定本级空气重污染应急预案，落实空气重污染应急措施。组织辖区执法力量，有针对性地开展现场执法检查，发现问题及时督促整改。 （14）做好食品安全日常工作，负责本区域的食品安全隐患排查、信息报告、协助执法和宣传教育等工作，组织协调有关监督管理部门派驻的执法机构做好执法工作。 （15）协助监督施工单位依法施工，防治施工扬尘、扰民。配合做好居民工作，维护施工秩序。及时调解因施工噪声污染等问题引发的纠纷，协助做好因夜间施工产生噪声超过规定标准的，由建设单位给予影响范围内居民补偿费的组织发放工作。落实清洁降尘相关任务和政策措施，配合做好各领域清洁降尘工作，加大对道路建设、水务工程、园林绿化工程等工地施工扬尘和道路运输泄漏遗撒问题的巡查处理力度。 （16）动员和组织社会力量积极参与并认真做好污染源普查工作。协助做好环境监管工作，对燃煤售煤、露天烧烤、露天焚烧、废水直排、危险废物、集中停放和使用重型柴油车等开展日常巡查，制止相关违法行为，并向区环保部门等报告。配合做好压减燃煤、控车减油、治污减排等工作。 （17）综合协调本区域城市服务管理网格工作，指导社区做好有关事项的服务管理工作
4. 社区建设	（1）推进居民自治，引导居民积极参加社区公共事务和活动，动员居民有序参与社会治理，对居民公约进行备案。 （2）按职责指导成立业主大会，并选举产生业主委员会，对选举产生的业主委员会进行备案。负责对辖区内业主大会、业主委员会的活动进行协助、指导和监督，协调处理纠纷。对辖区内物业服务项目进行日常监管。对未成立业主大会的小区，指导协助业主共同决定物业服务有关事项。探索在无物业管理的老旧小区依托社区居民委员会实行自治管理。 （3）组织社区服务志愿者队伍，动员单位和居民兴办社区服务事业，鼓励和支持居民协助政府做好社会服务工作。 （4）面向居民、单位开展法治宣传和社会公德教育。 （5）组织收集社区居民群众和驻区单位的需求、诉求，向区政府反映社区居民群众的意见、要求和提出建议。 （6）依法承担培养、教育和保护未成年人的共同责任，协助指导和推进家庭教育，组织开展家庭暴力预防工作。 （7）采取措施防止适龄儿童、少年辍学。 （8）支持和协调辖区内的社区科普活动。 （9）协助开展基层综合性公共文化设施建设，受委托做好基层公共文化设施的接收、管理和使用工作，确保发挥设施服务功能。 （10）组织开展预防精神障碍发生、促进精神障碍患者康复等工作，组织居民委员会为生活困难的精神障碍患者家庭提供帮助。

表 2 - 4（续）

版块	职 责 事 项
4. 社区建设	（11）组织开展群众性卫生活动，进行预防传染病的健康教育，倡导文明健康的生活方式。 （12）建立动物防疫责任制度，协助做好本辖区内的动物防疫知识宣传、动物饲养情况调查、动物疫病监测、重大动物疫情控制和扑灭等工作，组织本辖区内的动物饲养者做好动物疫病强制免疫工作
5. 民生保障	（1）建立健全街道协调劳动关系三方机制。依法建立劳动争议调解组织，推进基层劳动就业社会保障公共服务平台建设，加强专业性劳动争议调解工作。配合做好欠薪突发事件的现场稳控、矛盾化解等工作。 （2）综合协调社区卫生服务工作，组织动员辖区内有关部门、居民委员会、社区志愿者积极参与社区健康活动。 （3）负责收集、统计因自然灾害死亡、失踪人员的数据和信息，审核居民住房恢复重建补助对象，报区民政部门。 （4）配合开展经常性社会救助活动，发动和组织群众积极参与捐助活动。协助慈善超市创新建设，提供门店场地，协助界定帮扶对象，完善服务功能，参与对慈善超市的监管
6. 综合保障	（1）机关重要事项的组织和综合协调工作。 （2）机关重要文件、文稿的起草、审核和调查研究工作的组织落实。 （3）机关重要会议的组织工作。 （4）街道对外接待联络和领导调研的服务保障工作。 （5）街道机关文电、机要、信息、信息公开、党务公开、保密、督查、绩效管理、依法行政、档案等工作。 （6）议案、建议、提案办理的组织工作。 （7）承担"12345"市政府非紧急救助服务热线及其他各类政府服务热线交办事件的统一接收、按责转办、督办落实、统一答复工作。 （8）机关及所属单位预决算编制、财务收支审核、财政执行情况监督、固定资产财务管理工作。 （9）机关安全保卫、应急值守工作

表 2 - 5　北京市乡镇层面的社区安全相关职责清单

版块	职 责 事 项
1. 党群工作	（1）负责意识形态工作，落实本乡镇意识形态工作责任制。加强和改进思想政治工作，组织乡镇党委理论学习中心组学习和本乡镇党员学习。加强精神文明建设，加强群众培训，宣传教育群众，把握方向，营造环境，培育和践行社会主义核心价值观。 （2）负责统一战线工作，做好新的社会阶层人士统战工作，支持做好基层商会组织建设。做好民族和宗教事务管理工作，建立完善宗教工作网络，落实责任制，加强对信教群众的工作，管理好宗教活动场所，依法制止利用宗教干涉农村公共事务，坚决抵御非法宗教活动和境外渗透活动。 （3）参与研究制定涉及职工切身利益的政策规定问题，开展区域性平等协商、集体合同和民主管理工作，协调处理劳动争议，监督企业落实劳动保护措施，改善职工劳动安全卫生条件，竭诚为职工服务

表 2 - 5（续）

版块	职 责 事 项
2. 平安建设	（1）维护农村社会稳定，在重大会议、重大活动期间及其他重要时期保障辖区公共安全。 （2）检查、推动辖区内的社会治安综合治理各项措施的落实，指导和帮助村（居）民委员会、协调辖区内其他单位做好社会治安综合治理工作，掌握辖区内社会治安综合治理工作进展情况，组织开展对社会治安和社会稳定形势的整体研判、动态监测，协调推动辖区内涉及多个部门的社会治安综合治理事项的解决。 （3）加强群防群治组织建设，组织协调辖区社会治安防控体系建设，开展基层平安创建活动及各种形式的治安防范活动，动员、组织人民群众维护社会治安和社会秩序，促进相关社会组织在社会治安防控体系建设等工作中充分发挥作用。 （4）协助开展流动人口及出租房屋的综合管理。配合做好基层流管站日常工作，对基层流管站日常运行经费予以保障。协同相关部门，加强对外地来京务工、经商人员的管理和教育，保护其合法权益，制止违法行为。 （5）贯彻国家总体安全观，根据职责和分工，对本乡镇的人员进行维护国家安全的教育，动员、组织本乡镇的人员防范、制止危害国家安全的行为。 （6）协助、配合开展反恐怖主义工作，根据需要指导本乡镇有关单位、村民委员会建立反恐怖主义工作力量、志愿者队伍。按职责分工，组织、督促有关建设单位在主要道路、交通枢纽、城市公共区域的重点部位，配备、安装公共安全视频图像信息系统等防范恐怖袭击的技防、物防设备、设施。发现恐怖活动嫌疑或者恐怖活动嫌疑人员的，及时向公安机关或者有关部门报告。动员和组织本乡镇社会力量，严防邪教组织的滋生和蔓延，防范邪教活动。 （7）按职责分工做好辖区"扫黄打非"相关工作。 （8）处理信访请求，办理信访事项，协调、督促检查信访案件办理、落实情况，提供相关咨询服务，研究、分析信访情况并提出工作建议。预防、排查、化解社会矛盾和纠纷，引导信访人依法信访。配合做好涉访突发事件和集体上访的处置工作，教育、疏导、劝返信访人。 （9）负责具体实施社区戒毒、社区康复工作。指定有关基层组织，根据戒毒人员本人和家庭情况，与戒毒人员签订社区戒毒协议，落实有针对性的社区戒毒措施。按职责分工，对无职业且缺乏就业能力的戒毒人员，提供必要的职业技能培训、就业指导和就业援助。加强对不适用强制隔离戒毒的吸毒成瘾人员的帮助、教育和监督。 （10）承担社区矫正日常工作，组织开展对刑满释放五年内和解除矫正三年内人员的过渡性安置和帮教工作。 （11）根据需要设立人民调解委员会，调解民间纠纷，指导村民委员会调解组织开展工作。 （12）按职责分工推进法治乡村建设，规范农村基层行政执法程序，加强乡镇行政执法人员业务培训，严格按照法定职责和权限执法，将政府涉农事项纳入法治化轨道。组织开展基层法律服务和法律援助工作。承担机关行政规范性文件审查、行政复议、行政诉讼以及行政执法监督、普法等法制工作。 （13）负责办理本乡镇民兵工作，领导本乡镇民兵政治工作。 （14）负责本乡镇征兵工作，设立兵役登记站，组织兵役登记，依法确定并报批应当服兵役、免服兵役和不得服兵役的人员，组织应征公民参加体格检查，对应征公民的政治审查进行复审。

表2-5（续）

版块	职　责　事　项
2. 平安建设	（15）负责本乡镇人民防空工作，组织实施除国家机关、社会团体、企业事业单位人员以外的其他人员的人民防空教育。组织、协调并监督本辖区内地下空间的行政执法工作，定期清查地下空间的使用情况，发现违法使用地下空间或者地下空间存在事故隐患的，通知有关行政主管部门。 （16）落实安全生产"党政同责"。加强对本行政区域内生产经营单位安全生产状况的监督检查，协助有关部门依法履行安全生产监督管理职责和事故隐患排查治理监督管理职责。加强对乡镇煤矿安全生产工作的监督管理。 （17）开展依法、文明、安全燃放烟花爆竹的宣传、教育活动，配合做好烟花爆竹燃放安全看护工作。 （18）建立消防安全组织，制定消防安全制度，落实消防安全措施。根据需要建立专职消防队、志愿消防队，承担火灾扑救、应急救援等职能，开展消防宣传、防火巡查、隐患查改。因地制宜落实消防安全"网格化"管理的措施和要求，加强消防宣传和应急疏散演练。部署消防安全整治，组织开展消防安全检查，督促整改火灾隐患。指导村民委员会开展群众性的消防工作。 （19）负责本乡镇防震减灾工作，组织开展地震应急知识的宣传普及活动和必要的地震应急救援演练。协助开展气象灾害防御知识宣传、应急联络、信息传递、灾害报告和灾情调查等工作。 （20）负责本乡镇突发事件应对工作。制定、管理本级突发事件应急预案，向区政府备案，并向社会公布。开展突发事件应对法律、法规和应急知识的宣传教育，组织开展应急演练，指导其他基层组织和单位开展应急管理工作。组织建立应急救援队伍。组织储备、配备必要的应急物资。获悉发生或者可能发生突发事件信息后，向区政府报告。组织群众转移疏散，指挥和安排公民、单位开展自救互救，采取措施控制事态发展，做好专业应急救援队伍引导等工作，向区政府报告事件情况
3. 城乡建设	（1）对农民自建低层住宅施工活动实施监督管理。负责农村危房改造的组织和管理工作。参与对居住公共服务设施的配置、使用提出意见，参与设施的验收等工作。 （2）按职责分工查处违法建设，负责本乡镇控制违法建设工作，对本乡镇建设情况进行巡查，发现违法建设行为的，予以制止并依法处理。对未经批准使用宅基地进行村民住宅建设的，符合村庄规划的，责令其补办审批手续；不符合村庄规划的，责令限期拆除；有租金收入的，没收租金收入，并处罚款。 （3）协助做好本乡镇征地补偿安置工作。按职责分工做好本乡镇集体土地房屋拆迁管理工作。审核占地拆迁房屋的拆迁实施方案，并按程序报备。按规定对职责范围内的拆迁补偿和安置方案进行确定或批准，并按程序报备。 （4）负责本行政区域内的乡道、村道建设和养护工作，落实农村道路交通安全监督管理责任。会同有关部门编制乡道、村道规划，报区政府批准。按职责分工支持和协助做好公路建设依法使用土地和居民搬迁工作。 （5）加强地质灾害的群测群防工作，加强地质灾害险情的巡回检查，发现险情及时处理和报告。 （6）协同开展辖区"疏解整治促提升"专项行动，落实辖区人口调控目标，按职责分工做好一般制造业疏解工作。

表 2-5（续）

版块	职 责 事 项
3. 城乡建设	（7）摸排辖区内的无证无照经营和"开墙打洞"违法行为，建立健全基础台账，协调、配合辖区无证无照经营和"开墙打洞"整治。组织辖区占道经营整治，落实露天烧烤治理任务。 （8）建立"街长""巷长"制，开展背街小巷环境整治提升，创建文明示范街巷。 （9）组织单位和村（居）民开展爱国卫生运动，落实门前三包责任制。按职责分工有计划地建设和改造公共卫生设施，改善饮用水卫生条件，对污水、污物、粪便进行无害化处置。负责农村简易自来水的卫生管理工作。组织、动员做好除"四害"工作。做好辖区内的控制吸烟工作。 （10）组织动员辖区内社会单位、村民委员会、志愿者做好居民住宅区、街巷、胡同等区域内的小广告清除与市容保洁工作。在胡同、街巷和住宅小区等处选择适当地点组织设置公共信息栏，为发布信息者提供方便，并负责管理和保洁。 （11）负责统筹辖区内的机动车停车管理工作。组织领导、综合协调、监督检查停车执法事项，将停车纳入网格化管理范畴，协助维护道路停车秩序，劝阻、告知道路停车违法行为。 （12）统筹辖区内的非机动车管理工作。组织管理、综合协调、监督检查区政府职能部门派出机构，依标准施划非机动车位，规范非机动车停车秩序，清理废旧非机动车。 （13）依职责做好本辖区内的绿化工作，制止相关违法行为，向区有关部门报告，并配合进行查处。做好本辖区湿地保护的相关工作，建立巡查制度，加强对本辖区内湿地保护情况的日常监督检查，协助查处违法行为。 （14）按职责分工负责护林工作，根据实际需要和规划增加护林设施，督促有林单位订立护林公约，划定护林责任区。配备专职或兼职护林员巡护森林，制止破坏森林资源的行为。按职责分工负责辖区森林防火工作。按规定指定专人管护生长在农村集体所有土地上的古树名木。组织本乡镇的农村林木病虫害防治工作，建立林木病虫害预测预报点，配备相应的防治器材，发现严重森林病虫害、侵占林地行为，向区园林绿化部门报告。 （15）落实生态文明建设责任制，严守生态保护红线，按职责分工负责本乡镇生态环境保护工作及生态环境质量，履行生态环境保护工作具体监督职责。动员和组织社会力量积极参与并认真做好污染源普查工作。协助做好环境监管工作，对燃煤售煤、露天烧烤、露天焚烧、废水直排、危险废物、集中停放和使用重型柴油车，以及"散乱污"企业、燃煤茶浴炉、工业炉窑等开展巡查，制止相关违法行为，并向区生态环境部门等报告。配合做好压减燃煤、控车减油、治污减排等工作。 （16）按职责分工，负责本行政区域土壤污染防治和安全利用，加强对土壤污染防治工作的领导，将土壤污染监管工作纳入网格化城市管理平台，组织、协调、督促依法履行土壤污染防治监督管理职责。 （17）按职责分工，负责本乡镇水环境质量，建立本级河长制，分级分段组织领导本行政区域内河流、湖泊的水资源保护、水域岸线管理、水污染防治、水环境治理等工作。对辖区河湖开展定期巡查，发现并协调解决河湖管理保护存在的问题，本级无法解决的问题及时向上级河长报告。负责农村饮用水水源地的日常管理，统筹抓好工程建设和水源保护工作。按职责分工，治理未纳入城镇污水管网的村庄的生活污水，组织突发水污染事故的应急准备、应急处置和事后恢复等工作。 （18）按职责分工，负责本乡镇大气环境质量，承担本乡镇大气污染防治工作相应责任。

表 2-5（续）

版块	职　责　事　项
3. 城乡建设	落实清洁降尘相关任务和政策措施，配合做好各领域清洁降尘工作，加大对道路建设、水务工程、园林绿化工程等工地施工扬尘和道路运输泄漏遗撒问题的巡查处理力度。按职责分工加强对农业生产经营活动排放大气污染物的控制。按职责分工采取措施推进生态治理，提高绿化覆盖率，扩大水域面积，改善大气环境质量。 （19）制定并健全完善本级空气重污染应急预案，细化落实方案和具体分工，落实空气重污染应急措施。组织辖区执法力量，有针对性地开展现场执法检查，发现问题及时督促整改。 （20）负责本行政区域内的防汛抗洪工作。 （21）协助开展老旧小区综合整治工作（主责部门：住房城乡建设等部门）。组织业主委员会、物业服务企业等协助实施主体做好入户调查、了解民意、宣传动员等工作，提出合理化建议。对难以成立业主委员会的小区，组织确定综合整治菜单、小区管理模式、物业服务企业、物业服务标准和物业服务费用。 （22）协助做好夜景照明的建设、运行和监督管理工作，参与检查辖区施工单位地下管线保护方案和规范作业情况，配合做好本辖区内的供热采暖管理工作，配合做好对供热单位的供热设施实施应急接管工作。 （23）按职责分工做好本行政区域内的文物保护工作，遵守文物保护工作方针，正确处理经济建设、社会发展与文物保护的关系，确保文物安全。 （24）综合协调本区域城市服务管理网格工作，指导社区做好有关事项的服务管理工作
4. 社区（村）建设	（1）提出村民委员会的设立、撤销、范围调整方案，按程序报区政府批准。按职责分工负责调查并依法处理破坏村民委员会选举，妨害村民行使选举权、被选举权的行为。监督新一届村民委员会产生后的工作交接。负责本乡镇农村集体经济组织的换届选举工作。 （2）推动农村民主政治建设，指导、支持和帮助村民委员会的工作，指导、支持和帮助村民委员会建立健全各项自治制度，依法开展自治活动，保障村民依法行使自治权利，提高农民的民主法制意识。按计划对村民委员会成员进行培训。对村民自治章程、村规民约予以备案，对其中违反相关规定的内容予以责令改正。对村民委员会不及时公布应当公布的事项或者公布的事项不真实的，按职责分工进行调查核实，责令依法公布。 （3）推进居民自治，引导居民积极参加社区公共事务和活动，动员居民有序参与社会治理，对居民公约进行备案。 （4）负责社区工作者日常管理、考核培训工作，推进社区工作者队伍专业化、职业化。 （5）建立乡镇级"枢纽型"社会组织工作体系，培育、指导、监督社区社会组织，对达不到登记条件的社区社会组织实施管理。 （6）按职责指导成立业主大会，并选举产生业主委员会，对选举产生的业主委员会进行备案。负责对辖区内业主大会、业主委员会的活动进行协调、指导和监督，协调处理纠纷。对业主大会、业主委员会作出的违反法律、法规的决定，按职责责令限期改正或者撤销其决定，并通告全体业主。对辖区内物业服务项目进行日常监管。对未成立业主大会的小区，指导协助业主共同决定物业服务有关事项。探索在无物业管理的老旧小区依托社区居民委员会实行自治管理。 （7）组织社区服务志愿者队伍，动员单位和居民兴办社区服务事业，鼓励和支持居民协助政府做好社会服务工作。

表 2-5（续）

版块	职 责 事 项
4. 社区（村）建设	（8）组织开展家庭暴力预防工作。 （9）组织开展辖区内的科普活动，宣传科学、文明的生产和生活方式。 （10）采取措施防止适龄儿童、少年辍学。 （11）采取多种方式，加强乡镇基层综合性文化服务中心建设，推动基层有关公共设施的统一管理、综合利用，并保障其正常运行
5. 民生保障	（1）建立健全乡镇协调劳动关系三方机制，进一步构建和谐劳动关系。依法建立劳动争议调解组织，推进基层劳动就业社会保障公共服务平台建设，加强专业性劳动争议调解工作。配合做好欠薪突发事件的现场稳控、矛盾化解等工作。 （2）综合协调社区卫生服务工作，组织动员辖区内有关部门、村（居）民委员会、社区志愿者积极参与社区健康活动。 （3）组织开展预防精神障碍发生、促进精神障碍患者康复等工作，组织村民委员会为生活困难的精神障碍患者家庭提供帮助。 （4）领导本乡镇传染病防治工作，组织开展群众性卫生活动，进行预防传染病的健康教育，倡导文明健康的生活方式，配合做好相关疾病预防控制服务工作。传染病暴发、流行时，协助做好疫情信息的收集和报告、人员的分散隔离、公共卫生措施的落实工作，向居民、村民宣传传染病防治的相关知识（主责部门：卫生健康部门）。 （5）领导本乡镇献血工作，按职责分工普及献血的科学知识，开展预防和控制经血液途径传播的疾病的教育。按职责分工对积极参加献血和在献血工作中做出显著成绩的单位和个人，给予奖励。 （6）宣传普及红十字知识，开展人道主义的救助活动，举办初级救护培训、群众性健康知识普及其他符合红十字宗旨的活动。 （7）负责收集、统计因自然灾害死亡、失踪人员的数据和信息，审核居民住房恢复重建补助对象，报区应急管理部门。 （8）配合开展经常性社会捐助活动，发动和组织群众积极参与捐助活动。协助慈善超市创新建设，提供门店场地，协助界定帮扶对象，完善服务功能，参与对慈善超市的监管。 （9）负责组实实施本级政务服务工作，加强乡镇政务服务中心建设，打造"一站式"综合服务平台。加强村（社区）综合服务站点建设
6. 农业农村（经济发展）	（1）建立健全本乡镇农业生产资料的安全使用制度，协助开展农药使用指导、服务工作。 （2）负责本行政区域内农业机械化工作，做好对农民和农业生产经营组织的服务和指导，开展促进农业机械化的具体工作。协助做好农业机械安全监督管理工作。 （3）协助做好本辖区内农业植物疫情的控制和扑灭工作。 （4）建立动物防疫责任制度，按职责分工加强村级防疫员队伍建设。协助做好本辖区内的动物防疫知识宣传、动物饲养情况调查、动物疫病监测、重大动物疫情信息报告和各项应急处理措施落实等工作。组织本辖区内的动物饲养者做好动物疫病强制免疫工作。发生三类动物疫病时，按规定和职责分工组织防治和净化。协助做好本行政区域的畜禽养殖污染防治工作，发现畜禽养殖环境污染行为的，及时制止和报告。建立养犬管理协调工作机制，按职责分工做好养犬管理组织实施工作。

表2-5（续）

版块	职 责 事 项
6. 农业农村（经济发展）	（5）协助开展渔业法制宣传教育，维护渔业生产秩序，保护渔业资源。 （6）按职责分工采取措施，加强畜禽遗传资源保护。 （7）按职责分工加强野生动物保护的宣传教育和科学知识普及工作，对保护野生动物做出贡献的单位和个人给予表彰或奖励。对单位、个人因保护国家和本市重点保护陆生野生动物造成损失的情况进行调查，对损失情况调查清楚的提出初步处理意见，报区园林绿化部门。 （8）强化农产品质量监管，全面推行农产品质量安全网格化管理，及时处理有关单位和个人报告的农产品质量安全事故，并报区政府和有关部门。 （9）做好食品安全日常工作，负责本区域的食品安全隐患排查、信息报告、协助执法和宣传教育等工作，组织协调有关监督管理部门派驻的执法机构做好执法工作。统筹辖区内的小规模食品生产经营管理工作，组织协调辖区内食品生产经营执法事项，对符合条件的食品摊贩拟经营食品类别的说明和食品安全承诺书予以备案。 （10）负责本行政区域内农村土地承包经营及承包经营合同管理，对因土地承包经营发生纠纷的双方当事人进行调解。 （11）按职责分工指导和监督本辖区农村集体资产管理工作，建立农村集体资产报告制度，依法对农村集体资产及运营情况进行审计监督，按职责分工对集体资产所有权争议、当事人对承担相关民事责任有争议的进行调解或处理。 （12）纠正本乡镇经济管理活动中各种不规范行为，从源头上防止新的乡村债务发生
7. 综合保障	负责本乡镇机关日常运转工作，承担文电、会务、机要、档案等工作。承担信息、建议议案提案办理、保密、政府信息公开等工作。承担机关重要事项的组织和督查工作。承担"12345"市政府服务热线等交办事件的统一接收、按责转办、督办落实、统一答复工作。负责机关安全保卫、应急值守、后勤服务、固定资产管理工作

（二）基层政府对社区安全自治的指导、支持、保障

街道办事处（乡镇政府）作为基层政府，应切实履行城乡社区治理主导职责，街道党工委书记、乡镇党委书记要履行好直接责任人职责；在社区安全方面，除了履行法定职责，还应加强对城乡社区治理的政策支持、财力物力保障、能力建设指导，加强对基层建设的指导规范，不断提高指导基层群众性自治组织等社区层面主体开展社区安全治理的能力和水平。

以消防安全为例，根据《消防法》和《消防安全责任制实施办法》（国办发〔2017〕87号）等相关规定，乡镇人民政府根据当地经济发展和消防工作的需要，建立专职消防队、志愿消防队，承担火灾扑救工作；乡镇人民政府、城市街道办事处应当指导、支持和帮助村民委员会、居民委员会开展群众性的消防工作。

对社区消防安全自治的指导、支持、保障工作，具体包括：

（1）建立消防安全组织，明确专人负责消防工作，制定消防安全制度，落实消防安全措施。

（2）安排必要的资金，用于公共消防设施建设和业务经费支出。

（3）将消防安全内容纳入镇总体规划、乡规划，并严格组织实施。

（4）根据当地经济发展和消防工作的需要建立专职消防队、志愿消防队，承担火灾扑救、应急救援等职能，并开展消防宣传、防火巡查、隐患查改。

（5）因地制宜落实消防安全"网格化"管理的措施和要求，加强消防宣传和应急疏散演练。

（6）部署消防安全整治，组织开展消防安全检查，督促整改火灾隐患。

（7）指导村（居）民委员会开展群众性的消防工作，确定消防安全管理人，制定防火安全公约，根据需要建立志愿消防队或微型消防站，开展防火安全检查、消防宣传教育和应急疏散演练，提高城乡消防安全水平。

第二节　社区主体的职责与功能

我国社区内外的多元主体主要包括基层党组织、基层群众性自治组织、社区工作者、社区网格员、物业服务人、社区居民以及各类社会力量，在既有的行政管理体制和基层治理框架下，应依法依规履行职责并发挥各自优势特长。

一、基层党组织的领导核心作用

充分发挥基层党组织领导核心作用是城乡社区治理体系的基础，加强基层党的建设、巩固党的执政基础是贯穿社会治理和基层建设的主线，也是社区安全治理的关键。

中央组织部最新党内统计数据显示[1]，截至 2019 年底，党的基层组织 468.1 万个，比上年净增 7.1 万个。全国共设立基层党委 24.9 万个、总支部 30.5 万个、支部 412.7 万个，组织设置更加科学规范。农村基层党组织在脱贫攻坚中战

---

[1] 《党员 9191.4 万名基层党组织 468.1 万个中国共产党党员队伍继续发展壮大基层党组织政治功能和组织力进一步增强》，共产党员网，2020 - 7 - 1，http：//www.12371.cn/2020/07/01/ARTI1593557480300935.shtml。

斗堡垒作用增强，选派第一书记24.0万名，实现建档立卡贫困村和党组织软弱涣散村全覆盖。城市基层党建创新发展，各领域党组织互联互动，实行与驻区单位党建联建共建的街道、社区有8123个、6.5万个；基层基础保障力度加大，95.8%的社区落实服务群众专项经费；全年新建或改扩建村级组织活动场所5.0万个。国有企业、机关、高校、公立医院和非公有制企业、社会组织党建工作得到新的提升。基层党组织从数量上和组织上均在城乡社区治理中发挥着决定性的引导作用，作为党在社会的基层单位，基层党组织对社会具有广泛的影响力和控制力，连接着社会的各方面，与人民群众有着最直接、最贴切、最广泛的联系，在社区安全治理中，对于凝聚群众力量、整合社会组织、实现社会团结起到了重要的作用。

基层党组织能够发挥强大政治功能和组织力，及时把党的政治优势、组织优势、密切联系群众优势转化为社区安全的工作优势，广泛组织动员居民群众，充分调动整合社会力量和各方资源，把力量向社区下沉，加强社区各项安全风险防控和管理措施的落实。在新冠肺炎疫情的社区防控工作中，基层党组织的领导核心作用得到充分发挥。疫情发生以来，习近平总书记多次强调：社区是疫情联防联控的第一线，基层党组织和广大党员要发挥战斗堡垒作用和先锋模范作用，广泛动员群众、组织群众、凝聚群众，全面落实联防联控措施，构筑群防群治的严密防线。中组部2020年1月29日印发通知，2月3日在京召开电视电话会议，明确要求充分发挥基层党组织战斗堡垒作用和党员先锋模范作用，社区党组织要切实担负起属地防控的重要责任，引导党员冲锋在第一线、战斗在最前沿。各地积极行动，总结近年来加强城市基层党建、基层治理的成功经验，及时把区域统筹、条块协同、上下联动、共建共享方面的有效做法运用到社区疫情防控中，不断优化党建引领社区疫情防控体系，推动党中央各项部署在社区落实落地，涌现出许多典型事迹①。现结合新冠肺炎疫情防控工作，对基层党组织的领导核心作用予以介绍和说明，具体表现为以下四个方面。

（1）发挥基层党组织的政治领导力。社区基层党组织作为党在基层的坚强战斗堡垒，是党的有关安全社区建设的路线方针政策贯彻落实的执行者，是凝聚政治共识推动改革发展的组织保障。在新冠肺炎疫情防控工作中，广大社区党组

---

①　《守严守牢疫情防控的关键防线——全国城市社区党组织和广大党员全力打好疫情防控人民战争》，新华网，2020 - 3 - 10，http：//www.xinhuanet.com/politics/2020 - 03/10/c_ 1125692682.htm。

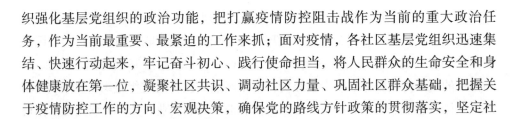

织强化基层党组织的政治功能，把打赢疫情防控阻击战作为当前的重大政治任务，作为当前最重要、最紧迫的工作来抓；面对疫情，各社区基层党组织迅速集结、快速行动起来，牢记奋斗初心、践行使命担当，将人民群众的生命安全和身体健康放在第一位，凝聚社区共识、调动社区力量、巩固社区群众基础，把握关于疫情防控工作的方向、宏观决策，确保党的路线方针政策的贯彻落实，坚定社区群众打赢防疫战的信心。

（2）发挥基层党组织的政策执行力。基层党组织是党的"神经末梢"和"毛细血管"，党的路线方针政策的贯彻执行要依靠基层党组织政治功能的充分发挥。社区基层党组织能够在第一时间积极响应党中央关于安全社区建设的决策部署，由社区基层党组织牵头，协同业委会、物业公司、小区志愿者，多方参与成立安全建设、风险防控、应急处置等的小型"指挥部"，切实压实责任、强化组织领导、落实党员干部带头、细化分工、明确各个网格点责任。在新冠肺炎疫情防控工作中，广大党员在疫情防控工作中当先锋作表率，400万名社区工作人员夜以继日地坚守社区"阵地"，从卫生检疫到应急处置，从舆情监测到舆论引导，从政策宣传到心理疏导，从环境整治到物资供应，从小区进出到上门排查等，用自己的力量服务社区，以实际行动践行初心使命，有效地防止疫情输入和扩散，筑起了社区疫情防控的坚强堡垒。

（3）发挥基层党组织的群众凝聚力。"一切为了群众、一切依靠群众，从群众中来、到群众中去"的群众路线是党的根本路线，是包括安全社区建设在内的所有事业不断取得胜利的重要法宝。基层党组织能够发挥政治引领作用，把广大人民群众紧紧团结在党的周围，凝聚社区民警、社区物业服务企业工作人员、社区协管员、社区医生等各方面的力量，调动社区居民代表、村居委会、小组长、志愿者和广大社区居民的积极性，"发挥社会各方面作用，激发全社会活力，群众的事同群众多商量，大家的事人人参与"，形成社区安全工作的整体合力。在新冠肺炎疫情防控工作中，无论是把守自家小区的一线工作人员，还是响应党中央号召的"隔离"或"宅居"在家的每一个人，均参与进来，众志成城、勠力同心，全面落实联防联控措施，就能构筑群防群治的离人民群众最近且最有效的严密防线，最终打赢这场疫情防控的人民战争。

（4）发挥基层党组织的服务群众力。社区是党和政府联系群众、服务群众的"最后一公里"。"社区工作要时时处处贯彻党的宗旨，让党的旗帜在社区群众心目中高高飘扬，让社区广大党员在服务群众中充分发挥作用、展示良好形象"。社区作为联系服务群众"最后一公里"，社区的党组织和党员干部天天同居民群众打交道，急群众之所急、忧群众之所忧，充分发挥社区网格化管理的优势，加强网格资源配置，把安全相关的公共服务、社会服务、志愿服务下沉到网格，创新工作方式方法，将个性化服务精准投送到千家万户，使保障群众安全的"最后一公里"畅通无阻。新冠肺炎疫情扰乱了人们安宁的生活秩序，超市、影院、餐馆等关闭，给人们的生活带来了诸多不便。面对这样的特殊时期，各地社区党组织力所能及为企业提供防疫物资保障，优化健康证明、返城登记、居家观察等方面服务，协助企业尽快复工复产；同时，帮助企业做好测温、消杀、防护等各项工作，防止复工复产期间出现聚集性疫情，切实做到疫情防控和经济发展两手抓、两不误。

基层党组织在社区安全中的领导核心作用的发挥，还应以党建为引领，把安全社区建设作为党建工作的重要内容和目标任务，以党的建设全面引领安全社区建设重点任务落实，以建强组织、规范管理、服务基层为重点，切实加强安全社区建设工作的组织保障、措施保障、人员保障、经费保障和科学规划的全面落实，以务实担当奠定安全社区建设坚实基础。具体实施中，可以"三个办法"为切入点，促进安全社区的全面建设。一是领导干部亲自抓，以领导干部入基层、指导、督查帮扶等模式，为建设主体区域施策制定安全社区建设的帮扶措施，通过逐级研判、集思广益，共同为建设主体找办法、添措施，以实践行动为群众创造安全、幸福、和谐社区；二是优秀干部下基层，选拔有拼劲、懂安全社区建设、能吃苦的党员干部驻扎基层，给基层建设主体送指导、送政策、送信息，帮助基层加快建设进程；三是党员干部结对帮，开展基层政府、属地责任部门的党员干部结对帮建活动，发挥党员"排头兵"作用，扎实推进安全社区建设工作的有序开展，让党员在服务安全社区建设工作中彰显本色，以党建引领建设工作见成效。

发挥基层党组织在社区安全中的领导核心作用，还应总结推广党支部党小组建在网格上、建立区域化党建协调机制等经验，推动党建网格与安全网格、平安网格等的融合，促进基层党建与安全社区、平安建设互促互进。具体而言，一是加强和改进街道（乡镇）、城乡社区党组织对社区各类组织和各项工作的领导，确保党的有关社区安全的路线方针政策在城乡社区全面贯彻落实；二是推动社区安全相关的管理和服务力量下沉，引导基层党组织强化政治功能，推动街道（乡镇）党（工）委把工作重心转移到做好公共安全及其相关的公共服务、公共管理工作上来；三是加强社区服务型党组织建设，着力提升服务能力和水平，更好地服务改革、服务发展、服务民生、服务群众、服务党员；四是继续推进街道（乡镇）、城乡社区与驻社区单位共建互补，深入拓展区域化党建；五是扩大城市新兴领域党建工作覆盖，推进商务楼宇、各类园区、商圈市场、网络媒体等的党建覆盖；六是健全社区党组织领导基层群众性自治组织开展安全共治共享工作的相关制度，依法组织居民开展安全自治，及时帮助解决基层群众自治中存在的困难和问题。

二、基层群众性自治组织的基础作用

注重发挥基层群众性自治组织基础作用是城乡社区治理体系的核心，也是社区安全治理的核心。

根据《城市居民委员会组织法》和《村民委员会组织法》，我国的基层群众性自治组织是在城市和农村按居民的居住地区建立起来的居民委员会或者村民委员会，是城市居民或农村村民自我管理、自我教育、自我服务的组织。基层群众性自治组织是建立在中国社会的最基层、与群众直接联系的组织，是在自愿的基础上由群众按照居住地区自己组织起来管理自己事务的组织。基层群众性自治组织的主任、副主任和委员由居民选举。

基层群众性自治组织在社区安全建设中的基础作用发挥，取决于基层群众性自治组织的动员能力，取决于能否有效落实应急处置、自救服务、恢复重建和宣传引导等任务，统筹城乡社区安全建设、管理、服务等工作。2020 年夏秋季节，我国多地发生严重洪涝灾害，造成人员伤亡和财产损失，防汛形势十分严峻，为发挥基层群众性自治组织作用，加强城乡社区防汛救灾工作，筑牢防汛救灾的人民防线，民政部和应急管理部专门下发关于发挥基层群众性自治组织作用加强城乡社区防汛救灾工作的指导意见。现结合防汛救灾工作，对基层群众性自治组织的基础作用予以介绍和说明，具体表现为五方面。

1. 健全社区应急的组织机制

基层群众性自治组织，在基层党组织领导下，组建以基层党组织成员、村（居）民委员会成员、社区专职工作人员为骨干，乡镇（街道）派驻人员、机关和企事业单位下沉人员、其他社区服务人员、社区志愿者、驻社区单位代表、社区居民代表等组成的社区应急管理组织机制和工作队伍，组织广大干部群众共同做好社区安全的各方面工作。例如在防汛救灾工作中，强化社区自然灾害应对预

案管理，压紧压实防汛救灾工作责任，发挥基层党组织战斗堡垒作用和基层党员干部先锋模范作用，发挥村（居）民委员会动员凝聚功能，发挥社区应急管理组织机制综合协调优势，建立健全包保责任制度，确保防汛救灾各项任务落实到"最后一公里"。

2. 提升社区应急处置效能

在突发事件发生后，受灾地区基层群众性自治组织要根据社区应对预案，配合政府有关部门加强对灾情信息的监测预警，健全完善针对社区范围内重要堤防、重点群体的巡查制度，发现险情灾情第一时间处置上报；灾情严重的地方根据需要实施 24 小时值班值守制度；已经遇险受灾的积极配合政府有关部门和各方面专业力量做好抢险救援和转移安置工作，优先做好行动不便的老年人、事实无人抚养儿童、残疾人等救援安置，确保不遗漏一户一人；细致摸排、及时上报社区居民、社区范围内各类组织机构和设施设备受灾情况，努力将各类损失降到最低；组织引导居民群众坚决服从关于抢险救援和转移安置的各项决定，做到令出行随、令行禁止。

3. 组织社区居民开展自救服务

在突发事件发生后，受灾地区基层群众性自治组织要配合政府有关部门，做好灾情核查报送、救灾物资和生活物资分配、困难群众生活补助发放等工作，全力保障受灾群众基本生活；协助乡镇人民政府（街道办事处）做好受灾群众集中安置点的管理，确保受灾群众思想稳定；动员社区社会组织、社区社会工作者、社区志愿者开展面向受灾群众特别是"三留守"人员等各类特殊群体的生活救助、看护照顾、健康咨询、心理疏导等服务，主动了解、积极协调、帮助解决受灾群众遇到的困难和问题；配合政府有关部门加强对灾后社区人居环境特别是受灾群众集中安置点的消毒保洁，加强对受灾群众特别是老年人和患有基础疾病人群的健康监测，发现疫情线索及时上报，尽可能降低秋冬季高发传染病、灾后疫病等叠加流行的风险。

4. 推进灾区恢复重建

在突发事件应急救援结束后，受灾地区基层群众性自治组织要配合政府有关部门抓紧抢修因灾受损的群众住房和道路交通、防洪排涝等基础设施、公共服务设施，尽快恢复社区生产生活秩序；加快城乡社区综合服务设施恢复重建和开放，依托城乡社区综合服务设施提供各类就业培训、从业指导和农资供给、农技咨询服务，充分调动受灾群众参与恢复重建积极性；城市社区要结合政府购买服务项目，大力发展各类生活急需的社区服务业，引导受灾群众就近就业；农村社区要结合以农田水利建设为主要内容的以工代赈项目，组织受灾群众开展生产互助，多措并举帮助受灾群众增加收入、渡过难关。受灾贫困地区要针对受灾建档立卡贫困人口"一户一策"制定帮扶措施，支持社区工厂等扶贫企业、扶贫车间复工复产，配合政府有关部门强化扶贫产业产销对接，着力帮助返乡在乡贫困劳动力稳岗就业，最大限度防止因灾致贫返贫。

5. 做好安全宣传教育引导

基层群众性自治组织要加强与政府有关部门信息衔接，用好社区网站、公众号、微信群、QQ群和农村大喇叭等，及时准确发布常见突发事件的预警信息，引导受灾群众关注权威发布，不信谣不传谣；综合运用信息发布、电话联系、上门通知等多种方式，确保灾害预警信息到户到人；广泛宣传防灾减灾政策和自助自救知识，引导受灾群众科学做好灾害防护工作、主动配合抢险救援措施、积极参与灾后重建项目。积极应用智慧社区信息系统和移动客户端，切实提高政策宣传、汛情发布、堤库巡查、险情上报、灾情查核和群众服务等工作效能。

6. 特定行业领域的细化法定职责

在社区安全的特定领域和具体行业，基层群众性自治组织应根据相关法律法规要求和地方相关政府部门政策规定，切实履行相应的职责。例如，根据《中华人民共和国消防法》《北京市消防条例》《北京市消防安全责任监督管理办法》《北京市消防安全责任制实施细则（征求意见稿）》和北京市委市政府关于安全生产及消防安全的重要决策部署，村（居）民委员会在行使社会公共管理职能时应当履行的消防工作职责包括：

（1）在上级人民政府、街道办事处指导下，制定消防安全制度和年度消防工作计划，确定消防安全管理人，制定防火安全公约。

（2）组织开展火灾隐患排查整治工作，及时发现和制止占用楼梯间、疏散通道、安全出口等区域违规停放电动车及充电行为，负责无物业管理的单位和小区消防车通道的维护、管理，对检查中发现的突出火灾隐患，及时上报上级人民政府、街道办事处。

（3）确定专（兼）职人员具体负责开展消防安全网格化管理，动员组织驻社区（村）组织、单位和志愿者等社会力量积极参与辖区消防安全网格化管理日常运行，检查指导单元网格火灾防控工作落实。

（4）定期开展消防宣传教育。

（5）根据需要配备消防设施、器材，在乡镇、街道指导下建立志愿消防队或微型消防站。

（6）发生火灾时立即报警，并组织对初起火灾的扑救。

（7）对农村居民自建房屋的消防安全进行指导和监督。

（8）建立鳏寡孤独等弱势群体家庭关怀帮扶机制，推动安装独立式感烟火灾探测报警器。

发挥基层群众性自治组织在社区安全建设中的基础作用，还应进一步做好以下工作：一是进一步加强基层群众性自治组织规范化建设，合理确定其安全建设和管理的管辖范围和规模；二是促进基层群众自治与网格化服务管理有效衔接；三是加快工矿企业所在地、国有农（林）场、城市新建住宅区、流动人口聚居地的社区居民委员会组建工作，进一步完善安全方面的工作职责；四是完善城乡社区民主选举制度，进一步规范民主选举程序，通过依法选举稳步提高城市社区居民委员会成员中本社区居民比例，切实保障外出务工农民民主选举权利；五是进一步增强基层群众性自治组织开展社区协商、服务社区居民的能力；六是建立健全居务监督委员会，推进居务公开和民主管理；七是充分发挥自治章程、村规民约、居民公约在城乡社区治理中的积极作用，弘扬公序良俗，促进法治、德治、自治有机融合。

三、社区工作者的安全职责

社区工作者是指经过一定的选拔或公开招考程序，被各街道（镇）或社区的两委一站（党委党组织、居委会、社区服务站）选用的人员，并在以社会基层社区为基本的服务区域，为居住在小区内的各类人群提供各类公共服务（协同治理）与其他公益服务的专职工作人员。一般而言，下列人员可以纳入社区工作者范围：

（1）居民区就业年龄段的全日制工作人员，包括居民区党组织班子成员（事业编制居民党组织书记除外）、居委会成员、专职党务工作者、社区干事，各街镇所属"中心"〔包括社区事务受理服务中心（为老服务、为困难群体服务、残疾人补助、人口图像信息采集、劳动关系调解等条线）、社区文化活动中心、城市网格化综合管理中心（包括城管、水务、规土、安全、环保、房屋管理等）、社区党建服务中心（包括邻里中心、党群、志愿服务、老干部、统战等）、社会治安综合治理中心（包括人民调解员等）、经济管理中心、农技中心等"七中心"]所聘用的专职从事社区服务和管理工作的人员。

（2）各街镇的社区专职工作人员，包括社区工作者事务所人员、基本管理单元"两委一中心"行政事业编制人员外从事社区服务和管理相关工作的人员。

（3）各街镇机关科室及内设机构行政事业编制人员外从事社区服务和管理相关工作的人员。

社区工作者的工作内容涉及党务、民政、计生、文教体卫、综合治理、安全、城管、工会、妇联、共青团等方方面面，需对接多个部门，总体而言，社区工作者的基本职责包括：

（1）贯彻执行党的路线方针政策和国家法律法规，引导居民遵纪守法，自觉履行法定义务。

（2）执行党组织的决定、决议和社区代表会议、社区居民会议的决定、意见，办理本社区居民的公共事务、公益事业和基层党建工作，维护居民的合法权益。

（3）参与推动驻区单位履行社会责任，开展区域性共建活动，依法组织基层自治，提高居民对社区的认同感、归属感和满意度，努力构建管理有序、文明祥和的新型社区。

（4）协助政府及有关部门做好与社区居民利益相关的公共管理、公共服务、公共安全、社会治安、公共卫生、社会保障、帮扶救助等事务。

（5）认真听取并积极反映社区居民的意见和建议，做好社区居民的思想疏导工作。

（6）参与组织社区居民对街道（镇）和区职能部门派出机构及其工作人员的工作、驻区单位参与社区建设及基层自治工作等情况进行民主评议。

（7）完成街道（镇）交办的其他任务。

当前，为提升基层治理体系和治理能力现代化水平，推动城乡社区减负增效，中央要求各地应依法厘清街道办事处（乡镇政府）和基层群众性自治组织权责边界，明确基层群众性自治组织承担的社区工作事项清单以及协助政府的社区工作事项清单。针对安全社区的建设，各地结合实际，通过清单的形式进一步明确城乡社区层面区应依法履行职责的事项、应依法协助政府的工作职责、可自治的事项等，也是社区工作者应在日常工作中切实履行的安全职责。

1. 社区依法履行职责的社区安全事项

综合全国相关省市出台的政策制度，在社区安全方面，社区应依法履行职责的事项，详见表2-6。

表2-6 社区依法履行职责的社区安全事项

职责事项	相关依据
1. 组织居民参加防灾减灾救灾、突发事件应急救援演练和培训，开展居民自救和互救工作	《中华人民共和国消防法》第三十二条、第四十一条 《中华人民共和国突发事件应对法》第二十九条 《自然灾害救助条例》第六条、第十二条、第二十六条 《森林防火条例》第十六条、第二十一条 《中共中央 国务院关于推进防灾减灾救灾体制机制改革的意见》第二部分第4条 《国务院关于进一步加强防震减灾工作的意见》第二十五条 《关于推进城市安全发展的意见》第三项第九条、第十条
2. 调解民间纠纷，开展矛盾排查化解，促进家庭和睦、邻里和谐	《中华人民共和国城市居民委员会组织法》第三条 《中华人民共和国人民调解法》第八条 《中华人民共和国劳动争议调解仲裁法》第十条 《中华人民共和国婚姻法》第四十三条、第四十四条 《全国人大常委会关于加强社会治安综合治理的决定》（1991年3月2日）第二条 《中共中央 国务院关于进一步加强社会治安综合治理的意见》（2001年9月5日）第二条
3. 依法开展社区治安防控工作，加强群防群治组织建设	《全国人大常委会关于加强社会治安综合治理的决定》（1991年3月2日）第五条 《中共中央 国务院关于进一步加强社会治安综合治理的意见》（2001年9月5日）第三条
4. 宣传宪法、法律、法规和国家的政策，教育居民履行依法应尽的义务，组织开展国防、安全常识、科学普及、文化教育等普及活动	《中华人民共和国宪法》第一章总纲第二十四条第二款 《中华人民共和国城市居民委员会组织法》第三条 《中华人民共和国国防教育法》第五条、第二十一条 《中华人民共和国人民防空法》第四十六条 《中华人民共和国科学技术普及法》第二十一条 中共中央办公厅 国务院办公厅《关于推进城市安全发展的意见》第五项第十七条

注：根据相关法律法规和政策整理，为不完全统计。

2. 社区依法协助政府部门的社区安全事项

综合全国相关省市出台的政策制度，在社区安全方面，社区应依法协助政府相关部门的事项，详见表2-7。

表 2-7 社区应依法协助政府相关部门的事项

职责事项	相关依据
1. 协助开展灾害安全防范，配合采取应急处置措施；协助处理突发事件，维护社会秩序；宣传、动员、组织群众开展自救和互救，积极参加应急救援、事后恢复与重建工作	《中华人民共和国突发事件应对法》第五十五条 《气象灾害防御条例》第十七条 中共中央办公厅 国务院办公厅《关于推进城市安全发展的意见》第三项第九条、第十条
2. 协助做好防灾减灾宣传教育、设立专职或兼职自然灾害信息员，及时报送灾情信息及应急处置、灾害救助等工作开展情况	《中华人民共和国突发事件应对法》第五十七条 《自然灾害救助条例》第六条、第十二条
3. 协助开展灾害救助工作，具体包括：协助相关部门做好办理、发放因灾遇难（失踪）人员家属抚慰金工作，协助办理、发放居民住房恢复重建补助金，协助发放受灾人员冬春生活救助资金和物资	《自然灾害救助条例》第五条
4. 发现、上报地震灾情，组织发动居民参加防震减灾演练活动	《中华人民共和国防震减灾法》第八条
5. 发现区域内生产经营单位存在事故隐患或者安全生产违法行为时，向当地人民政府或者有关部门报告	《中华人民共和国安全生产法》第七十二条
6. 保护防洪工程，协助政府制定防灾避险应急预案，开展防汛防旱防风指示宣传和应急演练；协助做好防汛抗洪和洪涝灾害后的恢复与救济工作	《中华人民共和国防洪法》第六条
7. 将森林防火事项纳入居民公约；协助做好森林火灾的预防、救援、扑灭等工作；协助做好消防安全宣传，协助开展灭火救援和火灾事故调查工作；建立志愿消防队、确定消防安全管理人，组织制定防火安全公约，进行防火安全检查	《中华人民共和国消防法》第六条、第三十二条、第四十一条
8. 协助开展反恐怖主义、反邪教、反间谍、扫黄打非、社区禁毒等工作，加强宣传教育，发现并及时报告，配合落实措施	《中华人民共和国反恐怖主义法》第十七条、第二十九条 《中华人民共和国反间谍法》第十九条 《中华人民共和国禁毒法》第十七条、第十九条 《关于印发〈关于深入推进"扫黄打非"进基层的指导意见〉的通知》（扫黄打非办联〔2016〕1号）

表2-7（续）

职责事项	相关依据
9. 协助做好社区矫正和刑释解教人员安置帮教工作	《中华人民共和国社区矫正法》第十二条 《关于进一步加强刑满释放解除劳教人员安置帮教工作的意见》 《关于进一步加强对刑释解教人员安置帮教工作的意见》（综治委〔1997〕4号）
10. 协助做好租赁房屋安全防范、法制宣传教育	《租赁房屋治安管理规定》（1995年公安部令第24号）第四条
11. 协助宣传落实公共卫生健康政策，配合开展艾滋病防治、生育和婴幼儿照护服务，动员居民受种疫苗，协助组织爱国卫生运动	《中华人民共和国居委会组织法》第三条第五项 《中华人民共和国精神卫生法》第十条、第二十条 《突发公共卫生事件应急条例》（国务院令第376号）第四十条 《艾滋病防治条例》第六条第二款 《疫苗流通和预防接种管理条例》（中华人民共和国国务院令第668号）第九条 《流动人口计划生育工作条例》第八条 《社会抚养费征收管理办法》第十二条 《关于促进3岁以下婴儿照护服务发展的指导意见》第二部分 《关于进一步加强新时期爱国卫生工作的实施意见》
12. 协助做好食品药品安全宣传、社情民意反馈等安全防控工作	《关于地方改革完善食品药品监督管理体制的指导意见》第三部分
13. 协助发现报告辖区违法出租经营建设、违法排污，以及居民区噪声污染、占用损毁无障碍设施等行为，协助调解居民纠纷、反映居民诉求	《中华人民共和国安全生产法》第七十二条 《无障碍环境建设条例》第二十七条
14. 协助开展宗教政策宣传教育，发现报告和协助处理矛盾纠纷和违法行为，配合做好辖区内宗教设施管理工作	《宗教事务条例》第六条

注：根据相关法律法规和政策整理，为不完全统计。

为更好发挥社区工作者在社区安全中的作用，还应从多层面加强相关工作，具体而言：一是社区工作者队伍建设纳入国家和地方人才发展规划，地方结合实际完善和优化社区工作者队伍发展专项规划和社区工作者管理办法，把城乡社区党组织、基层群众性自治组织成员以及其他社区专职工作人员纳入社区工作者队伍统筹管理，提升社区工作者队伍的专业化数字；二是加强城乡社区党组织带头人队伍建设，选优配强社区党组织书记，注重优秀人才的培养和选拔；三是社区专职工作人员由基层政府职能部门根据工作需要设岗招聘，街道办事处（乡镇政府）统一管理，社区组织统筹使用；四是加强对社区工作者的教育培训，支持其参加社会工作职业资格评价和学历教育等，提高其依法办事、执行政策、服务居民、保障安全的能力；五是加强社区工作者作风建设，建立群众满意度占主要权重的社区工作者评价机制，探索建立容错纠错机制和奖惩机制。

四、社区网格员的安全职责

网格化管理和服务是我国基层社会治理的重要策略，也是社区安全建设和管理的重要措施，积极推行社区灾害和安全风险网格化管理，确保风险防范工作落实到基层。中共中央国务院《关于加强和完善城乡社区治理的意见》要求"促进基层群众自治与网格化服务管理有效衔接""推进平安社区建设，依托社区综治中心，拓展网格化服务管理，加强城乡社区治安防控网建设"；中办国办《关于推进城市安全发展的意见》要求"完善城市社区安全网格化工作体系，强化末梢管理"；国务院安委会办公室专门出台《关于加强基层安全生产网格化监管工作的指导意见》（安委办〔2017〕30号），将乡镇（街道）及以下的安全生产监管区域划分成若干网格单元实施网格化管理。

社区网格员作为社区管理的重要力量，也是社区安全建设与管理的专项实施团队之一。目前，社区网格员已被国家人社部列为新职业[1]，是指运用现代城市网络化管理技术，巡查、核实、上报、处置市政工程（公用）设施、市容环境、社会管理事务等方面的问题，并对相关信息进行采集、分析、处置的人员，其主要工作任务包括：①操作信息采集设备，巡查、发现网格内市政工程（公用）设施、市容环境、社会管理事务等方面的问题，受理相关群众举报；②操作系统平台对发现或群众举报的网格内市政工程（公用）设施、市容环境、社会管理事务等方面的问题进行核实、上报、记录；③研究网格内市政工程（公用）设施、市容环境、社会管理事务等方面问题的立案事宜，提出处置方案；④负责通知问题相关的责任单位，并协助解决问题；⑤核实上级通报的问题，协助责任单位处置，并反馈处置结果；⑥收集、整理、分析相关信息、数据，提出网格内城市治理优化建议。

社区网格员是基层治理的"千里眼、顺风耳"，协助做好网格管理区域内的

---

① 《关于对拟发布新职业信息进行公示的公告》，中华人民共和国人力资源和社会保障部官网2020 – 5 – 11，http：//www. mohrss. gov. cn/SYrlzyhshbzb/zwgk/gggs/tg/202005/t20200511_ 368176. html。

各项工作，发挥基础信息收集员、矛盾纠纷化解员、安全隐患排查员、流动人口协管员、重点人群帮扶员、社会治安巡防员、民生服务代办员、法律政策宣传员、社情民意联络员、城市管理协助员等功能，在社区安全方面堪称"多面手"，其职责和功能主要表现为以下5个方面。

（1）网格员履行"信息员"工作职责，负责信息的采集、更新、上报等工作。网格员是网格化管理的具体实施者，按照真实性、准确性、全面性、时效性的原则，采集、核对、汇总、熟悉、掌握所辖网格区域内的社区安全相关的基本信息和基本概况，及时采集、上报和实时更新网格内的人口、房屋、党员、社保、就业、收入、安全等基础信息；综合采集"人、地、事、物、组织"等基础信息，着重排摸掌握重点人员、重要场所、重大隐患等动态信息，对所辖区域的安全事件、风险信息、隐患数据信息等进行采集汇总，全面掌握所辖区域的现状情况，了解掌握网格内重点优抚对象、低保对象、孤寡老人、残疾人、生活困难家庭、单亲家庭、空巢老人、留守儿童、闲散青少年、流动人口以及社区服刑、戒毒、刑满释放、易肇事肇祸精神病人等特殊人群的基础信息及情况变化，及时将网格内的基本信息录入系统，确保数据信息真实、准确；对网格内的及时排查网格内涉及社会治安、劳动保障、民政服务、计划生育、城市管理、环境卫生、安全生产、食（药）品安全等各类问题或不稳定因素，无法解决的应及时上报，遇有突发或重大事件必须在第一时间内上报，不得少报、漏报、迟报和错报；对弱势群体，做到底数清、情况明、信息准。

（2）网格员履行"监管员"工作职责，负责安全生产、公共场所安全、社会治安等多方面社区安全的监督和管理工作。网格员要积极协助社区民警做好辖区秩序的维护工作，发现危害社会稳定的行为要及时上报社区和派出所，同时做好劝告、引导教育工作，当好社会秩序的监管员；网格员还要根据《基层安全生产网格化监管工作手册》要求，重点面向基层企业、"三小场所"（小商铺、小作坊、小娱乐场所）、家庭户等查看非法生产情况并及时报告，协助配合有关部门做好安全检查和执法工作，做好安全生产的监管员；网格员要对所辖区域的各类场所、环境、设施、设备、活动、企事业单位做好安全、健康、卫生等多方面的督导和检查；每日巡查网格内的公共设施、安全生产情况，并及时上报相关情况，对缺损的设施及时上报街道综治中心；按照消防安全网格化管理要求，无物业服务的住宅小区（楼院）的日常消防管理工作，由社区确定的小区（楼院）消防安全管理"网格长"负责。

（3）网格员履行"服务员"工作职责。社区网格员在接到上级部署的社区安全工作任务后，将卫生防疫（疫情防控）、医疗健康等安全相关服务工作的流程、需要准备的材料一次性告知居民，并及时将办好的各种服务证件送达居民手中，向安全监督管理对象送达最新的文件资料，当好社区居民的服务员；对困难群体进行摸底调查，了解本网格扶贫对象生产生活情况，为老弱病残等行动不便的特殊困难居民代办低保、优抚、养老、医疗、教育、临时救助、公租房、下岗失业登记等帮扶服务事项和行政审批事项，保障弱势群体、脆弱人群的安全。

（4）网格员履行"协调员"工作职责，发挥排查矛盾、协调调解等作用。网格员要掌握所辖区域内的社情民意，记好民情日记，做好信访稳定工作，并要及时向街道办、社区反馈区域内的重大社情民意；协助街道综治中心开展定期排查并协调解决网格内的矛盾纠纷、信访举报、社会治安等问题，力所能及地做好调解、稳控、信息上报和联动处置工作，最大限度地把问题解决在网格内；协助有关职能部门开展闲散青少年以及社区服刑、戒毒、刑满释放等人员的帮教服务工作；监督居民公约的执行，对小区内损坏公共设施、私搭乱建、损坏绿地和饲养宠物等行为进行制止，并及时上报，同时协助调查处理相关问题。

（5）网格员履行"宣传员"工作职责，发挥宣传教育、动员组织等作用。网格员要及时把中央、省、市的有关安全的路线、方针、政策等重大决策宣传到所辖居民群众中，引导居民把上级的决策、决定变为居民的自觉行动；动员辖区居民参与社区安全服务管理，推动社区民主自治；要将安全建设、平安创建工作当作经常性的工作任务，把创建安全社区、安全楼栋、安全家庭作为自觉行动，面向监督管理对象和社会公众积极宣传安全生产法律法规和安全生产知识等，当好安全文化的宣传和传播者。

五、物业服务人的安全职责

物业管理是一种和现代化房产开发方式相配套的综合管理。确保管理区域内业主及物业使用人的生命财产安全是物业管理的基本内容和重点工作；基于此，物业服务人是社区安全的专项实施团队之一。

根据《民法典》，物业服务人包括物业服务企业和其他管理人，在物业服务区域内，为业主提供建筑物及其附属设施的维修养护、环境卫生和相关秩序的管理维护等物业服务；物业服务人应当按照约定和物业的使用性质，妥善维修、养护、清洁、绿化和经营管理物业服务区域内的业主共有部分，维护物业服务区域内的基本秩序，采取合理措施保护业主的人身、财产安全；对物业服务区域内违反有关治安、环保、消防等法律法规的行为，物业服务人应当及时采取合理措施制止、向有关行政主管部门报告并协助处理。

在社区安全方面，物业服务人负有以下主要职责：①物业服务转委托产生的相关义务；②保养维护义务，即按照约定和物业的使用性质，妥善维修、养护、清洁、绿化和经营管理物业服务区域内的业主共有部分，维护物业服务区域内的基本秩序，采取合理措施保护业主的人身、财产安全；③管理义务，即对物业服务区域内违反有关治安、环保、消防等法律法规的行为，应当及时采取合理措施制止，向有关行政主管部门报告并协助处理；④安全方面的定期报告义务；⑤安全方面的通知义务；⑥安全方面的交接义务；⑦安全方面的继续管理义务等。与此相应，业主也应当按照约定向物业服务人支付物业费。

物业服务人在社区安全方面的工作，其实质也是物业服务企业落实安全生产责任的相关工作，在建立安全生产管理规章制度、设置安全生产管理机构和人员、明确各级安全生产管理人员职责、履行安全生产监督管理职责等安全生产责任落实的共性要求基础上，物业服务企业应针对治安安全和车辆安全、消防安全、零散作业工程和房屋建筑质量安全、有限空间安全、电气安全、电梯安全、防汛防台风安全、新能源汽车充电设施和电动自行车安全、燃气安全、卫生防疫安全等社区安全重点版块和关键领域，落实针对性的风险防控措施和应急处置工作，详见表2－8。

表2－8　物业服务人在社区安全中的职责清单示例

版块和领域	具体要求
1.建立安全生产管理规章制度	（1）服从各行业主管部门及街道办事处的管理，制定和完善安全生产岗位责任制和监督考核制度、安全生产资金管理和设备设施保障制度、安全生产检查制度、安全生产教育培训制度、事故隐患排查治理制度、生产安全事故报告制度、应急救援和调查处理制度以及法律、法规、规章规定的其他安全生产管理制度。 （2）制定完善企业主要负责人、分管安全生产工作的企业负责人、各物业小区主任（项目经理）、相关岗位工作人员等各级人员的安全责任清单。 （3）制定完善生产安全事故应急预案，建立各级应急救援队伍和应急物资管理制度，配备相应的应急救援装备和物资，每年至少组织1~2次事故应急救援演练，提高应急处置能力，并做好记录。 （4）制定完善安全生产教育和培训计划，明确各岗位安全生产管理人员、操作人员和其他从业人员的培训内容、形式、考核办法，保证从业人员熟悉有关制度和操作规程，具备必要的管理能力和应急处置能力；针对不同岗位、不同生产区域、不同危险源，进行有针对性的安全教育和培训，增强管理人员的主动安全防范意识；建立安全教育和培训档案，如实记录安全教育和培训的时间、内容、参加人员以及考核结果等情况

表 2-8（续）

版块和领域	具 体 要 求
2. 设置安全生产管理机构和人员	（1）建立安全管理组织机构，或者配备专职安全生产管理人员不少于 1 名；明确企业主要负责人为安全生产工作的第一责任人，分管安全生产工作的企业负责人为直接责任人。 （2）根据实际需要，聘用持证上岗的从业人员（如特种作业人员、特种设备作业人员、游泳救生员、自动消防设施操作人员等）；加强培训和考核，保证持证人员具备相应的专业知识、作业技能和及时进行知识更新
3. 明确各级安全生产管理人员职责	（1）物业服务企业法定代表人为安全生产责任第一人，对本企业安全生产工作全面负责，建立、健全本单位安全生产责任制。 （2）签订责任书：物业服务企业法定代表人与分管负责人签订，分管负责人与管理处主任（项目经理）签订；物业项目未设立分管负责人的，企业法定代表人与管理处主任（项目经理）签订。 （3）物业服务企业法定代表人（主要负责人）督促、检查本单位的安全生产工作，保证安全生产资金有效投入和使用，及时排查、解决安全生产存在的问题，每季度至少组织一次安全生产工作会议和安全生产全面检查。 （4）物业服务企业分管项目负责人对管理的物业管理区域内的安全生产工作全面负责，每个月进行检查，对查出的问题落实整改。 （5）物业小区管理处主任（经理）或安全主管每周至少组织一次安全生产检查工作，及时排查事故隐患，制止和纠正违章指挥、强令冒险作业、违反操作规程的行为，发现的重大事故隐患，及时向安全生产监督管理职能部门报告。 （6）各级安全生产管理人员定期向上级汇报安全生产工作，组织实施公司做出的安全生产决策、决定
4. 履行安全生产监督管理职责	（1）按照法律法规、标准规范、物业服务合同等履行物业管理区域内的安全生产职责。 （2）负责物业共有部分的物业安全检查、维护、保养，以及超过保修期或者合理使用年限后的物业管理安全责任。 （3）保障安全措施、安全宣传、安全培训、安全隐患整改等所需经费的投入。 （4）履行物业管理区域内存在的安全隐患，有发现、制止、报告的职责。 （5）在物业管理区域内有较大危险因素的场所和有关设备设施上，设置明显的安全标志，定期维护，保证安全标志清晰、完好、有效。 （6）公开物业服务企业的营业执照、项目负责人的基本情况、联系方式、物业服务投诉电话；公开房屋装饰装修及使用过程中的结构变动等安全事项。 （7）聘用具备安全生产条件或者相应资质的第三方机构，委托提供电梯、消防、监控、人防等专项设施设备日常维修保养服务，约定各自的安全生产管理职责，公开维保单位的名称、资质、联系方式、维保方案和应急处置方案等。 （8）在小区广泛利用社区微博、微信、橱窗、板报等媒介，采取多种形式，广泛深入地向业主和物业使用人宣传防火防盗、用水、用电、用气安全知识，电梯安全注意事项，充电桩安全注意事项，装修施工禁止行为和注意事项，各类突发事件的应急、自救和互救等措施，提升安全意识。 （9）谨防管理失职造成人员伤亡、财产损失等重大责任事故

表 2 - 8（续）

版块和领域	具 体 要 求
5. 治安安全和车辆安全管理	（1）做好值班工作，在住宅小区内应配备值班室并安排工作人员24小时值班，确保值班记录清晰。 （2）加强物业小区出入口管理，对来访人员、临时施工人员和车辆应进行登记管理，大件物品的运出应严格审核相关手续。 （3）加强巡逻管理，做好签到记录，定期检查视频监控系统，确保运行良好。 （4）及时劝阻和制止违反治安、车辆安全管理制度和相关法律法规的行为，劝阻和制止无效的，及时向相关行业主管部门报告
6. 消防安全管理	（1）实施物业服务合同约定的消防、安全防范服务事项。 （2）定期开展物业管理区域内共用部位、消防设施、消防器材的巡查、检查、维护管理，并做好记录，确保消防设施设备标识规范齐全、资料管理完善、消防设施正常使用。 （3）保障疏散通道、安全出口、消防车通道畅通，严禁损坏或拆除消防设施，严禁堵塞和占用消防车道及消防救援车辆的消防登高面，对妨碍公共疏散通道、安全出口、消防车通道畅通以及破坏公共消防设施、器材的行为，及时制止；制止无效的，及时报告相关行业主管部门。 （4）发现物业小区电线线路存在安全隐患，不属物业管理职责范围的及时报告供电部门整改。 （5）制定灭火和应急疏散预案，采取多种形式加强消防安全教育，定期组织有关人员参加消防安全培训和进行消防演练，并如实记录。 （6）物业小区发生消防安全事故应及时报警，并组织实施安全应急措施，配合消防救援部门开展应急救援工作。 （7）探索建立社区微型消防站或志愿消防队
7. 零散作业工程和房屋建筑质量安全管理	（1）严格执行属地政府和有关部门对于零散作业和小散工程安全监管工作的相关要求，加强对物业管理区域内零散作业的监管。 （2）受理零散作业登记申报，与业主签订管理服务协议，督促业主聘请有资质的作业单位进行作业，严格审查作业单位资质、作业人员的相关资格证书；督促落实"四个一律"（没有备案的，一律停止作业；没有正规施工单位的，一律不得施工；没有安全技术方案、不符合安全生产条件的，一律暂停施工；作业人员未经安全培训，一律不得上岗作业）。 （3）进行雨棚、外墙装修、空调、太阳能、充电桩等高危作业时，务必做好防护和防范工作，避免发生中毒、坠落、触电等事故 （4）建立健全日常巡查制度，做好巡查记录。对发现存在安全隐患或者存在违法违规行为的零散作业，及时予以督促整改，已造成事实后果或者拒不改正的，及时报告所在社区、街道办。 （5）做好房屋建筑质量安全管理工作，不得擅自改变公共建筑的使用性质、建筑结构及用途，加强业主室内装饰装修行为监管，监督业主不得擅自改变房屋的使用性质和建筑结构，发现拆改承重结构、擅自改变房屋使用性质、改建"房中房"等行为，及时报相关行业主管部门查处

表 2-8（续）

版块和领域	具 体 要 求
8. 有限空间安全管理	（1）加强化粪池、污水池、下水道等自然风无法进入的有限空间作业安全监管，督促业主、住户进行危险作业申报，严禁在可能存在有害气体的狭小和封闭场所违规作业。 （2）保持地下车库、设备用房等地下或隐蔽场所的清洁和通风，避免空气污染及不流通，须做到"先通风，再检测，后作业"，避免发生中毒事故，必要时聘请有资质的专业公司进行作业。 （3）设置安全警示标识，配备防中毒窒息等防护装备，严禁盲目施救
9. 电气安全管理	（1）负责物业小区公共区域的供电设施及线路的安全管理。 （2）建立完整的供电设施设备资料档案，做好日常检查、维修等各项记录。供配电操作、维修保养人员应持证上岗。 （3）做好日常电气线路安全检查，发现电线线路存在安全隐患或发生故障，应当及时进行抢修；不属物业管理职责范围的及时报供电部门整改
10. 电梯安全管理	（1）每年应督促维修保养单位及时向相关部门申请检验，取得电梯安全检验合格证；聘用有资质的电梯维保单位，配备有资质的电梯操作人员；电梯应有使用登记证，有效的"安全检验合格"标志。 （2）在电梯内明显位置张贴安全检验合格证、应急投诉电话，设立报警点，保证电梯发生故障时能接到报警。 （3）电梯出现故障时，立即做好安全警戒，通知维保单位抢修
11. 防汛防台风安全管理	（1）定期检查排水泵使用情况，清点和补充沙袋、雨具、抽水泵等应急抢险物资，在地下车库出入口等低洼地带备齐沙袋、挡水板等防汛物资。 （2）定期检查物业小区各类墙体、边坡状况，排查安全隐患，及时维护修缮；对于小区红线外周边的墙体、边坡，定期检查是否有裂缝、倾斜等现象，发现隐患应及时告知责任单位或相关行业主管部门。 （3）及时修剪和加固大型树木，对绿地、花箱、中央隔离花槽等绿化设施进行安全检查和修护。 （4）关注雨情变化，密切关注气象部门发布的气象预警，及时张贴台风暴雨防御通知，当露天地面、地下车库、地下商场等场地出现汛情后，要立即启动应急预案，迅速控制险情，同时设置警戒区域，提醒过往居民、行人、车辆绕行，提醒业主住户关好门窗、清理阳台杂物，拆除或加固室外悬挂物。 （5）做好防汛、防台风应急预案，组织进行应急演练活动，提高全体业主的防汛意识
12. 新能源汽车充电设施和电动自行车安全管理	（1）加强对小区新能源充电桩检查和巡查，督促充电设施的建设运营单位定期进行检查、维护，或聘请有资质的工作人员每月定期对物业小区内的电动自行车充电桩进行排查，确保使用安全；充电设施出现异常情况，及时告知建设运营单位并督促和协助及时整改安全隐患。 （2）新能源汽车充电设施周围要保持整洁，禁止堆放杂物，排水系统要保持畅通，防止积水；汛期加强对新能源汽车充电设施检查，如发现积水，应在周围设置警戒线，禁止人员靠近，以免发生触电事故。 （3）在新能源汽车充电设施设备附近，通过张贴海报、悬挂警示标语、派发宣传资料等形式，开展用电安全、消防安全宣传，指导车主正确使用充电设施。 （4）设置符合安全条件的电动自行车停放棚及充电设施，聘请有资质的机构或人员定期进行检查；禁止电动自行车在室内及楼道内充电、室外乱拉电线充电

表2-8（续）

版块和领域	具体要求
13. 燃气安全管理	（1）协助做好燃气安全隐患排查，发现擅自改动燃气管道设施，将燃气管线暗埋、包封、占压等违法违规行为应及时制止，并立即向行业主管部门和燃气企业报告，配合消除安全隐患。 （2）积极配合相关部门开展燃气安全宣传，通过张贴及发放宣传资料、在业主微信群发布视频、信息等方式，向住户普及燃气安全使用常识，提高燃气事故应急处理能力。 （3）协助做好燃气作业施工安全管理，审核作业单位入场施工证明文件，做好备案登记，并提前告知小区业主；督促施工单位在作业前查明地下燃气管道现状，提交查询结果，施工区域在燃气管道保护范围或控制范围内的，应提交燃气管道保护协议，确保施工安全
14. 卫生防疫安全管理	（1）出入口设置及防护。对物业管理区域实施封闭管理，加强人员（车辆）出入管理，做好信息登记录入工作，做好防控人员自我防护。 （2）重点人群防护服务。配合做好疫情防控重点人群的防护服务和提醒、报告、隔离等工作；协助做好与残疾人、独居老人、行动不便的住户或其他有特殊需求的住户等特殊群体的疫情防范和服务工作。 （3）重点公共区域防护。关闭人员聚集场所，加强楼栋大堂、走廊、停车场、楼梯间等公共区域的清洁消毒管理，做好出入口门把手、可视门禁系统面板、各楼层通道门拉手、楼梯扶手等常触部件的消毒工作。 （4）重点设施设备防护。认真做好电梯防护，中央空调防护，公共座椅、健身器材、儿童娱乐设施等室外日常活动设施消毒工作。 （5）环境卫生清洁防护。及时对垃圾及收集容器消毒，规范废弃口罩投放，做好垃圾转运站、环卫工具房消毒，做好卫生间保洁工作，减少化粪池清掏作业，加强排水沟清洁，加强清洁人员防护。 （6）疫情社区防护工作。发现病例立即上报，依规范做好清洁消毒，依部署做好后续防控工作。 （7）疫情防控宣传工作。加强疫情知识宣传，通过短信、微信、朋友圈、公告栏、宣传栏等方式，及时向业主或使用人宣传疫情防控要求，普及疫情防控知识；及时通报疫情情况。协助社区居委会和有关部门及时向业主和使用人通报疫情情况和下一步防控要求。 （8）加强对内部员工培训、检查。物业服务企业要加强内部员工的疫情知识培训和自我防护知识培训，加强内部员工身体检查，严防在物业管理工作出现交叉感染

注：根据《深圳市盐田区物业服务行业安全生产企业主体责任清单》《深圳宝安物业服务行业安全生产主体责任清单》《广东省物业管理区域新型冠状病毒感染的肺炎疫情防控工作指引（试行）》《中国物业管理行业新冠防疫指南（社区住宅版）2.0版》等总结整理，为不完全统计。

为进一步发挥物业在社区安全建设中的作用，还应改进社区物业服务管理。一是加强社区党组织、社区居民委员会对业主委员会和物业服务企业的指导和监督，建立健全社区党组织、社区居民委员会、业主委员会和物业服务企业议事协调机制；二是探索在社区居民委员会下设环境和物业管理委员会，督促业主委员会和物业服务企业履行安全职责；三是探索完善业主委员会的职能，依法保护业主的合法权益；四是探索符合条件的社区居民委员会成员通过法定程序兼任业主委员会成员；五是探索在无物业管理的老旧小区依托社区居民委员会实行自治管理；六是规范农村社区物业管理，研究制定物业管理费管理办法；探索在农村社区选聘物业服务企业，提供社区物业服务。

六、社区居民的参与和自治

社区居民是社区安全的直接参与者和获益者。增强社区居民参与能力是城乡社区治理水平的核心，也是社区安全治理的重要举措。

（一）社区居民的安全权利和义务

在现代法治国家中，公民个人既要依据法律法规享有国家机关不得非法剥夺的法定权利，同时也要依据法律法规的规定向国家履行最基本的义务。在有关社区安全及其风险防控和应急处置的工作中，社区居民作为公民，享有更多的权利、履行更多的义务。

社区居民应享有的社区安全相关权利主要包括：①生命和财产安全受保障的权利；②突发事件和救助救援工作的信息知情权利；③突发情况下紧急撤离的权利等。

社区居民应承担的社区安全相关义务主要包括：①在紧急状态下时刻关注政府所采取的各项紧急措施，并作出适当反应的义务；②在紧急状态时期应当主动接受政府的各项紧急措施，特别是各项管制的义务；③遵章守规，服从管理的义务；④接受救援救助教育与培训，掌握救援救助基本技能的义务；⑤发现突发事件隐患及时报告的义务等。

在特定安全领域，社区居民还应根据相关国家和地方法律法规，切实履行相应的安全义务。例如在消防安全领域，《上海市住宅物业消防安全管理办法》（沪府令55号）要求业主、物业使用人应当履行下列住宅物业消防安全义务：遵守住宅小区临时管理规约、管理规约约定的消防安全事项，执行业主大会和业主委员会有关消防安全管理的决定；按照规划国土资源部门批准或者不动产权属证书载明的用途使用物业；配合物业服务企业或者业主自行管理机构做好消防安全工作；按照规定承担消防设施维修、更新和改造的相关费用；做好自用房屋、自用设备和场地的消防安全工作，及时消除火灾隐患；法律、法规、规章和消防技术标准规定的其他消防安全义务。又如，在卫生防疫领域，《中华人民共和国传染病防治法》第七条规定"在中华人民共和国领域内的一切单位和个人，必须接受医疗保健机构、卫生防疫机构有关传染病的查询、检验、调查取证以及预防、控制措施，并有权检举、控告违反本法的行为"，《中华人民共和国消防法》规定"任何单位和个人都有维护消防安全、保护消防设施、预防火灾、报告火警的义务。任何单位和成年人都有参加有组织的灭火工作的义务"等。

社区居民以家庭和个人为单位，应做好自我安全管理和居家安全建设，提高自身安全意识和能力。近年来，国家多次发文要求加强家庭防灾减灾准备工作，促进以家庭为单元储备灾害应急物品（如灭火器、逃生绳、防毒面具、收音机、手电筒、哨子、常用药品等）、配备防灾减灾器材和救生工具，提升家庭和邻里自救互救能力，安装独立式感烟火灾探测报警器等家庭安全技防物防的设施设备。

（二）社区居民自治组织的作用发挥

在社区安全中引导居民自治、实现公众参与，除了社区居民自身享权利、尽义务、履责任，还应充分发挥社区居民组织的自治作用。以居民参与为突破口，通过发挥业主委员会、专委会、网格管事会、楼院管家组等的作用，健全居民自治组织网络，培养居民的自治意识，教育、启发、引导居民群众正确认识自身的安全责任和能力，作为社区安全建设的参与者和受益者，增强居民群众参与管理社区事务和参与社区活动的责任感和积极性，实现社会服务管理的有序参与。

（1）充分发挥业主委员会的作用。业主委员会是指在物业管理区域内由业主选举出的业主代表组成，通过执行业主大会的决定代表业主的利益，向社会各方反映业主意愿和要求，并监督和协助物业服务企业或其他管理人履行物业服务合同的业主大会执行机构；在社区安全建设与管理中充分发挥业主委员会对物业服务企业的监督管理、对业主的管理服务、对规约实施的监管等职责和功能，促进社区安全的建设实施、制度落实、环境维护、活动开展。例如，针对消防安全，业委会应在以下方面发挥作用[1]：设置消防安全知识宣传设施，开展消防安全知识宣传；督促业主、物业使用人履行消防安全的义务；监督物业服务企业实施消防安全防范服务事项；支持居（村）民委员会承担属地政府出台的物业消防安全管理办法规定的消防安全任务，并接受其指导和监督；制定对业主、物业

---

[1]　参考《上海市住宅物业消防安全管理办法》（沪府令55号）。

使用人的用电用气安全等消防安全知识宣传教育和年度消防演练计划；接受物业服务企业移交的消防档案；接受物业服务企业或者业主自行管理机构对无法消除的火灾隐患的报告等。

（2）由居委会、村委会等引导组建专委会。社区居委会积极引导群众开展居民自治，以因势利导、积极稳妥、居民受益、依法筹建为原则，建立健全居民会议制度、完善《居民公约》，经业主会议、民主选举等程序，协助居民成立安全建设、安全监管、矛盾调解等专委会，实现居民自治与社区管理互补互动。

（3）在网格化管理的基础上，成立网格议事管事会。乡镇和街道在实施网格化管理的基础上依托社区基础网格单元，协助居民组建网格议事管事会，使居民群众享有对社区安全事项的话语权、参与权、决策权、监督权，配合社区和政府做好辖区内的各项安全工作。例如，地方探索推行"网格党组织＋居民议事会"新模式①，以网格为单位成立居民议事会，同步组建网格党支部，吸收社区网格员、居民代表、物业代表、社区民警、驻社区司法干警、驻社区城管队员、"两代表一委员"等进入居民议事会，通过实施居民议事"三会一评"（意见收集会、议题讨论会、议事联席会、述职评议会）工作法，建立一套完备的问题发现、收集、处理、反馈体系，引导居民有序参与社区建设与管理。

（4）以楼宇、楼栋、楼院等为单位，以团结邻里为纽带，选举楼栋长、楼栋管家组，引导安全楼栋、平安楼栋等的建设。明确楼栋长安全管理主体责任，培训合格的楼栋长，让辖区楼栋长掌握治安维稳、安全生产、消防安全、居家安全、防灾减灾、简易应急避险施救的知识和技能；以此为基础，以居民街坊邻里的浓厚感情和邻里互相熟悉为优势点，根据需要引导协助居民以楼栋为单位探索"楼栋管家组"，进一步发挥楼栋长、楼栋管家作为楼栋信息员、邻里宣传员、安全监督员、平安巡查员、矛盾调解员、协助服务员等功能和作用。例如，新冠肺炎疫情防控期间，地方探索实施"楼栋长"制度②，由包联单位领导班子成员、股级以上干部担任"楼栋长"，将防控"阵地"设在楼栋、布在单元，分属地作战，楼栋长发挥疫情防控的宣传员、人员信息的排查员、体温检测的登记员、物品代购的服务员、人员流动的守门员"五大员"作用，联防联控、群防

---

① 共产党员网《安徽淮北以网格为单位成立居民议事会 社区有事一"网"揽尽》，共产党员网，2020－9－28，http：//www.12371.cn/2020/09/28/ARTI1601271203990440.shtml。

② 《郧阳千余"楼栋长"社区护安全》，湖北省十堰市政府官网，2020－2－14，http：//www.shiyan.gov.cn/2020ztzl/zzcc/qfqz/202002/t20200214_2007212.shtml。

群治，织密疫情防控安全网。

七、社会力量的联动和协同

统筹发挥社会力量协同作用是城乡社区治理体系的核心，也是社区安全治理的关键。社会力量主要包括社区内部的企事业单位、各类志愿者队伍，以及专业化社会第三方机构。

（一）社区内部的企事业单位

社区内部的企事业单位，作为社区安全的直接利益相关方，也应积极参与社区风险防控、应急处置、防灾减灾等相关工作，协同建设好、管理好社区安全。

社区内部的企事业单位，主要包括：①党政机关单位；②教育机构，如学校、幼儿园、幼托中心、培训机构等；③医疗机构，如医院、诊所、医务站、卫生服务中心、精神病院等；④民政机构，如养老院、孤儿院、殡仪馆等；⑤商业机构，如商店、超市、菜市场、商场、旅馆、饭店、录像厅、歌舞厅、练歌房、棋牌室、茶社、游艺游乐场所、美容美发场所、洗浴场所等；⑥生产单位，如作坊、工厂等；⑦金融机构，如银行、证券、保险等机构；⑧其他等。

根据《突发事件应对法》等相关规定，总体而言，社区内部的企事业单位应做好以下三方面工作：

（1）配合社区、基层政府、相关部门等，积极做好单位自身的灾害综合风险防范、隐患排查整改、安全建设管理等。《突发事件应对法》要求：应配合县级人民政府对本行政区域内容易引发自然灾害、事故灾难和公共卫生事件的危险源、危险区域进行调查、登记、风险评估，定期进行检查、监控，并责令有关单位采取安全防范措施；应建立健全安全管理制度，定期检查本单位各项安全防范措施的落实情况，及时消除事故隐患；应掌握并及时处理本单位存在的可能引发社会安全事件的问题，防止矛盾激化和事态扩大；对本单位可能发生的突发事件和采取安全防范措施的情况，应当按照规定及时向所在地人民政府或者人民政府有关部门报告。例如，"九小场所"（小学校或幼儿园、小医院、小商店、小餐饮场所、小旅馆、小歌舞娱乐场所、小网吧、小美容洗浴场所、小生产加工企业），应配合公安派出所、综治中心、应急站（所）、市场监管所、政府专职消防队等基层执法队伍和应急力量，开展消防、燃气、电气、房屋、建筑物、交通、安保等多方面安全隐患的自查自纠、行政检查、第三方检查，自觉接受相应处罚，及时落实隐患整治，积极采用相应物防技防制防措施。

（2）开展本单位的应急能力建设，对单位人员进行安全知识、防灾减灾、风险防控、应急处置、自救互救等的宣传教育和培训演练。根据《突发事件应对法》：应根据所在地人民政府的要求，结合各自的实际情况，开展有关突发事件应急知识的宣传普及活动和必要的应急演练；应建立由本单位职工组成的专职或者兼职应急救援队伍；应为专业应急救援人员购买人身意外伤害保险，配备必要的防护装备和器材，减少应急救援人员的人身风险；应定期检测、维护其报警装置和应急救援设备、设施，使其处于良好状态，确保正常使用；矿山、建筑施工单位和易燃易爆物品、危险化学品、放射性物品等危险物品的生产、经营、储运、使用单位，应制定具体应急预案，并对生产经营场所，有危险物品的建筑物、构筑物及周边环境开展隐患排查，及时采取措施消除隐患，防止发生突发事件；公共交通工具、公共场所和其他人员密集场所的经营单位或者管理单位应当制定具体应急预案，为交通工具和有关场所配备报警装置和必要的应急救援设备、设施，注明其使用方法，并显著标明安全撤离的通道、路线，保证安全通道、出口的畅通；各级各类学校应当把应急知识教育纳入教学内容，对学生进行应急知识教育，培养学生的安全意识和自救与互救能力。

（3）突发事件或紧急状态，积极主动配合社区开展相应的信息报送、应急处置、避灾救灾、紧急救援、疫情防控、物资征用等相关工作。《突发事件应对法》要求：受到自然灾害危害或者发生事故灾难、公共卫生事件的单位，应立即组织本单位应急救援队伍和工作人员营救受害人员，疏散、撤离、安置受到威胁的人员，控制危险源，标明危险区域，封锁危险场所，并采取其他防止危害扩大的必要措施，同时向所在地县级人民政府报告；对因本单位的问题引发的或者主体是本单位人员的社会安全事件，有关单位应当按照规定上报情况，并迅速派出负责人赶赴现场开展劝解、疏导工作；突发事件发生地的其他单位应当服从人民政府发布的决定、命令，配合人民政府采取的应急处置措施，做好本单位的应急救援工作，并积极组织人员参加所在地的应急救援和处置工作；应建立专职或者兼职信息报告员制度，报送、报告突发事件信息，应当做到及时、客观、真实，不得迟报、谎报、瞒报、漏报；配合政府征用应急救援所需设备、设施、场地、交通工具和其他物资；生产、供应生活必需品和应急救援物资的企业配合组织生产、保证供给，提供医疗、交通等公共服务的组织配合提供相应的服务；运输经营单位，应配合优先运送处置突发事件所需物资、设备、工具、应急救援人员和受到突发事件危害的人员。

（二）全面整合的志愿者队伍

志愿服务组织、志愿者等志愿者队伍是参与应急管理、防灾减灾救灾工作的一支重要力量，民政部、应急管理部等高度重视发挥志愿者力量作用。民政部相继出台《关于加强救灾应急体系建设的指导意见》（民发〔2009〕148号）《关于加强减灾救灾志愿服务的指导意见》（民函〔2012〕172号）《志愿服务记录办法》（民函〔2012〕340号）《关于在全国推广"菜单式"志愿服务的通知》（民发〔2013〕177号）《关于规范志愿服务记录证明工作的指导意见》（民发〔2015〕149号）《关于支持引导社会力量参与救灾工作的指导意见》（民发〔2015〕188号）《志愿服务信息系统基本规范》（MZ/T 061—2015）等一系列政策文件和规范标准，积极组织社会力量参与救灾工作培训班和演练活动，重大灾害发生后第一时间积极动员组织志愿者为灾区开展服务，积极推广应急救援志愿服务优秀项目和典型案例，全面加强志愿者队伍建设的政策支持和引导示范。

社区安全的志愿者队伍是群防群治力量的重要组成，来源广、职责多、任务杂。应集合多方力量，建立全面整合的志愿者队伍，积极参与社区安全建设与管理的综合性、专业性、复杂性、群众性工作中。

（1）社区安全的志愿者队伍来源广泛。社区基层党组织工作人员、基层群众性自治组织工作人员、社会工作者、社区网格员、楼栋长、物业服务人、社区居民、社区企事业单位、社会组织等，在符合相关规定和条件的基础上，均可作为社区安全的志愿者。例如：地震安全社区建设工作中要求"社区应成立由社区居民、医护人员、政府人员、物业、保安等组成的年龄结构合理的地震应急志愿者队伍"。

（2）社区安全的志愿者队伍的工作任务繁多复杂，应参与社区的隐患排查、宣传教育、预警信息接收和传播、应急演练、紧急救援、医疗救护、次生灾害源防范、人员善后安置等工作，承担信息员、管理员、监督员、协调员、宣传员、救助员等多方面职责。例如，新冠肺炎疫情防控期间，民政部办公厅印发《志愿服务组织和志愿者参与疫情防控指引》（民办发〔2020〕11号），明确志愿服务组织和志愿者参与疫情防控的相关工作职责及其要求，应做好个人防护，有序参与服务，坚持需求导向，加强协作配合，关爱特殊群体，重点开展社区疫情防控、医疗救治辅助、提供便民服务、参与慈善捐赠、生活用品配送、一线医务人员及家属关爱、确诊患者及家属情绪疏导、老人及儿童陪伴呵护、困难群众帮扶、心理援助、复工复产防疫宣传等志愿服务。

（3）社区安全的志愿者队伍，需加强有效管理和培训，一般由社区居委会（村委会）或街道办事处（乡镇政府）负责，在应急志愿服务的相关法规制度要求下，明确应急志愿服务范围和志愿者的权利义务，健全志愿者和志愿服务组织参与应急的工作机制，完善志愿者招募、注册、技能培训与管理，引导志愿者和志愿服务组织有序参与应急救援与服务，鼓励发展专业性应急志愿者队伍参与社区安全，提升社区安全志愿服务能力和专业化水平。

（三）社会第三方的专业服务

社会第三方主要包括两类：一是以社会团体、基金会和社会服务机构为主体的社会组织，二是以应急企业、安全企业为主体的市场主体。社会第三方是我国社会主义现代化建设和应急管理能力现代化建设的重要力量，是基层工作"智囊团"、深化改革"助推器"、社会和谐"黏合剂"，应允分发挥自身优势，通过提供第三方专业服务，积极参与社区安全建设与管理工作。

我国高度重视社会组织在参与社区公共事务的作用发挥，强调积极引导市场主体参与基层治理、应急管理与灾害治理。十八大要求"适合由社会组织提供的公共服务和解决的事项，交由社会组织承担"，十九大要求"加强社区治理体系建设，推动社会治理重心向基层下移，发挥社会组织作用，实现政府治理和社会调节、居民自治良性互动"；2020 年 11 月平安中国建设工作会议要求"引导各类社会组织和市场主体充分发挥专业优势，积极参加服务社会、防控风险、化解纠纷等工作，助力解决平安建设难题"。2017 年《中共中央 国务院关于加强和完善城乡社区治理的意见》要求"大力发展在城乡社区开展纠纷调解、健康养老、教育培训、公益慈善、防灾减灾、文体娱乐、邻里互助、居民融入及农村生产技术服务等活动的社区社会组织和其他社会组织；推进社区、社会组织、社会工作'三社联动'，完善社区组织发现居民需求、统筹设计服务项目、支持社会组织承接、引导专业社会工作团队参与的工作体系；积极引导驻社区机关企事业单位、其他社会力量和市场主体参与社区治理"。《国家综合防灾减灾规划（2016—2020 年）》要求"发挥市场和社会力量在防灾减灾救灾中的作用；积极引入市场力量参与灾害治理，培育和提高市场主体参与灾害治理的能力；加强对社会力量参与防灾减灾救灾工作的引导和支持"。

总体而言，社会组织和市场主体参与社区安全治理工作，主要围绕社区公共安全、服务供给、自治共治、精细管理、精神文明的综合领域，直接和间接为社区安全治理提供社会第三方的专业服务，详见表 2-9。

表2-9　社区安全的第三方专业服务领域和作用

主要领域（作用）	具体工作职责
1. 社区公共安全（建设管理）	（1）参与社区群防群治、联防联控，协助做好社区矫正、社区戒毒、刑满释放人员帮扶、社区防灾减灾、精神障碍患者社区康复等工作，参与、协力建设平安社区。 （2）参与突发事件预防与应急准备工作，参与社区应急体系建设、应急预案编制和应急志愿者团队培育。 （3）协助开展社区防灾减灾科普宣传、突发事件应急演练。 （4）帮助社区提高应对自然灾害、事故灾难、社会安全事件的预防和处置能力。 （5）按照统一安排，积极参加应急救援工作，组织村（居）民开展自救互救，配合做好生产、生活、工作和社会秩序的恢复
2. 社区服务供给（协助安全）	（1）在养老服务、助残服务、托育服务、家庭服务、健康服务、法律服务等领域积极承接项目提供专业服务。 （2）为社区特殊困难群体提供生活照料、综合帮扶、权益维护以及关怀关爱等服务。 （3）协助开展社区健康教育和健康促进，宣传健康生活方式，普及公共卫生知识。 （4）参与社区服务综合体和家门口服务体系建设，引导农村社区开展生产互助、邻里互助活动
3. 社区自治共治（推动安全）	（1）协助基层党组织和群众性自治组织围绕社区公共议题，开展协商和讨论，广泛联系和动员社区居民参与社区公共事务和公益事业，促进现代社区共同体建设。 （2）协助制定社区自治章程、居民公约、村规民约、住户守则，拓展流动人口有序参与居住地社区治理，促进流动人口社区融入
4. 社区精细管理（协助安全）	（1）协助开展社区矛盾调处，在物业纠纷、家庭纠纷、邻里纠纷调解和信访矛盾化解等工作中积极发挥专业作用。 （2）参与社区物业治理，在业委会组建和换届、老旧公房加装电梯、文明养宠、停车管理等工作中发挥独特优势。 （3）参与改善社区人居环境，协助做好垃圾分类、制止餐饮浪费、社区美化绿化净化等环保活动
5. 社区精神文明（辅助安全）	（1）丰富群众性文化活动、提升社区居民文明素养。 （2）开展文化、教育、体育、科普、慈善等活动，积极培育和践行社会主义核心价值观，弘扬时代新风。 （3）参与社区文明创建活动，弘扬优秀传统文化，维护公序良俗，形成向上向善、孝亲敬老、与邻为善、守望互助的良好社区氛围

注：根据《关于支持引导社会力量参与救灾工作的指导意见》（民发〔2015〕188号）、上海市民政局《关于推进本市社会组织参与社区治理的指导意见》（沪民规〔2020〕18号）、浙江省人民代表大会常务委员会《关于推进和规范社区社会组织参与基层社会治理的决定》等整理，为不完全统计。

第三节　社区安全的多元治理模式

当前，全球实践中，社区安全的多元治理主要有政府主导模式、居民自治模式、协同治理模式的三种模式。

一、社区安全的政府主导模式

社区安全的政府主导模式，是指政府通过行政管理体系，采取行政管理手段来实施社区安全管理的模式。该模式中政府作为社区安全治理的责任主体，是目前我国部分地区普遍应用的社区安全治理模式。为达到社区安全治理的目的，我国各级政府通过其行政管理网络体系，将安全管理目标和任务，通过省—市—县—街道乡镇，层层贯彻直至社区（村）层面，加以落实和实施。

社区安全的政府主导模式，主要具有以下特征：一是社区安全治理经费、人力资源、项目实施等均需要全部列入政府行政管理工作计划；二是社区安全治理的规划制定、贯彻实施、组织管理、评估考核等均由政府相关职能部门负责或主导；三是具有一定的强制性，进而能够确保行政效率；四是行政成本较高，且社区居民和社会主体的主动参与程度相对较低。

（一）新加坡的"政府主导、政社互动"社区治理

新加坡的社区治理具有明显的政府主导特征。新加坡政府通过强有力的法律、制度、组织和财力支持对社区建设进行干预。然而政府并不是唯一的治理主体，随着经济发展和民主思想的传播，公民和第三方组织成为社区治理中的新生力量，政府支持其合理地分享部分社会治理权力，分担政府职能。

新加坡政府主导、政社互动的社区治理表现在以下 3 个方面。

（1）在社区建设方面，政府是社区和住宅规划的主导力量。新加坡 90% 的社区公共基础设施建设费用和 50% 的日常运作费由政府负责。国家住宅发展局有全日制的联络官员负责与各社区居委会进行沟通，负责具体实施政府建屋计划、统筹物业管理，为社区居委会的运行提供办公设施和场所。

（2）在社区管理方面，新加坡通过严密的社区管理组织体系，自上而下对社区事务进行管理。国家层面有国家社会发展、青年和体育部，是社区发展的领导机构，人民协会隶属于社会发展、青年和体育部，是全国社区组织的总机构，属于半官方的非政府组织。区域层面有市镇理事会和社区发展理事会。除政府组

织外，基层社区治理组织体系由公民咨询委员会、居民联络所管理委员会、居委会以及其他居民自治组织构成。社区领袖、社区组织和政府、执政党之间的关系密切。新加坡的社区领袖由政府委派，他们的工作属于义务性的服务，政府依托"国家社区领袖学院"等机构，为社区精英提供专业性培训，提高其工作能力，增强其归属感、荣誉感。政府根据构建服务型社区的标准，对各社区组织的业绩进行评估，依据评估结果下拨活动经费。为进一步推进社区资金来源的多样化，政府对投资社区的社会赞助给予支持。

（3）在社区服务方面，政府议员每周都要接见选民，每周一至两次逐户走访，社区居民可直接向议员反映问题。政府从执政党和民间社会发掘退休的前政治精英、行政精英、知识精英和经济精英，以及在职的但比较热心参与社区事务的各类精英去担任新加坡社会的基层领袖。每个社区内都有一个专业解决家庭问题的服务中心，政府是主要资金支持者，一般通过外包由志愿团体和社区企业来管理，聘请专业社工和专家为居民提供有针对性的帮助。

（二）我国紧急状态下的社区封闭式管理

突发安全事件引发的紧急状态下，对社区采取封闭式管理的统一措施，是政府主导下的社区安全治理的有效形式。

2020年新冠肺炎疫情防控期间，我国多地采取社区封闭式管理的措施，以为社区为单位，全面加强社区疫情防控工作，严格实行社区居民出行管控等措施，要求社区居民要自觉遵守社区进出管理制度，主动配合社区工作人员体温检测、筛查等工作。社区封闭式管理合法合理，对避免人员聚集和交叉感染等疫情防控具有重要的作用。

（1）紧急状态下的社区封闭式管理，具有合法性。2020年新冠肺炎疫情防控期间的封闭式管理，遵循的法律法规要求：一是《行政强制法》第3条和第9条规定，发生或即将发生自然灾害、事故灾害、公共卫生事件或者公共安全事故等突发事件，行政机关依法可以采取限制公民人身自由、查封场所、设施或财物等行政强制措施；二是《传染病防治法》第42条规定，传染病暴发、流行时，县级以上人民政府应当组织力量，按照预防、控制预案进行防治，切断传染病传播途径。必要时在报经上一级人民政府决定后，可以采取限制或者停止集市、影剧院演出或者其他人群聚集的活动、停工停业停课、封闭可能造成传染病扩散的场所等紧急措施；三是《突发事件应对法》《传染病防治法》等为应对突发事件或者紧急状态的立法，属于授权性立法，与其他限制行政机关权力的控权性立法不同，其授予政府及其有关部门较大的权限空间，可以采取一系列必要的应急防控措施。

（2）紧急状态下的社区封闭式管理，具有合理性。封闭式管理的措施，一般由地方人大常委会通过《有关全力做好当前新型冠状病毒感染肺炎疫情防控工作决定》等发布，授权政府采取临时性应急管理措施，制定政府规章或发布决定、命令、通告等；政府及其有关部门在授权范围内，经过风险评估，依法审慎决策，所采取的限制公民人身权、财产权和限制法人生产经营活动的防控措施，是必要的，也是依法履行职责；采取疫情防控措施做到主体适格、措施适度，既要主体适格，由政府及其相关部门等法定主体实施；也要措施适度，采取的疫情防控措施要遵循比例原则和最小利益侵害原则，措施要与疫情可能造成的社会危害的性质、程度和范围相适应，既不能反应迟缓，也不能反应过度，要尽可能选择有利于最大程度保护公民、法人和其他组织权益的措施，既要保护大多数公民的合法权益，也要尊重与之利益诉求相对的少数人的正当、合法权益。

（3）紧急状态下的社区封闭式管理，具有科学性和有效性。封闭式管理并不是隔绝，也不是封锁，而是一种有效、可控的管控措施，目的是发挥社区群防群治力量，加强源头管控，守好社区的安全门。

二、社区安全的居民自治模式

社区安全的居民自治模式，是指社区民众自发组织起来，通过自治方式并采取有效措施，实施社区安全治理的模式。社区民众及其组成的自治组织是社区安全治理的责任主体。

社区安全自治模式的主要特征：一是社区民众成为社区治理的主体，社区民众对社区安全从问题分析、治理规划、建设实施、全面管理等整个过程中享有充分的自主权，具有高度的自发性、主动性、积极性；二是社区安全自治对于社区民众的安全治理参与意愿、社区自我管理能力、社区民主化程度、安全治理专业水平等具有较高要求。

（一）美国的"公民自治"社区治理

美国的社区治理被认为是公民自治的典型，政府与社会的责任划分明确，既有分工亦有合作。在社区治理中，政府只是宏观管理者，负责规划指导和资金扶持，具体的社区工作由社区委员会、社区服务顾问团、专业社工、非营利组织、社区企业和社区居民、志愿者具体实施。

在美国，政府对社区治理的引导和影响是通过制定社区运作规则、发展法规和政策，给予社区财政支持，监督并考核非营利组织的运行等来进行的。关于社区的相关法律在联邦政府层面的主要有《社区再投资法》《国家和社区服务法案》《2000 年美国教育目标法案》《授权社区计划和社区项目法》《社区、家长领导行动指南》等。美国各州的法律规定虽然具有一定的独立性且可以有所不同，但为社会公益事业服务的社区非营利组织均可享受免税政策。

社区委员会的主要职能是集合社区成员、任命管理人员、制定社区的发展目标和计划、商议并对社区重要公共事务进行决策等。每个社区委员会的委员均为兼职、志愿的，成为反映社区民意，连接政府和社区的纽带；社区服务顾问团是社区内部居民的意见整合者和社区方案的主要执行者，负责收集并协调社区委员会主席和居民的意见，执行社区委员会的决策。

美国的非营利性组织是社区居民自治的重要载体，通过表达社区居民意见和在居民中开展服务来发挥它的作用。美国的社区非营利性组织大致分为三种类型：一是以慈善组织为代表的传统的社区服务机构；二是全国性社团，这类组织多有专门的服务群体；三是以满足邻里需要、进行守望相助为宗旨而建立的社区邻里组织。

社区企业是美国社区治理中另一治理主体，包括小企业发展中心、小企业投资公司、社区开发公司和社区微型贷款中心，这些企业通过与政府建立合作伙伴关系，获得资金与政策方面的支持，承担部分原属于政府的社会管理职能。

美国的社区治理中，居民通过社区会议、听证会以及志愿服务等形式参与社区活动，涉及内容广泛，包括养老、济贫、环保、教育、卫生等。以志愿服务为例，据美国国家和社区服务组织的统计数据，2014 年约有 6280 万美国人参加志愿服务。历年统计数据表明，志愿者人数的比例在美国人口中占 27%。志愿服务文化在美国社会的发扬除历史原因外，在很大程度上还得益于政府的倡导和鼓励。例如，美国政府为鼓励和支持青少年服务于社区，在 1993 年签署的《国家和社区服务法案》明确规定，青少年志愿者若每年服务 1400 小时可获得政府4725 美元的奖励金，这笔奖金可作为将来上大学的学费或职业培训的费用。

美国在城市社区治理中还体现了鲜明的地域特色，美国最高法院裁定每个社区在不影响区域或国家整体发展规划的基础上，有权决定自己的发展特色。对社区规划和设计，政府无权直接干预，凡涉及社区建设的相关事项，诸如社区规划的编制、土地利用法规的修改及开发计划的审批等，都要通过听证会广泛听取社区居民意见。

（二）我国党建引领中的社区安全自治特色

我国的城乡社区治理，重视社区民众自治的培养和建设。中央多次发文要求，健全党组织领导的自治、法治、德治相结合的城乡基层治理体系，健全完善充满活力的基层群众自治制度，在城乡社区治理、基层公共事务中实现自我管理、自我服务、自我教育、自我监督。

习近平总书记 2016 年视察宁夏时强调，要完善基层治理体系、增强基层治理能力，以党的基层组织建设带动其他各类基层组织配套建设，全面提高基层政权建设水平。在社区安全的居民自治中，通过党建引领，切实把党的组织优势、制度优势转化为治理优势和治理效能，形成党建引领中的社区自治特色。全国实践中，党建引领中的社区自治特色突出表现为以下 3 方面。

（1）以党建活动为抓手开展社区安全治理。一是加强社区党支部建设，发挥党支部战斗堡垒作用。例如，广东省广州市越秀区东湖社区建设了功能互补、优势叠加的"网格党支部"和"功能党支部"。其中，"网格党支部"主要解决党组织在社区全覆盖的问题，"功能党支部"重在解决党组织活力和基层党员作用发挥的问题，最终以社区党建创新打造"网格＋组织＋队伍"的新格局，协同开展社区治安巡逻、居民矛盾调节等安全治理活动，推动基层党建和社区安全治理的有机融合。二是企业以党建活动为抓手，参与社区安全治理。典型案例如：贵州省地矿局以党建工作为统领，扎实推进"党员进社区"系列活动，结合驻地北京路地矿社区面积大、新旧楼连接成片、人员多且居住情况复杂、卫生死角多、存在环境隐患等卫生安全问题突出的现实状况，加强周边企业与街道派出所、社区物业公司的联系，采取"党支部结对子""在职党员分片"等形式化解社区治理难题，推进社区服务工作。三是企业与社区联手党建，共同推动社区安全治理。例如，山东省青岛西海岸新区灵珠山街道办事处依托区域化党建联席会议制度，把街道相关部门、社区和非公企业党支部联结为党建发展共同体，实施学习教育、开展活动一体化建设机制。晓星钢帘线（青岛）有限公司党支部、黄河路市场经营服务有限责任公司党支部等与社区结对，充分发挥机关党支部的理论特长优势和企业党支部的实践经验优势，共同提升社区治理水平。

（2）坚持党建引领下的社区治理模式构建与创新。典型模式有五种。一是"5＋N＋V"模式。黑龙江省佳木斯市创建了"5＋N＋V"社区治理模式，即发挥社区支部书记、社区主任、社区民警、网格长、法律工作者、驻区单位、社会组织、志愿者队伍的作用，发挥微信和互联网等信息平台的作用，谱写法治"进行曲"，合奏平安"交响曲"，打造主体多元、责任明晰、协同互动的社区安全治理格局。二是"1＋3＋N＋X"模式。上海市闵行区银都苑社区构建了"1＋3＋N＋X"社区安全治理体系："1"即发挥党组织核心作用，"3"指的是促进居委会、业主委员会和物业公司三方力量各司其职，"N"是挖掘党员、志愿者、联建单位等多种力量的智慧和潜力，"X"指的是发挥公安、城管、房管、市场监管单位等各职能部门的支撑保障作用。三是"3＋3＋3"模式。江苏省昆山市华侨镇推行"3＋3＋3"社区安全治理模式，亦即搭建基础服务、文化娱乐和医疗健康三大平台，满足居民需求；培育区级社会组织、镇街社会组织和社区社会组织三级组织，提升治理活力；建设社区干部、社工、志愿者三支队伍，提高他们的社会治理本领，将治理着力点放在基层社区，提高房屋拆迁、矛盾调处、社区矫正等方面治理的规范化和精细化水平。四是"一核为主，多元共治"模式。贵州省铜仁市碧江区探索建立了"一核为主，多元共治"的社区安全治理模式，在加强党建工作的同时，构建多元主体共联、多元平台共建、多元组织共商、多元资源共享和多元服务共担的治理体系；铜仁市盘龙区构建"区—街道—社区—居民小组—楼栋"五级社区安全治理体系，基层党建、政府治理与社区自治相结合，人防、物防、技防多措并举，实现多层多元共治和精细化治理。五是"大联动、微治理"模式。山东省青岛市黄岛区黄岛街道办事处本着"党委领导纵向到底、多方联动横向到边"的原则，实施了"五微共创"活动，推进社区事务自治，打造微空间；组织居民参与，建立微组织；开展楼道庭院隐患整治，实施微治理；设立心愿墙征求民意，圆梦微心愿；实施精细服务项目，提供微服务等系列活动，推行社区服务善治。

（3）坚持党建引领下的社区治理机制创新。一是党建引领下的社区自治与共治机制。湖北省黄石市在社区安全治理中遵循"一核为主、多元共治，推动自治本位回归"的思路，完善多元共治体制机制，强化基层党组织核心引领力，增加矛盾纠纷调处渠道，减少社区矛盾，营造社区和谐氛围，促进居民安全感和满意度"双提升"；四川省成都市成华区构建"院落＋社团""微自治"和"大共治"机制，促进社区治理的良性互动；辽宁省沈阳市沈河区大南街道红巾社区立足老旧小区现实，发挥和谐党支部作用，开展安全议事活动，提高社区自治和共治能力。二是党建引领下的社区协同治理机制。四川省成都市武侯区聚焦治理水平提升，以社区为平台，以社会组织和社工为支撑，促进多元主体协同协作，构建了基于"三社"联动的协同机制，打造"治理架构立体化、治理主体多元化、社区服务社会化"格局；重庆市江北区华新街街道构建了"三三制"协同治理机制，亦即建设好"街道—社区—楼院"三层级中心，发挥"街道议事代表、社区议事代表和楼院议事代表"三方作用，促进"协商议事、多方联动、敏捷服务"，围绕社区违章建筑拆除等治理难题，加强上下层级联动，促进信息传递反馈，将社区矛盾化解在萌芽状态。三是党建引领下的志愿者参与机制。陕西省铜川市围绕社区治安巡逻、矛盾纠纷化解等治理议题，构建了党员志愿者活动"群众点单、组织下单、党员接单"机制，亦即首先广泛征求群众意见，根据群众个性需求，确定服务内容，让党员自主认领任务，群众自主选择党员志愿服务；建立在职党员到社区志愿服务档案，实行积分和评比，督促党员志愿者有针对性地开展社区安全治理活动。四是党建引领下的多元主体有序参与机制。贵州铜仁市碧江区积极探索构建党建引领下"多元平台共建，搭建平台；多元组织共商，激发活力；多元资源共享，整合资源；多元服务共担，创新载体"的"五元共治"社区安全治理机制，提高社区民情研判、矛盾化解、纠纷调处、法制宣传等治理活动的水平。五是党建引领下的社区网格组团化管理机制。山东省青岛西海岸新区辛安街道办事处依托社区社会治理工作站，打造"站居格"社区社会治理工作体系，实行社区网格组团化管理。该街道蜊叉泊社区由管区主任担任网格长，社区书记为副网格长，配有专职网格员，安监、城管、物业等专业网格员，楼栋长、居民代表、物业工作人员等兼职网格员，由社区工作站统一调度，流动工作站全域巡查，网格员围绕安全生产、城市管理、社会治安、信访稳定、矛盾调解、民生服务等领域对网格内进行无缝隙覆盖巡查，对社区问题进行联动处置。

三、社区安全的协同治理模式

社区安全的协同治理模式，是指在发挥党委、政府等官方作用的同时，积极推进社区民众参与，激发社会组织活力，形成官方驱动下多元参与、有效协同的社会化治理格局。政府与社区、社会在社区安全治理中权责明确、分工合理、沟通顺畅、相互协作，主体彼此之间形成直接或间接的有机社会网络关系。这既包括实现政府多部门整合的政府治理体系，也要求有市场和社会组织有效互动的协同机制，还需要畅通扩大的公民参与体系。

（一）日本的"混合型"社区治理模式

日本的社区管理，体现了明显的混合式特征，在政府主导下，町内会、社区民间组织以及社区居民积极主动参与社区事务。

日本基层政府组织包括市、町、村，是日本基层行政单元和社区治理的主体，为本行政区域内的居民提供综合服务。市、町、村内的行政委员会和政府役所是政府参与社区治理的基层平台。行政委员会下设社区建设委员会，负责社区管理工作。政府役所，内设工商、农林、环境、民生、水产等相关课室，工作范围广泛，涉及社区居民个体及社区的各项管理事务。社区管理资金专款专用，来自国库支出金、都道府县支出金、地方让予税和一部分自主征收的地方税，役所资金的使用情况由专门的独立机构进行监督。

在城市社区层面，其自治组织主要表现为"町会联合会"和"町内会"，带有一定的行政色彩，类似于我国的街道办事处和居委会。日本市民许多社会活动的举办是以町为基本单元的，每个町都有自己的自治组织——町内会（自治会），町内会设有会长、副会长及各类具有专业职能的委员。町内会人员一般由本区域的退休人员及家庭妇女构成，或者由在职人员兼任，大多是义务工作者。町内会的活动经费来源主要由会费收入、社会募捐、辅助金收入和财产收入构成，其中10%左右的经费由上级政府补贴，其他90%的构成分别是会费收入约占60%，社会募捐、辅助金收入和财产收入占30%左右。为提高町内会之间的联系和合作，町内会与邻近町内会共同组建"町内会联合会"，自下而上最终组建全国性联合会。

作为日本社区民主自治的主要组织载体的町内会兼有居民自治和行政辅助职能。其自治职能包括：举办会员联谊活动；开展互助活动；开展防灾演练，应对突发灾害；组织居民做好环境卫生；管理宗教设施、举办祭祀活动；代表居民与政府沟通，反映居民利益诉求。其行政辅助职能包括：传达行政指令；根据相关行政部门的委托，负责部分社会福利、社会救济事务；协助行政部门做好其他工作。

1998年《特定非营利活动促进法》的出台，促进日本的非营利组织快速发展，迅速成长为居民参与社区发展的另一重要平台，居民通过参与非营利组织、志愿者组织等社会组织，增强了公民意识和自治意识，提升了对所居住社区的归属感。社区组织作为社区安全和防灾减灾的主要力量，其成员来自社会各界，在职业、知识、技能、社会地位、人际关系等方面复杂多样，主要作用是为中央政府、地方政府和基层政府提出建议，为町内会（自治会）提供建议和提出需求，通力协作居委会防灾救灾,为社区居民提供社区服务,并监督政府防灾减灾政策的实施。

（二）我国社区安全治理的共建共治共享模式

在我国,坚持和完善共建共治共享的社会治理制度,建设人人有责、人人尽责、人人享有的社会治理共同体,保持社会稳定、维护国家安全,确保人民安居乐业、社会安定有序,建设更高水平的平安中国。基于此,社区安全的共建共治共享模式,将社区安全治理置于大安全、大平安理念下,坚持专群结合、群防群治,实施问题联治、工作联动、平安联创的工作机制,完善群众参与基层社会治理,形成多元治理主体强化责任、协同职能、统一资源、整体协作的整体治理体系。

（1）落实共建联动,构建系统完备的协同治理体系。以社区治理权责法定为依据,以小区物业为抓手,形成综治、物管、司法、国资金融办、公安、各镇（街）等部门和村（社区）、业主委员会等多方联动,物业服务企业具体落实的治理体系。形成三个层面的共建联动:以政府职能协同为基础的政府联动,将公安机关、司法机关和物管部门的平安建设职能整合并向社区下沉,形成整体性的政府—社区治理体系;以政府和社会合作为基础的政社联动,充分发挥社会组织在现代治理中的专业化、地域化优势,通过购买服务等方式让社会组织更好发挥作用;以政府对企业指导为核心的政企联动,通过政策引导、专业指导和行为监管,将物业公司纳入社区治理体系之中,激发基层治理活力,扩大治理资源,实现公共事务治理、集体事务治理和共同利益事务治理的有效整合。

（2）实施共治协作,形成有机衔接的合作治理体系。围绕居家安全、矛盾化解、服务效能、诉求解决等,在社区层面上以社区党组织为核心,建立以物业公司为主、小区业委会为纽带、小区业主共同参与的"三位一体"协作治理体系,探索形成"业委会实时监督物业公司履职、物业公司定期通报工作实绩、小区业主及时评价反馈、业委会汇总甄别后进行评价"的监督闭环,推动自治权责运用良性循环。以预防—响应—处置—监督为逻辑链条,建立日常检查指导机制、多方联动响应机制、分类分设预警机制、联席会议机制、信息采集传递机制、小区维稳共管机制、考核奖惩激励机制,厘清政府部门、自治组织、物业公司的职能边界和工作关系,增强小区自治组织自治属性和自治效应,实现政府治理与小区自治的良性互动。

（3）推进共享互动,建成安定有序的宜居治理体系。要强调社区的生活回归，以"生态宜居、和谐幸福"为准则，建立"人口管理＋""生活服务＋""权利保障＋"等治理机制，全面推动生活小区、幸福小区、宜居小区的综合治理工作，为社区提供优质公共服务，构建秩序井然、和谐幸福、充满活力的社区。

实践范例：安徽省六安市地质灾害防治的网格化管理机制

2020 年 10 月，安徽省六安市金安区制定下发《金安区地质灾害防治网格化管理工作实施方案（试行）》[①]，探索形成地质灾害防治的网格化管理机制。

1. 指导思想

以习近平新时代中国特色社会主义思想为指导，以保护人民群众生命财产安全为根本，积极创新地质灾害防治管理模式，通过构建"五位一体、网格管理、区域联防、绩效考核"的地质灾害防治网格化管理体系，实行"规范化、精细化、信息化"管理，提升金安区地质灾害防治工作水平和能力，最大限度地避免和减少因地质灾害造成的人员伤亡和财产损失，切实保障人民群众生命财产安全。

2. 基本原则

（1）坚持属地管理、分级负责原则，建立乡镇、自然资源所、行政村、网格信息员、地质灾害防治专业技术人员"五位一体"的地质灾害防治网格化管理体系，明确属地政府的主体责任，做到政府组织领导、部门分工协作、全社会共同参与。

（2）坚持预防为主、防治结合原则，科学运用监测预警、搬迁避让和工程治理等多种手段，有效规避灾害风险。

（3）坚持群专结合、群测群防原则，充分发挥专业技术人员支撑作用，依靠基层组织和人民群众全面做好地质灾害防范工作。

3. 管理职责

坚持"属地负责、边界清晰、方便管理、运行高效"的原则。以乡镇为单元，以行政村为网格，行政区域界线就是网格管理的责任边界，确定网格边界范

---

① 《六安市金安区人民政府办公室关于印发〈金安区地质灾害防治网格化管理工作实施方案（试行）〉的通知》，安徽省六安市金安区政府官网，2020 - 11 - 6，http：//www.ja.gov.cn/public/6602111/20842541.html.

围,绘制金安区地质灾害防治网格图,确保"全面覆盖,界线明确,不重不漏",将全区 31 处地质灾害点纳入网格化管理范围。

以乡镇为单元,明确网格责任人、网格管理员、网格协管员、网格专管员、网格信息员五类管理人员,分工承担网格内的地质灾害防治工作任务(图 2 - 1)。

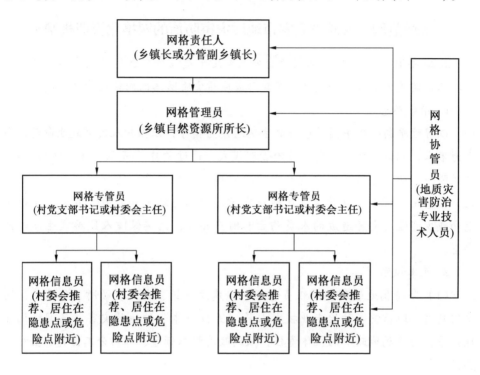

图 2 - 1 地质灾害防治网格结构图

(1) 网格责任人。由乡镇长或分管副乡镇长担任。职责包括:①按照地质灾害防治"属地管理、分级负责"的要求,全面负责该乡镇的地质灾害防治工作,为地质灾害防治网格化管理第一责任人;②审定网格管理员汇总、核实的地质灾害监测、巡查信息,批准上报;③定期召开网格化管理工作例会,确保地质灾害防治网格正常运行;④负责网格内地质灾害隐患点防灾预案的落实和宣传培训工作;⑤接受区地质灾害防治网格化管理工作领导小组办公室对该乡镇地质灾害防治网格化管理绩效的考核。

(2) 网格管理员。由乡镇自然资源所所长担任。职责包括:①承担该乡镇地质灾害防治工作的组织、协调、指导和监督工作;对网格责任人负责,对网格专管员例行检查、指导和考核。②负责地质灾害隐患点防灾预案的编制工作；指导网格专管员发放防灾工作明白卡和避险明白卡，设立监测设施；负责政府投入的地质灾害监测预警设施设备的管理，维护监测工作环境。③负责地质灾害基础数据、监测数据的整理、汇总、上报；落实突发灾情、险情信息速报制度，重大灾险情信息日报制度。④组织开展网格内地质灾害隐患的汛前排查、汛中巡查和汛后核查工作；指导、督促和检查网格专管员日常监测巡查和信息报送工作。做好群测群防监测员监测补助发放工作。⑤接到突发地质灾害险情和灾情信息，确保第一时间赶赴灾害现场开展调查。需要紧急撤离的，会同网格专管员组织群众撤离，随时向网格责任人报告情况。发生重大灾险情，不能准确做出判断的，请求网格协管员或区自然资源和规划局派专家支持。⑥建立网格化管理工作台账，汇总日常巡查记录。

（3）网格协管员。由地质灾害防治专业技术人员担任。职责包括：①协助网格责任人开展网格内地质灾害防治工作，指导群测群防向群专结合转变。②指导网格管理员做好地质灾害基础数据、监测数据的整理、分析、汇总和上报工作，指导网格管理员编制地质灾害隐患点的防灾预案。③指导网格专管员确定监测点和巡查路线，培训应急避险处置知识。④负责群测群防员的培训指导，使其掌握监测方法和监测内容，并做好监测记录。教会其突遇灾险情时报告方式和及时发出预警。⑤负责分析、研判各类监测、巡查信息，掌握网格内地质灾害动态信息，及时做出预判，及时告知网格责任人。⑥指导并参与汛前地质灾害隐患排查、汛中巡查和汛后核查工作，做好突发地质灾害应急调查，提出处置意见和建议，指导地质灾害应急抢险救灾工作。⑦指导村民建房安全选址，发现村民建房选址不当的，应及时告知网格责任人和网格管理员。⑧根据长期调查、排查、核查、监测、巡查结果，对网格内地质灾害发展趋势做出研判，对隐患点的增加、核销提出调整意见；根据险情等级和风险高低，提出开展专业监测的意见和建议。

（4）网格专管员。由行政村（社区）党支部书记或村委会主任担任。职责包括：①负责落实网格内地质灾害隐患点的群测群防人员，督促其做好日常监测、巡查、速报工作；②接受地质灾害防治技术业务培训，参与地质灾害隐患点"三查"和日常监测、巡查、速报工作；③发现地质灾害灾情和险情，及时向网格管理员和网格责任人报告，组织灾民自救互救；④发生重大灾险情，参与24小时值班值守和安全警戒工作。

（5）网格信息员（监测员）。根据网格内已确认的地质灾害隐患点数量，合理安排网格信息员，原则上由村委会干部担任或由村委会推荐有一定文化水平的人员担任。职责包括：①负责对指定地质灾害隐患点的动态巡查和日常监测工作，维护地质灾害监测设施和监测环境，并做好巡查监测记录；②及时查收气象风险、灾害预警等各类信息，及时调整巡查、监测频次；③若遇灾险情，应及时报告，及时开展排危除险。

4. 工作内容

（1）调查工作。按上级自然资源管理部门要求，认真开展网格内地质灾害隐患点和隐患区域排查，认真开展汛前排查、汛中巡查和汛后核查工作。对重大地质灾害隐患点，要求做到雨前排查、雨中巡查和雨后核查。针对地质灾害隐患点，要求划定威胁对象、威胁范围，划定应急避险区，要求设立警示标牌、逃生路线、临时安置点、应急避难所、急救医疗点等。

（2）巡查工作。包括非汛期和汛期两方面。①非汛期：正常天气每5天巡查1次，阴雨天气每天巡查不少于1次，连续降雨期间或遇暴雨天气时每天不少于4次，并根据异常变化情况实施加密巡查。②汛期：正常天气每2天巡查1次，阴雨天气每天巡查2次以上；连续降雨期间、暴雨天气或台风降雨影响期间每天监测不少于6次，发现异常情况进行24小时不间断监测。

（3）监测工作。包括非汛期和汛期两方面。①非汛期：正常天气每5天监测1次，阴雨天气每天监测不少于1次，连续降雨期间或遇暴雨天气时每天不少于4次，并根据异常变化情况实施加密监测。②汛期：正常天气每2天监测1次，阴雨天气每天监测不少于2次；连续降雨期间、暴雨天气或台风降雨影响期间每天不少于6次，发现异常情况进行24小时不间断监测。此外，对网格内的高风险地质灾害隐患点以及类似发生过地质灾害的高风险区块，应实施专业监测，安装专用设备，对相关要素进行综合监测，致力做好监测预警预报工作。

（4）险情处置。包括排危除险和避险搬迁两方面。①排危除险：当突遇地质灾害险情时，应紧急实施简易的排危除险工程，包括截排水工程、裂缝的封填、削方减载、沙袋压脚、沟道清淤、危岩体清除、凹腔的封填、局部主动防护网或被动防护网、简易挡墙、拦石坝、微型抗滑桩、单边防护堤、简易排导槽等。②避险搬迁：当灾险情较大或对简易排危除险工程效果难以估量时，应果断采取避险搬迁措施，将受威胁群众紧急撤离至临时安置点，待专家组调查评估后，再进行处置，确保人民群众生命财产安全。

（5）培训演练。网格管理员每年须制定培训计划，采取集中培训和进村入户宣讲等多种形式，对网格内的群测群防员和人民群众开展地质灾害防治知识宣传培训（每年至少一次）。针对地质灾害隐患点，组织受威胁群众进行避险演练，让他们掌握临灾警报信号，熟知逃生路线，掌握自救互救措施，逐步提高人民群众的防灾避险意识和自救互救能力，不断提升群测群防员的专业素质和巡查监测水平。

（6）信息报送。包括不定期的灾险情速报和定期的月季报、半年报、年报。①灾险情速报：当发现灾情险情时，网格信息员或网格专管员应在第一时间报告网格管理员和网格责任人，网格责任人应按速报制度要求进行信息速报（信息速报表详见表2-10）。②月季报、半年报、年报：由网格专管员收集、汇总巡查、监测资料，在网格协管员指导下，编制巡查监测月报、季报、半年报和年报，经网格责任人审定后，按要求及时上报。

表2-10　地质灾害灾险情速报表

灾险情地点							
灾险情 基本情况	发生时间			灾害类型			
	灾险情等级			灾害规模			
	是否为新发生隐患点						
	伤亡情况/ 人		死亡/ 人		失踪/ 人	受伤/ 人	直接经济 损失/万元
	地理位置	经度： 纬度：					接报时间
	主要引发因素						
	威胁对象范围						
	地质成因						
	发展趋势						
防范措施	已采取的 应急措施						
	防治建议						
联系电话	区政府		区自然资源与规划局		乡镇政府		
	联系人	号码	联系人	号码	联系人	号码	

报告单位（章）　　　　　　　　　　　　　　　　　　　编号：

5. 绩效考核

考核工作坚持科学规范、分级分类、客观公正、注重实绩、绩效相关的原则；实行被考评单位自评与现场考核评分相结合，定性与定量相结合，网格管理人员履职尽责与管理体系运行考核相结合，采取综合指标评分法进行年度地质灾害防治效果综合考核评分。

考核评定采用评分法，满分为 100 分。考核等次分为优秀、合格、基本合格、不合格等四个等次。考评综合得分 90 分以上（含 90 分）的为优秀等次；考评综合得分为 80 分以上（含 80 分）的为合格等次；考评综合的得分 70 分以上（含 70 分）的为基本合格等次；考评综合得分 70 分以下的为不合格等次。其考核参考指标见表 2-11。

表 2-11 地质灾害防治网格化管理工作绩效考核参考指标

被考核单位：　　　　　　　　　　　考核时间：　　年　　月　　日

项目		考核内容	分值
组织体系	组织领导	成立了网格化管理领导小组，制订了网格化管理工作实施方案	5
	制度建设	建立了地质灾害防治责任制度、地质灾害"三查"制度、地质灾害隐患点监测制度、汛期地质灾害值班制度、地质灾害速报和月报制度、地质灾害防灾和避险明白卡发放制度、地质灾害气象风险预警制度、突发地质灾害应急调查和处置制度、地质灾害数据管理制度、地质灾害防治网格化管理考核办法，管理人员要求人手一册	5
	责任落实	建立地质灾害防治网格化管理横向到边、纵向到底的责任链条，"五位一体"人员落实到位，岗位落实，职责明确	5
网格管理	乡镇负责人	年初召开网格化管理专题部署会议，年末召开专题总结会议，定期或不定期开展督促检查工作	5
	网格责任人	制订年度防灾方案、网格管理实施方案，审核信息速报内容，组织自查自评	5
	网格管理员	汛前隐患排查台账、汛中巡查台账、汛后核查台账、灾险情发生台账、两卡一表发放台账、值班台账、信息报送台账、督促检查台账、应急调查处置台账、监测员巡查员管理台账、考核台账、信息化工作情况	5
	网格协管员	业务指导情况、业务培训情况、配合网格管理员工作情况、参与"三查"工作情况、应急调查处置情况、监测结果分析预测	5
	网格专管员	巡查监测点的筛选情况和巡查监测人员的落实情况，监测设备的维护情况、日常巡视与检查情况	5
	网格信息员	巡查记录情况、灾险情报告情况，按 20% 抽查	5

表 2-11（续）

项目		考 核 内 容	分值
工作成效	"三查"工作	"三查"工作按技术要求如期完成，汛前排查查出了危险点和危险区、汛中排查查明了灾险情并落实了各项防灾方案、汛后核查核实了隐患点的数量变化和隐患点的变形情况	5
	汛期值班	实行汛期值班制度，值班人员落实，没有发现值班人员离岗脱岗现象，值班记录内容翔实、准确	5
	信息报送	实行地质灾害信息速报和日报告制度，信息上报及时准确，没有发生因信息错、漏报和上传下达不及时造成重大失误等问题；专管员和管理员通过手机 App 速报软件实行信息初报和续报，报送内容较全面，描述较准确	5
	两卡一表	格式规范、内容齐全、发放及时、发放到位	5
	巡查监测	巡查监测频次符合要求，巡查监测信息记录规范准确，信息报告及时	5
	预警预报	预警预报准确及时，对成功预报给予奖励，以事实为依据和上级认可为依据，每成功预报一起加 3 分	5
	应急调查	应急调查及时准确，处置建议合理可行	5
	应急处置	抢险救灾措施得当，组织灾民安全转移避让，划定危险区，专人值班看守，专人监测巡查，应急治理及时	5
	防灾宣传	地质灾害隐患点安装警示标牌、避险路线指示牌；乡镇、社区、行政村须举办宣传专栏，书写宣传标语	5
	培训演练	采取集中培训和进村入户方式宣传地质灾害防治政策法规、基本知识，每年应组织不少于一次的防灾避险宣传培训	5
	归档汇总	对年度各项工作进行分类、汇总、归档、集成，材料齐全、分类清晰、保存安全	5
合计			100

被考核人签字： 考核人员签字：

实用工具：家庭应急物资储备建议清单

2015 年，北京市发布了全国首个《家庭应急物资储备建议清单》。随后的几年内，全国多个省市也陆续发布了当地的《家庭应急物资储备建议清单》。2020年 5 月，北京市应急管理局更新发布《北京市居民家庭应急物资储备建议清单》（2020 版），提出了家庭应急物资储备清单的基础版和扩充版。其中，基础版内容包括应急物品、应急工具和常用应急药具三大类，包括具备收音功能的手摇充电电筒、救生哨、毛巾纸巾、呼吸面罩等共 10 类物资；扩充版内容包括水和食物、个人用品、逃生自救求救救助工具、医疗急救用品、常备药品、重要文件资料等六大类、18 小类、62 种物资。2020 年 11 月，应急管理部发布了全国基础版家庭应急物资储备建议清单，同时鼓励各地因地制宜加速制定扩充版清单，让群众根据实际情况选择家庭应急储备物资。在此列出《北京市居民家庭应急物资储备建议清单》（2020 版）（表 2－12、表 2－13），供参考使用。同时，建议市民储备家庭应急物资应做到：一是选购资质合法、信誉良好的生产经营企业提供的应急物资；二是优先储备基础版的应急物资品种，并根据家庭需要选择储备扩充版的应急物资品种；三是熟悉掌握应急物资的正确使用方法，定期对应急物资状况进行检查，并及时更换已过保质期的应急物资。

表 2－12　北京市居民家庭应急物资储备建议清单（2020 基础版）

分类	序号	物品名称	功能/用途	适用灾害类型
应急物品	1	多功能应急灯	具备照明、收音、报警、手摇充电等功能，用于应急照明等	全灾种
	2	救生哨	可吹出高频求救信号，用于呼救	全灾种
	3	压缩毛巾、湿纸巾	用于个人卫生清洁	全灾种
应急工具	4	呼吸面罩	保护面部，可提供有氧呼吸，用于地震、火灾逃生使用	地震、火灾
	5	多功能组合工具	具备切割、开孔、固定等功能	全灾种
	6	应急逃生绳	便于攀爬、逃生使用	全灾种
	7	灭火器/灭火毯	灭火器用于初期火灾的扑救；灭火毯可用于扑灭油锅火等，起隔离热源作用	火灾
应急药物	8	常用医药品	抗感染、抗感冒、抗腹泻类非处方药（少量）	全灾种
	9	医用材料（碘伏棉棒、创可贴、纱布绷带）	用于伤口消毒、杀菌、包扎等	全灾种
	10	医用外科口罩、防护手套	阻挡飞沫病菌传染，防止灾后避难场所传病传播，应对突发公共卫生事件	全灾种

表2-13　北京市居民家庭应急物资储备建议清单（2020扩充版）

物品大类	物品小类	序号	物品名称	功能及用途	适用灾害类型
水和食品	饮用水	1	矿泉水	用于满足避险期间生存需求	全灾种
	食品	2	饼干或压缩饼干、干脆面、巧克力等	用于满足避险期间生存需求	全灾种
个人用品	洗漱用品	3	毛巾、牙膏、牙刷	用于个人卫生清洁	全灾种
	其他个人用品	4	防水鞋	用于雨雪期间防水防滑	洪涝、台风、雪灾
		5	帽子、防割手套	用于头部和手部保暖、防护	台风、洪水、地震及次生灾害
		6	驱蚊剂	驱除蚊虫叮咬	地震、洪水及次生灾害
		7	消毒液、漂白液等	对物品进行消毒、清洁	全灾种
逃生求救救助工具	逃生工具	8	应急逃生绳	便于攀爬、逃生使用	全灾种
		9	救生衣	用于在水面漂浮自救	洪水
		10	应急防护头套	防火、防砸，有效保护头部	地震、火灾
	求救联络工具	11	救生哨	可吹出高频求救信号，用于呼救	全灾种
		12	手摇收音机	可手摇发电，FM、AM自动搜台	全灾种
		13	反光衣	颜色醒目，便于搜救	全灾种
逃生求救救助工具	生存救助工具	14	多功能应急灯	具备照明、收音、报警、手摇充电等功能，用于应急照明等	全灾种
		15	雨衣	用于防雨	洪涝、台风
		16	防风火柴	用于生火	洪涝、地震及次生灾害
		17	长明蜡烛	用于照明	洪涝、地震及次生灾害
		18	应急毛毯	用于休息、保暖	洪涝、台风、地震
		19	多功能组合工具	具备切割、开孔、固定等功能	全灾种

表 2 - 13（续）

物品大类	物品小类	序号	物品名称	功能及用途	适用灾害类型
逃生求救救助工具	生存救助工具	20	呼吸面罩	保护面部，可提供有氧呼吸，用于地震、火灾逃生使用	地震、火灾
		21	灭火器/灭火毯	灭火器用于初期火灾的扑救；灭火毯可用于扑灭油锅火等	火灾
医疗急救用品	消炎用品	22	碘伏棉棒/酒精棉棒	用于伤口消毒、杀菌	全灾种
		23	创可贴	具有止血、护创作用	全灾种
		24	抗菌软膏	用于伤口抗菌	全灾种
	包扎用品	25	医用纱布块/纱布卷	用于外伤包扎	全灾种
		26	医用弹性绷带	外科包扎护理，起到包扎、固定作用	全灾种
		27	三角绷带	保护伤口，压迫止血，固定骨折等	全灾种
		28	止血带/压脉带	用于应急止血	全灾种
医疗急救用品	辅助工具	29	剪刀/镊子	用于剪开纱布、绷带等	全灾种
		30	医用橡胶手套	保护手部，用于伤口处理等	全灾种
		31	宽胶带	用于纱布等的固定	全灾种
		32	医用外科口罩	阻挡飞沫病菌传染，防止灾后避难场所传染病传播，应对突发公共卫生事件	全灾种
		33	棉花球	用于伤口处理	全灾种
		34	体温计	用于测量温度	全灾种
重要文件资料	家庭成员资料	35	身份证、户口本、出生证、结婚证、机动车驾驶证等	用于身份认证	全灾种
	重要财务资料	36	现金、银行卡、股票、债券、保险单、不动产权证书等	用于财产保护	全灾种
	其他重要资料	37	家庭紧急联络单、家庭应急卡片（建议正面附家庭成员照片、血型、常见疾病及用药情况，反面附家庭住址、家属联系方式、应急部门联系电话和紧急联络人联系方式）	用于紧急联络	全灾种

第三章　社区安全的风险评估

◎ 拓　扑　图

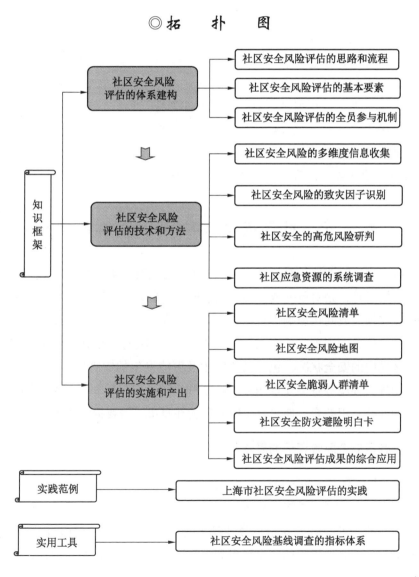

◎ 本 章 概 要

　　社区安全风险评估是对社区安全的相关信息进行分类分级的收集、整合、分析、评价的过程，对可能对社区居民财产安全和社区综合环境带来安全威胁或挑战，可能引发安全事故或诱发突发事件，导致人员死亡、伤害、疾病、财产损失或其他损失的安全隐患和灾害因素进行全面排查与识别，分析研判出高危风险，并通过一系列评估结果、评价结论、成果产出来指导社区安全实施建设与管理的过程。社区安全风险评估，需对社区所存在的致灾因子、承灾体及其脆弱性、社区的应急力和防灾力进行综合评估；应采用参与式评估机制，由社区民众和利益相关群体（或者代表）共同参与完成的社区风险评估；应围绕多维度信息收集、致灾因子识别、高危风险研判、应急资源系统调查等，采取专业技术和科学方法；经过科学工作流程的实施，可形成编制风险清单、绘制风险地图、形成脆弱人群清单、制定风险应对计划或措施等产出和成果，为社区安全风险管理的一系列措施和办法提供指导和依据。

第一节　社区安全风险评估的体系建构

　　社区安全风险评估是对社区安全的相关信息进行分类分级的收集、整合、分析、评价的过程，是对单一或多种可能造成社区危害的风险、在一定区域范围内造成的直接损失或间接影响进行综合评价的过程。社区安全风险评估是社区安全风险治理与应急管理等一系列工作开展的基础，其目标主要在于：了解和掌握社区所在区域内的安全状况，包括已经发生及可能发生的灾害风险，区域内经济、社会、物理、环境等各类安全相关的特征和属性，对风险进行有效识别和分析；对民众的安全意识教育，使民众了解隐患就在身边，需要提高防范意识。

一、社区安全风险评估的思路和流程

（一）社区安全风险评估的科学思路

　　社区安全风险评估是指，对可能对社区居民财产安全和社区综合环境带来安全威胁或挑战，可能引发安全事故或诱发突发事件，导致人员死亡、伤害、疾病、财产损失或其他损失的安全隐患和灾害因素进行全面排查与识别，分析研判出高危风险，并通过编制风险清单、绘制风险地图、形成脆弱人情清单、绘制防灾避险明白卡、制定风险应对计划或措施，指导社区安全实施建设与管理的过程。

根据国际标准化组织标准《Risk management – Guidelines》（ISO 31000：2018）和我国的国家标准《风险管理 原则与实施指南》（GB/T 24353—2009）、《公共事务活动风险管理指南》（GB/T 33455—2016），风险评估的一般流程为在明确风险内部环境和外部环境的相关信息的基础上，开展三方面工作。一是风险识别（Risk Identification），识别可能影响到风险源、影响范围、事件及其原因和潜在的后果等；二是风险分析（Risk Analysis），综合分析风险发生原因、可能性、后果，不同风险及其风险源的相互关系，现有的管理措施及其效果、效率，以及风险的其他特性；三是风险评价（Risk Evaluation），将风险分析的结果与风险准则相比较，确定风险等级，以帮助做出风险应对的决策。

1. 风险识别

风险识别是通过识别风险源、影响范围、事件及其原因和潜在的后果等，生成一个全面的风险清单，全面、系统和准确地描述风险状况。风险识别不仅要考虑有关事件可能带来的损失，也要考虑其中蕴含的机会。进行风险识别时要掌握相关的和最新的信息，必要时需包括适用的背景信息，特别是法律法规的变化情况、近期发生的风险事件案例以及利益相关者信息。识别风险需要所有相关人员的参与，选择适合于其目标、能力及其所处环境的风险识别工具和技术。

为保证风险识别的全面性、准确性和系统性，可构建符合需求的风险识别框架。一般而言，可选择的风险识别框架主要包括：

（1）根据法律法规识别，即通过对与本部门、本事务相关的法律法规、部门规章等约束机制的梳理，发现可能存在的风险。

（2）根据管理目标识别，即通过对本部门、本事务的管理目标进行分析，发现可能影响各类目标实现的风险因素。

（3）根据以往发生的案例识别，即通过对国内外发生的与本部门、本事务相关的案例梳理，发现可能存在的风险。

（4）根据利益相关者识别，即通过对利益相关者（如政府、社区、行业、企业、公众、新闻媒体等）的梳理，考察利益相关者的目标、利益诉求与监督实施机制，发现与每一利益相关者相关的风险，考虑是否兼顾了现实利益和长远利益，是否为绝大多数利益相关者接受和支持。

（5）根据外界关注热点识别，即通过对近期与本部门、本事务的相关舆论报道和利益相关者的态度意向进行分析，是否会引发影响社会稳定的事件等，发现可能存在的风险。

（6）根据组织机构设置识别，即通过对组织机构各职能部门和岗位人员的业务管理范围和工作职责的梳理，发现可能产生风险的组织层级及岗位，以识别出风险。

（7）根据工作流程分析，即通过对活动全过程中各个流程的分析，发现和识别公共事务活动各个阶段存在的风险及其起因和影响。

（8）根据环境识别，即通过对相关的政治、经济、文化、社会等环境及其变化情况进行分析，是否符合经济社会发展的总体水平，是否符合生态环境可持续发展的要求，发现可能存在的风险。

2. 风险分析

风险分析是指对识别出的风险，考虑导致风险事件发生的原因和来源、风险事件的正面和负面的后果及其发生的可能性、影响后果和可能性的因素、不同风险及其风险源的相互关系，以及风险的其他特性，还要考虑现有的管理措施及其效果和效率，对其进行定性和定量分析，为接下来的风险定级、风险应对、风险管理等工作提供支持。

风险分析的因素，包括但不限于：①制度的完善程度与执行力度，包括相关的法律法规、政策制度的完善程度，以及组织内部用以控制风险的策略、规章、制度的完善程度及执行力度等。②利益相关者的综合状况，包括利益相关者的利益诉求、过往记录、风险偏好等。③执行人员素质，包括相关人员对法律法规、政策、规章制度、业务技术，以及风险控制技巧的了解、掌握程度等。④所涉及工作的频次，指相关工作在一定周期内发生的次数。⑤外部环境的影响程度和稳定性，包括自然、经济、社会、政治、法律、舆论等环境对公共事务活动的影响程度及其稳定性。⑥过去发生的类似风险事件的情况，指本领域过去类似风险事件的发生频率。⑦所处领域的特殊性和规律性。⑧后果的类型，包括财产类的损失和非财产类的损失等。对于公共事务活动而言，非财产类的损失，例如生命和健康的损失、政府公信力的下降、社会稳定问题的负面影响、社会秩序的破坏、市场环境的恶化等，通常更为值得关注。⑨后果的严重程度，包括财产损失金额的大小、非财产损失的影响范围、法律法规的规定、利益相关者的反应等。⑩社会敏感度。社会公众对风险事件的潜在态度，在更大范围内、更长周期内审慎评估可能产生的社会负面影响和连带风险，即社会敏感度分析，可通过收集相关文件资料、问卷调查、民意测验、座谈走访、听证会等方式征求意见，对社会稳定风险进行预测和评估。

3. 风险定级

风险定级也称为风险评价，是将风险分析的结果与组织的风险准则比较，或者在各种风险的分析结果之间进行比较，确定风险等级，以便做出风险应对的决策。在可能和适当的情况下，可采取以下步骤进行风险定级：一是在风险分析的基础上，对风险进行不同维度的排序，包括风险事件发生可能性的高低、后果严重程度的大小以及社会敏感度的高低，以明确风险对利益相关者的影响程度；二是在风险水平排序的基础上，对照风险准则，可以对风险进行分级，具体等级划分的层次可以根据实际情况设定；三是在风险排序和分级的基础上，根据管理需要，可以进一步确定需要重点关注和优先应对的风险。

（二）社区安全风险评估的工作流程

社区安全风险评估的工作流程，应围绕社区安全风险评估的核心要素，由表及里、由浅入深，形成既具有专业性和科学性，又具有实用性和操作性的评估流程。社区安全风险评估工作可分为如下四个基本流程。

1. 评估前期准备

社区安全风险评估项目的管理执行人员，会同社区管理者（党委政府相关部门人员、社区自治组织人员等）、专家、专业机构等，开展综合协调会，共同探讨梳理社区环境、灾害和资源的整体情况，修订社区安全风险评估的个性化评估指标，选择恰当的评估方法，制定具体的评估工作方案和日程安排，并对参与社区安全风险评估的相关民众进行集中教育培训。

其中，综合协调会的主要目标是使不同的社区安全管理方能共同汇总社区的整体情况，让风险评估小组能够初步掌握社区现有特征，确保社区各种资源的有效利用。应掌握的社区安全内容主要包括：①了解社区总体的环境特征、社区的基本地理位置信息和社区的各类设施情况；②通过公安、应急、消防、民政、城管等部门获得五年内社区灾害情况信息；③了解目前各相关党委工作部门和政府职能部门在防灾减灾方面的工作成果。

民众培训的首要目标是让民众了解风险是什么、了解自己所身处的环境，提高民众的风险意识。培训内容主要包括：①灾害的基本类别，社区内常见灾害的分析；②"风险"的基本概念和主要特征；③了解脆弱性的基本概念；④了解社区应急力、防灾力等对于减轻灾害影响的作用。民众培训需要根据社区情况，穿插讲解综合协调会中获得的关于社区和社区灾情的基本信息，也需要根据民众的年龄、性别、文化程度等因素，调整培训的内容和形式。

2. 全面实施评估

围绕社区安全风险评估的核心要素和指标体系，结合项目实施方的专业力量和社区民众的经验智慧，按照评估方案实施评估，重点突出多维度信息收集、致灾因子评估、脆弱性评估、应急资源调查。

3. 形成评估成果

在实施评估的一系列工作基础上，全员参与进一步列出风险清单、绘制风险地图、编制脆弱人群清单、编制应急资源清单等。

4. 开展评估总结

包括现场的总结分享和后期风险评估报告的形成和交流，项目实施方形成风险评估报告，并根据需要可进一步开展制定风险应对措施、防灾减灾规划、社区应急预案等拓展性工作。

二、社区安全风险评估的基本要素

社区安全的评估，既与风险本身发生的可能性与后果有关，也与社区对于风险的承受能力和风险兑现为危机后的应对能力有关。基于此，社区安全风险评估，以第一章中"致灾因子""承受力""脆弱性"等理论模型为基础，结合实际工作和现实情况，对社区所存在的致灾因子、承灾体及其脆弱性、社区的应急力和防灾力进行综合评估。

（一）社区安全的"致灾因子"评估

根据不同的致灾因子类型，其评估的重点和标准不一。针对自然灾害、事故灾难、公共卫生事件、社会安全事件的法定四类突发事件的致灾因子，其风险评估的侧重点不同。

1. 自然灾害类致灾因子评估

一般应针对地震灾害、地质灾害、洪水灾害、森林火灾等常见灾种的致灾孕灾重点隐患排查；开展自然灾害次生危化事故重点隐患排查、自然灾害次生非煤矿山安全生产事故重点隐患排查、集中式饮用水水源地及自然保护区重点隐患排查，形成隐患清单。主要包括：

（1）地震灾害。重点排查可能引发重大人员伤亡、严重次生灾害或阻碍社会运行的承灾体，按照可能造成的影响（损失）水平建立地震灾害隐患分级标准，确定主要承灾体的隐患等级。

（2）地质灾害。基于致灾孕灾普查成果，分析地质灾害点的类型、规模和影响范围，确定承灾体隐患等级，重点开展河边、水库边、沟边、溪边、山边的村屯及高切坡建房户等地质灾害隐患排查。

（3）洪水灾害。重点排查主要河流堤防、重点中小型水库工程、重点蓄滞洪区的现状防洪能力、防洪工程达标情况、安全运行状态，排查中小流域山丘区重点村屯山洪灾害重点隐患。

（4）森林火灾。围绕林区范围内的居民地、风景名胜区、工矿企业、垃圾堆放点重要设施周边、公墓、坟场、烟花燃放点、在建工程施工现场等重点部位，针对森林杂乱物、按规定未及时清除的林下可燃物、违规用火、违规建设、重要火源点离林区的距离等情况开展隐患排查。

（5）次生隐患排查。自然灾害次生危化事故，主要指围绕地震、雷电、洪水、泥石流等灾害，排查自然灾害—生产事故灾害链隐患对象和影响范围。

2. 事故灾难类致灾因子风险评估

重点包括可能性评估和后果评估。可能性评估的相关要素包括：国内外同类灾害事故案例和统计资料；行业领域相关安全法规、标准的完善程度；行业领域安全监管力量、监测预警水平和工程技术条件；安全管理现状，包括安全相关资质证照、安全管理机构设置、安全生产标准化达标创建、对执法监察响应态度、近年来灾害事故和执法处罚情况等；重要设备设施检测报告；安全评价报告和重大危险源评估报告；关键部位和环节安全控制措施现状；专家现场检查意见。后果评估的相关要素包括：国内外同类典型灾害事故损失分析；灾害事故情景构建、模拟分析和实验验证；应急响应能力、抢险救援能力和人员疏散能力；危险特性、种类和数量等；接触人数和周边敏感人群分布情况；灾害事故统计、典型案例和事故模拟分析数据。

3. 公共卫生事件类致灾因子风险评估

分为快速情报筛查、日常风险评估、专题风险评估三种形式[①]。

（1）快速情报筛查。主要由相关专业部门或机构针对日常监测工作中发现

---

① 根据《突发事件公共卫生风险评估管理办法》（卫办应急发〔2012〕11 号）、《突发事件公共卫生风险评估技术方案（试行）》（中疾控疾发〔2012〕35 号）、《食品安全风险评估管理规定（试行）》（卫监督发〔2010〕8 号）、《国家突发公共卫生事件应急预案》《突发公共卫生事件与传染病疫情监测报告管理办法》及《风险管理风险评估技术》（GB/T 27921—2011）整理。

的问题和热点事件开展快速评估工作，尤其是非常规监测中发现的异常信息，如需要进一步开展专题风险评估，则由相关部所提出评估议题，组织开展专题风险评估工作。

（2）日常风险评估。包括月度、季度、半年度风险评估。主要是根据常规监测收集的信息、部门通报的信息、国际组织及有关国家（地区）通报的信息等，对疾控中心职责范围内的突发公共卫生事件风险或其他突发事件的公共卫生风险开展初步快速评估；相关专业机构一般会根据上月及既往监测情况确定本月需要分析的病种或事件，主要考虑升幅较大、可能引起突发公共卫生事件的病种或媒体热点事件。

（3）专题风险评估。根据事件特点、信息获取情况及实际需要，可在事件发生和发展的不同阶段开展，主要针对国内外重大突发公共卫生事件、自然灾害、大型活动等开展全面、深入的专项公共卫生风险评估。具体的情形包括国内外发生的可能对本辖区造成公共卫生危害的突发公共卫生事件；重大自然灾害及事故灾难后可能引发的原生、次生和衍生的公共卫生危害；大型活动卫生应急保障中存在的公共卫生风险；常规、应急和非常规监测中发现的可能导致公共卫生风险的事件或异常。

4. 社会安全事件类致灾因子风险评估

此类致灾因子风险评估侧重于社会面的风险要素评估，以社会稳定风险评估为例，主要从合法性、合理性、可行性和安全性等方面进行评估。

（1）合法性。是否符合现行相关法律、法规、规章，以及党和国家有关政策，决策程序是否符合有关法律、法规、规章和国家有关规定。

（2）合理性。是否符合以人为本的科学发展观要求，是否符合经济社会发展规律，是否符合社会公共利益和广大人民群众的根本利益，是否兼顾了不同利益群体的诉求；是否符合本地区发展规划，是否保持了政策的连续性、相对稳定性以及相关政策的协调性，是否可能引发地区、行业、群体之间的相互攀比；依法应给予当事人的补偿和其他救济是否充分、合理、公平、公正；拟采取的措施和手段是否必要、适当，有多种措施和手段可以达到管理目的的，所选择的措施和手段对当事人权益的损害是否最小。

（3）可行性。组织实施的时机和条件是否基本成熟，项目管理体制改革的力度、投资建设的速度和社会可承受程度是否有机统一，项目实施是否符合本地区经济社会发展总体水平，是否超越大多数群众的承受能力，是否能得到大多数群众的支持和认可。

（4）安全性。实施是否可能引发较大规模群体性事件、较大规模上访、重大社会治安问题、网络负面舆论过激过热，以及其他影响社会稳定的因素；可能引发的社会稳定风险是否可控，能否得到有效防范和化解，是否制定了相应的预警措施和应急处置预案等。

（二）社区安全的"承灾体—脆弱性"评估

社区安全"承灾体—脆弱性"的评估指标，是对社区灾害承灾体的基本情况及其脆弱性程度进行评估。

1. 承灾体的基本情况评估

承灾体的基本情况评估，应统筹利用各类承灾体已有基础数据，开展承灾体单体信息和区域性特征调查，重点对区域经济社会重要统计数据、人口数据，以及房屋、基础设施（交通运输设施、通信设施、能源设施、市政设施、水利设施）、公共服务系统、三次产业、资源和环境等重要承灾体的空间位置信息和灾害属性信息进行调查。

（1）人口与经济调查。充分利用最新人口普查、农业普查、经济普查等各类资料，以乡镇为单元获取人口统计数据，结合房屋建筑调查开展人口空间分布信息调查；以乡镇为单元获取区域经济社会统计数据，主要包括三次产业地区生产总值、固定资产投资、农作物种植业面积和产量等。

（2）房屋建筑调查。提取城镇和农村住宅、非住宅房屋建筑单栋轮廓，掌握房屋建筑的地理位置、占地面积信息；在房屋建筑单体轮廓底图基础上，外业实地调查并使用 App 终端录入单栋房屋建筑的建筑面积、结构、建筑年代、用途、层数、使用状况、设防水平等信息。

（3）基础设施调查。针对交通、能源、通信、市政、水利等重要基础设施，共享整合各类基础设施分布和部分属性数据库，通过外业补充性调查设施的空间分布和属性数据。设施基础和灾害属性信息主要包括设施类型、数量、价值、服务能力和设防水平等内容。

（4）公共服务系统调查。针对教育、卫生、社会福利等重点公共服务系统，结合房屋建筑调查，详查学校、医院和福利院的人口、服务能力、设防水平等信息。

（5）三次产业要素调查。共享利用农业普查、经济普查、地理国情普查等相关成果，掌握主要农作物、设施农业等的地理分布、产量等信息，第二产业规模以上企业、危化品企业、非煤矿山生产企业空间位置和设防水平等信息，第三产业中大型城市综合体、大型商场和超市等对象的空间位置、人员流动、服务能力等信息。

（6）资源与环境要素调查。共享整理第三次国土调查根据《土地利用现状分类》（GB/T 21010—2017）形成的土地利用现状分布资料；共享整理最新森林、草地、湿地等资源清查、调查等形成的地理信息系统信息成果。开展 3A 级以上等级旅游景区的位置、等级、设计日游客接待量等信息的整理、核查和补充调查。

2. 承灾体的脆弱性评估

承灾体的脆弱性，主要包括物理脆弱性、社会脆弱性和环境脆弱性。

（1）物理脆期性。物理脆弱性主要是指硬件方面客观存在的对于风险的易损性程度，以结构物的强度与物理性分析来评估社区物理特征承受灾害的能力。和社区相关的物理脆弱性主要表现为房屋脆弱性和基础设施脆弱性。

房屋建筑脆弱性评估是指对社区房屋建筑质量、空间环境等要素存在的安全问题及其应对抵御灾害、辅助应急救援的潜力进行评估。例如，房屋老化程度较高的老式社区存在的主要安全问题是房屋因自然或外力因素引起的房屋变形、倾斜、沉降、结构失稳坍塌等房屋自身安全问题；暴雨台风引起屋漏、进水问题；房屋火灾问题；不同高度房屋在人员疏散、救援等方面存在差异，高层建筑在发生火灾、地震等灾害事故时，人员疏散难度相对较大且救援力量到达也相对困难，其脆弱性相对较高。

基础设施是用以保障社会经济活动正常进行的公共服务系统设施设备，基础设施脆弱性评估是指对社区基础设施遭受灾害的易损性及其抵御与应对灾害的能力进行评估，主要包括生命线工程、消防设施、消防通道、减灾标识、人防空间等减灾设施的脆弱性。交通、通信、给排水、电力、燃气、输油等基础设施等被合称为"生命线工程"，其脆弱性对于社区安全而言有重要作用。例如，老旧的排水管道可能导致排水不畅，道路积水、房屋进水；客井盖丢失可能导致人员坠落下水道；被刮落的电线可能浸泡水中导致人员触电等。与此同时，基础设施之间也存在相互联系和作用，如供水、燃气对电力的依赖，燃油供应对交通的依赖，交通系统的信号灯及轨道交通对电力的依赖。

（2）社会脆弱性。社会脆弱性主要评估社区内人群及其经济社会活动面对灾害的脆弱程度，主要包括经济脆弱性和人口脆弱性。

经济脆弱性评估，反映出社区用于抵御、应对灾害及灾后复原的可持续发展潜力，包括经济活动的类型、多样性及经济活力等社区经济状况。微观层面，不同人群会因为不同经济稳定程度、收入可以支持的住房条件以及对援助的可获得性，造成其脆弱性程度的差异；宏观层面，经济能力相对较弱的国家或地区，其辖区内社区人民的安全环境水平、安全生活水准、安全素养能力等也相对较低，与此同时经济发展的好坏直接影响到对于防灾减灾设施设备、公共安全设施设备、应急避险设施建设等的投入。

人口脆弱性评估，既需对影响人口脆弱性平均水平的因素进行评估，包括人民的信仰、教育程度认知、人权与阶级、身心灵的健全状况、社区居民本地化程度及归属感、社区居民的减灾意识及减灾技能等人口适灾脆弱性因素（以上因素会影响人们对于灾害风险的认知水平与应对能力）；也需对面对灾害时的弱势人群进行评估，包括儿童和老年人口、受教育水平较低的人口、贫困人口、各种疾病人口、语言不通的外来者等。

（3）环境脆弱性。环境脆弱性是指社区所处整体环境因素的脆弱性，既关注地理环境、土地使用性质等自然因素，又考虑到各个社区自身的地理环境和经济发展特点；不仅是社区自然环境，也包括人文地理和公共环境。①土地脆弱性。土地脆弱性是指不同的土地使用性质和用途，对于灾害的承受能力也不同。工业、商业、交通通勤等不同的使用性质会影响房屋的人流、设施等情况，灾害发生时，可能造成的影响程度不一，脆弱性也就因之不同。有些危险性较高，而有些比如空旷绿地，则可以成为灾害避险场所。②社区空间脆弱性。社区空间脆弱性（包括社区灾害隔离空间、应急避难场所、防救灾通道、应急物资储备空间等减灾空间的脆弱性）反映出社区空间抵御灾害的潜力。③人类活动影响环境脆弱性。在科技发展下，高科技厂房数量倍增，导致环境污染的问题日趋严重，产生的废弃物及垃圾问题逐渐加速环境退化，也间接提升了环境脆弱度，例如，山坡地开发是造成泥石流的祸源之一，会导致土地疏松及流失，在受到雨水侵蚀后逐步演变成泥石流灾害。

针对不同致灾因子，脆弱性评估指标侧重点不一样。例如，地震灾害中，可能涉及的脆弱性因素包括三方面。①物理脆弱性。包括抗震性能较差的建筑、道路、各类生命线工程的强度和灾害发生后的反应（如燃气管道自动断气）等。②社会脆弱性。包括经济发展水平、人口密度、灾害弱势群体的分布、社会普遍应对地震灾害的意识和能力等。③环境脆弱性。包括耕地情况、地形地质条件（是否会诱发沙土液化、滑坡等次生灾害）、避难场所的设置及管理安排等。再如，洪水灾害中，可能涉及的脆弱性因素包括：①物理脆弱性，包括下水道畅通性、处于低洼地的简易房屋、位于洪泛区的房屋等；②社会脆弱性，包括经济发展水平、人口密度、灾害弱势群体的分布等；③环境脆弱性，包括河道的淤积情况、是否有泄洪缓冲地带、地形地貌特征等。

（三）社区安全的"应急力—防灾力"评估

社区安全"应急力"是指城乡社区层面应对和处置常见突发事件的能力，侧重于评估危机状态下的社区安全保障和恢复的能力；"防灾力"是指城乡社区层面防范化解各类灾害风险的能力，侧重于评估常态情况下的社区安全维持和发展的能力。

社区安全"应急力—防灾力"的评估是对城乡社区在防灾减灾救灾抗灾的综合能力评定，用于查清社区及其辖区内企事业单位、社会应急力量用于防灾减灾救灾的各类资源和保障，评估基层的灾前备灾、应急救援、转移安置和恢复重建等方面的能力。

（1）应急组织管理。调查社区所在城市的应急组织管理机构、体制和制度建设、应急平台、监测预警、信息发布等情况。

（2）应急救援。调查可用于社区应急的各种救援力量，包括以消防为主的综合救援队伍，以及卫生医疗、防汛、抗震救灾、森林防火、矿山、危险化学品、公用事业、交通运输、轨道交通、通信保障、核生化、食品安全等专业救援队伍，企业专（兼）职力量、社区安保等基层单位可参与应急的人员，应急志愿者队伍，驻地军队等应急力量。

（3）应急专家。搜集可为有效开展应急工作提供技术咨询和处置建议的有关应急专家信息。

（4）应急物资和支撑。应急物资的调查包括相关部门、属地政府、社区自身等各层级储备的应急物资、企业储备（或经营）的可用于应急的物资及可利用的社会各方面应急物资储备；应急物资包括可用于处置、抢险和救援的各类物资，主要包括车辆及工程机械类、探察监测类、破拆堵漏支护等工具类、洗消类、应急照明、应急供电、应急通信、医疗救助类、警戒类、救生装备类、生活保障类、避难场所等。调查用于应急的资金保障情况，技术、信息、通信支撑情况；调查城市的应急交通规划及道路情况。

（5）应急预案体系。调查社区应急预案体系建设，预案的制定、演练情况；与城市各类各级应急预案的衔接情况。

（6）风险管理调查。安全管理调查主要是对社区各类致灾因子和危险源的管控情况进行调查。包括法律、法规、规章及相关文件、技术标准的落实情况；应急资源保障情况；重大隐患排查率；安全相关监测覆盖率；执法能力；风险警示教育、安全教育、事故灾害损失等；主体责任落实情况；风险分级管控和隐患排查治理体制建设情况；安全标准化建设情况；监测预警、监管控制设施设置情况；应急管理、应急设施情况等。

（7）基层综合减灾资源和能力调查。包括社区和村的人员队伍情况、应急救灾装备和物资储备情况、预案建设和风险隐患掌握情况等内容；社区内企事业单位和社会应急力量参与资源（能力）调查，主要调查有关企业救援装备资源、保险与再保险企业综合减灾资源（能力）和社会应急力量综合减灾资源（能力）；抽样调查家庭居民的风险和灾害识别能力、自救和互救能力等。

三、社区安全风险评估的全员参与机制

（一）全员参与评估的目标和价值

参与式评估是指由项目目标群体、受益者与项目管理执行人员共同组成评估小组，参与评估的设计，评估指标的选择，设计数据收集系统，收集和整理数据，分析结果，将评估的信息用于目标实现等全过程的评估模式。

参与式社区风险评估是指由社区民众和利益相关群体（或者代表）共同参与完成的社区风险评估。"参与式"的特色体现在两方面，一方面是指不同人员的参与，吸引不同类型的社区利益相关者参与；另一方面是指不同阶段的参与，所有人员均应在全过程中积极参与，贡献自己对于风险的感知和认知。

参与式社区风险评估的目的在于通过民众广泛参与，评估社区风险，实现社区安全的协同治理和共治共享，其目标有两方面。一方面，确保评估的内容更加符合社区的客观状况，全员参与确保参与者评估视角的多元化及其对社区的全面了解，从而提升评估内容的真实性、客观性、全面性，让社区评估结论和结果更符合社区的真实情况；另一方面，提高社区民众识别风险、规避风险的意识和能力，社区风险评估的目的在于通过识别和评估风险，来促进社会全员规避和防范风险，民众只有意识、重视、了解、掌握风险的存在状况，才可能采取相应行动防范风险、保障安全、规避损失，而参与整个社区风险评估的过程是提高民众意识和能力最直接有效的方法。

基于此，参与式社区风险评估的优势在于两个方面。一方面，参与式评估是

一个分享学习的过程。社区民众和利益相关群体等所有目标群体参与评估的全过程，与社区安全评估方和管理方等所有项目执行者互相分享各自的经验，既可以帮助目标群体更好地理解项目目标、进而更好地实现目标，也可以让项目执行者在项目开展过程中不间断地获得来自目标群体的直接反馈意见，实时掌握项目发展情况。另一方面，寻求多样化意见，重视少数人的意见。参与式评估着重寻求不同人的个别经验，而不只是一般性、平均性经验；参与式评估中，更加彰显个人的特征，更加考虑少数人的意见，特别是弱势群体的经验、观点、意见。

（二）社区安全风险评估的利益相关主体

社区安全风险评估应纳入所有利益相关主体，包括社区管理者、社区民众、社区内从事工商业经营的人员、在社区活动的社会组织等。

1. 社区管理者

社区管理者是社区风险评估组织、规划、推动实施的主力，在参与式社区风险评估中应该发挥重要作用。

社区管理者是一个复合的概念，主要包括两大类：一类是既有承担社区安全相关职责的党委政府（包括准公共部门的事业单位）相关部门人员（详见本书第二章第一节）；另一类是基层党组织、基层群众性自治组织、社区物业、业委会等社区层面自治类组织。

2. 社区民众

社区民众是社区的主人，社区的安全直接关系到其生命财产安全和居住生活的安全感。社区民众是社区风险评估活动的核心力量，其广泛参与是参与式社区风险管理的核心。根据社区规模、人口数量和评估整体工作安排，可让全体社区民众或民众代表参与风险评估的全过程中，识别风险、共商对策。社区民众的参与，应注意纳入弱势群体、重点人群、特色人群的参与，包括社区老年人、儿童、孕妇、病患者、残障人员、低保户等弱势群体，社区企事业单位负责人、学生群体、外来流动人口、党员、离退休干部等重点人群，宗教信仰人员、外国人、少数民族人员等特色人群等。

3. 社区工商业者

社区安全与社区内工商业活动有密切关系。一方面社区内工商企业及其生产经营场所可能成为危险源，若管理不善或存在隐患则可能对社区安全构成威胁；另一方面社区内其他部分发生灾害，也会影响到这些企业的生产经营活动，或造成次生灾害。工商业者群体中应重点纳入以下三类。①社区物业。物业是社区设施设备的维护主体，负责社区的安保工作，保管着社区的维修基金。②零售企业。包括超市、便利店等，零售企业作为社区生活必需品的天然"储备库"，社区与这些零售企业签订一定的物资储备协议，一方面能解决社区空间和资源有限的问题，另一方面也能避免社区救灾物资实物储备可能造成的浪费。③教育、养老、医疗等领域的专业服务机构。其作为老年人、儿童、病患等弱势群体比较集中的单位，在评估社区安全风险以及后续设计社区综合减灾规划和行动方案的时候，都需要对这些单位进行更多的关注和保护。

4. 社区社会力量

在社区内开展纠纷调解、健康养老、教育培训、公益慈善、防灾减灾、文体娱乐、邻里互助、居民融入及农村生产技术服务等活动的社会组织，常态参与社区安全治理和防灾减灾的志愿者队伍，以及红十字会、应急救援志愿者组织等社区安全相关的专业化社会组织或慈善机构，既对社区安全状况有各自领域的不同了解和掌握，也可作为辅助力量为社区组织开展社区安全风险评估的相关教育培训提供协助。

（三）社区安全风险评估工作小组的建设

在社区全员参与的基础上，将社区民众和各类利益相关者明确并有代表产生以后，由项目目标群体、受益者与项目管理执行人员共同组成的社区安全风险评估小组组建完成，该小组将主导整个风险评估的过程，使参与式社区风险评估能够顺利进行。

1. 社区安全风险评估小组的任务

社区安全风险评估小组的主要任务包括以下 5 项内容。

（1）基本掌握社区风险评估的内容和方法。小组成员应学习社区风险评估的基本知识，侧重了解致灾因子识别、高危风险研判、脆弱性评估、社区应急资源调查等的具体内容和技术方法。

（2）制定整个社区风险评估的计划。根据社区的目标，选择合适的方法，制定风险评估的流程，并且应特别注意后勤保障的安排，以确保计划的可实施性。

（3）确保社区风险评估的实施。在整个实施过程中，保障过程的流畅、完整，做好各类过程性资料的收集和整理，为后期风险评估报告的完成做好准备。

（4）告知社区风险评估的结果。对整个社区风险评估的过程进行回顾、总结，可以以风险评估报告的形式将结果告知所有利益相关者。

（5）促进社区减灾项目产生和运作。在可能的情况下，根据社区风险评估的结果，有针对性地设立操作性较强的社区减灾项目，并协助其运作。

2. 社区安全风险评估小组的能力要求

社区安全风险评估小组的人员应具备以下基本能力。

（1）应急基本能力。主要包括了解基本的风险管理知识,如风险和灾害的基本关系、风险管理的基本程序等；了解灾害相关知识,如不同类型灾害及其次生灾害的基本知识等；灾害应对知识,主要指不同灾害的应对技能、基本的急救知识。

（2）应急管理能力。主要包括通用管理能力，包括沟通、协作、计划、自我管理等；应急专业能力，包括风险评估的相关方法和步骤。

3. 社区安全风险评估小组的培训

针对社区安全风险评估小组应具备的能力和需要完成的任务，设置培训方案并开展培训。培训可以是自我学习，也可以邀请相关的专业人员举办讲座、工作坊培训、现场培训等多种方式的培训。培训内容主要分为以下4部分内容。

（1）风险评估的基本知识和方法。了解社区安全风险评估的基本概念，包括风险、致灾因子、承灾体、脆弱性、应急力、防灾力等，掌握社区安全风险评估的基本方法和操作步骤。

（2）参与式社区风险评估的步骤。着重学习参与式社区风险评估的基本步骤，了解每一步骤的目标、实施技巧、使用方法、注意事项，以及可能面临的问题和困难。

（3）风险评估案例参考。学习其他国家或地区社区安全风险评估的案例，分析不同的案例的侧重点和它们所适用的社区特征和类型。

（4）风险评估方案的初步确定和模拟实施。在掌握了以上内容以后，风险评估小组的成员应独立或分组完成评估方案的初步设计，有条件的还可以在小范围内进行初步的模拟，以优化完善方案，更好地提升方案的可实施性。

第二节　社区安全风险评估的技术和方法

一、社区安全风险的多维度信息收集

（一）社区安全风险信息的历史记录法

历史记录是清晰展现社区灾害史和社区发展的方法。通过历史记录来收集社区安全信息，从而有效掌握和了解社区灾害历史、致灾因素以及灾害对社区环境和居民生产生活的影响。历史记录法的具体操作步骤包括：①主持人询问社区居民灾害对生产生活的影响；②记录下灾害发生的年份；③就灾害发生的原因向居民询问进一步的细节问题；④以每 10 年或 5 年作为一个划分阶段，主持人引导居民梳理 30 年至 50 年的灾害历史；⑤记录并整理居民的回答，形成历史记录并在小组内传阅和完善。历史记录法的操作中，可以通过以下的提问引导社区民众思考："灾害（例如水灾、旱灾、森林大火）对您工作和生活的影响有哪些？""这些灾害对环境的影响有哪些？""诸如这样的影响会经常发生吗？""您什么时候注意到这些灾害造成的影响开始变得愈来愈严重？""为什么这些灾害会变得愈来愈严重？"表 3 - 1 为菲律宾某社区的历史记录范例。

表 3 - 1　菲律宾某社区的历史记录范例

1960—1970 年	道路和街道离海很远； 周围有很多树； 有许多种鱼； 海边只有几座房子； 由于灌溉系统缺乏，稻田规模都很小； 只有一少部分人居住在山里； 有很多鸟； 生活简单
1970—1980 年	环境跟 1960—1970 年都相同，不过与以前相比，有了更多的居民和房屋
1980—1990 年	开始砍伐树木； 鸟儿少了； 人们开始种香蕉； 由于有了灌溉系统，稻田变得宽阔了； 居民房屋扩建了
1990—2000 年	海岸向街道延伸； 越来越多的人生活离滨海或高山很近的地方； 很多人砍伐椰子树和其他植物； 鱼的种类少了； 鸟儿少了

来源：亚洲备灾中心 ADPC. CBDRM Field Practitioners' Handbook.

（二）社区安全风险信息的大事记（时间轴）法

大事记（时间轴）是描述社区灾害历史和已发生重大事件的方法，一般列出两列，其中一列表示的是时间，另一列表示的是已发生的事件。具体实施中，主持人可通过以下问题引导社区居民参与讨论，包括："社区里已经发生或正在经历的重大灾害事件有哪些？""它们是什么时候发生的？""这些重大灾害事件对社区有哪些影响？""什么时候产生了这些影响？"表 3－2 是在菲律宾某农村应用大事记方法的成果实例。

表3-2　菲律宾某农村社区安全的大事记方法范例

日期	事 件
1994 年	常年洪水和道路工程
1995 年	常年洪水
1996 年	特大洪水，钩端螺旋体病
1998 年	常年洪水，出现登革热传染病，随后发生了长时间干旱
1999 年	常年洪水和道路工程
2000 年	常年洪水和道路工程
2001 年	常年洪水，通信和供水设施施工
2002 年	特大洪水，出现钩端螺旋体病，随后发生了长时间干旱
2003 年	常年洪水，登革热传染病，道路工程
2004 年	常年洪水，登革热传染病

来源：亚洲备灾中心 ADPC. CBDRM Field Practitioners' Handbook.

（三）社区安全风险信息的季节表

季节表用于记录社区安全相关的季节性变化、时间周期规律和相关致灾因子、疾病等信息。

绘制季节表时，表中可用圆圈、五角星等符号来表示灾害的频率、严重性、风险等级或变化程度。例如 10 个符号代表 10 分值，符号越多则表明分值越高。具体操作过程中，由主持人在记录表上准备日历，通过询问社区居民哪些月份是雨季、旱季或夏季，什么时候是播种、种植或收获的季节，进而针对每个特定季节询问有关灾害的具体信息。具体实施中，可以通过以下主要问题进行提问："一年中有哪些季节是异常的？""社区里发生过哪些致灾因子/灾害？""它们是什么时候发生的？""在发生灾害的地方，什么时候会出现食物供应不足？""在多雨/少雨季节、寒冷/炎热季节里会出现哪些常见疾病？"表 3－3 是老挝某农村社区应用季节表方法的范例。

表3-3 老挝某农村社区应用季节表范例（季节表：洪水·干旱·火灾）

	一月	二月	三月	四月	五月	六月	七月	八月	九月	十月	十一月	十二月
降水量					★	★	★★	★★★	★★	★		
干旱	★	★	★★★★	★★★★								
森林火灾		★★★★	★★★★	★★★★								
新生婴儿								★	★★	★★★	★★★★	
粮食最困难期					★		★★	★★	★★★★★			
较难离开村庄的时期						★★	★★	★★★	★★★			

二、社区安全风险的致灾因子识别

社区安全风险的致灾因子识别，是对致灾因子进行信息收集、全面排查，进而掌握其基本信息、种类数量、分布情况、总体特征规律的过程。

（一）致灾因子的界定和分类

社区常见的致灾因子主要包括《国家突发公共事件总体应急预案》《突发事件应对法》中明确的自然灾害、事故灾难、公共卫生事件、社会安全事件的法定四类突发事件，详见表3-4。

表3-4 社区致灾因子一览表

序号	分类	主要突发因素
1	自然灾害类	气象水文灾害、地质灾害、地震灾害、生物灾害、生态环境灾害等
2	事故灾难类	工矿商贸等企业的各类安全事故、交通运输事故、公共设施和设备事故、环境污染和生态破坏事件等

表 3-4（续）

序号	分类	主要突发因素
3	公共卫生事件类	传染病疫情、群体性不明原因疾病、食品安全事件、职业危害、动物疫情、其他严重影响公众健康和生命安全的事件
4	社会安全事件类	治安事件与刑事案件、群体性事件、恐怖袭击事件、经济金融安全事件等

1. 自然灾害类致灾因子分析

《自然灾害分类与代码》（GB/T 28921—2012）对自然灾害的概念类别层次进行划分，共分为气象水文灾害、地质地震灾害、海洋灾害、生物灾害和生态环境灾害 5 大类 40 种自然灾害。自然灾害的分布具有明确的区域性特征。就我国而言，总体具有三方面特征。一是国土资源辽阔，地理条件和气候条件复杂，以气候、气象灾害为主。二是分布范围广，西北、黄土高原和华北多干旱；东部季风区多暴雨、洪涝；东北和西南林区多深林火灾；西南、西北和华北的活动构造带多地震；青藏高寒区多低温冻害和冰雪灾害；东南沿海多台风、风暴潮。三是地区差异大，东部自然灾害区灾害种类多，强度大，频率高，损失大；中部自然灾害区灾害类型、强度、频率、损失等次之；西部自然灾害区灾害类型多样，但损失较小。

总体而言，社区常见的自然灾害类致灾因子可分为气象水文灾害、地质灾害、地震灾害、生物灾害、生态环境灾害。

（1）气象水文灾害。社区常见的自然灾害中，气象水文灾害占第一位，主要包括干旱、洪涝、台风、暴雨、大风、冰雹、雷电、低温、冰雪、高温、沙尘暴、大雾等灾害。

（2）地质灾害。地质灾害是指在自然或人为因素的作用下形成的对人类生命、财产、环境造成破坏和损失的地质作用或现象。主要类型包括：崩塌、滑坡、泥石流、水土流失、地面塌陷、地裂缝、沙漠化、火山爆发等。

（3）地震灾害。地震灾害是地壳快速释放能量过程中造成强烈地面振动及伴生的地面裂缝和变形，对人类生命安全、建（构）筑物和基础设施等财产、社会功能和生态环境等造成损害的自然灾害。总体而言，地震属于小概率、破坏性大、危害性强的灾害，不像普通的雷电风雨等气象水文灾害频发高发易发，但一旦发生在有人居住的地方，就会造成恶劣后果、带来严重损失，并且容易产生连带的余震、海啸、土石崩塌、滑坡、沙土液化、水灾和火灾等衍生、次生灾害。

（4）生物灾害。生物灾害主要指由于各种生物活动（包括动物、植物和微生物活动等）引起对人类健康或生命构成威胁、对生物多样性产生危害、破坏人类生存环境的各种灾害，对人类主要都是间接灾害，比如农作物病虫害、动物疫病、森林或草原火灾等。

（5）生态环境灾害。生态环境灾害是指由于生态系统结构破坏或生态失衡，对人地关系和谐发展和人类生存环境带来不良后果的灾害，主要包括水土流失、风蚀沙化、盐渍化、石漠化等，在特定的环境内可能发生。

2. 事故灾难类致灾因子分析

事故灾难类致灾因子主要包括工矿商贸等企业的各类安全事故、交通运输事故、公共设施和设备事故、环境污染和生态破坏事件等。

（1）工矿商贸等企业的各类安全事故。按导致事故的直接原因，《生产过程危险和有害因素分类与代码》（GB/T 13861—2009）将其分为人、物、环境、管理4大类15个中类。按照最终的事故类型，《企业职工伤亡事故分类标准》（GB 6441—1986）将危险因素分为物体打击、车辆伤害、机械伤害、起重伤害、触电、淹溺、灼烫、火灾、高处坠落、坍塌、冒顶片帮、透水、放炮、火药爆炸、瓦斯爆炸、锅炉爆炸、容器爆炸、其他爆炸、中毒和窒息、其他伤害等20类。应急管理部（原国家安全监管总局）在《工贸行业重大生产安全事故隐患判定标准（2017版）》（安监总管四〔2017〕129号），给出工贸行业重大事故隐患的评估标准，提出存在粉尘爆炸危险、使用液氨制冷、有限空间作业相关的行业领域，普遍存在重大事故隐患；与此同时，冶金、有色、建材、轻工、纺织、烟草、商贸等不同行业类重大事故隐患也各有不同。社区矿商贸等企业的常见安全事故，应在属地政府、应急管理部门和外部专家的指导下，协同开展致灾因子的识别。

（2）交通运输事故。交通运输事故一般包括道路、铁路、航空及水上等运输过程中出现人员死伤或财产损失的事故。《道路交通事故信息调查》（GA/T 1082—2013）中分为财产损失事故、受伤事故、死亡事故；新《道路交通事故处理程序规定》中分为财产损失事故、伤人事故、死亡事故；《交通运输安全生产事故统计管理规定》（交安监发〔2011〕681号）将交通运输安全生产事故分为营运车辆道路交通事故、道路运输站场安全生产事故、水上交通安全生产事故、港口安全生产事故、交通运输建设施工安全生产事故、城市客运安全生产事故。与社区居民日常生产生活等紧密相关的最主要是道路交通事故，是指车辆在道路上的行驶途中因过错或者意外造成的人身伤亡或者财产损失的事件，按交通工具分类还可细分为机动车事故、非机动车事故、行人事故。人为因素、车辆因素、气候环境因素等是引发道路交通事故的三类主要原因，人为因素表现为酒后驾车、疲劳驾驶、强行超车会车、超速行驶、超载行驶等司乘人员不安全行为，车辆因素表现为机动车辆制动、转向、传动、悬挂、灯光、信号等安全部位和装置不可靠，气候环境因素表现为道路状况、作业环境、气候变化等自然环境影响的不安全因素。城市社区多发的交通事故主要是直行事故、追尾事故、超车事故、左右转弯事故等，农村社区多发的交通事故主要是窄道事故、弯道事故、坡道事故等，干线道路常见事故主要是会车事故、超车事故、停车事故等。

（3）火灾事故。火灾事故是各类场所高发易发的事故类型，根据应急管理部消防救援局发布的 2018 年、2019 年和 2020 年 1—10 月的火灾数据分析报告[①]显示：火灾仍然是对社区安全和居民生产生活产生威胁最大的灾害，平均每 2 分钟就有 1 起火灾发生。从火灾发生原因来看，电气火灾、生活用火不慎、吸烟、自燃、生产作业不慎、玩火、放火、雷击静电等是火灾的主要成因，其中电气火灾的细化原因包括私拉乱接电线、线路老化、短路、用电设备起火、违规用电等，细化场景包括各类家用电器、电动车、电气线路等引发的火灾。火灾高发场所和场景总体上呈现出"五个多"的特征，即住宅亡人火灾多、沿街商铺（小门店）较大亡人火灾多、仓储物流火灾多、电动自行车火灾多、流动人口生产生活火灾多（流动人口往往居住在城中村、出租屋及"三合一""多合一"场所内，就业于小作坊、小商店等小单位，火灾危害大），另外商业场所、宾馆饭店、学校、医院养老院、公共娱乐场所、高层建筑、建筑工地等是火灾高发场所。就时间规律而言，冬春季节火灾相对多发，夜间火灾亡人集中亟须加强应对。就地域分布规律而言，东部地区经济总量大、人口密集，火灾荷载大、风险高；农村地区火灾防控基础薄弱，留守老人、儿童比例高，火灾发生概率大。

（4）公共设施和设备事故。主要包括供水突发事件、排水突发事件、电力突发事件、燃气事故、供热事故、地下管线突发事件、道路突发事件、桥梁突发

① 1.《应急管理部公布：2020 年 1—10 月全国火灾形势报告》，搜狐网，2020 – 11 – 11，https：//www.sohu.com/a/430972011_ 660811。

2.《2019 年全国火灾分析，23.3 万起，亡 1335 人……》，搜狐网，2020 – 1 – 13，https：//www.sohu.com/a/366476537_ 100111859。

3.《2018 年全国火灾数据统计与分析 2018 年火灾八个特点》，搜狐网，2019 – 1 – 23. https：//www.sohu.com/a/290812952_ 100245049。

事件、网络与信息（公网、专网、无线电）安全事件、人防工程事故、特种设备事故等。

（5）环境污染和生态破坏事件。主要包括重污染天气、突发环境事件。其中，重污染天气一般是指根据《环境空气质量指数（AQI）技术规定（试行）》（HJ 633—2012），环境空气质量指数（AQI）大于200，即空气质量指数级别达到5级（重度污染）及以上污染程度的大气污染；突发环境事件是指由于安全生产事故、交通事故、自然灾害、极端天气等诱发次生的火灾、爆炸、大面积泄漏事故、危险物品（包括危险化学品和危险废物）泄漏，或者企事业单位违法违规排污，进而导致受纳水体、事故现场、周边大气和土壤污染的事件。

其他特定区域的社区，由于其周边经济社会环境、产业结构部署等的特殊性，还可能出现核事件与辐射事故等事故灾难。

3. 公共卫生事件类致灾因子分析

社区常见的公共卫生事件类致灾因子，主要包括传染病疫情、群体性不明原因疾病、食品安全和职业危害、动物疫情，以及其他严重影响公众健康和生命安全的事件。

（1）传染病疫情。根据《中华人民共和国传染病防治法》，传染病分为甲类、乙类和丙类。甲类传染病是指鼠疫、霍乱。乙类传染病是指传染性非典型肺炎、艾滋病、病毒性肝炎、脊髓灰质炎、人感染高致病性禽流感、麻疹、流行性出血热、狂犬病、流行性乙型脑炎、登革热、炭疽、细菌性和阿米巴性痢疾、肺结核、伤寒和副伤寒、流行性脑脊髓膜炎、百日咳、白喉、新生儿破伤风、猩红热、布鲁氏菌病、淋病、梅毒、钩端螺旋体病、血吸虫病、疟疾。丙类传染病是指流行性感冒、流行性腮腺炎、风疹、急性出血性结膜炎、麻风病、流行性和地方性斑疹伤寒、黑热病、包虫病、丝虫病，以及除霍乱、细菌性和阿米巴性痢疾、伤寒和副伤寒以外的感染性腹泻病。国务院卫生行政部门根据传染病暴发、流行情况和危害程度，可以决定增加、减少或者调整乙类、丙类传染病病种并予以公布。

（2）食品安全。根据《中华人民共和国食品安全法》，食品安全事故是指食源性疾病、食品污染等源于食品、对人体健康有危害或者可能有危害的事故；其中，食源性疾病是指食品中致病因素进入人体引起的感染性、中毒性等疾病，包括食物中毒；食品污染是指在食品种植、养殖到生产、加工、贮存、运输、销售直至食用的整个过程中，都有可能出现对人体健康有害的生物性、化学性和物理性物质进入食品的现象。

（3）职业危害。根据《中华人民共和国职业病防治法》，职业病是指企业、事业单位和个体经济组织等用人单位的劳动者在职业活动中，因接触粉尘、放射性物质和其他有毒、有害因素而引起的疾病。根据卫计委颁发的《职业病危害因素分类目录》（国卫疾控发〔2015〕92号），职业病危害因素是指职业活动中存在的各种有害的化学、物理、生物因素以及在作业过程中产生的其他职业有害因素，具体可分为粉尘、化学因素、物理因素、放射性因素、生物因素和其他因素等6类。

（4）群体性不明原因疾病。根据卫生部印发的《群体性不明原因疾病应急处置方案》（试行）①，群体性不明原因疾病是指一定时间内（通常是指2周内），在某个相对集中的区域（如同一个医疗机构、自然村、社区、建筑工地、学校等集体单位）内同时或者相继出现3例及以上相同临床表现，经县级及以上医院组织专家会诊，不能诊断或解释病因，有重症病例或死亡病例发生的疾病。群体性不明原因疾病具有临床表现相似性、发病人群聚集性、流行病学关联性、健康损害严重性的特点。这类疾病可能是传染病（包括新发传染病）、中毒或其他未知因素引起的疾病。

（5）动物疫情。根据《中华人民共和国动物防疫法》《重大动物疫情应急条例》等，动物疫情是指动物突然发生疫病，且迅速传播，导致动物发病率或者死亡率升高，给养殖业生产安全造成严重危害，或者可能对人民身体健康与生命安全造成危害的，具有重要经济社会影响和公共卫生意义的情形；其中，动物疫病是指动物传染病、寄生虫病。根据动物疫病对养殖业生产和人体健康的危害程度，动物疫病一般三类：第一类疫病是指对人与动物危害严重，需要采取紧急、严厉的强制预防、控制、扑灭等措施的，包括口蹄疫、牛瘟、牛传染性胸膜肺炎、牛海绵状脑病、小反刍兽疫等；第二类疫病是指可能造成重大经济损失，需要采取严格控制、扑灭等措施，防止扩散的，包括布氏杆菌病、牛传染性气鼻管炎、牛恶性卡他热、牛白血病、牛出血性败血病、牛结核病、牛焦虫病、牛椎虫病等；第三类疫病是指常见多发，可能造成重大经济损失，需要控制和净化的，包括牛流行热、牛黏膜病、牛生殖器弯曲杆菌病、毛滴虫病、牛皮蝇蛆病等。

---

① 《〈群体性不明原因疾病应急处置方案〉（试行）印发》，中国政府网，2007-2-9，http：// www.gov.cn/gzdt/2007-02/09/content_522463.htm。

4. 社会安全事件类致灾因子分析

社区常见的社会安全事件类致灾因子，主要包括治安事件与刑事案件、群体性事件、恐怖袭击事件、经济金融安全事件等。

（1）治安事件与刑事案件。是指违反《中华人民共和国刑法》《中华人民共和国治安管理处罚法》等相关法律，扰乱公共秩序，妨害公共安全，侵犯人身权利、财产权利，妨害社会管理，具有社会危害性的事件，包括盗窃、杀人、伤害、抢劫、强奸、诈骗等。依照《中华人民共和国刑法》的规定构成犯罪的，依法追究刑事责任；尚不够刑事处罚的，由公安机关依照《中华人民共和国刑法》给予治安管理处罚。

（2）群体性事件。群体性事件是指某些利益要求相同、相近的群众或者个别团体、个别组织，在其利益受到损害或不能得到满足时，采取不当方式寻求解决问题，并产生一定社会危害的集体活动。具体的利益冲突主要表现为：对政府拟定的政策、措施不满而引发的群体性事件；因企业经营亏损、破产、改制而引发的群体性事件；因征地拆迁问题而引发的群体性事件；因环境污染问题导致的群体性事件；医患纠纷、"校闹"纠纷、企业矛盾、民族宗教等引发的群体性事件。

（3）恐怖袭击事件。恐怖袭击事件是指突然发生，造成或者可能造成重大人员伤亡、重大财产损失、重大生态环境破坏，影响和威胁社会稳定和政治安定局面的，有重大社会影响和社会危害的事件。涉及社区安全的恐怖袭击事件主要包括：①利用生物战剂、化学毒剂进行大规模袭击；②利用核爆炸、大规模核辐射进行袭击；③利用爆炸手段，大规模袭击党政军首脑机关、城市标志性建筑物、公共聚集场所、国家重要基础设施、主要军事设施、水电气等民生设施、居民住宅区；④大规模攻击党政机关、军队或民用计算机信息系统，构成重大危害；⑤袭击或劫持警卫对象、重要知名人士及重要、敏感场所；⑥大规模袭击、劫持平民，或发生重大绑架人质、重大枪击、重大纵火、重大投毒、驾车冲撞（闯）及集体自杀、自焚、汽车炸弹、人体炸弹等恐怖活动，造成重大影响和危害；⑦劫持轮船、火车、飞机等公共交通工具，造成严重危害后果等。

（4）经济金融安全事件。金融突发事件，是指涉及物价、经济、金融（银行保险证券）等的相关机构、地方组织、市场和基础设施突然发生的、严重影响或可能严重影响金融和经济社会稳定、需要立即处置的安全事件。涉及社区安全的经济金融事件主要包括：①国内或境外发生重大事件引发的区域性经济金融突发事件；②由市场风险、信用风险、操作风险、流动性风险引发的经济金融突发事件；③经济金融等办公场所、设施、资料的破坏或毁灭致使相关服务持续中断的突发事件；④自然灾害、事故灾难、公共卫生事件和社会安全事件引发的、危及区域经济、物价、金融等稳定的突发事件；⑤经济金融市场剧烈波动或相关机构、组织退出市场引发的区域性突发事件；⑥非法集资、非法经济活动、非法金融活动、非法设立相关机构组织、非法开办相关业务、违法违规经营等引发的严重影响区域经济金融稳定的突发事件；⑦生活必需品、粮食、能源、资源等供给问题引发区域经济金融稳定的突发事件；⑧实体经济风险传导至非实体经济金融领域的突发事件等。

（二）致灾因子识别的方法

致灾因子识别的常用方法，主要包括文献法、访谈法、观察法、检查表法、事件树法等，这些方法既可以单独使用，也可以根据需要进行合适的组合，综合使用。

1. 文献法

文献法是利用各种现有书面资料进行分析的方法。通过对文献的分析研究，加深对社区的了解。致灾因子识别中，可能涉及文献资料包括：对于该社区及周边社区的直接研究报告、政府调查、统计报告；该社区的应急预案；该地区的报纸、公开媒体、照片、日记、信件中提及的灾害发生情况和信息等；社区所在地区、城市等更大范围内各种灾害情况的模拟，例如城市级别的洪水地图、国家层面的地震断裂带分布研究等。

2. 访谈法

访谈法的信息来源是个人，通过与个体或群体的交流来获得致灾因子的信息。访谈的形式灵活多样，可以是书面问答，可以是一对一的访谈，也可以是组织一些人一起做焦点小组或组织头脑风暴性质的群体交流。访谈法可以分为结构化访谈和半结构化访谈。在结构化访谈（Structured Interviews）中，访谈者会依据事先准备好的提纲向访谈对象提问一系列准备好的问题，从而获取访谈对象对某问题的看法。半结构化访谈（Semi–structured Interviews）与结构化访谈类似，但是可以进行更自由的对话，以探讨可能出现的问题。访谈法的准备工作主要包括明确访谈目标、从利益相关方（相关领域的专家学者、基层政府和相关部门的官员、当地社区的民众和企事业单位代表）中挑选出被访谈者，设计访谈提纲和准备问题清单。设计相关的访谈提纲用来指导访谈者的访谈工作。问题应该是明确而简单的，利于访谈对象理解；同时问题应该是开放式的，应注意不要"诱导"被访谈者；访谈过程中应考虑答复时应具有一定灵活性，以便有机会使访谈对象尽可能地表达其真实观点。

3. 观察法

观察法也称为现场调查法，侧重于对公共或私人设施进行实地考察，通过观察环境来了解该地可能发生的灾害类型。观察法对于实施者的要求比较高，实施者需要有一定的专业知识，能够从环境特征、公共或私人设施的准备等方面，推断出该社区的灾害种类。

4. 检查表法

检查表法是指借鉴国家、地区公布的指南或专家学者的研究成果，根据一个固定的灾害清单进行逐一勾选和排查，分类别、按次序进行讨论该种致灾因子对于本社区是否存在威胁。灾害清单是一种非常常用的方法，因为它能够对社区提供一定的专业支持，协助社区在理解致灾因子的基础上较为全面准确地反映出自身的灾害特征。

5. 事件树法

事件树法（Event Tree Analysis，简称 ETA）是一种非常有效的考察单个致灾因子可能引发的连锁反应的方法，适用于考察致灾因子和次生灾害之间的关系。事件树法从一个单一的致灾因子出发，考察其可能引发的其他灾害后果，可以结合头脑风暴的方法，通过绘制相应的层次关系图或者思维图，来展现单个致灾因子及其次生灾害之间的关联。图 3 - 1 是分析雷暴雨及其可能引发的其他灾害事故的事件树。

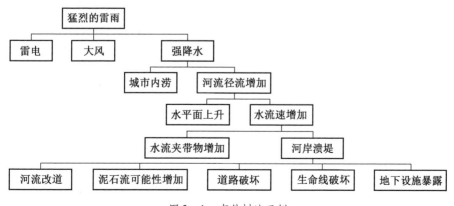

图 3 - 1　事件树法示例

6. 故障树法

故障树（Fault Tree Analysis，简称 FTA）是用来识别和分析造成特定安全事件（一般称作"顶事件"）的可能因素的技术。造成故障的原因因素可通过归纳法进行识别，也可以将特定事故与各层原因之间用逻辑门符号连接起来并用树形图进行表示。树形图描述了原因因素及其与重大事件的逻辑关系。故障树中识别的因素可以是与硬件故障、人为错误或其他引起不良事项的相关事项。图 3－2 是分析应急发电机故障事故的故障树。

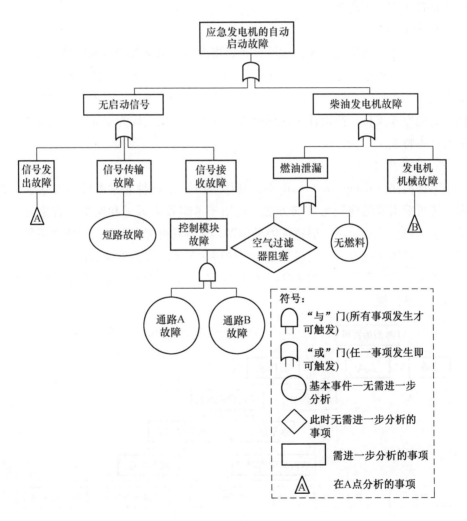

图 3－2　故障树法示例

三、社区安全的高危风险研判

社区安全高危风险研判，是风险定级（也称为风险评价）的核心，是将风险分析的结果与组织的风险准则比较，或者在各种风险的分析结果之间进行比较，确定高危风险，也即最高等级的风险，是风险事件发生可能性最高、后果严重程度最大、危害性最强、社会敏感度最高、对社区民众和利益相关者的影响程度最大的社区安全风险。

（一）高危风险研判的风险矩阵法

实践中，社区安全高危风险的常用方法为风险矩阵法，也称为"发生概率—发生后果"模型（"PR 模型"），对风险爆发为危机的后果损失和发生概率进行评估定级（图 3 – 3）。

风险等级		后果严重性				
		很小1	小2	一般3	大4	很大5
可能性	基本不可能1	低	低	低	一般	一般
	较不可能2	低	低	一般	一般	较大
	可能3	低	一般	一般	较大	重大
	较可能4	一般	一般	较大	较大	重大
	较可能5	一般	较大	较大	重大	重大

图 3 – 3　风险评估的"风险矩阵"示意图

（1）对风险发生概率（也称为"可能性"，Possibility，P）进行评估，通常主要依据风险识别中获取的全要素数据或既往文献资料，分析并推测事件发生的可能性，不同类别风险的概率评估具有其研判标准。一般而言，评估风险发生概率的过程为：对照发生概率度量表所列出的相关参数，通过综合分析，得出每个参数对应等级值，进而按照计算公式得出最终概率值。

（2）对风险发生后果（也称为"严重性"，Result，R）进行评估，通常对突发事件可能会产生一系列直接影响和间接后果进行定量或定性的分析；直接影响通常包括人员死伤、安置人数、经济损失、基础设施影响、生态环境影响等；间接后果包括应对成本和赔偿损失等。一般而言，评估风险发生后果的过程为：对照预测后果损失规模、确定参数等级、计算发生损失后果。预测后果损失规模

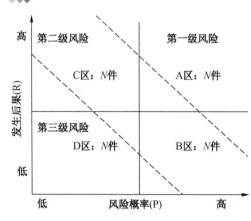

图 3 - 4 风险评估的"PR 模型"示意图

是按照后果严重性度量表中列出的损失参数，预测每个参数可能产生的损失规模；确定参数等级是根据预测的损失规模，对照后果严重性临界值标准表，确定每个损失参数的损失等级；根据每个参数损失等级值，计算出最终的损失后果值。

（3）在确定发生概率（P）和发生后果（R）的基础上，可形成风险评估的"PR 模型"（图 3 - 4），进而研判出风险所处的区域范围，并结合风险等级的计算方法得出风险指数，最终综合确定风险等级。

（二）高危风险研判的指标体系

在实际操作中，社区安全高危风险的研判，在风险矩阵法的应用基础上，需根据一定的具体指标（参数、标准等）来评估风险发生概率大小和发生后果严重性。以下以北京市城市安全风险发生概率和后果的部分评估指标为例具体说明。

1. 风险发生概率的研判指标

如根据灾害事故统计资料能够计算出一年内事件发生的概率（频率），则可根据"历史发生概率"评分标准，对发生的可能性进行评估；如果无法计算出发生频率，则可根据国内外、辖区内灾害事故情况的定性描述，参考表 3 - 5 中的"历史情况"或"今后情况"进行可能性评估；并结合现场管理水平、风险承受能力的状况，综合进行评估。

表 3 - 5 风险发生概率的研判指标表

指标	释义	概率分级标准	描述	等级
历史发生概率	从本社区的该风险过去 N 年发生此类突发事件的次数（频率）得出等级值	过去 2 年发生 1 次以上	很可能	5
		过去 5 年发生 1 次	较可能	4
		过去 10 年发生 1 次	可能	3
		过去 10 年以上发生 1 次	较不可能	2
		过去从未发生	基本不可能	1

表3-5（续）

指标	释义	概率分级标准	描述	等级
同类历史情况	本市、全国、国际等该风险发生的历史情况	本市未发生过，全国也极少发生，国际上偶有发生	很可能	5
		本市10年内发生1次以上，全国或国际上偶有发生	较可能	4
		本市10年内发生2次以上，全国或国际上时有发生	可能	3
		本市10年内发生6次以上，全国或国际上经常发生	较不可能	2
		本市1年内发生1次以上，全国或国际上频繁发生	基本不可能	1
未来情况预估	本社区的该风险在未来短中长期可能发生的情况	今后10年内发生可能少于1次	很可能	5
		今后5~10年内可能发生1次	较可能	4
		今后2~5年内可能发生1次	可能	3
		今后1年内可能发生1次	较不可能	2
		今后1年内至少发生1次	基本不可能	1
现场管理水平	从安全生产标准化评审分值得出等级值。安全生产标准化评审分值采用现场实际得分折算进行。安全生产标准化评审分值＝现场实际得分/(600－现场部分实际不涉及项分值)×1000	低于700分	很可能	5
		700~799分	较可能	4
		800~899分	可能	3
		900~950分	较不可能	2
		950分以上	基本不可能	1
风险承受能力	从评估对象自身的风险承受能力（稳定性）来判断发生此类突发事件的可能性	承受力很弱	很可能	5
		承受力弱	较可能	4
		承受力一般	可能	3
		承受力强	较不可能	2
		承受力很强	基本不可能	1

2. 风险发生后果的研判指标

风险发生后果的研判，围绕人、经济、社会等领域，根据灾害事故统计或典型案例，估计风险可能造成的人员伤亡、财产损失、需要的应急能力和产生的社会影响（环境危害）情况等，作为风险发生后果严重性的评估指标（表3－6）。

表3－6　风险发生后果的研判指标表

领域	释义	具体指标	后果分级标准	描述	等级
人	安全风险对人这一领域所造成的损失主要从死亡人数、受伤人数两个参数进行衡量。死亡人数是指因安全风险引发的事故或突发事件而遇难（包括经法定程序宣布死亡）的人数。受伤人数是指因安全风险引发的事故或突发事件而受伤，须接受医生或医疗机构治疗的人口	死亡人数	≥30	很大	5
			10～29	大	4
			3～9	一般	3
			1～3	小	2
			0	很小	1
		受伤人数	≥100	很大	5
			50～99	大	4
			10～49	一般	3
			1～9	小	2
			0	很小	1
经济	经济损失是指因安全风险引发的事故或突发事件造成的人身伤亡及善后处理支出的费用和毁坏财产的价值	经济损失	≥10000	很大	5
			5000～9999	大	4
			1000～4999	一般	3
			200～999	小	2
			≤199	很小	1
社会	安全风险对社会这一领域所造成的损失主要包括周边敏感目标影响、社会关注度两个参数。周边敏感目标包括党政机关、军事管理区、文物保护单位、学校、医院、人员密集场所、居民居住区、大型公交枢纽等，社会关注度是指社会对因安全风险引发的事故或突发事件关注的程度，主要体现在突发事件发生后，公众通过互联网、手机、电视、电台、报纸杂志、交谈交流等渠道对该事件关注的范围和时间的长短，从持续时间与关注范围两个方面进行衡量	周边敏感目标人群	≥10000	很大	5
			5000～9999	大	4
			1000～4999	一般	3
			100～999	小	2
			<100	很小	1
		社会关注度	本区或本市1天内	很大	5
			国内1天内，本市1～7天，本区7～30天	大	4
			国际1天内，国内1～7天，本市7～30天，本区30天以上	一般	3
			国际1～7天，国内7～30天，本市30天以上	小	2
			国内或国际30天以上	很小	1

四、社区应急资源的系统调查

（一）社区应急资源的调查内容

社区应急资源调查，应全面调查社区在突发状况下第一时间可调用的人力、物资、设施、信息和技术等各类资源的总和，主要包括应急队伍、应急专家、应急装备、应急物资等，合作区域内可以请求援助的应急资源状况，必要时对居民家庭应急资源情况进行调查，为制定应急响应措施提供依据。

应急资源调查工作应当坚持全面真实、统一规范的原则。为加强应急准备，完善应急保障措施，社区应根据致灾因子识别、高危风险研判等结果得出的应急资源需求，全面调查自身的应急资源状况以及周边单位的可请求援助的应急资源状况。具体实施中，可采用查看资料、现场清点、人员访谈等方式进行应急资源调查。

（1）应急队伍调查。应急队伍是社区第一时间可以调用的应急救援方面的专业队伍、兼职队伍和协议队伍等。应急队伍的名称及相应的调查内容可参考表3-7填写。

表3-7　应急资源调查明细表（应急队伍）

队伍名称	救援类型	成立时间	地址	总人数	负责人	值班电话	擅长处置事故类型
	备注						

注：成立时间一栏请按年-月-日格式填写，如2016-01-01；救援类型一栏填写：救援、救护、掘进、通风、堵漏、其他等。

调查人员（签字）　　　　　　　　　　　　　　　　　　调查日期

（2）应急专家调查。应急专家是社区第一时间可以调用的生产安全事故应急救援（应急处置）方面的专家。应急专家的具体调查内容可参考表3-8填写。

表3-8 应急资源调查明细表（应急专家）

姓名	性别	年龄	专业	专家类别	工作单位	住址	擅长事故类型	联系方式	
								办公电话	手机
	备注								

注：专家类别一栏填写综合类、煤矿类、危化类、烟花爆竹类、非煤矿山类、冶金类、石油开采类、应急通信信息类、其他类。

调查人员（签字）　　　　　　　　　　　　　　　　　　　　　　调查日期

（3）应急装备调查。应急资源是社区第一时间可以调用的能够用于常见突发事件应急救援的自储或协议储存的可重复使用的设备装备，包括车辆类、防护类、监测类、侦检类、警戒类、救生类、抢险类、洗消类、通信类、照明类等。应急装备的具体调查内容可参考表3-9填写。

表3-9 应急资源调查明细表（应急装备）

类型	装备名称	规格型号	数量	来源	完好情况或有效期	主要功能	存放场所	负责人	联系电话
车辆类									
防护类									

表 3 - 9（续）

类型	装备名称	规格型号	数量	来源	完好情况或有效期	主要功能	存放场所	负责人	联系电话
监测类									
侦检类									
警戒类									
救生类									
抢险类									
洗消类									
通信类									
照明类									

表3-9（续）

类型	装备名称	规格型号	数量	来源	完好情况或有效期	主要功能	存放场所	负责人	联系电话
其他									
	备注								

注：来源一栏填写政府投资、企业自筹。

调查人员（签字）　　　　　　　　　　　　　　　调查日期

（4）应急物资调查。应急物资是社区第一时间可以调用的能够用于生产安全事故应急救援的自储或协议储存的消耗性物质资料，包括生活类、医疗救助类、应急保障类等。应急物资的具体调查内容可参考表3-10分类填写。

表3-10　应急资源调查明细表（应急物资）

类型	物资名称	规格型号	数量	来源	完好情况或有效期	主要功能	存放场所	负责人	联系电话
生活类									
医疗救助类									
应急保障类									

表3-10（续）

类型	物资名称	规格型号	数量	来源	完好情况或有效期	主要功能	存放场所	负责人	联系电话
其他									
备注									

注：来源一栏填写政府投资、企业自筹。

调查人员（签字）   调查日期

（5）社区应根据辖区内安全风险预防控制需要，对周边应急管理机构、消防部队、医疗卫生机构、避难场所等社会应急资源进行调查。社会资源的具体调查内容可参考表3-11分类填写。

表3-11 应急资源调查明细表（社会资源）

类型	名称	地址	联系电话	备注
应急管理机构				
消防部队				
医疗卫生机构				
避难场所				

表 3-11（续）

类型	名称	地址	联系电话	备注
其他				

注：不涉及相应栏目的可不填，如避难场所没有联系电话。

调查人员（签字）　　　　　　　　　　　　　　调查日期

（二）社区应急资源的状况分析

在上述调查的基础上，社区还可对调查的应急资源状况进行分析，内容包括：①应急资源与风险评估得出的实际预防控制需求的匹配情况；②应急资源的数量、种类、功能、用途的重大变化情况；③外部应急资源的协调机制、响应时间与实际应急需求的满足情况；④应急资源性能可能受事故影响的情况。根据上述分析，针对应急资源无法满足安全风险预防控制需求的情况，社区应提出补充应急资源、完善应急保障的措施。

应急资源调查工作结束后，社区可编制应急资源调查报告，主要内容应包括调查对象、范围、目的和依据，调查工作程序，社区基本信息和主要风险状况，社区内企事业单位应急资源，周边社会应急资源，应急资源不足或差距分析，应急资源调查主要结论，完善应急资源的具体措施，应急资源调查后的明细表等，详见表 3-12。社区还应对调查过程中的资料进行整理建档和归档管理，并建立应急资源共享和调用制度。

表 3-12　生产安全应急资源调查报告

生产安全应急资源调查报告编制大纲

1 总则
1.1 调查对象及范围
1.2 调查目的
1.3 调查依据
1.4 调查工作程序
2 生产经营单位概况
2.1 生产经营单位基本信息
2.2 生产经营单位主要风险状况

表 3 – 12（续）

生产安全应急资源调查报告编制大纲

3 企业应急资源

按照应急资源的分类，分别描述相关应急资源的基本现状、功能完善程度、受可能发生的事故的影响程度等。

4 周边社会应急资源调查

描述本单位能够调查或掌握可用于参与事故处置的相关社会应急资源情况。

5 应急资源不足或差距分析

重点分析本单位的应急资源以及周边可依托的社会应急资源是否能够满足应急需要，本单位应急资源储备及管理方面存在的问题、不足等。

6 应急资源调查主要结论

针对应急资源调查后，形成基本调查结论。

7 制定完善应急资源的具体措施

提出完善本单位应急资源保障条件的具体措施。

8 附件

附上应急资源调查后的明细表。

应急资源调查是一个持续循环的动态过程，当下列情形发生时应重新进行应急资源调查并对调查报告进行更新：①法律、法规、规章、标准及规范性文件中的有关规定发生重大变化的；②应急预案需要修订的；③安全风险（如风险种类、等级等）发生重大变化的；④重要应急资源（如救援车辆、防护用品等）发生重大变化的；⑤其他需要更新的。

第三节 社区安全风险评估的实施和产出

社区安全风险评估的实施，最终形成编制风险清单、绘制风险地图、形成脆弱人群清单、制定风险应对计划或措施（详见第四章）等产出和成果，为社区安全风险管理的一系列措施和办法提供指导和依据。

一、社区安全风险清单

（一）社区安全风险清单的要素

社区安全风险清单，一般也称为社区灾害风险清单、社区隐患风险清单，是指采用适当的方法和工具，通过识别、分析、评估可能导致公共危机的风险及其造成损失、影响范围、发生概率、潜在后果、涉及责任单位或责任人等因素，最终生成风险清单（表 3 – 13），全面、系统和准确地描述社区安全风险状况。

169

表3-13 社区安全风险清单模板

序号	风险名称	风险发生阶段	所属风险领域/类型	可能发生的概率	可能发生的时间	可能造成损失/后果	涉及责任部门或岗位	涉及利益相关群体	适用管理依据	其他
1										
2										
3										
…										

注：根据《公共事务活动风险管理指南》（GB/T 33455—2016）总结，为不完全概括，具有相应的误差。

社区安全风险清单的制作过程：首先应对查找出的风险进行归类并进行适当描述，必要时对每个风险设置相应的编号和名称。然后，将这些风险统一列表，列示每一风险的发生阶段、所属领域或类型、发生概率、发生时间、潜在后果、涉及部门/岗位、责任人员、涉及利益相关者、适用管理依据等信息。此外，考虑到内外环境的不断变化，有必要对风险清单进行定期更新和持续升级。

（二）社区安全风险清单的示例

针对四类突发事件，现给出社区安全风险清单的示例，详见表3-14~表3-17。

表3-14 社区安全风险清单——自然灾害类

序号	灾害名称	可能发生时间	可能影响范围	等级	防范措施	处理结果
1	地震	1—12 月	全小区	低	加固各广告牌，保障安全通道随时通畅	
2	暴雨	6—9 月	各地下车库	高	疏通下水道，置办水泵等设施	
3	雷电	6—9 月	各变电、供电站	高	张贴警示标志，实施专人管理	
4	暴雪	12—2 月	小区主干道	中	备齐警示标志和铁锹	
5	雾	2—4 月	小区主干道	中	安装指示灯和警示灯	
6	……					

表3-15 社区安全风险清单——事故灾难类

序号	突发状况	可能发生时间	可能影响范围	等级	防范措施	处理结果
1	火灾	夏、冬季	全小区	高	做好用电、用火宣传，规范混租房用电情况	

表 3-15（续）

序号	突发状况	可能发生时间	可能影响范围	等级	防范措施	处理结果
2	触电	全年	非机动车车库	高	排查不规范车库小作坊，整改不规范用电情况	
3	老年人跌倒、发病	全年	全小区	高	为老年人安装贴心一键通，小区主要干道安装监控	
4	……					

表 3-16　社区安全风险清单——公共卫生事件

序号	突发状况	可能发生时间	可能影响范围	等级	防范措施	处理结果
1	食物中毒	夏季	小区范围内	高	规范各餐饮单位食品理解、处理情况，明确责任人	
2	鼠灾	夏季	小区范围内	中	规范各餐饮单位食品理解、处理情况，及时处理鼠情	
3	……					

表 3-17　社区安全风险清单——社会安全事件类

序号	突发状况	可能发生时间	可能影响范围	等级	防范措施	处理结果
1	盗窃	全年	全小区	高	安装摄像头，组织保安夜间巡逻	
2	交通事故	全年	小区主干道	中	安装限速标志和摄像头	
3	暴力冲突	全年	小区范围内	高	发放并张贴社区民警资料，商铺内安装摄像头	
4	……					

二、社区安全风险地图

制作灾害风险地图，首先选取覆盖本社区（村、学校等）范围的地图，基于灾害隐患排查、风险等级评估，通过专家实地调查、社区居民参与式填表、综合制图等手段，编制包括灾害危险类型、灾害危险区、救灾资源及应急避险点空间分布等要素的地图，形成危险性评价、脆弱性评价、救灾资源及应急避险点信息三方面的图件，同时可用相应的符号标示出灾害危险强度或等级、灾害易发时间、强度等。

（一）社区风险地图的内涵和要素

社区安全风险地图是将社区风险评估结果可视化、具体化、形象化的一种手段，是通过图像标识把风险、灾害、救助等信息反映在地图上，把灾害风险视觉化、形象化，展现社区风险及安全场所的地图，以实现推广普及风险评估工作、提高公众风险意识、辅助开展风险管理工作的目的。

社区风险地图是聚焦在社区层面的、展现社区风险及安全场所的地图，标示灾害危险类型、强度或等级、风险点或风险区的时间、空间分布及名称。一般包含社区内基础建筑、基本地理信息，可能造成潜在危害的要素或者地点，各种有用资源，应对灾害风险的具体措施等。为了很好地表现区域的风险特征以及区域的固有特征，社区风险地图上需要标示内容可以分为 5 大类：基础信息、危险源、重要区域、安全资源以及应对措施。

1. 基础信息

社区内基础建筑和地理信息，例如住宅、学校、医院、农田、道路、工厂等；基础信息一般在底图上有默认标识。

2. 危险源

指可能造成人员死亡、伤害、疾病、财产损失或其他损失的根源或状态。例如附近的火山，可能被洪水侵袭的地区，或者容易着火的干草地，甚至在路边看到的大型广告牌，如果遇到大风灾害可能会出现倒塌、砸到行人，也应纳入危险源。

3. 重要区域

既包括区域内存在的对民众生活有重要影响和作用的设施设备，一旦受损可能影响民众的日常生活，如电厂、水厂、大型变电站等；也包括区域范围存在的固有的易受损性的区域，主要指易受损的建筑、人流较为密集的区域、易受淹区域等。

4. 安全资源

指保障区域安全运行的场所、设施、设备，包括应急避难场所、医院、消防站、派出所、警务站等场所及疏散路径。应急避难场所是指用于居民紧急疏散或临时生活安置的安全场所。

5. 应对措施

是指在识别社区存在的风险的基础上，寻求降低风险发生的办法。针对本区域可能发生的各类灾害，探讨降低灾害发生可能性或减轻灾害造成人员伤亡和财产损失的方法，如在关键区域加强防护措施、面对灾害应该如何行动等。

上述 5 个方面信息构成一个全面的社区安全风险地图，社区可以根据自身的特征，绘制单信息图，或者将各种信息整合在一起绘制。

（二）社区风险地图的绘制过程

社区风险地图的绘制流程可以分为五个步骤，分别是绘制准备、了解风险、识别风险、确认风险和总结风险。

1. 绘制准备

绘制社区风险地图需要准备"社区地图"，其中最主要是获取底图，底图应包括了整个社区风险评估的地理范围。基础底图的获取，可以是由测绘部门提供的标准地图，可以使用遥感影像地图，使用百度地图、高德地图、GOOGLE 电子地图等截取，可以通过 GIS 软件生成，也可以手工绘制。

地图的大小也可根据社区范围的大小来进行调整，但基本要求就是能够准确辨识位置，并能反应社区的基本信息，突出社区的基本特征。包括社区的基本地理信息，如山坡、河道；也包括主要的基础设施，如绿地、医院、学校等公共设施在空间的分布。基本信息能够提供相对位置信息，可以帮助识别危险源、风险点的位置信息。

2. 了解风险

组织参与绘制风险地图的社区管理者、社区民众、社区内从事工商业经营的人员、在社区活动的社会组织等利益相关方或其代表，共同学习了解风险的基本知识，理解绘制风险地图的意义和目的，了解本区域可能发生的各类风险类型及案例，了解本区域的历史灾情，加深对风险的认识。

3. 识别风险

组织各相关方召开风险讨论会，全面识别风险：根据风险评估的结果，罗列区域内可能存在的危险源，并根据其发生的频率和强度，对其进行定级；罗列区域内存在的脆弱性区域，根据脆弱性区域受到风险威胁的可能性和该区域自身抵御灾害风险能力，对其定级；讨论区域内的重要区域、安全设施和安全场所的位置，并结合危险源和脆弱性区域提出综合应对策略。根据讨论结果，在地图上用彩笔初步标识位置和等级，形成草图。风险讨论会上，可充分利用风险评估其他步骤中获得的信息来进行，以避免重复工作；需要有记录员来记录大家讨论的结果，包括文字记录和图像位置记录；可用最简单的在地图上做记号加上文字说明的方式来表示风险点、脆弱性区域等，也可以使用一些现有的标准化绘制方法；可积极引入政府相关职能部门、第三方专家团队的力量，对民众所提出的风险点、脆弱性区域进行确认和核实，增加风险地图的准确性。

4. 确认风险

针对罗列的危险源、脆弱性区域、高危风险等的位置及具体情况在社区进行现场考察确认。现场确认风险主要有两个目的：一是明确风险点的位置和现状，使得地图绘制更为严谨；二是通过民众亲身参与，在现场去感受风险，分享感知。

5. 总结风险

总结风险地图绘制的过程及绘制成果，并在完成风险地图基础上，讨论各类风险的预防和应对措施，部分重要内容可在地图上标注。总结风险一般分为三个步骤：一是在活动现场，对整个风险讨论、确认过程进行总结，分享各自的感受和想法；二是在纸质社区地图或者电子社区地图上，将讨论的结果用统一的图例形式表现，呈现完整的社区风险地图；三是在可能的情况下，将风险地图成果通过一定的方式向公众公开。

（三）社区风险地图的后续使用

风险地图的绘制是开展防灾减灾工作的基础和重要工具，在形成完整的社区风险地图后，大家还需要共同讨论，如何使用这份风险地图，是否在社区中公布，如何公布，如何进一步使用以及定期更新等后续使用问题。如云南芒市示范点将风险地图制作成传统的年历分发给社区民众在家中张贴，起到较好的风险告知与宣传教育效果。不过需要提醒的是，社区风险地图并不是一定只有公开这一种使用方式，而且，其实部分民众的讨论结果并不能全面反映社区风险及资源现状。社区风险地图的绘制过程中，传递的风险意识和理念，才是更为重要的。

民众在参与绘制风险地图的过程中，学习了参与式社区风险地图绘制的基本方法。在掌握这种方法后，社区可以定期组织社区居民讨论社区风险，这是针对社区不断变化的风险开展防灾减灾工作的最好方法。定期修改社区风险地图，能有效实现对社区风险的动态管理，而且这种形式也能有效提升社区民众的凝聚力，提升他们的社区归属感，让他们真正成为社区的主人，让他们分担社区的风险，让他们为自己的安居乐业真正出一份力。

在日本，社区灾害风险图由市町村编制并发布，图中会显示容易受到地震、海啸、洪水、泥石流以及火山喷发等侵害的地区，同时也包含撤离信息等。社区风险图的编制是以发展和促进"减灾城镇监测"为方法，社区居民通过使用风险图能够更清楚地认识到他们所处的区域所存在的各类风险，并在受到灾害威胁时能够采取合适的行动。社区会组织社区居民与当地官员、减灾专家一起进行社区参与和风险沟通，确保开发出通俗易懂的基于社区的减灾地图。通过举办"城镇监视"等活动来提高风险图的公众认知度。

三、社区安全脆弱人群清单

社区安全脆弱人群清单，是指针对老年人、儿童、孕妇、病患者和残障人员等脆弱性相对较强的人群，排查相关情况，获取基本信息，形成资料清单；在此基础上，明确结对帮扶救助措施，并向其发放防灾减灾明白卡，明确社区灾害隐患及防范措施，注明社区应急联系人和联系方式，详见表3-18。

表3-18　社区安全脆弱人群清单示例

类别	序号	姓名	性别	出生年月	地址	电话	生活状况	身体状况	结对帮扶志愿者	志愿者联系方式	帮扶措施
残疾人	1										
	2										
	3										
	…										
孤寡老人	1										
	2										
	3										
	…										
80岁以上老年人	1										
	2										
	3										
	…										
孕妇	1										
	2										
	3										
	…										

表 3 – 18（续）

类别	序号	姓名	性别	出生年月	地址	电话	生活状况	身体状况	结对帮扶志愿者	志愿者联系方式	帮扶措施
重病人员	1										
	2										
	3										
	…										
低保户	1										
	2										
	3										
	…										

四、社区安全防灾避险明白卡

"防灾避险明白卡"最初是用来避让地质灾害的简易卡片，该卡片上注有避灾路线、防灾方法、灾害监测方法以及平时防范地质灾害需要注意的要点等，并记录居民的基本家庭信息。以此为基础，结合社区安全风险评估的结果，进一步完善制定"防灾避险明白卡"（图 3 – 5），纳入社区安全类常见隐患和高危风险，将灾害和风险的基本信息、诱发因素、危害人员及财产，预警和撤离方式、责任人等信息，落实到受灾害隐患点威胁的居民，并向村民详细解释具体的灾害防治和应急避险内容，明确灾害来临时居民能够及时、有效地实施避让和救护，从而保障居民的生命财产安全，最大限度地降低灾害所带来的损失。

五、社区安全风险评估成果的综合应用

除了上述编制风险清单、绘制风险地图、形成脆弱人群清单、绘制防灾减灾明白卡，社区安全风险评估还可形成其他结果并应用到社区安全建设与管理工作中。

（1）制定风险应对计划或措施（详见第四章）。

（2）形成风险评估报告。评估报告应全面反映风险评估工作，文字应简洁、准确，论点明确，资料应翔实可靠。应在评估报告编制完成后，征求相关单位意见建议。评估报告应包括前言、基本概况、评估过程、社区安全相关信息、致灾

户主姓名		家庭人数		房屋类别			灾害基本情况			
家庭住址							灾害类型		灾害规模	
家庭成员情况		姓名	性别	年龄	姓名	性别	年龄	灾害体与本住户的位置关系		
								灾害诱发因素		
								本住户注意事项（示例）	1. 在地震来临或地震发生时必须撤离本住房到安全居住区	
									2. 住户应积极采取避险措施，禁止进入危险区清理水沟和抢取财物，尽可能搬迁到安全居住区，确保住户的生命安全	
监测与预警		监测人		联系电话					3. 在发生雷电及强降雨天气时，尽量不要外出	
		预警信号						撤离与安置	撤离路线	
									安置单位地点	负责人	
										联系电话	
		预警信号发布人		联系电话					救护单位	负责人	
										联系电话	
本卡发放单位：（盖章）		负责人：联系电话：					户主签名：联系电话：		日期：	

注：一般而言，该卡发至受灾害威胁的居民，一式三份；群众、村（居）委会、发放单位各存一份。

图 3－5　社区安全防灾避险明白卡

因子识别、高危风险分析评估、风险应对计划或措施、结论与建议、附件（风险地图、风险清单、脆弱人群清单、防灾减灾明白卡等）。

（3）根据评估成果，完成危险源风险点治理工作任务分解、措施落实指导。

（4）评估成果可作为街道乡镇、所在城市总体发展规划和安全发展规划的编制依据。

（5）落实针对高危安全风险提出的对策建议，有效遏制重特大安全事故的发生。

（6）对社区加强应急能力建设提供指导，提高社区应急力、防灾力，降低社区脆弱性。

（7）评估成果可为社区乃至街道乡镇、所在城市安全信息平台建设提供技术对接。

（8）评估成果和相关资料可纳入城市大数据体系，为城市安全大数据分析应用、安全风险动态监管系统提供数据支撑。

实践范例：上海市社区安全风险评估的实践

1. 上海市社区安全风险评估的总体思路

上海市社区风险评估已形成标准化的工作模式，通过建立较为统一的风险评估结构，使用统一的评估指标和赋值方式，来获得标准化的风险结果，可以获得可量化、可比较的数据信息，适用于同质性较强的地区大面积开展社区风险评估。

当然，就算是上海社区同质性已经很强了，但考虑到农村地区和城市化地区脆弱性中物理脆弱性方面以及致灾因子中自然灾害方面的差异，还是要把街镇层面社区风险评估分为街道（城市）模型和镇（农村）模型。

街道层面社区风险评估主要分为以下三部分内容。

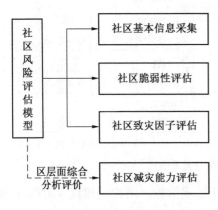

图3-6 上海市社区安全风险
评估模型总体框架图

（1）社区基本信息。一般从街镇（街道和乡镇）层面，调查辖区内社区的基本情况和总体信息；

（2）社区脆弱性评估。对社区承受灾害的能力进行评估分析；

（3）社区致灾因子评估。通过民众对风险的感知评价各类灾害的强度和频率；

（4）社区减灾能力评估。不作为风险评估模型的一部分，而是作为社区减灾行动的重要组成部分，在区级政府层面进行综合分析评价。整体框架参见图3-6。

社区安全风险评估的数据来源分为两大类：一类是从防灾减灾相关职能部门直接获得，包括区县应急办、民防办、民政局、房管局、商委、经委、交通局、气象局、安监局、消防局、卫生局、疾控中心、药监局、公安局（应急联动指挥中心）、规土局、农委（农村地区）；另一类则是通过各街镇填报社区风险评估调研表获得。

2. 上海市社区安全风险评估的模型指标

上海社区安全风险评估分为致灾因子评估、社区脆弱性评估、减灾能力评估三部分，分别有具体的评估模型和细化指标。

（1）社区致灾因子评估。根据上海的实际情况以及对社区可能存在的风险因素的分析，在国家划分的自然灾害、事故灾难、公共卫生事件和社会安全事件的四类法定突发公共事件基础上，再划分出城市社区14类致灾因子、农村社区16类致灾因子，分别评估其可能发生的频率和强度。具体详见表3-19。

表3-19　上海市社区致灾因子评估的指标层次

一级指标	二级指标	三级指标	
		城市	农村
致灾因子	自然灾害	暴雨	
		台风	
		雷电	
		地面沉降	
			农作物病虫害
			动物疫情
	事故灾难	生产安全事故（包括街道范围内工厂事故）	
		交通事故	
		火灾事故	
		燃气事故（包括煤气/天然气/液化气的泄漏/爆炸/中毒）	
		溺水事故	
	公共卫生事件	集体性食物中毒	
		传染病情况	
	社会安全事件	盗窃	
		其他刑事案件（包括杀人、伤害、抢劫、强奸、诈骗，以及其他）	
		群体性事件（包括集体维权、集体上访等）	

（2）社区脆弱性评估。由物理脆弱性、社会脆弱性、环境脆弱性的三个一级脆弱性指标组成，其下均设有两级指标。农村和城市在物理脆弱性和环境脆弱性方面存在一定的差异，具体层级结构如图3-7所示。

（3）社区减灾能力评价。主要评价街镇在减灾方面的投入、作为，包括减灾设施、减灾投入、减灾队伍和减灾行动等，作为全区综合分析评价社区安全的参考，具体见表3-20。

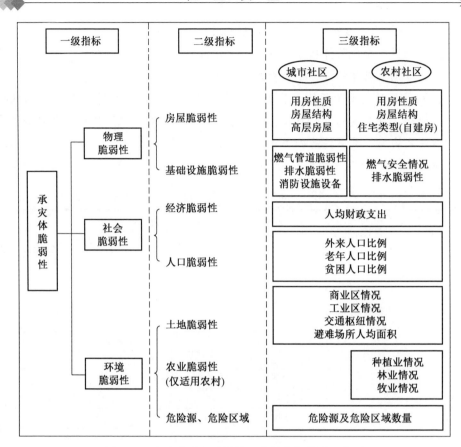

图 3-7 上海市社区脆弱性评估的指标体系示意图

表 3-20 上海市社区减灾能力评估指标层次

一级指标	二级指标	三级指标	三级指标说明
社区减灾能力	减灾设施	医疗设施	一级医院（社区卫生中心）医护人员数量
		公安设施	社区警员数量，社区协警数量
	减灾投入	减灾资金	在减灾方面的投入，包括在减灾物资、应急演练、培训、宣传等方面的具体开支
		社区保险投入	社区综合保险投入金额
	减灾队伍	应急管理队伍	应急管理人员数量
		志愿者队伍	民防志愿者、红十字志愿者、平安志愿者等应急相关志愿者的数量
	减灾行动	应急演练	应急演练数量、参与人次
		应急培训	防灾减灾相关培训数量、参与人次

3. 上海市社区安全风险评估的实施过程

上海市社区综合风险评估主要由4个环节组成。

环节1：街镇综合协调会。由评估专业机构与相关政府部门和单位的相关工作人员前往街道开展社区安全风险评估调研。街道分管领导总体介绍街道的基本情况。街道安全管理相关的部门工作人员分别介绍街道防灾减灾方面的各项工作和成果，并对之后的风险评估现场活动安排进行沟通交流。

环节2：民众培训。在与社区管理部门交流沟通的基础上，专业机构的专家为来自街道各个居委会的居民代表进行社区风险评估、致灾因子评价，以及社区风险地图绘制的基础知识培训；随后，居民代表根据居委会地理位置分为4组，分别就本区域范围内存在的危险源、重要区域、脆弱性区域和安全场所进行讨论（图3-8），并在地图上用相应的图标进行标识，并且每组都有记录员将讨论过程中各位居民代表的意见和建议记录在讨论表上。

图3-8　民众培训和风险地图编制研讨会

环节3：风险确认。从现场风险确认开始，每组的组长、记录员和居民代表三人在专家的带领下，对前一天下午标识出的风险源、重要区域和脆弱性区域进行现场勘查确认（图3-9），讨论每一个点的具体情况，并结合现场情况对风险等级进行适当调整。

图3-9　社区安全风险的现场确认活动

181

环节4：交流汇总。各居委会的代表再一次全部回到会场，每个组的组长上台向全体居民代表介绍通过此次活动识别排查出的危险源、重要区域、脆弱性区域的具体位置、所定级别和具体情况，和大家分享在本次活动中的发现和感受。在4组代表分别介绍完各自的情况后，由专家汇总各组的意见，引导民众在社区层面比较同类风险源和脆弱性区域，以便在整个社区的层面上，形成较为统一的"高、中、低"评价标准。居民在听取专家意见后，对部分危险源和脆弱性区域的等级进行了调整和修正，最终形成社区风险地图的草图（图3–10）。

图3–10　社区安全风险交流汇总

4. 上海市社区安全风险评估的风险地图绘制

上海社区风险地图绘制强调民众的参与性，在街道层面，将各个居民区的民众代表根据居住的区域范围，分为3~4组，每组10人左右，分区域进行讨论和绘制。每组有一位专业引导人员，并从民众中选取一名组长和一名记录员，协助引导讨论并做好讨论记录。讨论的过程通过记录表来记录，详见表3–21。

表3–21　社区民众风险地图绘制讨论表

组号：_____

序号	风险项	具体位置	风险等级	定级原因	应对措施
1					
2					
3					

社区风险地图绘制的内容主要包括危险源、重要区域、脆弱性区域、安全场所、应对措施。表3–22~表3–24为上海社区风险评估中使用的图例，采用规

范化的贴纸，用不同的图形结合文字，区别该点的类型，而用颜色来区分等级的高低。最终形成风险地图。

表 3-22　危险源图标

危险源	高	中	低
交通事故易发	交	交	交
加油站	油	油	油
河道	河	河	河
高压线	线	线	线
施工工地	工	工	工

表 3-23　脆弱性区域图标

脆弱性区域	高	中	低
老旧房屋区域	老房	老房	老房
积水区域/路段	积水	积水	积水
市场	市场	市场	市场

表 3-24　其他图标

名称	图标	名称	图标
重要设施和区域	△	消防站	119
敬老院	⌇	医院	✚
疏散集合点		公安派出所	

实用工具：社区安全风险基线调查的指标体系

1. 社区安全风险基线调查的目的、意义

通过实施社区安全诊断，调查社区安全的主要问题和风险隐患，以所调查出的各项指标结果作为基线，为"安全社区"干预后同指标结果的比较提供基础资料，也为进一步制订社区安全干预的规划提供科学和可靠的依据。

2. 环境的相关安全指标

（1）自然和理化：地理位置、气象、水文、空气质量、饮用水源水质量、噪声。

（2）生态：人口数量、人口性别比例、65岁及以上老年人口抚养比、14岁及以下人口抚养比、森林覆盖率、蚊密度、蝇密度、蟑螂密度、犬密度、猫密度、老鼠密度、流行传染病病原排序。

（3）安全文化：法律、政策、经济、文化、文学、艺术、民俗、媒体、标语、警示语、标识、服务机构类别、公共基础设施（监视头）、防护设备（护栏）、安全工具、安全用品（饮用洁净水）等。

（4）经济：GDP、财政收入、财政支出、人均收入、人均支出、恩格尔指数、物价指数、失业率、接受最低保障救助户的覆盖率、低保户占总户数的比例。

3. 社会人口学和一般健康水平指标

（1）人口学指标：总人口数、男女比、出生率、死亡率、人口自然增长率、老年人口抚养比 $ODR = \frac{P_{65+}}{P_{15-64}} \times 100\%$ 、少年儿童抚养比 $CDR = \frac{P_{0-14}}{P_{15-64}} \times 100\%$ 、总抚养比 $GDR = \frac{P_{0-14}+P_{65+}}{P_{15-64}} \times 100\%$ （其中，P_{0-14} 为0~14岁少年儿童人口数；P_{65+} 为65岁及65岁以上的老年人口数；P_{15-64} 为15~64岁劳动年龄人口数）。

（2）一般健康指标：孕产妇死亡率、新生儿死亡率、婴儿死亡率、0~4岁儿死亡率、居民平均死亡年龄、期望寿命。

4. 居民安全知识、自我意识和行为指标

（1）安全知识。测量诸如安全和大安全观的概念、饮用水、饮食、用电、交通、用天然气、烧煤、医疗、消防、治安、生产、旅游、娱乐、健康保健、理财、法律、爱国、信仰等相关安全常识。

（2）自我意识或态度。测量被调查者对一些安全行为的认同或反对情况。如"您认为吸烟有害健康吗?""您认为闯红灯行为好不好?""您认为学习消防知识重要吗?"等。

（3）行为习惯。测量被调查者一些安全行为和不安全行为情况。如"您闯过红灯吗?""您骑自行车带人吗?""您家备有灭火器吗?""您自觉学习过交通规则吗?""您吃过夜饭菜是否加热?""家里安装防盗门了吗?"等。总之，围绕安全问题，测量被访问者是否有各种安全行为，或者是否有不安全的行为。

5. 伤害、疾病、先天性畸形和药物依赖的流行病学（卫生服务需要）指标

（1）伤害状况：两周伤害发生率、伤害原因构成比、伤害场所构成比、伤害部位构成、伤害时间构成、伤害人群构成、伤害程度构成、伤害致残率、伤害致残原因构成比、伤害死亡率、伤害死亡原因构成比等。

（2）疾病状况：传染病发病率、传染病种类构成比；慢性非传染性病患病率、慢性非传染性病患病种类构成比、地方病患病率、职业病患病率；急性白血病发病率；妇女病患病率和发病率、营养不良发病率；精神病发病率、精神病患病率、精神病种类构成；疾病死亡率。

（3）先天性残疾：聋哑现况率、盲现况率、痴呆现况率、肢残先天畸形发病率、先天畸形现况率。

（4）其他：毒品、药物、酒精、麻将、上网等依赖成瘾的持有率，年内新发生率。

6. 安全服务需求指标

（1）教育：居民安全教育参与率。

（2）居民医疗：实际就诊率（调查中，为实际就诊人数/感觉身体明显不适和已经患病的人数）、实际住院率（调查中，为实际住院人数/医生判断需要住院的人数）。

（3）治安：居民电话报警率。

（4）交通：事故报警率。

（5）消防：家庭消防用品持有率。

（6）市政：下水道箅、井盖报失率。

（7）城管：无证占道举报率。

（8）环保：防污染口罩持有率。

（9）环卫：乱堆垃圾、垃圾不清理举报率。

（10）食品药品：食品质量举报率、食品安全抽检合格率、药品（含医疗器械）质量举报率、严重药品不良反应/事件报告率。

（11）安全生产：生产安全事故起数、死亡人数、受伤人数，各类事故起数、伤亡人数，一般机械设备事故起数、轻伤负伤率，火灾事故及职业病等，企业人员反映安全生产问题的诉求率。

7. 安全服务供给（能力）指标

（1）人力。

①安全生产：工人与管理人员的比例；每万人居民的安全生产监管执法人数。

②卫生：每万人居民的医生数、每万人居民护士数、每万人居民床位数。

③教育：每万名小学生的教师数、每万名中学生的教师数、教师与管理人员的比例。

④治安：每万人居民治安刑事警察数。

⑤交警：每公里道路交警数、交警与机动车的比例、交警与管理人员的比例。

⑥消防：每千居民户的消防警人员数、每平方公里内消防警人数与户数的比例。

⑦城管：每万人居民的城管人数。

⑧环保：每万人居民的环保业务人数、环保业务人员与管理人员比例。

⑨环卫：每万人居民的清洁工人数、环卫工人与管理人员的比例。

⑩质监：每万人居民的质监业务人数、质监业务人员与管理人员比例。

⑪市政：每万人居民的市政工人数、市政工人与管理人员比例。

（2）财力。用于安全生产、卫生、教育、治安、交通、消防、城管、环保、环卫、质监、市政等部门的财政拨款。

（3）设施、固定资产。如安全生产、卫生、教育、治安、交通、消防、城管、环保、环卫、质监、市政等部门。

（4）信息和通信管理情况。如安全生产、卫生、教育、治安、交通、消防、城管、环保、环卫、质监、市政等部门。

8. 安全服务利用（效率）指标

（1）安全教育受众的覆盖率。

（2）医疗服务。

①门诊工作效率：医生年服务中心或门诊人次数、医生年静脉注射治疗观察患者次数、医生年家庭访视次数、观察床使用率、平均一工作日观察床平均周转人次。

②住院工作效率：医生人均一年收治住院病人人次、病床使用率、病床周转率。

（3）卫生监督：每个卫生监督人员对应的监督业户数、每个卫生监督人员查处业户违规起数、每个卫生监督人员对应的食物中毒的起数、每个卫生监督人员对应的食物中毒人次数。

（4）治安：每个治安警察年受理治安案件数、治安案件发生率、治安案件结案率；每个治安警察年受理刑事案件数、刑事案件发生率、刑事案件结案率。

（5）消防：每个消防员救火起数、每个消防员用水的吨数、每个消防员救火面积。

（6）交通行为规则管理：每个交通警察处理交通事故的起数、每个交通警察处理交通违章次数。

（7）交通路政管理：每个路政管理人员查处驾驶人员未交纳养路费的违规起数、每人查处道路交通标志损坏次数。

（8）环保：每个环保人员平均承担检查部门数、每个环保人员平均查处环保违规部门数。

（9）环卫：每个环卫工人日清扫路的面积、工作的天数。

（10）教育：每个教师管理学生数、每个教师每年进行安全教育课时。

（11）安监：每个安监管理人员负责企业数、每个安监管理人员年查处违规起数。

（12）城管：每个城管人员每年查处各种违规的起数。

9. 社会各阶层的安全诉求和满意度指标

（1）教育：管理水平、学校设施、学习压力、学生是否受体罚、卫生室。

（2）医疗：管理水平、技术水平、服务态度、消毒条件。

（3）卫生监督：管理水平、服务态度、食品是否放心。

（4）治安：管理水平、服务态度、社区治安状况。

（5）消防：管理水平、服务水平、宣传教育。

（6）交通规章：管理水平、服务态度、交通秩序状况。

（7）路政：管理水平、服务态度、

（8）环保：管理水平、环境污染感觉。

（9）环卫：管理水平、道路整洁。

（10）安监：管理水平、服务态度、生产安全感觉。

（11）城管：管理水平、服务态度、道路环境整治感觉。

第四章　社区安全的风险应对

◎ 拓　扑　图

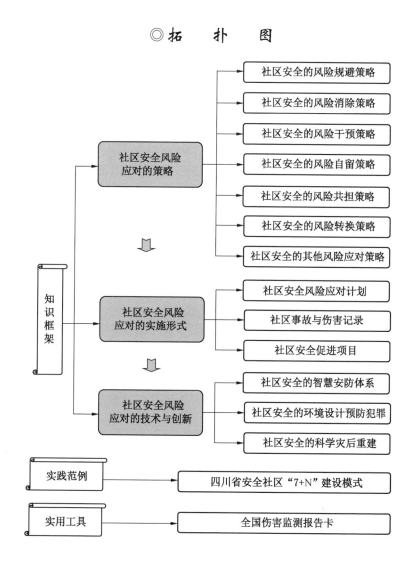

◎ 本 章 概 要

　　社区安全风险应对是根据风险评估的结论，选择并执行一种或多种社区安全风险应对策略及其具体的计划措施，将社区安全风险控制在可承受范围的过程。社区安全风险应对策略主要包括风险规避、风险消除、风险干预、风险自留、风险共担、风险转换等，可将其单独或组合使用；并以策略为指导，通过社区安全风险应对计划、社区事故与伤害记录、社区安全促进项目等形式，全面实施科学有效的社区安全风险应对措施；以此为基础，创新理念、技术、方法，因地制宜引入社区安全的智慧安防体系、环境设计预防犯罪、科学灾后重建等方案，完善形成多元协同、公众参与、法治保障、科技支撑的基层治理体系。

第一节　社区安全风险应对的策略

　　社区安全风险应对是指根据风险评估的结论，选择并执行一种或多种社区安全风险应对策略及其具体的计划措施，将社区安全风险控制在可承受范围的过程。风险应对即改变风险的过程，目的在于尽可能增大风险的正面影响（收益），尽可能降低风险的负面影响（损失）。

　　社区安全风险应对策略，主要包括风险规避、风险消除、风险干预、风险自留、风险共担、风险转换等，可将其单独或组合使用。

　　风险应对策略的选择和实施，应当考虑各种环境信息，包括相关的法律法规和政策要求；风险应对部门的法定职责、战略目标、价值观和社会责任等；风险应对的目标、资源、偏好和承受度等；风险应对策略的实施成本与预期收益；内外部利益相关者的利益诉求和价值观、对风险的认知和承受度等。

一、社区安全的风险规避策略

（一）风险规避的内涵

　　风险规避是指"决定不参加或退出某一活动，以避免暴露于特定风险"[1]，

---

　　[1]　全国质量管理与质量保证标准化技术委员会：《风险管理　术语》（GB/T 23694—2013），中国标准出版社，2013。

也可理解为直接避免某项风险发生的一种风险处理方法[①]，避免风险兑现并出现重大损失和严重后果，通过回避、停止或退出蕴含某一风险的活动或环境而避免成为风险的所有人。

单纯从处置特定风险的角度看，风险规避是最彻底的方法，但其适用性有很大的限制，且往往是因噎废食而具有很大的消极后果。因此，在实务工作中，应当具体问题具体分析而决定是否采用风险规避方法。是否采用风险规避方法以及如何风险规避，应当以相应的制度为依据，并借助外部专业力量，防止随意决策和非专业性操作。

（二）社区安全风险规避的应用

在社区安全中，风险规避策略的应用，通常有两种方式。一种是不实施可能产生某种特定风险的活动或行为。例如社区建筑或房屋的选址应避免存在地质灾害、自然灾害、环境污染等高危风险的地区；社区因担心居民受伤而采取禁燃烟花爆竹等措施以终止某些传统项目或禁止某些日常行为。另一种是中途放弃可能产生某种特定风险的活动，例如社区为保障安全、规避风险而取消、暂停、禁止某些公众聚集或公共活动。

江西省是全国 12 个山体滑坡、崩塌、泥石流地质灾害危害严重的省份之一，地质灾害造成的经济损失在全省自然灾害中仅次于洪涝灾害和旱灾，造成的人员伤亡超过洪灾。为有效规避地质灾害对人民生命财产安全的威胁，江西省政府决定从 2011 年至 2013 年在全省开展地质灾害避灾移民搬迁工作，对居住在危害程度高、治理难度大的地质灾害隐患点的群众，在自愿的基础上，实施移民搬迁，使他们搬迁后的抗灾能力显著增强、居住安全环境和条件明显改善、生产生活水平有所提高。2011 年 5 月，江西省人民政府办公厅发布《关于在全省开展地质灾害避灾移民搬迁工作的通知》（赣府厅字〔2011〕92 号），要求按照自愿搬迁、政府主导、整体搬迁的三原则，以"整体搬得出、长期稳得住、逐步富得起"为目标，按照开展搬迁对象核查、制定移民搬迁规划、做好移民搬迁前期准备、组织实施搬迁工作的四步骤，有序实施搬迁工作；避灾移民搬迁户的建房补助标准为人均 4000 元，其中省补助 3500 元，设区市配套 400 元，县（市、区）配套 100 元，直接补助到搬迁户的资金人均应不少于 3500 元。

2020 年和 2021 年春节期间，为持续有效做好冬春季新冠肺炎疫情防控工

---

① 全国金融标准化技术委员会：《保险术语》（GB/T 36687—2018），中国质检出版社，2018。

作，有效规避新冠肺炎疫情及其他传染病风险扩散和升级，保障社区人民群众身体健康和生命安全，全国多地就取消和限制聚集性活动采取一系列措施并发布相应通告，重点包括4个方面内容。

（1）执行"五个一律"：即农村集会一律取消，酒店承办宴席一律取消、丧事一律从简，喜事一律顺延，所有门店一律测温验码。暂时取消区域内农村集会活动；实行喜事顺延、丧事简办、其他宴请不办的措施，并严格控制宴席举办规模；各商业机构、个体商户等公共场所必须测温验码后方可进入，同时暂停线下各类展销、促销活动。

（2）暂停各类宗教活动：严格对辖区内宗教场所进行检查，所有宗教场所暂停对外开放，暂停举办聚集宗教活动，严格防范宗教场所的疫情风险。

（3）暂停各类节庆活动：暂时取消春节期间民间社火、祭祀拜谒等民俗活动；取消各级各类体育赛事、文娱演出等室内外活动；取消各单位、企业、团体举办的大型会议、培训、团拜会、联欢会等活动；辖区各广场、麻将馆、歌舞厅等活动场所严禁人员聚集。

（4）提倡原地居家过节。提倡在外工作生活的本地人和在赣务工生活的外地人，原地就地居家过年，取消不必要的出行，减少春节探亲访友，可通过网络视频或者电话的方式拜年问候。

二、社区安全的风险消除策略

（一）风险消除的内涵

风险消除是指通对社区安全风险源采取可行且可控的消除方法，以彻底消灭危险源和安全隐患，实现根源治理。

对于难承受、可消除的风险，可采取风险消除策略，即对于特定情境中可消除的风险，消除风险源，实现根源治理。风险源的消除，以不超出承受力范围为底线，具体应用中应统筹考虑，规避因消除风险源而可能产生的其他风险。

（二）社区安全风险消除的应用

在社区安全中，风险消除策略的应用，通常有两种方式。一是技术整治。针对某些设施设备、技术工艺、场所环境等层面的安全风险，通过技术类的整改、更新、替换，彻底消除风险隐患。如强化社区公共设施安全日常管理，建立健全巡查机制，加强设施巡查维护，摸清现有公共设施布局是否合理、数量是否适度、功能是否完善、日常保养维修是否到位，推进公共设施新建和改造计划，确保安全隐患及时发现和处置。二是制度整改。针对某些由于管理问题引发的安全风险，形成深入制度层面的整改，通过修正原制度或出台新政策，争取在源头上处置问题。如社区应按照《消防法》和《消防安全责任制实施办法》以及地方省市对于消防安全责任落实的相关法律法规和政策要求，切实落实消防相关管理规定和工作要求，消除社区安全火灾风险。

在全国安全生产专项整治三年行动的消防安全专项整治行动中，实施打通消防生命通道工程，以切实消除消防生命通道的安全隐患。具体措施包括：①对公共建筑和新建住宅小区的消防通道，按标准进行划线、标明、立牌，实行标识化管理；②对于老旧小区实行"一区一策"治理，结合城市更新和老旧小区的改造，因地制宜进行消防安全治理；③加强停车场的规划建设，推行弹性停车、潮汐停车、错时停车，进行专业规范停车资源管理等。

三、社区安全的风险干预策略

（一）风险干预的内涵

风险干预，也可称为风险控制，是指对风险采取降低发生可能性、减轻造成损失、降级风险等级、做好风险备灾等方法，控制风险事件发生的动因、环境、条件等，来达到减轻风险事件发生时的损失、降低风险事件发生的概率、阻止风险兑现和危机爆发、减轻风险兑现为危机后的损害后果等目标。

风险干预策略的应用中，应科学研判风险或危机的等级，及时识别出风险升级、危机爆发或危机升级、连锁反应的"临界点"，在临界点采取相应的措施，提前干预危机。风险干预的措施一般涉及特定具体、聚焦具体细节，具有一定的专业性和技术性，应当建立健全相应的制度、配置相应的设施设备和人员、开展相应的培训和操作演练等，要使相关人员了解、遵守有关制度，掌握有关设施设备和技术的使用方法等。风险干预应根据需要借助外部专业力量，提升风险预防的专业性、科学性、系统性、有效性、经济性等。

风险干预策略的应用，一般主要通过干预风险事件发生的概率（可能性）和发生后的损失（危害后果）。基于此，风险干预可分为风险预防和风险抑制两种类型。在损失发生前尽可能降低损失频率的行为称为风险预防（或损失预防，可简称防损）；在损失发生时和发生后尽可能减轻损失程度的行为称为风险抑制（或损失减少，可简称减损）。

（二）社区安全风险干预的应用

在社区安全中，风险干预策略的应用，通常有两种方式。一种是社区安全风险预防，在社区安全风险兑现和风险事件发生之前，通过降低其频率或可能性来干预风险，包括风险降级、风险监测、风险预警等措施。例如在校园教学和生活场所安装应急灯以防止停电时发生师生伤亡事故，在食堂、宿舍、厕所等场所地面铺防滑垫以防止人员滑倒，在教育教学中禁止使用不合格产品和设施设备。另一种是社区安全风险抑制。在社区安全事件发生后，通过快速应急响应、科学自救互救、专业处置救援、阻止次生灾害等采取措施降低或减少危害和损失。例如，发生火灾后紧急快速疏散人员以尽可能避免和减少人员死伤，居民在保障自身安全的情况下将易携带的贵重物品带出以减轻财产损失。

现实操作中，坚持预防为主的方针，推动事后处置向事前预防转变，通过采取一系列事前风险预防的措施，将风险损害降到最低。例如，在安全生产领域，构建风险分级管控和隐患排查治理双重预防工作机制，严防风险演变、隐患升级导致生产安全事故发生，实现把风险控制在隐患形成之前、把隐患消灭在事故前面；围绕《国务院安委会办公室关于实施遏制重特大事故工作指南构建双重预防机制的意见》（安委办〔2016〕11号）和各地方具体政策、各行业具体标准，社区内的企业单位需采取一系列风险预防措施以实现双重预防工作机制的建设和发挥作用，具体包括5个方面内容。

（1）建立企业安全风险辨识评估制度，按照有关法律法规和标准规范，定期组织开展全方位、全过程的企业安全风险辨识，并进行分类梳理评估、持续更新完善、动态分级管理，实现"一企一清单"等。

（2）建立安全风险管控制度，对安全风险进行分级分类管理，逐一落实管控责任，全面进行有效管控，实时监测、动态评估、调整风险等级和管控措施，确保安全风险始终处于受控范围内等。

（3）建立安全风险警示报告制度，设置安全风险公告栏、岗位安全风险告知卡、重大安全风险的明显警示标志等，强化危险源监测和预警，建立健全安全生产风险报告制度，定期向相关监管部门报送风险清单等。

（4）加强安全隐患排查，建立健全以风险辨识管控为基础的隐患排查治理制度，制定隐患排查治理清单，开展完善隐患排查、治理、记录、通报、报告等工作。

（5）严格落实治理措施，按照有关行业重大事故隐患判定标准，制定并实施严格的隐患治理方案，做到责任、措施、资金、时限和预案"五到位"，实现闭环管理等。

四、社区安全的风险自留策略

（一）风险自留的内涵

风险自留，是指接受某一特定风险带来的损失或收益的一种风险应对方法[①]，也可理解为风险承担，指组织或个人对于风险承受度以内的风险，在权衡成本效益后，决定不采取措施降低风险程度或减轻风险损失；在明确安全风险所有权的基础上，自觉落实安全管理职责并承担风险兑现带来的人财损失、负面影响、责任追究等后果。

风险自留，可分为被动风险自留和主动风险自留。被动风险自留（也称为非计划风险自留），是指组织或个人因为主观或客观原因，没有意识到风险的存在、或对风险存在的严重性认识不足、或对风险的发生存在侥幸心理、或因条件限制只能自留风险、或虽没有相应计划但却面临确定的收益等，而最终由自己接受风险所致损失或收益。主动风险自留（也称为计划性风险自留），是组织或个人在对各种风险应对方法进行权衡比较后，出于投入与收益比考虑而决定由自己承担风险损失的部分或全部，或者风险带来的收益。

采用风险自留方法，应当是针对风险容忍度和风险承受力以内的风险，即"可容忍、可承受的风险"。对于发生频率高、损失程度小的风险，或能够达到预期收益的风险，一般来说适用于风险自留。对于未能辨识出的风险一般只能采用风险自留；对于辨识出的风险，也可能由于以下原因采用风险自留：①缺乏能力进行主动管理，对这部分风险只能承担；②没有其他备选方案；③从成本效益考虑，这一方案是最适宜的方案。是否采用风险自留方法以及如何风险自留，应当以相应的法律法规和政策制度为依据，并借助外部专业力量，防止随意决策和非专业性操作。

（二）社区安全风险自留的应用

在社区安全中，风险自留策略的应用，应做好三方面工作：一是在充分调查研究的基础上，掌握自留风险的特征和规律，尽可能规避、减轻风险可能造成的损失；二是加强对风险影响范围内所有利益相关群体的宣传、教育、培训、指

---

① 全国质量管理与质量保证标准化技术委员会：《风险管理术语》（GB/T 23694—2009），中国标准出版社，2009。

导，确保其掌握自留风险的应对方法；三是抓住机遇并创造条件，利用政策改变、产业结构调整、人口增减、技术改进、组织结构变化、观念改变、生态环境变化等方面中的有利因素，对风险进行最大程度的干预措施。

暴雨、雷电、台风等极端天气是社区安全风险应对过程中需采取相关风险自留措施的风险。对此，应对好一系列风险自留措施，包括但不限于：①及时发布气象预警，实时跟踪运用气象预报，第一时间采取有效的预防及防范措施，安排落实安全值班、安全巡检、应急物质储备、危险事项监测预警防范等相关工作；②及时启动极端天气应急预案，包括但不限于预防与预警、应急工作组岗位值守、抢险物资设备就位、非抢险值守人员撤离到安全区域、危险事项实时监测警示管控、紧急处置应对措施；③落实干部值守，社区主要领导、分管干部要深入一线、贴近重点防范地带，督导、检查防范措施的落地，要确保 24 小时手机联系的畅通，落实干部 24 小时值守，第一时间布置、落实抢险救灾的相关工作；④要通过广播、张贴防风防汛提示、手机短信平台等手段将预警信息发布，以提醒居民做好防御准备；⑤检查所管辖区域内的积水情况，抢修水毁设备、设施，及时整治隐患、处理险情，重点检查地下室停车库、设备房等易涝区域和屋面、挑梁的排水系统；⑥组织对广告牌、霓虹灯、高空悬挂物和高空作业等设施排查、及时加固；⑦敦促居民做好各项防风、防雨措施，关紧或加固门窗。将置于窗台、阳台等处的花盆、杂物、晒衣架转移至安全地带，以免因台风侵袭坠落伤人等。

五、社区安全的风险共担策略

（一）风险共担的内涵

风险共担是指与存在利益相关或责任关联的主体（其他组织或个人），共同承担风险损失，分担风险管理责任和风险事件的后果，共享风险收益的行为。

风险共担与风险自留相反，其实质是将风险转移给其他主体，因此风险共担一般也可理解为风险转移，转移后的风险所有权发生改变。转移风险不会降低其可能的严重程度，只是从一方移除后转移到另一方。根据形式可分为直接转移和间接转移。直接转移是指组织或个人将与风险有关的财产或业务直接转移给他人，主要包括转让和转包等；间接转移是指组织或个人在不转移财产或业务本身的前提下，将与财产或业务有关的风险转移给他人，主要包括租赁、保证、保险、签订责任免除协议等，详见表 4-1。

表4-1 风险共担（风险转移）的主要形式

分类	主要形式	内 涵
直接转移	转让	将可能面临风险的标的，通过买卖或赠予的方式将标的的所有权让渡给他人
	转包	可能面临风险的标的，通过承包的方式将标的的经营管理权让渡给他人
间接转移	租赁	通过出租财产或业务的方式，将与该财产或业务有关的风险转移给承租人
	保证	保证人和债权人约定，当债务人不履行债务时，保证人按照约定履行债务或者承担责任的行为
	保险	通过支付保费购买保险，将自身面临的风险转移给保险公司的行为；签订责任免除协议，是在不转移带有风险的活动的前提下，通过订立免除责任的协议而转移责任风险

（二）社区安全风险共担的应用

在社区安全中，风险共担策略的应用，通常包括直接转移和间接转移两种方式。在实施中应注意以下4个方面问题。

（1）法律法规可能对某一特定风险的转移进行限制和禁止，社区应严格按照有关法律规定采用风险转移的实施。例如，不允许擅自转让、转包、租赁国有资产；有关规定可能不允许社区与学生本人（具有完全民事行为能力的学生）或其家长签订责任免除协议等。

（2）法律法规可能对某一特定风险的转移予以强制执行，对此社区应严格执行有关强制性规定，如需投保车辆交强险等。

（3）保险机制是目前国际普遍通行的风险共担方法，如果通过保险方式进行风险转移，则必须符合可保风险的条件。

（4）是否采用风险共担方法以及如何实施风险共担，应当以相应的制度为依据，并借助外部专业力量，防止随意决策和非专业性操作。

六、社区安全的风险转换策略

（一）风险转换的内涵

风险转换是指将一种风险转换成另一种或几种其他风险，使得转换后的风险更容易管理，更能提升管理效果，甚至可能获得收益的一种风险应对方法。

风险转换一般不会直接降低总的风险，其是指在减少某一风险的同时，增加另一风险；可以通过风险转换在两个或多个风险之间进行调整，以达到最佳效果；风险转换可以在低成本或者无成本的情况下达到目的。

（二）社区安全风险转换的应用

在社区安全中，风险转换策略的应用，主要表现为社区通过引入第三方机构开展工作或购买社会服务，将安全风险应对的规划部署、方案制定、具体实施、相关管理、人员培训、有关产品选择供应、考核评估等专业性强的工作委托给专业的社会技术服务机构，社区负责有关方案和过程是否依法合规、是否保时保质保量完成等的监督管理工作。由此，社区就把安全风险应对的整体风险转换（分解）成了包括有关专业性风险在内的多种风险，使得转换后的风险更容易管理，更能提升管理效果，甚至可以降低综合管理成本并可能获得收益，也就更有利于风险应对目标的实现。

七、社区安全的其他风险应对策略

除了上述风险规避、风险消除、风险干预、风险自留、风险共担、风险转换等策略，社区安全风险应对，还可根据具体情况，选择风险对冲、风险隔离、风险分割、风险复制、风险补偿等更加专业化的策略，详见表4－2。

表4－2　社区安全的其他风险应对策略

风险应对策略	内　涵	风险应对实例
1. 风险对冲	采取各种手段，引入多个风险因素或承担多个风险，使得这些风险能够互相对冲，也就是使这些风险的影响互相抵消；也可理解为集合同一性质的风险单位，使每一单位所承受的风险减少的方式	在金融领域，基金、互助金、资产组合使用、使用衍生产品、多种外币结算的使用、战略上的多种经营等，是比较典型的风险对冲
2. 风险隔离	把风险单位进行分割或复制，尽可能减少组织和个人对某种特殊资产、设备或人员的依赖，以此减少总体损失	对重要数据实行定期备份、异地存储，切实降低网络信息安全风险
3. 风险分割	疏散同一性质的风险单位，以减少一次事故所导致的最大损失的方式，即俗话说的"不要把鸡蛋放在同一个篮子里"	社区把重要和高价值的设施设备分散在不同地点存放以防火灾

表 4 - 2（续）

风险应对策略	内　　涵	风险应对实例
4. 风险复制	增加风险单位的数量，以备风险单位遭受损失时使用	社区储存重要设施设备的重要和常用部件，把重要的资料复印和复制多份进行保存
5. 风险补偿	对风险可能造成的损失采取适当的措施进行补偿，以增加个人或单位承担风险的信心和勇气，主要形式有财务补偿、人力补偿、物资补偿等	对高温作业人员进行工作补贴、为从事危险性工作人员购买保险

第二节　社区安全风险应对的实施形式

选择适用的风险应对策略后，因地制宜，通过社区安全风险应对计划、社区事故与伤害记录、社区安全促进项目等形式，全面实施科学有效的社区安全风险应对措施。

一、社区安全风险应对计划

（一）风险应对计划的主要类型

社区安全风险应对计划，根据计划的性质和形式，通常包括以下八种类型。

1. 资源配置类

设立或调整与社区安全风险应对相关的机构、岗位和人员，补充工作经费等。

2. 法律法规类

制定或完善与社区安全风险应对相关的法律、法规、制度与流程。

3. 标准规范类

针对特定社区安全风险，编写标准、规范、作业指导书等文件，供相关人员使用。

4. 工作预案类

事先制定社区安全风险应对的相关组织机构、处理流程、沟通机制、应急措施和资源的配置保障，应覆盖所需的财务安排、硬件设备、软件技术、专业服务、人员配备等，确保对突发风险事件的及时反应和专业响应。

5. 信息宣传类

针对某些社区安全风险、热点事件，进行舆论宣传、新闻公关或发布预警信息。

6. 专项活动类

针对特定社区安全风险，开展某些专项活动或成立工作组，研究应对特定风险。

7. 教育培训类

对风险全员开展宣传教育和应急演练，以提升其安全素质和应急技能，或针对某些关键岗位人员进行培训，提高其风险管理的能力和素质。

8. 专业服务类

鼓励、引导、支持具备社区安全风险防控服务专业能力的机构或组织，研发、提供隐患排查、高危整改、风险预防、安全教育、设施维保等方面的服务或产品，协助开展社区安全风险应对工作。

（二）风险应对计划的基本要素

社区安全风险应对的策略和措施确定之后，需进一步制定应对措施的实施计划。实施计划中至少应该包括以下信息：①实施风险应对措施的岗位、人员安排，明确责任分配和奖惩机制；②资源需求和配置方案；③应对措施涉及具体业务及管理活动；④实施风险应对措施的优先次序和条件；⑤报告和监督、检查的要求；⑥实施时间表。

针对消防、学校等某些特定的社区安全风险，其风险应对或突发事件处理有专门的法律法规和政策规定，此时应按照相关要求制定风险应对计划和措施。

在制定风险应对计划后应评估其剩余风险是否可以承受。如果不可承受，应调整或制定新的风险应对计划，并评估新措施的效果，直到剩余风险可以承受。

执行风险应对计划的措施会引起风险情况的改变，需要跟踪、监督有关风险应对的效果和内外环境信息，并对变化的风险进行评估，必要时重新制订风险应对措施。

（三）风险应对计划的实施保障

社区安全风险应对计划的实施工作应融入社区常态管理工作中，通过明确管理方针及其相应的组织职责、制度流程、资源配置、管理文化等，将社区安全风险应对嵌入到社区日常管理和服务的各个层次和各种活动之中，并在实践中持续改进和提高。

（1）厘清社区安全风险应对的组织职责。社区安全相关的各主体和各部门在社区安全风险应对的过程中都应承担各自的职责，保证社区安全风险应对的充分性和有效性。对此可通过9类方法建立健全社区安全风险应对的组织体系，明确责任主体，细化责任内容。

①明确社区安全风险应对方案的制定、实施、监督和维护等人员的职责；②明确执行社区安全风险应对措施、维护社区风险应对体系和报告相关风险信息人员的职责，具体包括落实风险评估、执行风险应对措施和应对计划、开展检查与评价、执行沟通与记录等风险应对各环节的人员及其职责；③明确组织中其他人员在其本职工作中有关社区风险应对方面的职责；④明确内外部风险应对资源的配置、分工和合作方式；⑤建立批准、授权制度以及监督和检查制度；⑥建立绩效测量，及相应适度的奖励、惩罚制度；⑦建立内外部利益相关者之间的沟通协调机制；⑧建立对内对外的报告机制；⑨设立专门的社区安全风险应对顾问、机构或岗位，并明确其职责和内容。

（2）设计社区安全风险应对的制度流程。社区安全主体应根据风险应对方针，建立健全社区安全的风险评估、动态监测、数据搜集、研判分析、事前提醒、实时预警等风险应对的核心机制和工作程序，并通过专家论证、全员培训、档案管理、检查考核等方法形成一系列完善适当的配套制度和行为规范，以保证社区安全风险应对嵌入到社区的管理服务和日常活动工作中，同时形成对制度规范的定期更新，确保时效性。

（3）配置社区安全风险应对的保障资源。社区安全主体需根据风险应对计划，制定可行的方法，为风险应对分配适当的资源，具体要考虑的因素包括但不限于：①相关人员的技术、经验和能力要求；②每一阶段所需要的资金、人员、设备、物资及其他资源；③目标、成本和收益的关系。

（4）培育社区安全风险应对文化。社区安全主体应注重风险意识和风险应对文化的培养，促进社区安全风险应对的贯彻实施，保障社区安全风险应对目标的实现。具体应考虑以下要点：①保障社区安全是社区全员共同责任的理念，需在不同层次上履行风险应对的职责；②重视管理人员（如居委会、村委会领导班子）对风险应对工作的态度、管理理念以及管理承诺；③提高风险应对重要岗位人员（如灾害信息员）的意识和能力；④加强对内部违法违规行为的惩治力度；⑤承诺接受内部人员（社区居民、企事业单位负责人）的监督；⑥鼓励积极与外部人员（相关政府部门、社会组织、媒体记者等）进行各种层次、类型的沟通；⑦制定系统化的培训计划，加强理念、知识、方法和流程的培训；⑧健全督导与考核机制。

（5）加强社区安全风险应对的绩效考核。将社区安全风险应对工作作为绩效考核的参考依据和教育督导的重要内容，加强对相关主体落实安全风险应对职责的监督检查；对存在重大安全隐患或发生重大安全事故或产生重大影响的社区安全事件，实行"一票否决"，并对相关责任人依法依规予以处分。

二、社区事故与伤害记录

（一）社区事故与伤害记录的目标和意义

社区应建立事故与伤害记录制度，明确事故与伤害信息收集渠道，为实现持续改进提供依据。伤害记录（包括人群伤害调查）与分析的结果应用于安全绩效分析、预防与纠正措施及策划安全促进项目等方面。

事故与伤害记录应能包括的信息：事故与伤害发生的基本情况；伤害方式及部位，伤害发生的原因，伤害类别、严重程度，受伤害患者的医疗结果，受伤害患者的医疗费用等。

事故与伤害记录应实事求是，对社区发生的各种伤害及时、如实地予以描述。通过伤害发生的频率及其原因的记录，分析伤害发生的数量、类别、原因、分布趋势，有针对性地制定措施，或调整安全促进计划加以解决。对事故与伤害的记录应加强管理，包括记录的标识、收集、编目、归档、储存、查阅、保管和处置等内容，要求记录标识清楚，具有可追溯性和可见证性，且便于查阅。

（二）社区事故与伤害记录的主要方法

在策划伤害记录时应考虑简单、实用。可以根据实际情况，通过职能部门的事故统计、医疗机构伤害监测、入户伤害情况调查等方法开展。

1. 职能部门事故统计

各职能部门的事故和伤害记录，应按照行业规定的要求和满足实际工作所需，负责职能范围内所有事故和伤害发生的时间、地点、原因、人员伤亡和经济损失等基本情况的记录。包括公安交警部门的交通伤害事件记录、应急管理部门的安全生产事故伤害监测记录、消防救援部门的各类火灾事故记录、乡镇街道派出所的治安事件记录等。根据相关职能部门提供的数据，对辖区事故与伤害风险进行辨识，分析事故与伤害发生的人群、场所和具体原因，找出高危人群、高风险环境和脆弱群体，确定重点人群、重点场所和重点问题。以下给出某省某市某区某镇的职能部门事故统计情况。

1）交通事故统计分析

（1）总体情况分析。该镇2010年共发生1473起交通事故，集中于市道，死亡9人、受伤806人；其中涉及电动车交通事故605起，死亡4人、受伤487人。详见表4-3。

表4-3　某镇2010年各种不同类型道路的事故情况表

道路类型	事故数	构成/%	死亡数	伤人数
省道	0	0	0	0
市道	1375	93.30	8	755
村道	98	6.70	1	51
合计	1473	100.00	9	806

（2）多发路段事故分析。从2010年至今，该镇事故主要集中在A路、B路、C路、D路、E路、F路、G路，事故发生比例分别为：31.63%、20.5%、11.47%、10.65%、9.7%、9.36%、6.65%。交通事故绝大多数是由非机动车所引起的，如闯红灯、未在非机动车道内行驶、转弯未打手势突然转弯、逆向行驶等。详见表4-4。

表4-4　该镇各主要路段发生事故情况

路段	事故数	伤人数	亡人数
A路	466	210	0
B路	302	191	2
C路	169	105	0
D路	157	97	3
E路	143	72	3
F路	138	80	0
G路	98	51	1
合计	1473	806	9

（3）时间分布分析。2010年至今，该镇区事故主要发生在上下班高峰期，

主要为早上6—8时、8—10时，下午16—18时。从图4-1中可以看出，上下班高峰期属于事故高发期，镇区主要有两家大厂，应加强企业员工的交通安全宣传，降低事故发生率。

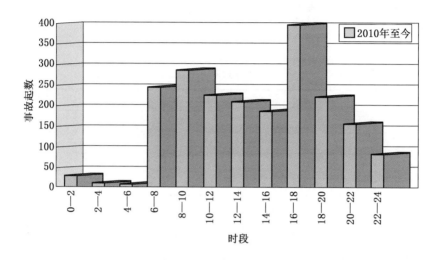

图4-1　某镇2010年至今事故发生时段分布

2）火灾事故统计分析

2010年全镇共发生火灾50起，无人员受伤，仅造成了部分财物的损失。在50起火灾接警数据中，居民火灾共20起，占总数的40%；企业火灾共7起，占总数的14%；其他类型火灾（包括农田、垃圾、绿化等）共23起，占总数的46%（图4-2）。其中，居民火灾主要原因中，使用液化气不当造成的约占20%，民宅电器线路原因引起的约占80%。企业火灾主要原因中，员工违章操作、违规作业引起，约占57%，设备、电线老化引起约占43%。其他类型火灾中，农田麦秸火灾主要原因是农民消防意识淡薄，焚烧农田麦秸造成的。垃圾火灾主要原因也是人为焚烧。

图4-2分析表明：民宅电器线路引起的火灾占火灾总数的比例最高，为32%，这说明有相当一部的火灾是由于居民在使用电器前没有认真学习使用规范，没有定期找专业人员对电器、线路进行检修。其次焚烧秸秆、垃圾等露天火灾占火灾总数的比例较大，为18%。这说明部分居民疏忽大意，缺乏良好的消防安全习惯，使用明火的随意性大。企业设备、电线火灾和企业员工违章操作、

操作不当造成的火灾占火灾总数的比例都为8%。这说明企事业单位工作人员专业知识缺乏；对员工的消防安全培训不足；消防安全配套设备未完善；没有定期对机械、线路进行检查、更换。另外，还有部分绿化、草坪起火是由于天气干燥、遗留火种（乱扔烟头、小孩玩火）等原因引起的。

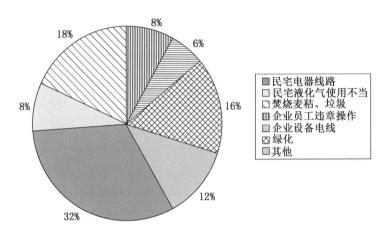

图4-2　某镇2010年火灾情况分析

3）安全生产事故统计分析

2010年，该镇发生1起工伤死亡事故，事故原因为机械伤害；全镇机械企业2010年发生锐器伤63起、钝器伤45起。因此预防机械伤害是生产安全工作的重点之一；全镇2010年辖区内发生建筑施工安全事故5起，造成2人死亡、6人受伤。分析事故主要原因是物体打击、高处坠落，事故中因未佩戴安全帽或佩戴不合格安全帽造成的伤害占建筑安全事故的89.1%；全镇2010年发生火灾事故50起，其中纺织企业火灾7起，占火灾事故总数的14%。

4）社会治安案件分析

2010年全镇社会治安案件的案发总量为1088起。其中盗窃案数量577起，占到53.03%，具体为入室盗窃155起、电瓶车和非机动车盗窃244起、其他盗窃案178起。诈骗案件75起，占到6.9%，具体为街头诈骗12起、电信诈骗26起、网络诈骗27起、其他诈骗10起。因此，盗窃、诈骗属于刑事案件多发种类，易发于菜场、网吧、超市等人员密集场所和停车场。

2.医疗机构伤害监测

通过社区卫生服务中心的伤害门诊急首诊病例进行记录，伤害记录的内容应包含受伤害居民的姓名、性别、年龄、户籍、文化程度、职业、伤害发生时间、患者就诊时间、伤害发生地点、伤害发生时活动、伤害发生原因、是否故意、伤害性质、伤害临床诊断、伤害结论等。具体操作中，伤害监测主要采用国家疾病控制中心制定的《全国伤害监测报告卡》进行伤害信息登记，由各医院监测点经过专业统一培训的医生填报，要求对前来医院首诊的病例进行询问登记。定期查阅伤害监测登记情况，根据伤害监测变化趋势、影响因素进行分析，把系统数据及伤害情况作为全镇开展相关促进项目的依据，有针对性地提出干预措施，组织召开伤害监测工作会议，及时总结、完善伤害监测工作。

　　表4-5给出某省某市某区某镇的医疗机构伤害监测情况分析，作为示例。在收集的283例报告病例中，挫伤、擦伤达到36.04%，表现最为突出。此外依次是锐器伤（19.43%）、咬伤（11.31%）、骨折（11.31%）。因此防止挫伤、擦伤及锐器伤害显得尤为重要。在性别方面显示男性报告的伤害为188例，占66.43%，女性报告95例，占33.57%。

表4-5　某镇医疗机构伤害监测情况伤害原因与性别分布

伤害原因	男	女	合计	构成/%
挫伤、擦伤	69	33	102	36.04
骨折	22	10	32	11.31
开放伤	20	3	23	8.13
扭伤/拉伤	10	10	20	7.07
锐器伤	37	18	55	19.43
咬伤	20	12	32	11.31
其他	10	9	19	6.71
合计	188	95	283	100.00

　　3. 入户伤害情况调查

　　包括以居委会或楼座为单位进行伤害监测、社区伤害普查、社区伤害抽样调查，组织社区流管员定期对社区居民伤害情况和事故情况进行调查与记录。居民伤害情况包含居民的姓名、性别、年龄、职业，伤害发生时间、地点，伤害发生时活动，伤害发生原因；事故情况内容包含事故发生的时间、地点、原因，人员伤亡和经济损失。伤害调查内容主要是日常家居伤害情况，家居伤害情况调查的重点包括跌伤、烫伤、割伤、碰伤、咬伤、食物中毒等。

三、社区安全促进项目

为了实现事故与伤害预防目标及计划，社区在开展日常安全管理工作的同时，应组织实施多种形式的安全促进项目。

（一）安全促进项目的内涵和意义

策划并实施一系列安全促进项目，是安全社区建设中工作量最大、任务最繁重的内容，有好项目才有好效果。安全促进项目的重点，是针对容易被伤害或易给他人造成伤害的高危人群、发生事故概率较高的高风险环境和弱势群体。在符合国家相关法律规定的前提下，并重点考虑以下内容。

（1）交通安全。主要关注人、车、路、环境、管理等方面，包括机动车、驾乘人员、行人、安全标志、安全防护设施等。

（2）消防安全。主要关注管理制度建设、消防队伍、消防设施器材、消防车通道、疏散通道及安全出口、安全标志、安全色、重点部位、火灾危险源、火灾隐患和消防违法行为等方面。

（3）工作场所安全。主要关注特种设备安全、职业病危害、建筑安全、危险化学品安全、消防安全、从业人员安全等方面。

（4）公共场所安全。主要关注火灾、爆炸、踩踏、食物中毒、电梯等公共设施安全、群体性事件等方面。

（5）社会治安。主要关注社会治安网络体系、农村治安、城镇治安、黄赌毒、偷盗、暴力等方面。

（6）食品药品安全。主要关注食品、药品经营企业是否证照齐全，是否生产、经营假冒伪劣食品、药品等方面。

（7）家居安全。主要关注家庭火灾、触电、煤气中毒、防盗、家庭暴力、食品药品安全等方面，关注居民是否具备急救和逃生技能等。

（8）学校安全。主要关注食宿安全、消防安全、学生交通安全、校内外集体活动安全、游乐设施安全、网络安全、心理健康以及暴力恐怖分子袭击校园等方面。

（9）老年人安全。主要关注家居安全、跌倒预防、病患关爱、运动安全、心理健康等方面。

（10）儿童安全。主要关注交通安全、家居安全、户外安全、食品药品安全、玩具安全、游乐设施安全、留守儿童心理健康等方面。

（11）残疾人安全。主要关注残疾人家居安全、心理健康、助残设备设施等方面。

（12）体育运动安全。主要关注体育用品安全、体育器械安全、运动场地安全和运动方式安全等方面。

（13）涉水安全。主要关注江河湖泊、塘库渠堰等涉水区域的安全防护设施、安全标志，水上交通安全，生产生活用水安全等方面。

（14）防灾减灾与环境安全。主要关注应急避难场所、滑坡、泥石流、洪涝、旱灾、环境污染、气象灾害等方面。

安全促进项目的策划要针对社区内的重点人群、重点场所、重点问题，有实施方案和具体措施，项目结构完整。社区应依据事故与伤害风险辨识与评价的结果、安全目标与计划的要求、社区能力与资源情况，制定切实可行的安全促进项目。安全促进项目的实施方案具体内容应包括：实施该项目的目的、对象、形式及方法；相关部门和人员的职责；项目所需资源的配置和实施的时间进度表；项目实施的预期效果与验证方法及标准。

（二）安全促进项目的建设示例

一般而言，安全促进项目的规划和实施，需充分考虑 5 个方面内容，包括：①项目背景；②工作计划及目标；③干预措施；④促进效果分析；⑤持续改进。以下给出安全生产、社会治安、消防安全、学校安全、老年人安全的 5 个示例，作为参考。

1. 安全生产类示例：职业病防治安全促进项目

1）项目背景

近年来，我国职业病病例数逐年增加，重大职业中毒事故频频发生。该镇目前工业企业 101 家，其中纺织企业 47 家，机械制造企业 25 家，轻工企业 17 家，化工企业 2 家，加油站 2 家，其他企业 8 家。目前主要存在职业危害的场所共 9 家，接触职业危害岗位的从业人员共 1471 人。

2）工作计划及目标

（1）加强宣教，使企业职工了解岗位职业健康危害因素，加强劳保用品的佩戴。

（2）建章立制，完善职业健康管理制度，建立职工健康档案，规模以上企业建档率达90%以上。

（3）网上申报，督促企业开展职业危害网上申报工作。规模以上企业职业危害网上申报率达100%；其他一般企业2012年达30%，2013年达60%，2015年达100%。

（4）工作场所职业病危害因素现场检测。木质家具制造企业现场检测率达100%，每年进行复检，其他存在职业危害的企业作业现场检测率达100%，并将职业危害因素告知职工。

（5）卫生评价。辖区内木质家具制造企业开展职业病危害现状评价达100%

3）干预措施

（1）举办培训普及知识，召开会议布置工作。开展职业健康状况调查培训2次，全镇25家规模以上企业职业健康管理人员参加了培训。主要针对辖区内企业详细讲解了职业健康状况调查表的填写说明，并就填表过程中可能产生的问题和注意事项做了详细的分析和解释；针对该市的主要行业，对企业在生产过程中可能产生的职业病危害因素举例进行了说明。召开重点骨干企业职业卫生健康专项工作会议5次，向企业解读相关职业卫生健康的法律法规，发放《作业场所职业危害申报工作手册》50余本，使企业认识到职业健康管理工作的重要性。

（2）建立健全规章制度，配齐职工劳保用品。专门印制了工业企业职业健康管理制度编制要点指南，下发给辖区内的重点骨干企业。根据指南，辖区50%以上企业建立了职业健康安全管理制度。采取有效的职业卫生和安全防护设施，为企业生产、操作岗位的劳动者提供防护手套、口罩、劳保鞋、防护眼镜等防护用品，及时淘汰磨损和失效的防护用品，确保职工的职业健康；建立实施了ISO9001质量、ISO14001环境、ISO18001职业健康安全三合一的综合管理体系，制定15项职业健康安全相关的管理制度及操作规程。

（3）做好职业病危害项目申报备案工作。做好辖区企业职业病危害申报备案工作，要求辖区内的重点骨干企业根据自身的实际情况，排查原辅材料是否包含化学性毒物，生产过程中是否有废气、废液、废渣等废品，作业场所是否存在粉尘、电焊烟尘、噪声等职业危害因素。一旦存在就必须进行申报，并且积极主动采取防护措施，减少对从业人员的健康伤害。2012年，该镇辖区内25家规模以上企业都进行了职业危害的网上申报，2013年又发动辖区内26家一般企业开展了网上申报工作，截止到2013年7月，合计完成申报数51家。

（4）开展职业病危害专项整治。该镇安监所给辖区内101家企业下发了

《岗位职业病危害因素告知书》，要求存在职业危害因素的企业张贴告知书，告知员工存在的职业病因素（如防护操作不当，会产生的损害）有哪些。企业告知率达100%。专门组织辖区内2家木制家具制造企业参加无锡市职业卫生管理培训班和江阴市职业健康安全专项工作会议，检查一报、二检、三告知是否落实到位，督促两家用人单位进行网上申报备案，并组织企业员工开展职业健康体检，对企业车间进行作业现场危害因素现场检测。但由于职业危害评价费用较高，目前，两家木制家具制造企业都已经选择转行。

4）促进效果分析

通过开展职业病防治安全促进项目，加强对企业职业卫生工作的指导和监督管理，该镇企业的职业卫生状况得到了明显改善。截止到2013年7月底，该镇职业卫生建档率为72%、职业病危害项目申报率为55%；木制家具制造企业职业卫生建档率为100%、职业病危害因素检测率为100%，职业病危害项目申报率为100%，均有较大幅度的提高。该镇企业职业危害专项治理情况如表4-6、图4-3所示。

表4-6 2011—2013年该镇企业职业危害专项治理情况表

时间	辖区单位数	建章立制数	健康档案建档率	职业危害申报数
2011 年	101	5	3	5
2012 年	101	25	25	25
2013 年 1—7 月	101	50	50	51

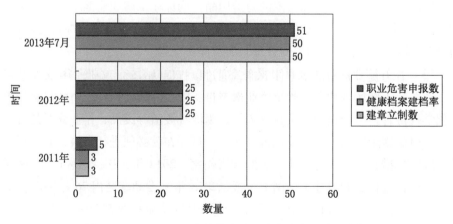

图4-3 2011—2013年该镇企业职业危害专项治理分析

5）持续改进

（1）继续开展职业健康的宣传教育培训工作，以点带面，逐步向全镇企业推广，做好职业安全健康监管工作。

（2）规范企业职业安全健康管理，要求每年对职工进行健康体检，做好职业病防治工作，达到保护从业人员健康的目的。

2. 社会治安类示例：社区防盗安全促进项目

1）项目背景

某镇地处该市东南，下辖 10 个村、4 个社区，共有常住人口 24619 人，外来务工人员 32008 人，沿江高速横穿镇区，且在该镇设置服务区，服务区内有两个入口。另有多条省道、市道穿过，交通十分便利，从而也给犯罪分子实施流窜作案等违法活动提供便利条件，容易成为犯罪分子的作案集中地。由于多个特大企业集团的存在，导致人财物大集中大流动，2010 年以来外来人口与常住人口严重倒挂，人员之比达到 1.3∶1，同时来该镇工作的本市外镇人口迅速增加。这就有不少违法犯罪人员混迹其中，其落脚点易成为治安乱点，盗窃案件呈多发趋势，直接影响到人民群众的切身利益、企事业单位合法权益。

2010 年，辖区共发案 1088 起，其中盗窃案件 577 起，占案件总数的 53.03%。一系列盗窃案件的发生，影响了居民生活环境，严重威胁到人民群众财产安全。2010 年辖区最大的治安问题是盗窃，其中入室盗窃和电动车盗窃尤为严重。因此，开展防盗窃安全促进项目，以减少广大群众个人合法财产受到不法侵犯，真正提高居民群众安全感，净化居民居住环境，提高居民生活质量。

2）工作计划及目标

（1）从 2011 年下半年开始，加强"人防、物防、技防"三方面的工作，最终形成一张"高压网""安全网"，让窃贼不敢触之，广大民众则倍感安全。

（2）着力提升打击破案整体效能，通过以打促防，逐年降低盗窃案发案率。

（3）加大防盗宣传，增强群众防盗意识，提高自防能力。

（4）以打造"无盗窃"小区为最终目标，逐年减少 2%～5% 的发案率，盗窃破案率逐年提升 2%～5%。

3）干预措施

（1）逐步构建"派出所－社区民警－社区巡防志愿者"三位一体的治安防控网。一是做强治安管控主体，全面增加公安机关所队民警的社会治安管控力量。派出所民警和联防队员现有 103 名，分成三个班次，做到社区、路面 24 小

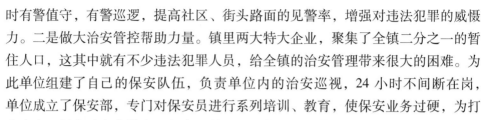

时有警值守，有警巡逻，提高社区、街头路面的见警率，增强对违法犯罪的威慑力。二是做大治安管控帮助力量。镇里两大特大企业，聚集了全镇二分之一的暂住人口，这其中就有不少违法犯罪人员，给全镇的治安管理带来很大的困难。为此单位组建了自己的保安队伍，负责单位内的治安巡视，24 小时不间断在岗，单位成立了保安部，专门对保安员进行系列培训、教育，使保安业务过硬，为打击盗窃、提高破案率做出了很大贡献。三是做足治安管控的全社会力量，充分发挥治安信息员、社会志愿者的作用。每个民警对接 20～30 名治安信息员，分布在歌厅、舞厅、网吧、工地等流动人员多、治安复杂场所，及时发现各类可疑情况，为打击盗窃提供各类可用线索，大大提升破案概率；每个社区挑选出一批责任心强、素质高的社会志愿者组成"红袖标"队伍，与联防队员共同发挥作用，确保社区 24 小时都有巡防队员不间断值班巡查，有效遏制盗窃案件的发生。

（2）积极做好物防，减少案件发生。对 11 个安置住宅小区实行封闭式管理，小区每家每户都安装防盗门，每个楼幢安装视频防盗门。

（3）全面推广技防。以社会治安监控中心为中心，以警务室为依托，以企业为点，以村居为面，以辖区各主要干道为线，实现以"点、线、面"相结合联防，发挥监控"天眼"作用，有效消除了防范盲点。2011 年以来，不断优化社会治安防控体系建设，社区警务室、治安岗亭、治安卡口实现"三通"（通电脑、电话、监控光纤），建成社会面技防监控点 93 个，21 家非公安列管单位和 19 家行业场所安装了内部监控系统，73 家单位内部重要部位安装了 CK 报警，11 个安置住宅小区出入口、重要路段都安装了视频监控系统、四周都安装红外线周界报警系统，485 家沿街商铺都安装了简易报警器，全镇 90% 沿街商铺实现了技防覆盖。

（4）开展防盗专项行动，增强打击力度。2011 年以来，结合上级公安机关部署要求，该镇派出所开展打防盗窃电动自行车违法犯罪专项行动、百日集中打防行动、打非治违、破案会战等 10 余次专项行动。通过专项行动，抓获盗窃嫌疑人总计 80 余人。

（5）防盗安全防范宣传。社区民警每半个月在辖区和群众召开一次防范例会，通报辖区发案情况，做一次治安警示；通过短信、网上公安等形式向辖区居民宣传防盗知识，2011 年至 2013 年短信宣传 20 余次，网上公安宣传 120 余次；在辖区农贸市场、银行网点、超市门口等人员集中地点进行安全防盗知识宣传活动。通过制作各种类型的展板、张贴海报、播放宣传教育片等形式进行集中宣传。2011 年至 2013 年，该镇派出所制作防盗漫画展板、典型案例宣传 95 余件，走进学校、企业播放防盗宣传片 30 余部，受宣传居民群众上万人次。

4）效果分析

防盗促进计划的实施，取得了明显效果。2011 年发案总量 1088 起，盗窃案件 577 起，占案件的比例为 53%。而 2012 年发案总量 1076 起，盗窃案件 558 起，占案件的比例为 51.8%，2013 年 1—5 月盗窃案比例同期降为 47.5%（表 4 - 7）。盗窃发案率呈逐年下降趋势。两年间，破获各类盗案案件 174 起，抓获盗窃摩托车、入室盗窃及其他盗窃案件违法嫌疑人 155 人。

表 4 - 7　2010—2013 年该镇盗窃案件占比情况

年份	发案总数	盗窃案件	占案件问题比例/%
2010 年	1088	577	53
2011 年	1076	558	51.8
2012 年	1029	511	49.5
2013 年 1—10 月	488	232	47.5

2011 年破获各类盗窃案 59 起，打击盗窃嫌疑人 50 人；2012 年破获各类盗窃案 75 起，打击盗窃嫌疑人 65 人；2013 年 1—10 月破获各类案 40 起，破案率逐年提高（表 4 - 8）。

表 4 - 8　2010—2013 年该镇破案率分析

年份	盗窃案件	破案数	打击人数	破案率/%
2010 年	577	59	50	10.2
2011 年	558	75	65	13.5
2012 年	511	82	71	16
2013 年 1—10 月	232	40	42	17.2

在电话抽样调查中，分别有 80.45%、66.38%、71.51% 的被访者认为该镇治安在防偷盗、防抢劫方面得到了改善。居民一年中学习防盗知识的主要途径主要是电视、宣传栏、宣传手册、网络、单位或社区培训等，尤其是选择宣传栏、

宣传手册的被访者比例分别从 51.2%、26.45% 提高到了 64.1% 和 43.25%，防盗宣传取得一定成效。

5）持续改进

（1）加强预防宣传。利用电视、广播、海报等媒体，宣传该市及周边地区高发的各类盗窃手段，进一步提高群众的自防意识。

（2）强化社会管理。以社事办牵头，强化综治、公安、物业、城管、交通等部门联动，加强组织领导，强化检查考核，深入推进社区扁平化管理，不断提升社会管理水平。

（3）加强重点场所和人员管控。以社会管理信息平台为支撑，加强对"三无"人员的排查管控，社区民警、外口协管员和治安志愿者、治安楼组长、红袖标工程人员要认真履行职责，强化治安重点人群的管控力度。同时，在外来人口集中居住点、大型超市、网吧等复杂场所，物色眼线，将各类违法犯罪苗头事件看死盯牢。

（4）加强专项打击力度。持续推进"三项排查"工作，梳理和串并盗窃案件，深挖线索，集中优势警力进行专门攻坚，打击一批违法犯罪团伙，维护社会和谐稳定。同时加强社会治安防控体系建设，不断提升社会管理工作绩效。

3. 消防安全类示例：消防安全综合能力提升项目

1）项目背景

某省某市某区某镇推进"三集中"，加快小城镇建设之后，居住房屋尚有小部分农民自建房，且农民自建房大多硬件设施比较落后，消防设施配备参差不齐，数量有限，室外消火栓设置的数量少。农民自建房年代较早，电线使用时间长，许多电线都出现老化现象。农村和老镇区建筑物耐火等级低、火源多，消防水源不足，消防通道狭窄。同时由于辖区经济快速发展，大量外来务工人员成为新的社区居民，居住人口不断增多，群众消防安全意识淡薄、消防安全知识匮乏；部分企业对消防安全不重视，消防设施不完善；造成全镇消防压力不断增大。

2010 年全镇共发生火灾 50 起，无人员受伤，但造成了部分财物的损失。在50 起火灾接警数据中，居民火灾共 20 起，占总数的 40%；企业火灾共 7 起，占总数的 14%；其他类型火灾（包括农田、垃圾、绿化等）共 23 起，占总数的46%。其中，居民火灾主要原因中使用液化气不当造成约占 20%，民宅电器线路引起约 80%；企业火灾主要原因中员工违章操作、违规作业引起约占 57%，设备、电线老化引起约占 43%；其他类型火灾中，农田麦秸火灾主要原因是农民消防意识淡薄，焚烧农田麦秸造成的。垃圾火灾主要原因也是人为焚烧。

火灾原因统计分析表明：民宅电器线路引起的火灾占火灾总数的比例最高，为 32%，这说明有相当一部的火灾是由于居民在使用电器前没有认真学习使用规范，没有定期找专业人员对电器、线路进行检修。其次焚烧秸秆、垃圾火灾等露天火灾占火灾总数的比例较大，为 18%，这说明部分居民疏忽大意，缺乏良好的消防安全习惯，使用明火的随意性大。企业设备、电线火灾和企业员工违章操作、操作不当造成的火灾占火灾总数的比例，都为 8%。这说明企事业单位工作人员专业知识缺乏；对员工的消防安全培训不足；消防安全配套设备未完善；没有定期对机械、线路进行检查、更换。另外，还有部分绿化、草坪起火是由于天气干燥、遗留火种（乱扔烟头、小孩玩火）等原因引起的。

2）工作计划及目标

通过开展消防安全宣传，加大消防安全投入，深入消防安全检查，进一步提高企事业单位和居民群众对消防工作的认识，增强全民消防安全观念，进一步提高全镇整体抗御火灾的能力，使火灾隐患新生率大幅度降低，坚决遏制重特大火灾事故的发生。

3）干预措施

（1）完善消防规划布局，加强消防基础设施改造和完善。做好街道建设消防专业规划，把消防安全平面布局、消防车通道、消防给水管网、室外消火栓、天然水源、消防中队的建设纳入建设整体规划。全镇共 85 个市政消防栓，但分布不平均，镇区、厂区以及新建的小区市政消防栓数量多。老小区及农村消火栓数量少。未解决市政消防栓数量不足的问题，镇政府利用江南地区水网密集的优势，建立了 28 处天然水源和人造水源；2012 年又对街道公共区域内所有的消防栓情况进行了统计，发现有 18 个消防栓存在接口损坏、无盖、锈死不出水等故障情况，并投入 3 万多元进行了维修。

（2）合理配备软硬件措施，提高消防救火能力。该镇消防中队共有专职消防队员 17 人，配备 1 辆水罐车、1 辆泡沫车、1 辆吉普车、1 辆多功能巡防车共 4 辆专业灭火救援消防车。2012 年该镇又为中队配备了多功能液压钳、液压顶杆等液压破拆救援工具组等专业的救援器材，大大提高了中队的应急抢险救援的能力。为提高中队救火能力，替换退役的老旧消防车，2013 年又为中队新配备了 1 辆五十铃水罐消防车。

（3）组建义务消防队伍，补充初期火灾扑救能力。在提高政府专职队伍作战能力的同时，该镇在也在积极建设义务消防队作为政府专职队伍救火力量的补充。到 2012 年底，全镇各行政村、社区和学校共成立了 20 支义务消防队伍，义务消防队员总计 258 人。全镇有 7 家消防重点单位也相应成立了消防志愿队伍。镇政府、各重点单位每年定期组织义务消防队、消防志愿队伍进行消防业务培训 2 次，确保了解基本的火灾扑救常识，拥有一般初期火灾的扑救能力。

（4）积极开展各类消防安全宣传演练，推进消防宣传阵地建设。充分利用横幅、标语、展板、宣传手册、警务宣传栏等现有的宣传阵地，结合消防宣传"六进"（进学校、进社区、进企业、进农村、进机关、进家庭）活动，加强对广大群众消防安全常识宣传。开展安全社区创建以来，共开展各类消防宣传、培训 25 次，发放消防宣传漫画、消防法律法规共 6000 余册，接受消防安全知识培训人员达 4000 余人。

（5）开展消防安全大培训活动，围绕"全民参与消防"，深入企事业单位、学校、医院、商场等人员密集场所，组织开展从业人员的消防安全知识培训和消防逃生、疏散演练。两年间，由该镇派出所、安监所、消防中队组织企业单位、学校等各类消防演练 15 次，企业自行组织的各类消防演练约 90 余次。演练的内容主要包括：进行灭火器使用、水龙水带连接出水、应急疏散等方面的演示演练，覆盖人群约 5000 人左右，有效提升了企事业单位员工和居民群众的消防安全的意识，提高了扑灭初期火灾的能力。

（6）加强对重点消防单位的专项行动。对照《某省消防安全重点单位界定标准》，确定市级消防重点单位 7 家，三级消防重点单位 20 家。创建安全社区以来，街道围绕"四个能力建设"构筑社会"防火墙"工程，每月开展消防检查单位不少于 2 家，对辖区三级重点单位每月至少检查 1 次，一般单位每年至少检查 1 次。两年间，共先后组织开展 11 次专项集中整治活动，共检查单位 150 家，下发责令限期改正通知书 104 份，督促整改火灾隐患和消防违法行为 254 处。2011、2012 年度共办理一般程序消防行政案件 24 起，当场处罚场所单位 504 起，发现并整改火灾隐患 528 处，罚款 3 万多元，清除了一大批火灾隐患，确保了辖区火灾形势的基本稳定。"清剿火患"消防大检查活动期间，该镇派出所开展日常检查和部门联合执法 3 次，检查单位 172 家，下发责令限期改正通知书 152 份，督促整改火灾隐患和消防违法行为 102 处，办理一般程序消防行政案件 10 起，当场处罚场所单位 105 起。有效预防和减少该镇辖区火灾发生，确保火灾形势持续稳定。

（7）居住条件的改善使火灾隐患大量减少。随着该镇"三集中"建设的开展，农村老百姓逐渐向小区集中居住，原来电线老化等现象也得到了明显的改善。小区物业工作人员每月会对一些公共场所线路及电器设备进行安全检查，发现问题立即维修更换。同时，政府将原来的土地作为工业用地进行出租出售，全镇农业用地大量减少，也促使野外烧荒现象明显减少。随着三大社区睦邻中心的相继建立，通过播放"119"宣传片，发放消防安全提醒小标签等方式，对小区居民也加大了安全意识的宣传，家庭火灾事故逐年下降。

4）效果分析

通过开展消防安全促进项目，消防安全意识得到了提高，形成了"人人学习消防、人人懂得消防、人人关注消防"的良好氛围，该镇连续三年重大火灾事故发生为零。2013年与2010年相比，消防火灾接警记录数据逐年下降。表4-9是三年间消防火灾接警记录数据。

表4-9　2010—2013年该镇火灾事故统计

年份	居民	企业	农田麦秸	垃圾	路灯	绿化	其他	合计
2010年	20	7	4	5	0	8	6	50
2011年	19	6	5	4	0	6	7	47
2012年	18	7	4	3	0	6	5	43
2013年1—10月	16	5	2	2	0	4	3	32

5）持续改进

（1）深入开展消防安全宣传活动，宣传防火安全常识，加大火灾隐患的曝光力度，加强消防安全技能培训，增强群众的消防安全意识。

（2）加大对重点消防单位、公共聚集场所及一般单位的检查力度，检查习惯性消防违法行为，加强对辖区的火灾形势分析研判，及时消除火灾隐患。

（3）完善公共消防设施建设，维修和添置公共消防设施设备，制定落实南部老街区消防安全应急预案。

（4）围绕"全民参与消防"，深入企事业单位、学校、医院、商场等人员密集场所开展消防应急预案演练，提高应急逃生、疏散能力。

4. 学校安全类示例：学生交通安全促进项目

1）项目背景

学校交通安全工作是关系到青少年能否健康成长、千百个家庭是否平安的大事。某省某市某区某镇小学地处镇中心地带，幼儿园与绿园社区相邻，南靠近农贸市场，北面是该镇最大的居民住宅区，马路较窄，而这条马路是居民到菜场的必经之路。小学教职工有 160 多人，学生有 2400 多人；幼儿园教职工有 100 多人，幼儿 1000 多人。小学中、低年级与幼儿园的孩子上下学都由家长接送，并集中在同一时间段，同时夹杂着自己上下学的高年级小学生。随着该镇居民生活水平的不断提高，越来越多的家庭用私家车接送孩子上下学，因此，上下学高峰时段汽车、摩托车、电瓶车、自行车交织在一起，还有车主临时调头、随意停车等待等情况也比较突出，校门口附近交通混乱，时常出现拥堵现象，容易引发交通事故。

小学、幼儿园都比较重视学生、幼儿的交通安全工作，能做到有组织、有领导、有措施，但对交通安全重视程度还不够，落实措施不到位。主要表现为：①认识不到位，错误认识有"交通安全工作是给领导看的，是为了应付检查"，喊得响、做得少；②组织不健全，制度不完善，措施不得力，联动不到位；③上下学高峰时段接送车辆行驶混乱，影响通行，存在安全隐患；④部分家长接送车辆不安全，并有一辆电瓶车接送多个孩子现象等；⑤对一些难以解决的问题，畏难情绪高；⑥教育宣传力度不够，法律意识不强，学校师生责任不明确、界定不清晰，缺乏预防措施。

2）工作计划及目标

（1）通过宣传使交通安全深入人心，交通安全知识普及在学生和家长中实现全覆盖，全面提高家长及学生的交通安全意识。

（2）教育学生养成遵守交通法规，自觉按交通标志行走的习惯，不抢道，不乱停车辆，能相互让行。

（3）确保学生交通安全零事故。

3）干预措施

（1）加强组织领导。加强对学校交通安全工作的组织领导，从组织上保障交通安全工作的顺利开展，成立由教育科长任组长，校长、园长为副组长，各校安监办主任等为成员的安全工作领导小组。小组成员分工明确，责任落实，形成从上到下多序管理、齐抓共管的立体式管理网络，确保层层落实。

（2）强化安全教育。积极普及交通安全知识，开展多种形式的交通安全宣传和教育，提高家长、师生的交通安全意识。

一是日常工作中，通过教师例会、国旗下讲话、学生晨会、校园广播、校园网、黑板报、宣传横幅等阵地不断强化师生交通安全宣传教育；学校与交警中队联系，每学期聘请交通中队警官等来校进行安全教育辅导；并通过小手拉大手活动，教育学生家长一起自觉遵守交通法规。

二是通过校信通、发放告家长书、家访等形式，要求家长配合学校做好安全工作。校信通是学校与家长沟通的桥梁，能把相关信息及时传递给每个家庭，充分发挥校信通的作用，宣传交通安全知识，提醒家长使用安全的交通工具接送孩子上下学，接送孩子时要规范停放车辆，并在规定的地段接送孩子等等。通过详细地告知，引导家长接送孩子时规范有序。

三是强化骑自行车学生安全管理。对未满 12 周岁的学生一律禁止骑车来校，对已满 12 周岁的学生进行登记造册，并按规定停放车辆。学校每学期进行交通安全进学校活动，邀请交警中队队员开展骑车安全专题讲座，对上下学期间发生的自行车事故进行调查，发现学生追逐打闹或非正当原因造成的，进行点名批评，并禁止该学生骑车上下学，直至重新学习安全知识，并经家长申请后方可骑车。

（3）实施人车分流。小学西区校舍重建时花费 1300 多万设计建造了地下停车场，共 3000 m²，有 64 个汽车位、120 多个非机动车位。所有汽车停放进去后还有 20 多个剩余车位。汽车、自行车、电瓶车全部由西门进出，停入地下，学校正门禁止车辆进出，步行的学生和接送的学生在东门进出，主校区内没有车辆行驶。

（4）自觉有序通行。一是为确保学生上下学的交通安全，与交通管理部门配合在学校路段设置减速慢行、限速标志，主要路段上午 7∶00—7∶30、下午3∶30—4∶30 设置了禁止直行、左转弯等标志，以缓解交通压力，解决学校门口的交通混乱现象。二是改造学校路段的道板，通过平改坡方便家长接送时停放车辆。在上下学高峰时间段，加强了交警值勤，指引车辆有序通行，阻止逆向行驶和随意调头。三是"人人为我，我为人人"，确保安全人人有责。全校教师和学生都要积极参与到安全维护活动中，在来校和离校时间段东、西校门口每天各安排 6 名教师和若干名学生（根据实际能力安排）值日，配合维护接送秩序。四是学校路段 200 m 内严禁设摊，防止人员滞留造成拥堵。

（5）严格规范停放。一是小学在相关路段划好接送车辆停车区域，需要等候的汽车、自行车、电瓶车、摩托车等一律停放在规定区域内。二是幼儿园西门路段两边增设车辆临时停靠点，专供汽车接送的孩子上学时下车停靠，并由保安或值班老师负责接孩子进园，中间区域供其他孩子进入。在园内广场上设置停车区域，离园时，家长的自行车、三轮车、电瓶车、摩托车等小型交通工具有序停放在园内广场的停车线内，大大缓解门口车辆拥堵的压力。

（6）坚持安全接送。一是要求家长能使用安全的交通工具接送孩子，并坚持自己的孩子自己接送，尽量不要让别人代接送，代接时主动给老师打电话说明情况。二是严禁一辆电瓶三轮车接送多个孩子，或一辆自行车接送两个孩子，学校发现会及时提醒家长并与派出所联系进行教育引导，交警在巡视时一旦发现及时制止。

（7）开展志愿者活动，进行早晚高峰宣传。在早、晚高峰时期（7：00—9：00或15：00—17：00），组织志愿者在学校门口进行宣传，教育学生不坐安全隐患车辆，不在马路上追逐打闹，不骑自行车多人横排行进。向交通参与者散发宣传资料，宣传交通规则和交通安全常识。活动每周开展2次，每次约2小时。

4）效果分析

自实施学生交通安全促进项目以来至2013年6月为止，交通安全知识普及率在学生和家长中实现全覆盖，安全意识得到全面提高，改变了学校门口接送时的拥挤混乱现象，全镇未发生学生交通伤害事故。

5）持续改进

将学校交通安全纳入对学校的年度考核，将各班学生及其家长的文明行车、文明行走纳入教师月考核体系；将车辆的有序行驶纳入对交管所的综合考评，每季度考评一次。持续整合镇、交管所、学校、社会组织资源，实行人性化、精细化管理，发现隐患及时整改，保证学校交通安全零事故。

5. 老年人安全类示例：老年人防跌倒安全促进项目

1）项目背景

某省某市某区某镇现有户籍人口24619人，其中60岁以上老年人5430人，占总人口数的18%，老龄化特征初步体现。经十多年的"三集中"建设，全镇80%以上人口拆迁到镇区居住，安置房屋基本为多层、高层住宅，且该镇的拆迁安置房按家庭人口分配，纯老户单独居住较为普遍。2011年12月对60岁以上老年人的伤害情况进行分析得出，造成老年人意外伤害的主要原因是跌倒（落）

和交通伤害。其中跌倒（落）造成伤害比例最高，达到35%，非机动车车祸造成的跌倒（落）伤害占意外伤害的18%，合计占意外伤害的53%。

对老年人群的跌倒（落）伤害，应加以重视。相关统计分析表明：跌倒（落）的损伤部位以下肢多见，为41.46%，应针对性地加以防护；跌倒（落）的损伤性质主要是骨折脱位/扭伤/劳损（占65.9%），其次是骨折（占34.1%）；跌倒或伤害发生的地点主要是家中（占53.7%），其次是道路上（占31.7%）和公共场所（占14.6%）。根据统计分析，老年人发生伤害事故的主要原因为老年人年龄较大，腿脚不方便，容易引起跌倒等各类伤害。

2）工作计划及目标

提高全社会对老年人居家安全的关注度，从认知、环境、机能锻炼等各方面加以干预，借此提高社区老年人安全意识，改善容易造成伤害的危险环境，逐步完善社区老年人安全服务体系，减少老年人跌倒伤害发生率，力求将老年人伤害减少10%。

3）干预措施

（1）项目准备。为有效开展工作，成立多部门联动的老年人防跌倒促进工作组。项目组根据伤害情况的分析，制定了工作计划，把环境整治（包括道路和居家环境）、居家服务、心理咨询、机能锻炼等列为工作重点。

（2）培养自我保护意识。在社区开展老年人防跌倒知识讲座，增强老年人自我保护意识。针对老年人容易受到伤害的情况，加强义工结对帮扶，有针对性地开展老年人急救和护理知识培训，邀请专业人员为义工们进行床上梳头、洗头，卧床病人洗脸、洗手、洗脚，翻身拍背，功能锻炼，便器使用，轮椅使用等日常护理知识讲解。

（3）改善环境设施，降低风险发生隐患。在全镇范围改造居家和出行环境。在小区内部增高停车位，改善小区内沿路停车，挤占道路空间的状况；改造小区周边公共道路，减少老年人跌倒安全隐患。对小区周边人行道进行改造，设立行走步道，降低出行安全隐患。对三大社区的老年人活动设施进行升级改造，提升绿园广场、民乐广场、康定公园等场地铺设，对小区健身器材区铺设塑胶，降低滑跌倒风险。在公园设置健走步道等适合老年人健身活动的场所，为老年人营造一个安全合适的健身休闲环境，同时也提供一个潜移默化接受交通、消防等安全知识的场所。

（4）组建健身团队，增强自身体质。组建老年人健身团队，通过太极拳队、扇子舞队、门球队、老年人舞蹈团、腰鼓队等丰富多彩的活动增强老人体质。

（5）提供人寿保障。在市自然灾害责任险的基础上，联合人寿保险为老年人量身定做"关爱老人保险"，由镇、村两级出资为 60 岁以上老人投保，有效提升老年人的科学养身保健和急救知识，增强老年人家庭自然灾害和突出事故的风险应对能力。

（6）义工帮扶，居家养老。以老年人日间生活照料、家政服务、医疗服务和精神慰藉为主要内容，开展居家养老服务。在老年人居家养老中心，开展开心菜园活动、免费上门体检、环境清理、轮椅出游帮扶活动，为老年人营造一个温馨、舒适的居住环境。为特定老年人家庭安装居家养老信息服务终端设备，通过相关居家养老信息服务平台，使老年人获得紧急救助、快速联络和通话"绿色通道"、生活助老等服务，以支持老年人居家养老，减少老年人无人照料出行跌倒安全隐患。

4）效果分析

从全镇意外伤害监测情况（图 4-4）看，老年人意外跌倒伤害明显减少，说明该镇的老年人防跌倒项目取得了很好的效果。

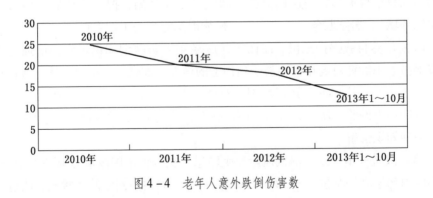

图 4-4　老年人意外跌倒伤害数

5）持续改进

（1）加大宣传力度，通过居委会针对性开展宣传，普及老年人安全知识，进一步提高老年人的安全意识，形成人人参与安全促进项目并享有安全环境的局面。

（2）不断完善伤害监测系统，继续开展年度入户调查，及时根据监测系统反映的问题调整相关项目活动的开展；同时，根据老年人的意见，开展社会热点问题的项目干预，使安全促进项目真正成为提高老年人生活满意度和幸福感的项目。

第三节　社区安全风险应对的技术与创新

在社区安全风险应对的策略选择和综合实施基础上，创新理念、技术、方法，完善形成多元协同、公众参与、法治保障、科技支撑的基层治理体系。

一、社区安全的智慧安防体系

社区安全的智慧安防体系建设，是指社区安全主体可根据内部条件和管理需求，加强信息化和智能化的资源配置，提升社区安全风险应对能级，以社区视频监控系统为基础，构建风险应对数据库或信息系统，完成社区安全风险环境信息的收集、风险识别、分析、评价、应对、监督与检查、沟通和记录等各项工作，纵向实现多平台对接和数据交换，横向逐步实现多部门的信息共享；在此基础上，借助物联网、人工智能等手段，逐渐提升社区安全风险应对的高效、动态、智能化水平。

社区安全的智慧安防体系建设，应遵循以下五个基本原则。一是问题导向，注重结果：以增强社区居民安全感、满意度为宗旨，突出问题导向，立足整改治理，针对性、梯次性推进智慧平安小区建设。二是统一标准，分级建设：按照"前端采集标准统一、数据传输网络统一、数据存储标准统一"的原则，在政府层面统一规划部署并制定相关标准规范，各单位推动辖区智慧安防小区前端布建，并按照标准协议接入相关部门。三是政府引导，多方协同：坚持"党政领导、部门协同、社会参与"的原则，多方筹资，共同推动智慧安全社区建设。四是因地制宜，分类分级：可划分为新建小区、封闭式小区、开放式/半封闭式老旧小区、村居四类，配置由高到低分为示范型、优质型和达标型三级，不同的类别和级别分阶段部署建设。五是改建并举，循序推进：坚持经济节俭，最大限度利用小区已有的设施设备和管理系统改造接入，有序推动新建小区按照智慧社区安防标准建设联网。

社区安全的智能安防体系建设，应符合国家和地方的相关技术标准和管理规范。国家层面的相关标准规范包括但不限于《城市居民住宅安全防范设施建设管理规定》（建设部、公安部令第49号）、《关于加强公共安全视频监控建设联网应用工作的若干意见》（发改高技〔2015〕996号）、《全国公安机关社会治安防控体系建设指南》（公治安明发〔2019〕963号）、《安全防范工程技术标准》（GB 50348—2018）、《全国公安机关社会治安防控体系建设实战业务应用系统技术规范（试行）》《公共安全重点区域视频图像信息采集规范》（GB 37300—2018）等。在此基础上，加强全要素智慧治理，推动现代科技与安全管理、风险防控、应急处置等深度融合，不断提升社区安全风险应对的科学化、精细化、智能化水平。

（1）推广智慧采集。依托射频识别（RFID）、人脸识别、智能门禁等各类通信技术，变人力采集为智能采集。加强社区"人、车、物、房"信息智能采集、全面标识，完善标准地址、实有人口、实有房屋、实有单位（即"一标三实"）基础信息采集，提升地址门牌安装率、准确率、标注率，实有人口、实有房屋、实有单位信息核实率达95%以上，为智慧应用打牢数据基础。例如推广布建了"小区智能门禁系统""小区出入车辆微卡口系统"。智能门禁系统是结合移动可视对讲、App一键开门、人脸识别等科技手段的社区智能化安防管理系统，其利用"物联网＋智能门禁设备"的系统构成方式，通过在居民小区进出口和单元楼栋门口安装智能门禁设备，常住人口、租住户、来访人员通过手机申请认证，物业进行身份确认或由住户授权确认后，通过门禁卡、人脸、指纹、手机二维码、临时密码等多种方式通行，出入记录、人脸图像抓拍留存。通过对小区住户信息、人员轨迹的动态采集，实现"人过留影"。"小区出入车辆微卡口系统"是基于物联网的停车运营管理系统，由停车管理平台和车牌智能识别终端组成。管理平台基于BS架构，向用户提供车辆信息登记、停车位信息、收费信息，车牌识别智能终端依据图像识别、车辆抓拍技术，安装在居民小区车辆进出通道和小区内停车场，实现对进出小区车辆的准入审核、车牌识别、图像抓拍和比对预警，通过对车主信息、车辆信息、车辆出入记录实时采集，实现"车过留牌"。

（2）探索智能预警。借助物联网、环境感知、人工智能等先进技术，通过安装智能门禁、视频监控、人脸识别、电子围栏、WIFI卡口等前端感知设备，强化高危人员识别和重点人员监测，配套建设电量、烟感、消防栓水压等监测设备，自动采集各类数据，实时传输至各级"智慧平安小区"工作平台和公安、应急、消防、卫健、住建等相关部门的云平台系统，开展比对分析，结果通过移动终端，靶向推送至辖区社区民警等基层人员，提高各类风险隐患的预知预测预警预防能力，实现对社区风险隐患的敏锐感知、精确预警，实现以房管人、以门管人、以车管人、以号管人。

（3）深化智慧服务。以深化行政审批服务"马上办、网上办、一次办"改革为抓手，充分发挥线上平台的即时性、便捷性、交互性优势，打造"指尖生活圈"，为人民群众提供个性化、多样化、精细化"订单式"服务。总结推广"网上办""掌上办"等经验，为群众提供更好更丰富的线上公共安全类服务产品和体验。例如，建立智慧警务服务站，在小区管理平台上有针对性地推出一批智慧应用 App，开通"电子证照卡包"小区应用场景，在有条件的小区新建一批办证办照自助服务机，提供社区党建、居家养老医疗、文化教育、全民健身、水电气缴付费、点餐、邮寄、精准导航、管道疏通等各类服务项目。

（4）创新智慧管理。建立健全"大联动、微治理"信息平台、"阳光 e 警务"、人脸识别等信息化和智能化手段，构建贯通"城市大脑"和"基层细胞"的智能化管理体系，推动管理手段、管理模式、管理理念创新。实施"智慧物业管理系统"。智慧物业管理系统是指基于移动互联网和云平台架构开发，为物业公司提供管理服务的信息化系统，系统具备住户管理、收费管理、车辆管理、便民服务、社区广告等功能，智慧安防社区建设工作要通过平台融合或数据对接的方式，动态搜集小区物业的"水、电、气、暖"智能抄表、物业缴费、商业服务、便民服务等智慧物管数据，充实补全公安基础信息采集。探索二维码管理系统，在小区大门、单元门、入户门设置地址二维码门牌和房屋二维码标识。居民通过扫描二维码可自助核实登记实有人口信息；分类授权社区民警、网格员以及物业工作人员通过扫描二维码，获取房屋标准地址、居住人员信息、登记居住人员信息、人员管理类别、房屋产权人信息及巡查记录等，提高基层管理水平和效率。

二、社区安全的环境设计预防犯罪

"环境设计预防犯罪"（Crime Prevention Through Environment Design，简称CPTED）的相关理论最早于 1971 年由 C. Ray Jeffery 提出，该理论认为犯罪者可以通过"学习"感知空间环境中存在的"惩罚"（Punishment，意为空间环境中不利于犯罪的因素），从而对犯罪行为的实施产生犹豫或放弃犯罪；同时通过设计预先去除空间环境中对犯罪起促进作用的因素，或者对已有环境进行改造来加大犯罪实施的难度，降低犯罪行为的收益机会，进而预防犯罪的发生。环境设计

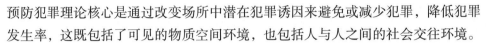

预防犯罪理论核心是通过改变场所中潜在犯罪诱因来避免或减少犯罪，降低犯罪发生率，这既包括了可见的物质空间环境，也包括人与人之间的社会交往环境。

环境设计预防犯罪理念由 6 要素组成。①领属性（Territoriality）。领属性是指某一空间或事物的所有权归属，是各项空间环境要素的核心，是个人或群体在空间环境中的心理感受和行为能力。在领域感的作用下，人们能随自己的心理需求使用或改造空间，产生空间认同感。如在住宅外墙悬挂标有姓名的指示牌，利用院墙、篱笆等将院落空间围合，隔离公共空间与私密空间，这些均可以向陌生人传递"慎重入内"的信息。②公共监控（Public surveillance）。监控的目的是让犯罪者被观察到，在一般情况下，人员密集的场所发生犯罪的概率较低，因为人员密集的场所监控因素强。③接近控制（Access control）。接近控制是指降低犯罪者接近侵害目标的机会。针对特定空间而言，对场地通道与入口进行组织限制，形成清晰的空间界定，控制具有犯罪隐患的通道与入口，该空间发生犯罪的概率将会大幅降低。④目标强化（Target hardening）。目标强化指为了增加犯罪实施的难度与风险，对特定目标强化其保护措施的方式。例如用锁锁住门、建设围墙、布置铁丝网、安装防护栏等。⑤景象维护（Image maintenance）。景象意味"空间"所表现出的外在状况，即人们看到这些事物的样子。景象维护是指通过对空间的管理、经营、维护使空间的各项设施保持完好，降低犯罪发生率。⑥活动支持（Activity support）。活动支持是指通过公共空间的合理设计促进邻里交往、增加人口流动，对潜在的犯罪者形成自然监视、威慑作用，进而实现降低犯罪的预期，提高社区居民主动预防犯罪的意识。

环境设计预防犯罪的实施，通过结合其他有关理论和对实践经验的总结，现已发展形成三大类十二项具体的方法。

第一类，增加犯罪困难（Increasing the Efforts）。一是强化目标（Target Hardening），如防盗安全装置、汽车方向盘锁、坚硬屏障等；二是控制通道（Access Control），如庭院栅栏、停车场路障、身份识别器、红外线照相等；三是转移犯罪人（Deflecting the Of - fenders），如停车场合理设置、合适的旅店位置、街道的封闭等；四是控制犯罪物品（Controlling Facili - tators），如枪支管制、信用卡照相、电话识别器、车辆发动连锁装置等。

第二类，提高犯罪风险（Increasing the Risks）。一是出入口检查（Entry / Exit Screening），如采取自动监测装置、行李检查、商品标签等；二是正式监控（Formal Surveillance），如采取警察巡逻、保安警卫、举报热线、防盗报警铃等；

三是职员监控（Surveillance by Em - ployees），如采取停车场看守员、公寓管理员、其他公共设施管理员等；四是自然监控（Natural Surveillance），如修剪篱笆和树木、设置街区照明设施、防卫空间、建筑物内照明等。

第三类，减少犯罪回报（Reducing the Rewards）。一是清除目标物（Target Removal），如减少现金使用、支票或银行卡付款、安装可移动汽车音响等；二是财物辨别（ldentifying Properly），如财产标记、车辆部件注册标记、汽车音响识别号、动物烙印等；三是清除诱惑物（Removing Inducement），如清理脏乱场所、清除犯罪诱惑物、勿乱停车辆等；四是制定规则（Rule Setting），如公共停车规则、图书管理规则、旅店注册规则、邻里守望相助等。

三、社区安全的科学灾后重建

（一）"重建得更好"的灾后重建理念

"重建得更好"（Built Back Better）理论，由《2015—2030年仙台减灾灾害风险框架》提出，其理念经过"联合国可持续发展目标"、《巴黎协定》《重建得更好：通过更强、更快和更具包容性的重建实现韧性》不断丰富发展，形成国际倡导的科学灾区重建理念。"重建得更好"意为：在恢复、复原和重建阶段，把减轻灾害风险等减灾理念纳入开发方法中，加强减灾投资、防灾准备，确保重建的基础设施和房屋住宅等能够抵御更严重的灾害，从而减少或消除灾前的脆弱性，使国家和社区具备抗灾能力，增强韧性，同时生活、环境和生产条件得到改善。

2015年3月，联合国在仙台召开了第三届世界减灾大会，通过了《2015—2030年仙台减灾灾害风险框架》。该框架的第四项优先行动领域是：加强有助于高效响应的备灾工作，在恢复、复原和重建中致力于"重建得更好"。

2015年9月，联合国在纽约召开"可持续发展峰会"，正式通过由17个可持续发展目标构成的"联合国可持续发展目标"（SDGs：Sustainable Development Goals），旨在2015年到2030年间以综合方式彻底解决社会、经济和环境三个维度的全球发展问题，推进可持续发展道路；2015年12月联合国召开的巴黎气候变化大会，使《联合国气候变化框架公约》缔约方达成了《巴黎协定》，适应全球气候变化，也成为灾后重建要考虑的领域。对发展中国家的灾后恢复重建工作来说，要把联合国的减轻灾害风险、可持续发展、应对全球气候变化这三个战略目标综合考虑，通过减灾投资、事前准备和减少灾害风险，可以大幅度减少灾害发生时的灾害损失，减轻灾后恢复重建工作的负担，提前重返经济增长轨道。

2018年6月18日，世界银行与全球减灾和灾后恢复基金（GFDRR）发布报告《重建得更好：通过更强、更快和更具包容性的重建实现韧性》指出，如果国家在自然灾害发生后重建得更快、更好、更具包容性，则可能将自然灾害对民生及其福利的影响降低31%，将自然灾害给全球造成的年均损失从5550亿美元减少到3820亿美元。报告审视了改进重建工作的潜在收益，力求把灾害对受灾人口造成的整体影响降低到最小限度，减少未来的风险，增强韧性。一是重建得更强，通过确保重建的基础设施和住宅能够抵御更严重的灾害，可以减少未来的福利损失。如果所有灾后重建资产的设计都能达到抵御频繁灾害的标准，就能把20年里灾害年均损失降低12%，带来650亿美元的年均收益。二是自然灾害后重建得更快，可将福利损失降低14%，相当于750亿美元的收益，这种收益对于灾害频发的贫困国家（如小岛屿国家和撒哈拉以南非洲国家）尤其重要。三是重建更具包容性，确保灾后救助惠及全体灾民，不让一个人掉队，不让一个人无力恢复。这会有助于将灾害损失降低9%，相当于520亿美元的收益。如果重建得更强、更快、更具包容性三管齐下，就有可能获得总共1730亿美元的巨大年均收益。

四川汶川灾区自从2008年至今，经历了2009—2011年灾后重建、2011—2015年振兴发展、2016—2018年脱贫攻坚、2019年至今农村振兴发展的一系列可持续政策的实施，探索出"抗震救灾—灾后重建—振兴发展—脱贫攻坚—乡村振兴"一系列具有政策可持续性的灾区重建与振兴发展的中国模式和中国方案，不仅丰富和发展了联合国灾后重建"重建更美好"的防灾减灾理论体系，同时也为走出"因灾致贫"和"因灾返贫"的贫困陷阱，提供了一条减灾脱贫致富奔小康的螺旋式可持续发展的"中国方案"。

（二）"输血＋造血"的可持续重建机制

灾区重建的可持续机制，应是"输血＋造血"的模式，以地方作为主体，形成以中央统筹指导、地方作为主体、人民群众广泛参与的科学模式，各用所长、各尽其责、协同重建，既要强化地方抵御重大自然灾害的责任和能力，也应激发人民群众的主动性创造性、自力更生重建家园的主人翁意识。

1. 中央统筹指导

中央统筹指导是指，党中央和国务院统筹灾区恢复重建的基本政策与规划，并提供必要的资源和支持。包括：①党中央在政治上领导灾区重建的方向；②国务院根据灾区实际，制定出台总体规划，安排中央重建资金；③国务院有关部门从行业指导的角度为灾区重建提供必要的专业资源指导、协助重建工作。中央统筹领导，保证了重建的基本原则和主要方向，有效保障了顶层设计的科学性和重建工作的可持续性。

2. 地方主导执行

地方主导执行是指，实行"地方负责制"，地方政府为决策、实施、责任主体。包括：①受灾地区的省一级政府负责恢复重建的总体指挥，研究制定恢复重建的操作原则和具体政策；②灾区市县负责具体落实项目，根据地方情况对项目进行微调；③省内无灾和轻灾地区向灾区提供人力、物力、财力、智力等多种形式的对口支援。地方主导执行，有利于及时地发现重建过程中的难题和障碍，并迅速采取应对措施，有助于强化地方抗御重大自然灾害的责任和能力，同时也是对地方党委政府执政和社会治理能力的重大考验。

3. 灾区群众广泛参与

灾区群众广泛参与是指，灾区群众自力更生，在重建的具体实施中发挥主体作用。包括：①建立社区群众的自建委（灾后住房重建自建委员会），实行自我管理，实现互帮互助；②鼓励群众参与基层组织的监督和管理工作，加强自我管理，促进基层民主；③群众主动参与产业重建和基础设施的重建工作，完善自我服务，促进生产发展。灾区群众是地震灾害的受害者，更是灾后恢复重建的主力军，能否广泛动员灾区群众参与灾后恢复重建，不仅直接关系灾后恢复重建的进程，也影响到群众对重建成果的满意度。

4. 社会力量有序参与

社会力量有序参与是指，通过政府搭建平台或社会自主联络，设立工作联系会、项目对接会、社会组织服务中心、志愿者服务站等机构，形成联动协同和供需对接的社会参与机制，让专业的重建人员或组织参与到重建中。社会力量的有序参与需要政府相关部门的支持和引导，例如《关于支持引导社会力量参与救灾工作的指导意见》①，对过渡安置阶段和恢复重建阶段的社会力量参与提出要求；再如四川"4·20"芦山地震的灾区重建中，灾区党委政府搭建社会力量参

---

① 《民政部关于支持引导社会力量参与救灾工作的指导意见（民发〔2015〕188号）》，中央政府官网，2016-02-29，http://www.gov.cn/gongbao/2016-02/29/content_5046085.htm。

与平台，构建开放式、多元化、项目化、全程式的群团组织协同体系，为社会力量落地提供政策指导、规划统筹、关系协调等"一站式服务"。

实践范例：四川省安全社区"7+N"建设模式

根据《四川省安全生产"十三五"规划》，在四川省安全社区建设中要推行"7+N"建设模式，现就在评定（抽验、复评）中落实"7+N"相关要求，做以下说明。

1. 关于"一套安全管理制度"

按照《安全社区建设与管理基本规范》（DB51/T 1795—2014）的要求，建立安全社区建设的《职责制度》《会议制度》《学习培训制度》《绩效考核制度》《奖惩制度》《经费保障制度》《信息交流制度》《志愿者队伍建设管理制度》《事故与伤害风险辨识及其评价制度》《目标计划管理制度》《安全促进项目管理制度》《项目组工作制度》《宣传教育制度》《应急预案管理制度（总体预案—分项预案—处置方案)》《伤害监测管理制度》《安全检查制度》《事故与伤害记录管理制度》《安全社区建设档案管理制度》《隐患整改制度》《评审与持续改进制度》等。

重点包括：①组织机构建设、促进委员会人员构成情况，是否实现了跨界合作，上级有关部门人员是否进入了促进委员会；②促进委员会、工作组、村、社区、重点生产经营单位制度建设情况和机制运行情况（促进委员会是否按制度要求召开会议研究解决安全社区建设问题，工作组、村、社区、重点生产经营单位是否按要求开展安全社区建设）；③各伤害监测点是否每季度汇总、分析、报送相关监测数据；④促进委员会是否每季度组织开展一次全面性的安全隐患排查整治，各工作组是否每半年开展一次效果评估。

2. 关于"一个安全文化阵地"

整合资源多渠道开展安全社区建设知识和日常安全常识的宣传。有固定的安全社区宣传阵地并至少每个季度更换内容；安全社区建设的相关规章制度完善或者上墙；各安全促进项目通过宣传橱窗、数字媒体、地方刊物、纸质资料等载体予以公示；落实"条件好的可以建设安全文化广场，条件差一些的可以建设固定的安全文化长廊"的要求。

重点包括：①有条件的乡镇政府、街道办事处、园区开发区管委会、重点生产经营单位的办公场所是否有安全文化阵地；②每个居委会、村委会、中小学、重点生产经营单位是否建设一个有利于增强安全意识、增加安全知识、提升安全技能、普及安全文化的永久性安全文化阵地；③是否建设了安全文化广场或者安全文化长廊。

3. 关于"一条安全示范街"

综合打造一条安全社区示范街，并在街道的醒目位置设置永久标牌。［结合当地实际体现工作场所（九小场所）安全、交通安全、消防安全、社会治安、食品药品安全、公共场所安全、居家安全、残疾人安全等元素。］

重点包括：①安全示范街的安全文化氛围，应该有永久性的安全提示或者安全知识的宣传标识标牌；②交通、消防等相关领域的安全设施、安全管理是否到位；车辆停放是否规范，人行道、窨井盖等是否安全，盲道等无障碍设施是否通畅，消防设施是否按照要求设置；③社会治安方面，是否设置监控设施或者增加治安巡逻频次或者增加治安岗亭、报警措施；④安全示范街内居住的居民对安全社区建设和安全知识的知晓程度；⑤安全示范街内的小作坊、学校幼儿园、网吧、商务酒店、KTV、饭店等公共场所、"九小场所"的作业安全、用电用气安全、消防安全、社会治安、食品药品安全、电力线路通信线路等是否符合有关要求；⑥在安全示范街道的起点和终点应该分别有醒目的"安全示范街"标识标牌；⑦"安全示范街"应该由安全社区建设促进委员会邀请上级应急、城市管理、公安、交警、消防、食品药品监管等部门认定。

4. 关于"一个安全示范校园"

在辖区内的中小学或幼儿园选点建设一所"安全示范校园"，由当地安全社区建设促进委员会和上级教育主管部门认定并加挂牌匾；示范校园安全管理体制机制、安全设施、安全环境和安全文化在安全社区建设中得到巩固提升，在片区内具有示范引领作用。

重点包括：①校园安全管理体制机制建设、安全设施、安全环境、安全文化建设情况，在安全社区建设中有了哪些进步或者提高；②校园消防安全、学生活动安全、食品安全、社会治安、应急演练、师生心理健康、上下学交通安全（包括校车安全、学校师生上学放学时乘坐交通工具的交通安全要求落实）等管理情况；③学生家长和志愿者与安全示范校园建设情况（是否建立学校安全志愿者队伍以及志愿者队伍活动情况）。

5. 关于"一批安全标准化企业"

辖区内安全生产标准化企业达标比例符合当地政府及有关部门要求。已经取

231

得了标准化称号或者达标的企业保持安全标准化的条件，具有示范引领作用，现场抽查未发现重大隐患；当地政府及上级有关部门没有下达安全生产标准化企业建设指标的建设单位，应该依据有关法律、法规、政策、标准在生产加工制造类、批发和零售类、住宿和餐饮类、居民服务和其他服务类、文化体育及娱乐类、建筑类、交通运输类、储存类生产经营单位中建设一批安全管理规范化的企业（场所）。

重点包括：①加油（气）站、烟花爆竹销售点等危险物品生产经营场所，煤矿、非煤矿山、建筑企业等安全生产标准化企业是否保持标准化状态；②安全管理规范化企业（场所）是否做到安全管理机构或者人员落实、制度职责的规范、现场管理的规范、从业人员安全教育和培训的规范、从业人员的行为规范、有关档案或者台账管理的规范。

6. 关于"一份隐患排查表"

每季度至少组织一次辖区内隐患排查与整治行动，建立隐患排查台账制度和挂牌督办制度，做到隐患整改措施、责任、资金、时限、预案"五落实"；根据当地实际情况，搜集或编制一套合适的安全检查表；各类记录规范，隐患追踪到底，实现闭环管理；各类隐患排查结果及时向安全社区建设机构反馈，信息同步、口径统一；村（社区）、辖区企事业单位和机构的隐患排查治理台账管理规范、结构清晰、痕迹连贯、记录完整。

重点包括：①是否按计划每季度组织一次全员综合性的检查；②生产安全隐患排查表、交通安全隐患排查表、消防安全隐患排查表、食品药品隐患排查表、社会治安隐患排查表、学校安全隐患排查表、卫生院伤害记录、防灾减灾和环境安全排查表、公共场所安全隐患排查表、居家安全隐患排查表、涉水安全隐患排查表等是否记录规范，是否形成了闭环管理；③各类隐患排查结果是否定期向安全社区促进委员会和相关工作机构反馈。

7. 关于"一支应急救援队伍"

按照相关部门要求，规范建立镇（街道）、村（社区）各级应急队伍，应急救援队伍中有符合比例的具备相关知识和技能的人员、志愿者，发挥了其应用作用；有效执行了《关于加强应急救护共建安全社区的通知》（川安监〔2015〕115号）文件。

重点包括：①建设情况。是否建立了具有综合性（涵盖生产安全、交通安全、消防安全、社会治安、防灾减灾和环境安全、涉水安全、公共场所安全等领

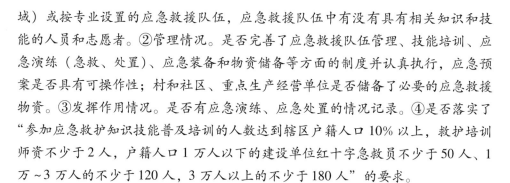

域）或按专业设置的应急救援队伍，应急救援队伍中有没有具有相关知识和技能的人员和志愿者。②管理情况。是否完善了应急救援队伍管理、技能培训、应急演练（急救、处置）、应急装备和物资储备等方面的制度并认真执行，应急预案是否具有可操作性；村和社区、重点生产经营单位是否储备了必要的应急救援物资。③发挥作用情况。是否有应急演练、应急处置的情况记录。④是否落实了"参加应急救护知识技能普及培训的人数达到辖区户籍人口 10% 以上，救护培训师资不少于 2 人，户籍人口 1 万人以下的建设单位红十字急救员不少于 50 人、1 万~3 万人的不少于 120 人，3 万人以上的不少于 180 人"的要求。

8. 关于建设单位的"*N*"个安全促进项目

依据安全促进目标计划，策划安全促进项目，至少涉及交通、消防、社会治安、工作场所和居家安全 5 个领域；辖区有学校的，必须涉及校园安全；安全促进项目覆盖到了辖区主要的、突出的、长期客观存在的生产生活安全隐患，达到了目标及计划的预期效果。

重点包括：①安全促进项目的针对性、覆盖面、持续性；②各类项目负责人、参与人员和参与机构分工明确，责任清晰，有考核约束措施；③能够体现社会组织、志愿者和社区单位的参与情况，证明已多渠道整合了各类资源；④安全促进项目有实效，能够起到预防和减少事故与伤害的作用；⑤安全促进项目有痕迹，能够验证、查看。

实用工具：全国伤害监测报告卡

全国伤害监测报告卡如图 4-5 所示，以下重点介绍填写说明。

一、填写对象

（一）伤害的定义

伤害的发生是一个急性过程，是由于能量（机械能、电能、化学能、热能、电离辐射等）突然或短暂地作用于人体，超过机体的耐受能力而导致的机体损伤；或因一种或多种生命物质或要素（如空气、水、温度）缺乏导致的功能受损，如溺水、冻伤等。

（二）填卡对象确定

1. 伤害病例

指到医疗卫生机构门诊和急诊就诊并被诊断为某种伤害的患者。

2. 填卡对象

监测医院编号：□□□□□□□□□□□□□□□□□   卡片编号：□□□□□

Ⅰ 患者一般信息

姓名：_____   性别：1.□男   2.□女   年龄：_____岁

身份证号码：□□□□□□□□□□□□□□□□□□

户籍：1.□本市/县   2.□本省外地   3.□外省   4.□外籍

受教育程度：

  1.□未上学儿童   2.□文盲、半文盲   3.□小学   4.□初中

  5.□高中或中专   6.□大专   7.□大学及以上

职业：

  1.□学龄前儿童   2.□在校学生   3.□家务

  4.□待业   5.□离退休人员   6.□专业技术人员

  7.□办事人员和有关人员   8.□商业、服务业人员   9.□农牧渔水利业生产人员

  10.□生产运输设备操作人员及有关人员   11.□军人   12.□其他/不清楚

Ⅱ. 伤害事件的基本情况

伤害发生时间：_____年_____月_____日_____时（24小时制）

患者就诊时间：_____年_____月_____日_____时（24小时制）

伤害发生原因：

  1.□机动车车祸   2.□非机动车车祸   3.□跌倒/坠落   4.□钝器伤   5.□火器伤

  6.□刀/锐器伤   7.□烧烫伤   8.□窒息/悬吊   9.□溺水   10.□中毒

  11.□动物伤   12.□性侵犯   13.□其他_____   14.□不清楚

伤害发生地点：

  1.□家中   2.□公共居住场所   3.□学校与公共场所   4.□体育和运动场所

  5.□公路/街道   6.□贸易和服务场所 7.□工业和建筑场所   8.□农场/农田

  9.□其他_____   10.□不清楚

伤害发生时活动：

  1.□工作   2.□家务   3.□学习   4.□体育活动   5.□休闲活动

  6.□生命活动   7.□驾乘交通工具   8.□步行   9.□其他_____ 10.□不清楚

是否故意：

  1.□非故意（意外事故） 2.□自残/自杀 3.□故意（暴力、攻击） 4.□不清楚 5.□其他

饮酒情况：

  1.□饮用   2.□未饮用   3.□不清楚

Ⅲ 伤害临床信息

伤害性质：（选择最严重的一种）

  1.□骨折   2.□扭伤/拉伤   3.□锐器伤、咬伤、开放伤

  4.□挫伤、擦伤   5.□烧烫伤   6.□脑震荡、脑挫裂伤

  7.□内脏器官伤   8.□其他_____   9.□不清楚

伤害部位：（选择最严重的一种）

  1.□头部   2.□上肢   3.□下肢   4.□躯干

  5.□多部位   6.□全身广泛受伤   7.□其他_____   8.□不清楚

伤害累及系统：（选择最严重的一种）

  1.□中枢神经系统   2.□呼吸系统   3.□消化系统   4.□泌尿生殖系统

  5.□运动系统   6.□多系统   7.□其他_____   8.□不清楚

伤害严重程度：1.□轻度   2.□中度   3.□重度

伤害临床诊断：_____

伤害结局：1.□处理后离院 2.□留观 3.□转院 4.□住院 5.□死亡 6.□其他

填报人：_____   填卡日期：_____年_____月_____日

注：此卡不作为医学证明。

图4-5 全国伤害监测报告卡

首次在本医疗卫生机构就诊，被诊断为伤害病例，包括急诊室、其他门急诊及临床科室就诊后诊断为伤害的全部病例。因同一次伤害在本医疗卫生机构复诊的病例不作为填卡对象。

二、一般填写要求

报告卡信息采集须在就诊后 24 小时内完成。

（一）电子卡填报

使用根据《全国伤害监测报告卡》标准制定的电子卡填报。

（二）纸质卡填写要求

（1）卡片填写必须使用钢笔或圆珠笔，字迹要端正清楚，不得潦草模糊、随意涂改，阿拉伯数字必须按正楷体书写，不得使用自由体。

（2）选择题在选中的选项左侧相应的□内打√；需要填写数字的，将数字写在相应位置，不超出编码格外。

（3）在指定的横线上填写相应的文字。

（4）卡片填错后的更正方法：先在错误项的√、文字或数字上用双横线划去，选择正确的选项打√，或在划线上方另行填写正确文字或数字，切勿在原文字上涂改。

三、具体填写说明

（一）监测医院编号

即监测医疗卫生机构的社会信用代码（18 位）。

（二）卡片编号

为监测报告卡片的顺序号（5 位），由监测医疗卫生机构负责伤害监测的工作人员编号填写，每个医疗卫生机构每年度从 1 开始按顺序逐个编号。

（三）患者一般信息

1. 姓名

患者本人姓名，为户口登记本上所用的正式姓名，填写时避免使用非规范化的简写字。

2. 性别

1 为男性，2 为女性。

3. 年龄

伤害患者的年龄是根据公历出生日期计算出来的实际年龄，按实足年龄（即满××岁）填写，年龄不满 1 岁的填写为 0 岁。

4. 身份证号码

尽量填写18位身份证号码，便于与其他系统数据连接和剔除重卡。

5. 户籍

根据患者常住户口登记地确定。

（1）本市/县：指患者常住户口登记地在就诊医疗卫生机构所在的县（市、区）内。

（2）本省外地：指患者常住户口登记地不在就诊医疗卫生机构所在的县（市、区）内，但属同一个省份。

（3）外省：指患者常住户口登记地不在就诊医疗卫生机构所在的省内，包括台港澳人员。

（4）外籍：患者为非中国籍人员。

6. 受教育程度

调查对象接受国内外教育所取得的最高学历或现有文化水平相当的学历，对于尚未毕业的学生或肄业的调查对象，则指的是正常情况下将获得的学历，如调查对象是一个高一学生，则选择选项"高中或中专"。

（1）未上学儿童：未满上学年龄的儿童及已满上学年龄但未到学校就读的儿童。根据我国《义务教育法》的规定，凡年满6周岁的儿童，应入学接受并完成义务教育，条件不具备的地区，可推迟到7周岁。

（2）文盲、半文盲：指年满15周岁，未上过学，或不能阅读通俗书报，不能写便条的人。

（3）小学：指接受小学教育5年或6年的毕业、肄业及在校生。也包括能阅读通俗书报、写便条，达到扫盲标准的人。

（4）初中：指接受初中教育的毕业、肄业及在校生。技工学校相当于初中的，填写"初中"。

（5）高中或中专：指接受高中（包括普通高中、职业中学和中等专业学校）教育的毕业、肄业及在校生。

（6）大专：指接受国家大学专科教育的毕业、肄业和在校生，国家承认的自考、夜大、电大、函大和其他形式的大专也在此类。

（7）大学及以上：指大学本科、硕士研究生和博士研究生等高等教育的毕业、肄业和在校生，国家承认的自考、夜大、电大、函大和其他形式的大学也在此类。

7. 职业

当前所从事的工作。离退休人员如返聘或继续工作的，则不归入离退休一栏，而填写当时的职业。各主要职业所包括的具体种类如下。

（1）学龄前儿童：指年龄未满上学年龄的儿童。

（2）在校学生：包括正在小学、初中、高中、大学及科研机构等全日制教育机构内学习的人员，不包括在职进修、在职函授、夜校等性质的人员。

（3）家务：指无业长期在家从事家务工作（如做饭、洗衣、看孩子、养猪等），可为女性也可为男性，但不包括离退休人员和下岗人员。

（4）待业：指在就业年龄，仍在寻找就业机会者，包括下岗人员，不包括离退休和退养或自愿从事家务者，也不包括自由职业者。

（5）离退休人员：指原有正式工作，现因年龄及身体状况等原因正式离开工作岗位，并且未被重新聘用而在家的人员（包括离休、退休、退养等）。如离退休后继续工作以当前职业为准。

（6）专业技术人员：包括科学研究人员、工程技术人员、农业技术人员、卫生专业技术人员、飞机和船舶技术人员、金融业务人员、经济业务人员、法律专业人员、教学人员、文学艺术工作人员、体育工作人员、新闻出版、文化工作人员、宗教职业者等。

（7）办事人员和有关人员：包括行政领导、办公人员、安全保卫人员、邮政和电信业务人员等。

（8）商业、服务业人员：包括商业工作人员（售货、采购、仓储、供销和收购等）、服务性工作人员（饭店服务员、售票员、幼儿保育员、厨师、餐饮、导游、娱乐健身、生活用品维修人员）、其他服务人员（清洁员、理发员、出租汽车司机等）、医疗卫生辅助人员、社会服务和居民生活服务人员（如保姆）等。

（9）农牧渔水利业生产人员：指在农业、林业、牧业、渔业，直接从事种植、林木养护、采伐、饲养、渔业养殖捕捞、水利设施管理养护等工作的劳动者。

（10）生产运输设备操作人员及有关人员：包括在全民、集体、私营或外企的各种生产工人、设备操作工人、司机、船员和其他生产运输工人及乡镇企业的各类人员。

（11）军人：为服现役的军人，包括武警等。

（12）其他/不清楚：包括各种不便分类的其他人员，如自由职业者、无固定职业者、无须工作而有稳定收入者等，以及不能确定职业者。

（四）伤害事件的基本情况

1. 伤害发生时间

伤害发生的具体时间，必须按公历填写年、月、日和时，时的填写按 24 小时方式。

2. 患者就诊时间

伤害患者到达医疗卫生机构开始做医疗处理的具体时间，按公历填写年、月、日和时，时的填写按 24 小时方式。

3. 伤害发生原因

填写造成伤害的起始原因，即在伤害发生链中最初始的原因。

（1）机动车车祸：发生在道路上、至少牵涉一辆行进中的机动车的碰撞或事件所导致的致死性或非致死性损伤。同时涉及机动车和非机动车的事件，归入"机动车车祸"。

（2）非机动车车祸：发生在道路上、至少牵涉一辆行进中的非机动车的碰撞或事件所导致的致死性或非致死性损伤。电动自行车为非机动车。

（3）跌倒/坠落：包括跌伤、坠落伤、摔伤。包括同一平面的滑倒、绊倒和摔倒，如因路面有冰而滑倒；以及从一个平面至另一个平面的跌落，如从高处跌落。

（4）钝器伤：包括硬物击伤，用拳头、肘、脚等身体等部位击伤或踢伤，方式有击、扎、夹、碰撞、摩擦、挤压、踩踏等。

（5）火器伤：枪支造成的伤害。

（6）刀/锐器伤：包括割伤、撕伤、削、切、砍、劈、锯等造成的伤害。

（7）烧烫伤：火及热的液体、水蒸气、气体、家用电器、电流、闪电和其他热物质等造成的伤害，包括化学物质、放射性物质等引起的烧伤。

（8）窒息/悬吊：悬吊、异物梗阻、陷入低氧环境等。

（9）溺水：包括浴盆、游泳池、自然水域等淹溺或沉没。

（10）中毒：由药品、酒精、有机溶剂和卤素烃及其蒸气、有毒气体、杀虫剂、食品、动植物毒素等导致，包括意外用药过量、不明意图中毒或有意中毒，不包括感染性食物中毒。

（11）动物伤：由动物的咬、抓（挠）、踢、压、蜇伤等。主要由动物毒素、毒液引起的伤害则归入中毒，如毒蛇咬伤。

（12）性侵犯：指未经对方同意进行的强迫的性攻击行为，并造成身体损伤。

（13）其他：未能归入上述分类中，填写其他请注明。

（14）不清楚：不能确定伤害原因或者拒绝回答。

4. 伤害发生地点

患者发生伤害时所在的地点。

（1）家中：指伤害发生时，患者所处的场所为住宅及相关的建筑。如住宅、公寓、私家车库、私家花园或院落及建筑物周围空地等相关场所。不包括与居住有关的公用场所，如护士站、旅馆等。

（2）公共居住场所：指伤害发生时，患者在宿舍、疗养院、养老院、孤儿院、监狱、教养院等公共居住设施内。

（3）学校与公共场所：包括幼儿园、小学、初中、高中、大学等教育机构（包括教育机构内的运动场所），会议厅、教堂、电影院、俱乐部、舞厅、医院、图书馆、公共娱乐场所、法院等公共场所。

（4）体育和运动场所：包括各种球场、体育馆、公共游泳池等运动场所，不包括私人住家或花园中的游泳池或球场。

（5）公路/街道：伤害发生时，伤害患者所处的地点为高速公路、国道、市内大小街道、乡村公路、人行道、自行车道等地方。

（6）贸易和服务场所：指机场、车站、银行、旅馆、饭店、商场、店铺、商业性车库、办公建筑物等。

（7）工业和建筑场所：指工厂、矿场、车间、建筑工地等。

（8）农场/农田：农场、农田、田野、耕地等区域，不包括农场中的住宅场所。

（9）其他：未能归入上述分类，需要注明。如海滨、露营地、湖泊、山、池塘、河流、动物园等。

（10）不清楚：指患者不能准确描述受伤的地点或者不愿意说明受伤的地点。

5. 伤害发生时活动

伤害发生时患者正在进行的活动。

（1）工作。职业性的工作，不包括工作中发生的交通活动。

（2）家务。通常不会获得收入的工作，包括家务劳动、做饭、照顾儿童及亲属。

（3）学习。在学校、学院、大学及成人教育机构等接受的正式的教育课程或项目。在学习过程中发生的伤害主要包括以下情形：在上述机构中发生的有组织的体育活动（如体育课、学校运动会），也包括班级活动、在校期间的非正式活动（如课间在操场上的活动）、离开学校的相关活动（如学校组织的实地考察、郊游、在家学习做作业）、由学校赞助的旅行等。

（4）体育活动。正在进行体育活动，包括各种方式的体育活动，如打球、慢步、田径运动、游泳、滑雪、爬山等。

（5）休闲活动。指业余爱好、伴有娱乐成分的活动，如看电影、跳舞、参加聚会，不包括体育活动。

（6）生命活动。包括吃饭、睡觉、休息、洗漱、如厕、性生活等。

（7）驾乘交通工具。指自己驾驶或乘坐私人或公共交通工具，交通工具可以是机动车和非机动车、飞机、轮船等。

（8）步行。一种交通方式，排除体育锻炼、休闲活动等的步行。

（9）其他。未能归入上述分类，需要注明。

（10）不清楚。不能确定或者不能回答伤害发生时的活动情况。

6. 是否故意

指伤害发生是否由自己故意、他人故意，还是非故意导致；通过询问、结合临床诊断来判断。

（1）非故意（意外事故）：偶然或者意外发生的情况导致受伤。

（2）自残/自杀（自杀或自杀企图）：患者自己完成，并知道会产生受伤或死亡结果的某种积极或者消极的行动，直接或间接引起的受伤。

（3）故意（暴力、攻击）：受到别人故意的攻击或者暴力。

（4）不清楚：不能确定意图或者患者不回答该问题，或者还需要进一步深入了解。

（5）其他：未能归入上述分类，需要注明。

7. 饮酒情况

由医生通过询问、闻气味、观察患者的表现推测患者的饮酒情况。

（1）饮用。

（2）未饮用。

（3）不清楚：通过医生的询问和观察不能确定患者的饮酒情况。

（五）伤害临床信息

1. 伤害性质

最严重的一种伤害的性质诊断，由临床医生根据诊断选择。

（1）骨折：包括各种骨折。

（2）扭伤/拉伤：包括韧带拉伤、关节扭伤。

（3）锐器伤、咬伤、开放伤：包括各种锐器导致的伤害，动物、昆虫的咬伤等。

（4）挫伤、擦伤。

（5）烧烫伤：包括局部和大面积烧伤、烫伤、化学灼伤、电流及放射伤等。

（6）脑震荡、脑挫裂伤。

（7）内脏器官伤：呼吸、消化等内脏受伤，包括器官破裂、内出血、撕裂伤等。

（8）其他：未能归入上述分类，需要注明。

（9）不清楚：不能确定存在伤害或无法察觉的伤害。

2. 伤害部位

选择最严重伤害性质诊断伤害的部位。

（1）头部：包括眼、牙齿、鼻、耳、头皮、面部、头骨和颈部，不包括神经系统的伤害。

（2）上肢：包括锁骨、肩胛骨、肩部、肱骨、上臂、肘、前臂、手等，包括双侧上肢受伤或上肢多个部位受伤。

（3）下肢：包括臀部、大腿、小腿、踝、脚等，包括双侧下肢受伤或下肢多个部位受伤。

（4）躯干：包括肋骨、脊柱、骨盆、胸部、腹部、背部、生殖器、心、肾、膀胱等内脏。

（5）多部位：指受伤的部位包括上述部位中的两个或两个以上。

（6）全身广泛受伤：指发生中毒、窒息、触电、冻伤。

（7）其他：未能归入上述分类，需要注明。

（8）不清楚：不能明确伤害部位，或者外表无法察觉。

3. 伤害累及系统

选择伤害最严重的系统。

（1）中枢神经系统：包括大脑、脑干、颈部脊髓（延髓）、胸部脊髓、腰部脊髓。

（2）呼吸系统：包括咽、喉、气管、支气管、肺等呼吸器官。

（3）消化系统：包括口腔、食管、胃、十二指肠、小肠、结肠、直肠、肝脏、脾脏、胰腺等消化器官。

（4）泌尿生殖系统：包括肾、输尿管、膀胱及尿道等。

（5）运动系统：包括骨、骨连接、骨骼肌。

（6）多系统：指受伤的系统中包括上述系统中的两个或两个以上。

（7）其他：未能归入上述分类，需要注明，如皮肤浅表伤等。

（8）不清楚：不能明确伤害系统，或者外表无法察觉。

4. 伤害临床诊断

填写临床诊断，应该包括明确的部位、性质等，有超过 1 个诊断的，则从最严重损伤开始，依次排列。

5. 伤害严重程度

根据受伤者临床情况确定。

（1）轻度：无明显或者轻微受伤，或者只是浅表擦伤，或者轻微的割伤。

（2）中度：需要专业化的治疗，包括骨折，或者需要进行缝合。

（3）重度：需要立即进行急救医疗或者外科手术治疗，包括发生内出血、器官贯穿伤、血管受损。

6. 伤害结局

医疗卫生机构对伤害患者处理后的情况，根据医生判断填写。当医生判断与实际情况发生冲突时，以医生判断为准。

（1）处理后离院：患者经过治疗后，离开医疗卫生机构。

（2）留观：患者经治疗后，需要继续留院进行观察。

（3）转院：患者经诊断后，需要转到其他医疗卫生机构进行治疗。

（4）住院：患者需要住院治疗。

（5）死亡：患者死亡。

（6）其他：上述五种情况之外的结局。

（六）填报信息

1. 填报人

本报告卡的具体填写人。

2. 填卡时间

本卡片填写完成的时间。

第五章 社区应急预案及其演练

◎ 拓 扑 图

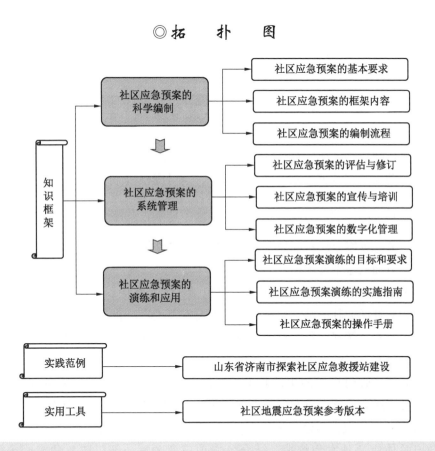

◎ 本 章 概 要

　　社区应急预案是应对和处置社区常见突发事件的行动指南，应针对社区面临的各类灾害风险，明确在突发情况下社区工作人员、防灾减灾救灾志愿者等职责分工、应对流程和保障措施。社区应急预案一般包括11个板块的内容，制定时可根据实际情况适当增删修改或制定专项预案，其规划、编制、审批、发布、备案、演练、修订、宣传、教育、培训、管理等已逐步形成规范化、专业化的系统管理模式。社区应急预案演练是检验社区为处置突发事件而设置的应急预案是否具备科学性、实用性、有效性、可操作性的重要手段。实施过程中应把握"一组织三流程"，具体包括演练组织机构和职责分工，以及演练事前准备、演练事中实施、演练事后总结的三方面工作流程。应有计划、有重点地定期组织演练，真正达到检验预案、检验队伍、检验作风的目的；并应用简易版、实用版的社区应急预案操作手册，有效指导实践。

第一节　社区应急预案的科学编制

社区应急预案，应针对社区面临的各类灾害风险，明确在突发情况下社区工作人员、防灾减灾救灾志愿者等职责分工、应对流程和保障措施。

一、社区应急预案的基本要求

社区应急预案是应对和处置社区常见突发事件的行动指南，其科学编制应满意以下五方面的基本要求。

（1）社区应急预案的基本要素主要包括：①预案应以社区安全风险评估为基础，针对社区面临的常见突发事件和各类灾害风险；②明确协调指挥、预警预报、隐患排查、转移安置、物资保障、信息报告、医疗救护等小组分工；③明确预警信息发布方式和渠道，便于居民接收；④明确应急避难场所分布和安全疏散路径；⑤明确临时设立的生活救助、医疗救护、应急指挥等功能分区的位置；⑥明确社区所有工作人员和脆弱人群的联系方式以及结对帮扶责任分工。

（2）社区应根据本地的地貌自然特点和人文特点，以街道（乡镇）层级基层政府总体应急预案为统揽，结合各专项应急预案、部门应急预案，在街道（乡镇）的指导下编制本社区各项公共突发事件的应急预案，逐步形成市、区（县）、街道（乡镇）、社区（村）相互衔接、完整配套的公共突发事件应急预案体系。预案编制要结合实际，符合应急管理和应急处置工作的规律及特点，加强针对性、实用性和可操作性。

（3）社区安全应满足规划、设计科学、表述清晰准确、逻辑系统严密、措施权威科学的专业性要求，具体而言主要注重以下方面。①系统。应完整包括突发事件应对的事前、事发、事中、事后各环节，明确各环节的具体措施、责任分工，也即"谁来做、怎样做、何时做"，逻辑结构严密完整。②权威。应急预案应符合针对四类突发事件共性和学校安全个性的国家法律、地方法规、部门规章、相关标准等要求，依法规范，明确应急管理体系、组织机构、职责任务等一系列行政性管理规定，以确保应急工作的统一指挥和高效处置。③科学。在对学校安全和应急能力的现状进行全面调查研究和分析论证的基础上，制定科学处置方案，能严密统一、协调有序、高效快捷地应对突发事件。

（4）各级各类社区应急预案的作用和功能不尽相同，对此编制预案应注重针对性，有的放矢，针对具体情况及所要达到的目的和功能来组织编制具体的社区应急预案。具体要点有：①切合实际。预案应符合学校实际情况，反映区域地域特点，切忌生搬硬套、照搬照抄其他预案模板。②吸收借鉴。既应研究国家应急预案精华和要点，尽量在框架体系、主要内容上与四类突发事件的应急预案对接，做到上下相衔接，也应学习学校安全和教育系统的各类应急预案，借鉴其他地区甚至其他国家的成功经验和有效做法，还应研究本地区以往学校安全突发事件处置案例，分析比较成功经验或失败教训，从中归纳科学有效的做法、经验、习惯，并提炼上升为科学、规范的处置预案内容。③区别对待。一般而言，总体应急预案的重点在于"原则指导"，专项应急预案的重点在于"专业应对"，学校应急预案的重点在于"具体行动"，重大活动应急预案的重点在于"预防措施"。

（5）社区应急预案的编制程序、体例格式等方面应力求规范。具体要点有：①编制程序规范。各类预案从立项、起草、审批、印发、发布、备案和实施，到其更新、修订、宣传、培训和演练等动态管理的编制程序，均应遵循相关规定开展。②内容结构规范。应急预案编制内容的结构框架、呈报手续、体例格式、字体字号、相关附件等应符合相关规范。③体例格式规范。统一预案编制标准，从格式、字体、用纸等作出相应规范。

二、社区应急预案的框架内容

（一）社区应急预案体系的组成

社区应急预案体系由综合应急预案、专项应急预案、现场处置方案三部分组成。应根据有关法律、法规和相关标准，结合社区的基本情况、单位构成和可能发生的事故特点，科学合理确立应急预案体系，并注意与政府各级应急预案、部门各类应急预案相衔接。

（1）综合应急预案。综合应急预案是社区为应对各种突发事件而制定的综合性工作方案，是社区应对自然灾害、事故灾难、公共卫生事件、社会安全事件的总体工作程序、措施和应急预案体系的总纲。

（2）专项应急预案。专项应急预案是社区为应对某一种或者多种类型突发事件，或者针对重要场所、重大危险源、重大活动、敏感人群、脆弱人群等制定的专项工作方案。专项应急预案重点强调专业性，应根据突发事件的类别和特点，明确相应的专业指挥机构、响应程序及针对性的处置措施。当专项应急预案与综合应急预案中的应急组织机构、应急响应程序相近时，可不编写专项应急预案，相应的应急处置措施并入综合应急预案。

（3）现场处置方案。现场处置方案是社区根据常见频发的突发事件类型，针对具体场所、装置或者设施所制定的应急处置措施。现场处置方案应体现自救互救、信息报告和先期处置的特点，一般包括以下方面。①风险描述。包括突发事件的类型，发生的区域、地点或装置，发生的可能时间、危害程度及其影响范围，发生前可能出现的征兆，可能引发的次生、衍生事故。②应急工作职责。针对具体场所、装置或设施，明确应急组织分工和职责。③事故应急响应程序。结合现场实际，明确事故报警、自救互救、初期处置、警戒疏散、人员引导、扩大应急等程序。④现场初期处置措施。针对可能的事故风险，制定人员救援、工艺操作、事故控制、消防等方面的初期处置措施，以及现场恢复、现场证据保护等方面的工作方案；⑤其他需要注意的事项。

（4）预案操作手册。预案操作手册是应急预案浓缩、精炼和务实的体现，不能局限于文体形式、篇幅长短和虚话套话，要以实战为目标。手册制定过程中可以使用表格、流程图和文字相结合，使手册更具实用性。一般应具备的要素包括规范的应急处置流程、灵敏的信息报送和预警网络、权威专家的技术支撑、及时快速的联系方式、准确翔实的资源清单、研判到位的危险源分布状况、科学合理的保障措施等。

（5）应急处置卡。为便于应急预案的使用，应当在应急预案的基础上，针对工作岗位的特点，编制简明、实用、有效、便于携带的应急处置卡。应急处置卡内容一般包括：①岗位名称。明确应急组织机构功能组的名称（含组成）或重点岗位的名称。②行动程序及内容。明确应急组织机构功能组或重点岗位人员预警及信息报告、应急响应、后期处置中所采取的行动步骤及措施。③联系电话。列出应急工作中主要联系的部门、机构或人员的联系方式。④其他需要注意的事项。

（二）社区综合应急预案的基本内容

一般而言，社区应急预案主要包括以下11个板块的内容，制定时可根据实际情况适当增删或修改，也可根据需要，制定具体类别的专项应急预案。

板块1：总则

1.1　编制目的（示例）

为了提高社区应对突发公共事件的能力，保障公众的生命财产安全，维护一方平安，实现镇经济、社会全面、协调、可持续发展，构建社会主义和谐社区，按照市、区（县）、街道（乡镇）的有关规定，特制定本预案。

1.2　编制依据（示例）

依据相关法律、法规、规章以及市、区（县）、街道（乡镇）突发公共事件总体应急预案，结合社区实际情况，制定本预案。

1.3　适用范围（示例）

本预案主要适用于社区突发公共事件的应急处置工作。

1.4　工作原则（示例）

以人为本，预防为主；及时报告，积极应对；分工明确，责任到人；守望相助，减少损失。

板块2：现状分析

阐述社区的基本情况、相关单位和风险状况。必要时，可后附风险评估清单或风险分布地图作为附件进行说明。

2.1　基本情况

主要包括城乡社区（村）的区域组成、地理位置、自然状况、区域面积、交通情况、水利工程、社会经济发展情况、户数和人数等。附平面图说明。

2.2　相关单位

辖区内的政府部门、企事业单位、学校、幼儿园、其他单位的基本情况，负责人、联络人的联系方式等。

2.3　风险状况

根据区域的地理位置、主要特点和实际情况，按照自然灾害类、事故灾难类、公共卫生事件、社会安全事件四个方面内容，研究、分析本社区（村）可能会发生的各类突发公共事件的数量、分布等，重点单位、保护目标、敏感单位、脆弱人群（及其结对帮扶责任分工）等的分布情况。

板块3：组织机构

3.1 指挥机构及职责

明确社区（村）应急救援指挥（协调）机构的组织架构及其组成单位和人员，一般设置应急领导小组、应急领导小组办公室、应急值班室，设置配套的负责人、责任人、协助配合人员等，公开通信联络方式。

针对自然灾害类、事故灾难类、公共卫生事件、社会安全事件的四类突发事件，在应急指挥部下设相应的专项应急处置工作组。

根据突发事件处置需要，设立现场指挥部，并选择成立通信联络组、宣传教育组、治安保障组、群众工作组、医疗救护组、后勤保障组等现场应急工作组，实行应急指挥部统一领导、牵头单位协调、成员单位协同配合的工作机制。

根据特别重大事件（Ⅰ级）、重大事件（Ⅱ级）、较大事件（Ⅲ级）、一般事件（Ⅳ级）的突发事件分级情况，明确不同等级事件现场指挥和协调处置中的相应等级组织机构和部门。

3.2 应急救援队伍

明确本社区（村）应急救援队伍的组成、数量、职责、人员情况和联络方式等。可以向邻近单位申请支援队伍的类别、数量、人员情况、协调联络方式等。必要时，可后附清单作为附件。

3.3 应急物资器材

即本社区（村）内已经储备、能够进行快速动员的应急救援物资、器材等。明确应急物资、装备、器材的类型、数量、性能、存放位置、管理责任人及其联系方式等内容。必要时，可后附清单作为附件。

3.4 应急社会力量

聘请有关科研人员、高等院校的专家学者和具有丰富应急处置工作经验的各相关行业人员组成专家组，并积极引入第三方机构、专业公司、社会组织的社会力量和支援队伍，来为应急体系建设提供咨询和决策建议，必要时参加突发事件处置。

板块4：预防、监测和预警

4.1 预防

牢固树立安全生产"红线"意识和"防范胜于救灾、隐患险于明火"的观念，明确社区安全的监督检查工作机制，实行风险分类分级管控和动态管理，建立完善安全隐患排查机制和整改制度，及时消除隐患，预先防范阻止突发事件的发生。

4.2 监测

建立重大危险源、综合动态信息和应急资源（包括领导机构、救援队伍、物资储备以及应急单位、部门基本情况）数据库，坚持平常监测和定点监测、专业监测和群众监测相结合，加强监测预警，防患于未然；明确本社区（村）对各类突发公共事件应急信息监测设施、监控队伍（各类信息员）和监测监控方式、方法、责任人等。

4.3 预警

根据国家规定的突发事件危害程度、紧急程度和发展态势，明确分类分级预警标准、预警信息发布机构、预警发布内容、预警响应措施、预警调整与解除等相关工作要求。

板块5：信息报送

设立24小时值守应急电话，明确事故信息接报程序；明确信息初报、续报、终报的责任主体、工作流程、报告内容、报告时限等。根据需要设置信息上报的流程图、办理单、格式模板等。

板块6：应急响应

6.1 先期处置

突发事件发生后，事发地社区应当立即启动相应级别的应急响应，采取针对性措施控制事态发展，组织开展前期民众自救互救，及时疏散现场人员，严防次生衍生灾害发生。

6.2 分类处置

在不同类别突发公共事件应急处置行动和应急保障行动中，明确指挥机构、相关单位、责任人的任务区分和要求，事前、事中、事后的处置方法，应急救援队伍的任务区分和要求，人员救助、应急避险、紧急疏散的手段和要求等。还应明确应急处置的具体措施，应急保障、资源调配的原则和方法，请求支援的方式，怎样引导、配合上级应急救援队伍的行动等。

6.3 分级响应

针对事故危害程度、影响范围和单位控制事态的能力，将事故分为特别重大事件（Ⅰ级）、重大事件（Ⅱ级）、较大事件（Ⅲ级）、一般事件（Ⅳ级）的四个等级。按照分级负责的原则，明确每一等级的应急响应方案，包括明确应急指挥、应急行动、资源调配、应急避险、现场处置、自救互救、抢险救援、事态控制、秩序维护、周边警戒、信息发布、舆论引导、资源保障、次生防范、扩大应急、联动响应、协助处置等多方面的应急工作和响应程序。针对不同类型的突发事件，可分别明确其分级响应的措施。

6.4　应急结束

明确应急结束的条件和程序。突发事件处置工作已基本完成，事故现场得以控制，确认突发事件及其次生衍生灾害的威胁和危害得到控制或者消除，应急指挥部会商分析认为达到应急结束的条件，经总指挥同意后，应急处置工作即告结束，相关人员、装备等撤离现场，转入善后处置阶段。

板块7：善后恢复

7.1　善后处理

主要包括事件的后续处理事项、后果消除、恢复生产生活秩序和调解赔偿、动员社会救助、心理咨询、慰问等。依据不同类别突发公共事件，明确相应应急结束后，社区（村）党组织和管委会（村委会、居委会）组织恢复正常生产、生活的具体要求。

7.2　信息报送

向上级相关部门和单位报告事件情况，向居民（村民）通报事件信息。协助上级有关部门获取信息。

7.3　调查评估

根据突发事件的具体类别和特点，由相关部门组织开展事故原因调查、损失评估，形成调查总结报告；对事件的预防、预警、指挥、处置、救援、保障等能力进行评估，总结经验教训，明确修订和完善应急预案的具体要求。

7.4　灾区重建

特定灾害后的灾区重建工作，由事发地相关部门负责，根据调查评估报告和恢复重建计划，提出解决建议和意见，按有关规定报批实施。

板块8：保障措施

对应急队伍保障、通信与信息保障、应急物资装备保障、经费保障、公共设施保障等予以明确。具体要求详见"第六章社区安全突发事件的应急处置"中"第五节社区突发事件应急处置的综合保障"。

还应明确应急避难场所分布和安全疏散路径。

板块9：预案管理

9.1　宣传培训

突发事件应急预案印发之后，充分利用广播、电视、报纸、互联网等新闻媒体，开展应急预案的宣传、教育、培训，对所有相关人员宣传开展宣传教育和培训的计划、方式、要求，确保全员熟悉预案要求、明确自身职责、掌握应急救助和处置知识与技能。

9.2　应急演练

明确组织应急演练的规模、方式、频次、范围、内容等。应结合工作实际，制定演练方案，并每年组织一次演练。通过演练，发现应急工作体系和工作机制存在的问题，不断完善应急预案，提高对突发事件的应急处置能力。

9.3　预案修订

突发事件应急预案应定期进行评估，并根据随着相关法律法规的制定、修改和完善，机构调整或应急资源的变化，以及应急处置过程中和各类应急演习中发现的问题和出现的新情况等，及时更新和修订预案。

9.4　预案备案

社区应急预案经居民代表大会通过，以居委名义印发，报街道（乡镇）人民政府备案。

9.5　其他

根据实际工作需要，分别制定突发事件分类分级的专项应急预案，并对各类突发公共事件的等级标准具体加以细化；针对某个阶段某项具体工作或者举办大型文化、体育等重大活动，主管、牵头或主办单位要制定具体工作应急预案。

板块10：责任与奖惩

10.1　表彰奖励

对在社区安全突发事件预防、预警、指挥、处置、救援等环节中表现突出、成绩显著的集体和个人给予表彰及奖励。

10.2　责任追究

依据《突发事件应对法》及相关法律法规，对迟报、谎报、瞒报和漏报情况或在应急预防、预警、处置、救援及恢复重建中有失职、渎职行为的，依法追究有关责任人责任。

板块11：附则

11.1　相关管理内容

明确本应急预案相关管理内容，包括制定与解释、名词术语、实施时间等。

11.2 各类图表

本社区（村）的基本情况平面图、主要安全隐患分布图、疏散路线和避难场所分布图等。

11.3 其他

在上述板块中需要以图、表等形式附在说明的内容之后，包括但不限于：①应急救援队伍。本社区（村）可以指挥使用的应急救援队伍的组成、数量、职责、人员情况和联络方式等，可以申请支援队伍的组成、数量、职责、人员情况和协调联络方式。②应急物资器材储备清单。列出储备应急物资和器材、装备的名称、型号、存放地点和负责人联系电话等。

三、社区应急预案的编制流程

不同类型和级别的社区应急预案，编制程序也不尽相同。一般来说，编制级别越高、管辖范围越大、启动级别越高、体系结构越完整的应急预案，编制程序越正式、规范，过程也相对较复杂，如国家、省区市、市州级别的总体应急预案和各类专项、部门应急预案；编制部门级别低、管辖范围小、管理对象少、面对单一种类突发事件的应急预案，编制程序则较简单，如企事业单位内部安全应急预案、某一个重大活动专项应急预案等。一般而言，预案编制环节为立项→起草→发布等，并在编制完成后的实施过程中开展动态管理。

1. 立项

社区应组织有关部门和人员，成立应急预案编制小组，确定专人负责，明确工作职责和任务分工，制定编制计划和管理办法，根据具体情况布置编制工作，做好预案起草、评审、审核、报批、发布工作，对预案编制工作加强检查、指导、督促。可按实际情况邀请周边相关企事业单位负责人和居民代表参加。

2. 起草

应急预案立项后，主办单位应组织专门起草班子，认真开展调查研究，对照上级预案，借鉴外地同类型预案，广泛听取各方面意见和建议，召开专家评估会论证。预案（草案）经主办单位领导班子集体审定后，正式上报同级政府。起草过程应综合开展以下工作：

（1）资料收集。应急预案编制工作组应收集与预案编制工作相关的法律法规、技术标准、应急预案、国内外同行业企业事故资料，同时收集社区安全相关资料、历史事故与隐患、地质气象水文资料、周边环境影响、应急资源及应急人员能力素质等有关资料。

（2）风险评估。按照本书第三章的相关要求，开展社区安全风险评估，撰写评估报告。

（3）编制预案。依据社区安全风险评估的结果，结合社区实际情况，合理确立应急预案体系，科学设定应急组织机构及职责，清晰界定本单位的响应分级标准，制定相应层级的应急处置措施。按照有关规定和要求，确定信息报告、响应分级、指挥权移交、警戒疏散等方面的内容，落实与基层政府和相关部门应急预案的衔接。应急预案编制应当遵循以人为本、依法依规、符合实际、注重实效的原则，以应急处置为核心，体现自救互救和先期处置的特点，做到职责明确、程序规范、措施科学，尽可能简明化、图表化、流程化。

（4）推演论证。按照应急预案明确的职责分工和应急响应程序，可采取桌面推演的形式，模拟突发事件应对过程，逐步分析讨论，检验应急预案的可行性，并进一步完善应急预案。

3. 发布

主要包括审批、印发、公布、备案等细化环节。一般而言，社区应急预案经居民代表大会审核并通过后，以居委会名义印发，报街道（乡镇）人民政府备案。

第二节　社区应急预案的系统管理

随着相应法律法规和政策文件的出台，社区应急预案管理的科学性、规范性不断增强，其规划、编制、审批、发布、备案、演练、修订、宣传、教育、培训、管理等一系列工作，均需要规范性要求和专业化指导，以形成系统管理模式。

一、社区应急预案的评估与修订

社区应急预案是事前根据突发事件一般特点和经验教训编制的，带有主观性，与事实必然存在差距。因此，需要定期对应急预案进行评估，适时进行修订，使之更加完善，符合实际工作要求。

（一）社区应急预案评估的意义

开展社区应急预案的评估，具有多方面的意义和价值，具体表现为 3 个方面。

1. 加强社区应急能力的建设

城市社区进行应急准备对减少社区突发事件造成损失具有重要作用。在城市社区应急管理工作中，建立社区应急预案是基础且重要的工作。通过制定客观、科学的评估指标，建立规范的社区预案评估体系，定期对社区预案进行有效性评估，可大大提升预案的可操作性，提升社区应急准备能力。

2. 指导社区应急预案的制定和管理

建立标准化、专业化的预案评估体系和模式，可让社区工作者参照评估指标，编制适合自身社区需要且规范的社区应急预案。同时开展经常性的预案评估，可以随时根据社区具体情况的变化加以修订，规范预案的管理。

3. 降低社区应急预案检验成本

现行预案检验一般多通过演练的方式进行，但社区应急预案的演练涉及单位和人员较多，大规模的演练成本较高，且需要多次的演练才能达到预期效果。通过演练前对预案的预评估，可提前及时发现应急预案的不足，从而加以完善，减少预案检验的成本，提高效率。

（二）社区应急预案评估的标准

社区应急预案作为最基层的应急预案，应注重体现预案的实用效果；对此，预案评估的具体指标应包含基本要素完整性、风险评估针对性、应急措施可行性、与相关预案的衔接性。

1. 基本要素完整性

社区应急预案的基本要素应完整，明确突发事件应急处置的事前、事中、事后的全流程工作，及其相应的各方面保障和安排。国家为提高基层应急预案的编制水平，出台了相应的指导性文件供基层参考。如民政部于 2008 年编制了行政村（社区居委会）《自然灾害救助应急预案框架指南》，要求完整预案应包括目标任务、基本情况、灾害风险、启动条件、指挥机构和工作职责、应急准备、灾害应急、信息报送、应急响应、灾后救助与应急重建、附录等内容。

2. 风险评估针对性

社区应急预案直接服务于基层应急，因此要因地制宜，符合当地的民情和社情，尤其是风险评估版块。总体而言，风险评估应针对社区存在的致灾因子、承灾体及其脆弱性、社区的应急能力和防灾能力进行综合评估，以全面了解社区所在区域内的安全状况，并将评估结果应用到应急预案编制中，用于确定救灾重点、部署应急准备、安排应急响应等。

3. 应急措施可行性

应急措施可行性是指应急响应和紧急救援的措施能够减少突发事件不良影响的作用及程度，一般从法律、技术、人员、物质四方面因素进行评估。

一是应急措施是否符合现行的法律法规、政策要求、上级预案，是否是法律赋予的权力、受到法律保护；二是紧急措施采用的技术手段是否经实践证明有效，且社区是否能够有条件、有能力实施（例如应急疏散的方法和路径是否可行等）；三是实施应急措施的人员保障是否满足相应的能力要求和数量要求（例如社区志愿者、党员队伍、信息员队伍、居民小组长队伍等人员能否满足合格"第一响应人"要求并开展院前急救等）；四是应急措施的实施是否有充足的物资保障（例如救援器材、救灾物资等的种类和数量能否满足应急需要等）。

4. 与相关预案的衔接性

社区应急预案是某一区域内社会整体应急预案体系的有机组成部分，社区应急预案应确保与上级预案具有一致性、与同级预案具有协同性，具体应考虑以下方面：核心概念内涵一致；工作原则相互协调；管辖范围级别边界明确；信息相关规定符合上级要求；其他方面的规定不能与现有法律法规、政策文件、上级预案所确定的精神相违背等。

（三）社区应急预案评估的实施

社区应急预案的完整评估体系，应回答"为什么评估、评估什么、谁来评估、如何组织评估、怎样评估、评估结果如何"等一系列问题。实施过程可分为三个基本环节。①制定评估方案，落实各方面准备工作。在评估方案中确定评估目的，评估小组的牵头部门、参加部门和专家，评估工作的原则、重点、方法、时间等内容，并在实施时根据需要进行调整。②对照评估标准，对应急预案体系开展系统的调查研究。根据社区应急预案所规范的突发事件种类，选择具有针对性、实用性和操作性的评估方法。如实地考察，阅读资料，召开不同形式、类型、层面的座谈会，探讨应急预案的可行性；通过问卷调查或抽样调查，自下而上或自上而下，点面结合对应急预案可行性进行准确判断。③结合实例进行应急预案评估。结合社区突发事件的具体事例，对应急措施逐项进行分析，确保评估的客观、公正、全面。评估应急预案，既要对应对工作可行性作出总体评价，又要对重点应对工作作出评价；既要肯定成绩，又要指出问题，还要提出改进建议和意见。

（四）社区应急预案修订的情形

社区应急预案应根据评估结果和实际情况等的变化或需要，定期、及时修订。一般来说，至少3年要修订一次应急预案。

具体而言，下列情形应及时修订应急预案：①预案评估后发现需修订的；②预案演练后发现需修订的；③突发事件应对后总结反思发现需修订的；④有关法律、法规、规章、标准、上位预案中的有关规定发生变化的；⑤应急指挥机构及其职责发生重大调整的；⑥面临的风险发生重大变化的；⑦重要应急资源发生重大变化的；⑧预案中的其他重要信息发生变化的；⑨应急预案制定单位认为应当修订的其他情况。应急预案制定机关或者单位修订应急预案时应当在风险分析和应急能力评估后，按照程序重新进行编制、审议、批准、备案和发布。

二、社区应急预案的宣传与培训

社区应急预案的实效发挥通过人的切实掌握和有效执行来保障，对此应开展应急预案的宣传培训和演练等工作。

社区应结合实际，通过专题培训、电视、广播、网络、专栏、宣传手册、专题讲座、安全展览、文艺演出等形式与途径，广泛宣传应急预案、应急救助和处置知识与技能、各类安全防护和应急避险常识，增强居民安全意识和防护能力，不断提高妥善应对水平。

三、社区应急预案的数字化管理

应急预案数字化，也称为数字化应急预案管理系统（Digital Emergency Plan Management System，DEPMS），可以有效实现社区应急预案的动态管理，提高信息化管理水平。

充分利用数字技术可以有效提高应急预案普及率与应急响应效率。为此，要充分考虑预案使用者的实际需求，以实用性、便利性和可操作性为目标，加大云计算、物联网、移动互联网等新技术应用力度，加强社区应急预案数字化管理和相应的信息化、网络化建设，将文本预案转化为数字形式的应急预案，将应急预案相关工作流程、技术措施、资源保障等结构化、数据化，使应急预案"活"起来。具体实施中，应注意以下方面。一是区分使用主体，详细划分领导干部、应急工作人员、基层干部、灾害信息员、公众等不同的预案使用人群；二是根据不同群体的工作特质与使用习惯等因素选择合适的预案数字产品形式，例如手机App、计算机存储、网站公布、应急平台系统、地理定位分析软件等；三是根据预案使用人群的职责权限、关注重点和保密限制等因素，设计个性化的应急预案数字产品；四是实行数字预案模块化与流程化管理，划分事件级别、响应流程、紧急电话、应急资源、新闻发布程序等功能模块，增强数字预案实用性；五是建立健全风险隐患和队伍、物资、装备、场所等应急资源数据库以及数据维护更新机制，因地制宜探索和试点，推进预案涉及风险隐患和队伍、物资装备等应急资源"一张图"建设，对可能影响突发事件发生发展的各种因素进行量化模拟，并根据受影响范围、人员等在数字化预案中提前准备备选方案，提高应急预案实用性。

第三节　社区应急预案的演练和应用

一、社区应急预案演练的目标和要求

社区应急预案演练是指社区层面的演练组织单位按照法律规定，并在有关专业部门的指导下，组织本社区相关单位及人员，依据其制定的突发事件应急预案，模拟应对突发事件进行处置的活动。

（一）应急预案演练的意义作用

社区应急预案编制完成后，应当定期或不定期地组织进行演练，磨合、协调应急预案的运作，检验实施的效果，发现存在的问题，通过持续改进，使之不断完善。社区应急预案演练是检测应急管理工作和应急预案完善与否的重要方法，具有多方面的意义和作用。

（1）检验预案。通过开展应急演练，能够查找应急预案中预设程序存在的问题，检验执行预案的实战效果，进一步完善预案内容。

（2）完善准备。通过开展应急演练，可以检阅演练组织单位处置突发事件应急救援队伍的组织能力、协调能力和战斗力；检查处置突发事件过程中所需物资、装备、技术等方面的准备情况。针对发现的不足，及时对预案做出调整补充，做好以后处置突发事件的应急准备工作。

（3）锻炼队伍。通过开展应急演练，能够不断增强演练组织单位、参与单位工作人员对应急预案处置程序的熟悉程度和相互配合参与应急抢险救灾的熟练

程度，提高应急队伍的救援技能和面对突发事件的应急管理和处置能力。

（4）磨合机制。通过开展应急演练，可以进一步明确演练组织单位相关部门和人员之间的工作职责和任务，突出在处置突发事件过程中既有分工又有配合的原则，进而理顺工作关系，完善应急机制。

（5）提升能力。通过开展应急演练，可以向相关部门人员、社区居民和社会力量等宣传科普知识，普及防灾减灾、防范安全风险管理和处置突发事件的应急知识和法律法规，努力提高突发事件的风险防范意识和相关人员应对突发事件威胁时的自救和互救能力。

（二）应急预案演练的目标设定

应急预案演练目标是检查应急预案演练效果和评价组织和人员的应急准备状态和能力的指标。在设计演练方案时应围绕以下 18 项演练目标展开，根据应急演练目标性质与演练频次要求，可将这些目标分为 A、B、C 3 类。

（1）应急动员。该目标要求应急组织具备在各种情况下警告、通知和动员应急响应人员的能力，以及启动应急设施和为应急调配人员的能力。责任方既要采取系列举措，向应急响应人员发出警报，通知或动员有关应急响应人员各就各位，还要及时启动应急指挥中心和其他应急支持设施，使相关应急设施从正常运转状态进入紧急运转状态。

（2）指挥和控制。该目标要求责任方应当具备应急过程中控制所有响应行动的能力。事件现场指挥人员、应急指挥中心指挥人员和应急组织、行动小组负责人员都应当按应急预案要求，建立应急指挥体系，展示指挥和控制应急响应行动的能力。

（3）事态评估。该目标要求应急组织具备识别事发原因和致害物，判断事件影响范围及其潜在危险，评估事件危险性的能力。即应急组织应具备通过各种方式和渠道，积极收集、获取事件信息，评估、调查人员伤亡和财产损失、现场危险性，以及危险品泄漏等有关情况的能力；具备根据所获信息，判断事件影响范围，以及对居民和环境的中长期危害的能力；具备确定进一步调查所需资源的能力；具备及时通知上级应急组织的能力。

（4）资源管理。该目标要求应急组织具备根据事态评估结果，识别应急资源需求，动员和管理应急响应行动所需资源，以及动员和整合外部应急资源的能力。

（5）通信。该目标要求所有应急响应地点、应急组织和应急响应人员能进行有效地通信交流。应急组织要建立可靠的主通信系统和备用通信系统，其通信能力应与应急预案中要求的相一致，能够展示通信系统及其执行程序的有效性和可操作性。

（6）应急设施、装备和信息显示。该目标要求应急组织具备足够应急设施，且应急设施内装备、地图、显示器材和应急支持资料的准备与管理状况能满足支持应急响应活动的需要。

（7）警报与紧急公告。该目标要求应急组织具备按照应急预案中的规定，迅速完成在一定区域内向公众发出警报、宣传保护措施和信息的能力。

（8）公共信息。该目标要求责任方具备向公众发布确切信息和行动命令的能力。即责任方应具备协调其他应急组织，确定信息发布内容的能力；具备及时通过媒体发布准确信息，确保公众能及时了解准确、完整和通俗易懂信息的能力；具备控制谣言、澄清不实传言的能力。

（9）公众保护措施。该目标要求责任方具备根据事态发展和危险性质制定并采取公众保护措施的能力，包括选择并实施对老年人、小孩、残障人员等特殊人群保护措施的能力。

（10）应急响应人员安全。该目标要求应急组织具备保护应急响应人员安全和健康的能力，主要强调应急区域划分、个体保护、装备配备、事态评估机制与通信活动的管理。

（11）交通管制。该目标要求责任方具备控制交通流量，具备控制疏散区和安置区交通出入口的组织能力和资源，主要强调交通控制点设置、执法人员配备和路障清除等活动。

（12）人员登记、隔离与去污。该目标要求应急组织具备在适当地点对疏散人员进行污染监测、去污和登记的能力，主要强调与污染监测、去污和登记活动相关的执行程序、设施、设备和人员情况。

（13）人员安置。该目标要求应急组织具备收容被疏散人员、提供安置设施和装备的能力。人员安置中心一般设在学校、公园、体育场馆及其他建筑设施中，要求可提供生活必备条件，如避难所、食品、厕所、医疗与健康服务等。

（14）紧急医疗服务。该目标要求应急组织具备将伤病人员运往医疗机构的能力和为伤病人员提供医疗服务的能力。转运伤病人员既要求应急组织具备相应的交通运输能力，也要求具备确定伤病人员去往何处的决策能力。医疗服务主要是指医疗人员接受伤病人员的所有响应行动。

（15）24 小时不间断应急。该目标要求应急组织在应急过程中具备保持 24 小时不间断运行的能力。应急过程可能需坚持 24 小时以上，一些关键应急职能需维持 24 小时不间断运行。因此，责任方应能安排人员轮班，并周密安排交接班，确保应急的持续性。

（16）增援。该目标要求应急组织具备向外部请求增援，并向外部增援机构提供资源支持的能力。主要强调责任方应及时识别增援需求、提出增援请求和向增援机构提供支持等。

（17）事件控制与现场恢复。该目标要求应急组织具备采取有效措施控制事件发展和恢复现场的能力。事件控制是指应急组织应及时排除现场不安全因素，以避免事态进一步恶化。现场恢复是指应急组织为保护居民安全健康，在应急响应后期采取的清理现场污染物，恢复主要生活服务设施，制定并实施人员重入、返回与避迁措施等一系列活动。

（18）文件资料与调查。该目标要求应急组织具备为事件及其应急过程提供文件资料的能力。从事发到应急响应过程基本结束，参与应急的各类应急组织应按有关法律法规和应急预案中的规定，保存与事件相关记录、日记及报告等文件资料，供事件调查及应急响应分析使用。

A 类目标包括目标（1）～（8）项，是应急演练的核心目标，反映有效应对突发事件所必需的应急准备能力。所有应急组织都应当在全面演练中展示 A 类目标。A 类目标一般要求社区每季度组织一次全面演练，且所有承担相应职责的应急组织都应当参与。

B 类目标包括目标（9）～（14）项，反映应急响应能力。在全面演练中，承担相应职责的应急组织应对这些目标进行演练，具体参与演练的组织取决于演练事件和演示范围。B 类目标一般要求社区每季度演练 1 次。

C 类目标包括目标（15）～（18）项，反映应对突发事件的准备能力。C 类目标一般要求社区每 1～2 个月演练 1 次。

（三）应急预案演练的类型方法

按照不同的方式方法和操作要求，社区应急预案演练可分为不同的类型。

（1）按组织形式划分，应急演练可分为桌面演练和实战演练。

桌面演练是指参演人员利用地图、沙盘、流程图、计算机模拟、视频会议等辅助手段，针对事先假定的演练场景，讨论和推演应急决策及现场处置的过程，从而促进相关人员掌握应急预案中所规定的职责和程序，提高指挥员的现场决策能力和参演单位之间的协同配合能力。桌面演练通常在室内完成。

实战演练是指参演人员针对事先设置的突发事件情景及其后续发展的可能，根据应急预案设定的程序，利用应急处置涉及技术、物资和设备，通过实际决策、救援行动和善后操作，完成真实的应急响应过程，从而达到检验和提高相关人员的现场组织指挥能力、队伍调动效果、应急处置技能和后勤保障服务效率等应急能力指标的目的。实战演练应当在特定的场所，根据预先设置的场景完成。

（2）按内容划分，应急演练可分为单项演练和综合演练。

单项演练是指涉及应急预案中特定应急响应工作环节或现场处置方案中一系列响应效能的演练活动。演练注重针对一个或少数几个参与单位、部门的特定工作环节和落实的职责任务进行检验。

综合演练是指涉及应急预案中的多项或全部应急响应效能的演练活动。演练应当注重针对多个单位、部门或者跨部门、行业的工作环节和职责任务的落实情况进行检验。特别是针对不同单位、部门和跨部门、行业之间在处理突发事件应急机制和联合应对突发事件处置能力方面的指挥、协调和配合能力进行检验。

（3）按目的与作用划分，应急演练分为检验性演练、示范性演练和研究性演练。

检验性演练是指为检验所设置应急预案的科学性、可行性、操作性和应急准备的充分性、应急机制的协调性及相关人员在应急处置过程中的配合能力而组织的演练。

示范性演练是指为向观摩人员展示应急处置能力或提供示范教学，而严格按照所设置的应急预案规定，开展的表演性演练。

研究性演练是指为研究解决突发事件应急处置过程中的重点和难点问题，试验新方案、新技术、新装备而组织的演练。

不同类型的演练经过相互组合，可以形成单项桌面演练、综合桌面演练、单项实战演练、综合实战演练、示范性单项演练和示范性综合演练。

二、社区应急预案演练的实施指南

社区要按照"统一规划、分项实施、突出重点、适应需求"的原则，积极协同各专项应急指挥机构或政府有关部门组织制定应急演练计划，并结合工作实际，有计划、有重点地定期组织演练，真正达到检验预案、检验队伍、检验作风的目的。社区应急预案演练的规范化操作与专业化实施，应把握"一组织三流程"，具体包括演练组织机构和职责分工，以及演练事前准备、演练事中实施、演练事后总结的三方面工作流程。

（一）应急预案演练的组织机构和职责分工

社区应急预案演练应在相关预案确定的应急领导机构或指挥机构的领导下组织开展。演练的组织单位应当成立由相关单位领导组成的演练工作领导小组，下设策划部、保障部、评估组等部门；针对不同类型和规模的演练，其组织机构和职能部门可以根据实际情况做适当调整。要根据演练的需要设立现场指挥部。

1. 演练指挥部（领导小组）

社区应根据演练方案的要求，成立由居委会相关负责人组成的演练指挥部（领导小组），全面负责演练活动的组织领导和协调指挥工作，审批决定演练过程的重大事项，同时落实每位成员在演练中的具体工作。演练领导小组组长由演练组织单位或其上级单位的负责人担任；副组长由演练组织单位或主要协办单位负责人担任；小组其他成员由各演练参与单位相关部门的负责人担任。在演练活动的实施阶段，演练领导小组的组长、副组长分别担任演练现场的总指挥和副总指挥，指挥演练活动的正常开展。

演练指挥部（领导小组）的主要职责包括：一是全面负责应急疏散演练工作，总指挥要亲自组织、现场指挥，确保演练效果；二是执行上级有关指示和命令，领导小组成员按其所在部门的职能、职责各负其责，认真做好应急疏散工作；三是合理划定社区及周边应急疏散场地（避险场所）、疏散通道，明确应急疏散信号，设立应急疏散指示标志，教育居民熟悉和掌握应急疏散方案。

2. 演练策划部

演练策划部负责应急演练的策划、演练方案的设计、演练活动组织实施的协调和演练后期的评估总结工作。策划部设总策划、副总策划，下设文案组、协调组、控制组、宣传组等组织机构，履行确定的工作职责。

（1）总策划、副总策划。总策划是演练准备、演练实施、演练总结等阶段各项工作的主要组织者，一般由演练组织单位具有应急演练组织经验和突发事件应急处置经验的人员担任；副总策划协助总策划开展工作，一般由演练组织单位或参与单位的相关人员担任。

（2）文案组。在总策划的直接领导下，负责制定演练计划、设计演练方案、撰写演练总结报告，以及演练文档归档与备案等工作；其成员应当具有一定的演练组织经验和突发事件应急处置经验。

（3）协调组。负责演练过程的协调指挥、信息的上传下达、对外联系等，做好演练涉及相关单位以及本单位相关部门之间的协调与沟通工作，其成员一般为演练组织单位及参与单位的行政工作人员。

（4）控制组。演练活动在实施过程中，在总策划的直接指挥下，负责向参与演练的人员传送各类控制消息，引导应急演练活动按应急预案设定的处置程序有序进行。其成员应当具备一定的演练经验，也可以从文案组和协调组中抽调，此类人员通常称为演练控制人员。

（5）宣传组。负责编制演练宣传方案，演练的摄影、记录、计时、总结，整理演练信息、组织新闻媒体和召开新闻发布等。其成员一般是演练组织单位及参与单位的宣传部门人员。

3. 演练保障部

（1）疏散引导组。负责科学编制和张贴社区应急疏散路线图、应急疏散路线等；引导、组织安全有序疏散；帮助伤病居民疏散并妥善安置；疏散完成后协助其他各组工作。

（2）抢险救护组。负责第一时间组织实施自救互救，抢救遇险人员，视情况抢救重要财产、档案等；检查居民身心状况、进行临时救治和必要的心理疏导；演练中发生意外事故，负责将受伤人员尽快运送到指定安全区域，并迅速联系急救中心或拨打120，在专业医务人员到达之前，救护组应对受伤人员采取必要的救助措施，为救治伤者赢得时间；预防次生灾害发生。

（3）后勤保障组。负责调集演练活动所需要的物资装备，布设演练场地，维护演练秩序，拉响演练警报；购置和制作演练模型、道具、场景，准备通信、标识、广播、救助等演练所需物资装备；检查、恢复社区水电、通信等后勤保障设施；保障演练使用的车辆、人员生活和现场的安全保卫工作到位。其成员一般由演练组织单位及参与单位的后勤、财务、办公等行政部门人员组成，此类人员通常称为后勤保障人员。

4. 演练评估部

演练评估部负责设计演练评估方案和撰写演练效果评估报告，对演练活动从准备、组织、实施、安全事项及其演练目标进行全过程、全方位的评估，根据评估结论及时向演练领导小组、策划部和保障部提出下一步工作意见和建议。其成员一般为应急管理专家或是具有一定演练评估经验和突发事件应急处置经验的专业人员。此类人员通常称为演练评估人员。评估组成员可由上级部门人员组成，也可以由演练组织单位自行确定。

5. 参演队伍和人员

参演队伍包括应急预案规定的有关应急管理部门或者是单位工作人员、社区居委会工作人员、社区居民、社区企事业单位负责人等。必要时，应当邀请跨行业、跨部门的单位专业人员参加。

参演人员承担具体的演练任务，针对模拟突发事件场景作出应急响应行动。模拟事故的发生和解救过程，如发生地震、山体滑坡、泥石流、冰冻雨雪天气、受到洪水、台风等自然灾害侵袭，发生火灾、交通事故、食物中毒事件、人员人身权益被违法犯罪份子侵害等。

上述各部门和各小组应设立负责人，统一协调本组工作。各小组演练前应充分了解本小组职责，并将职责落实到每位成员；演练中按照职责开展工作，在疏散完成后各小组负责人应及时向总指挥进行反馈、汇报。社区可视演练主题和实际情况调整演练组织结构，以保证演练质量。

（二）应急预案演练的事前全面准备

社区应急预案演练的事前准备阶段，需开展的工作主要包括：制定演练方案，成立演练组织结构，演练前安全教育及其他准备工作。

1. 制定演练计划

演练计划是指对拟举行的应急演练，对其基本构想和准备活动所做出的初步安排，一般包括演练的目的、方式、时间、地点、日程安排、经费预算和保障措施等。演练计划由文案组编制，经策划部审查后报演练领导小组批准。

每一次的演练计划原则上应在演练规划中明确，演练规划是指演练组织单位根据本单位实际，依据相关法律法规和应急预案的规定，对一定时期内各类应急演练活动做出的总体计划安排，通常包括应急演练的频次、规模、形式、时间、地点等。

具体而言，演练计划应包括以下主要内容。

（1）确定演练目的。根据应急预案的设置程序，明确开展应急演练的原因、演练需要解决的问题和通过演练期望达到的效果等。

（2）分析演练需求。通过对事先设定即将发生的突发事件可能给社区带来

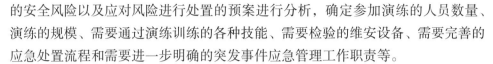

的安全风险以及应对风险进行处置的预案进行分析，确定参加演练的人员数量、演练的规模、需要通过演练训练的各种技能、需要检验的维安设备、需要完善的应急处置流程和需要进一步明确的突发事件应急管理工作职责等。

（3）确定演练范围。根据演练需求、经费、资源和时间等条件的限制，确定演练事件的类型、等级、地域、参演机构及人数、演练方式等。演练需求和演练范围互为影响。

（4）演练的准备与实施演练的日程和计划。主要包括各种演练文件的编写与审定的期限、物资器材准备的期限、演练实施的日期等。

（5）确定演练需要的经费。编制演练经费预算，明确演练经费使用的依据和经费的筹措渠道。

2. 演练方案设计

演练方案由文案组编写，通过评审后的方案由演练领导小组批准实施，必要时还需要上报相关主管单位同意并备案。演练方案应根据社区自身性质、地理位置、周边环境、居民人数、建（构）筑物类型和数量等实际情况，依据《国家突发公共事件总体应急预案》《教育系统突发公共事件应急预案》等相应应急预案制定。演练方案应做到内容完整、简洁规范、责任明确、路线科学、措施具体、便于操作。

具体而言，演练方案一般包括以下内容。

（1）确定演练的目标。演练目标是指演练需要完成的主要任务及其应当达到的效果。一般说明"由谁在什么条件下完成什么任务，依据什么标准，取得什么效果"。演练目标应在演练主题、演练意义的基础上制定，做到简单、具体、可量化、可实现。一次演练一般有若干项演练目标，每项演练目标都要在演练方案中有相应的事件和演练活动予以实现，并在演练评估中有相应的评估项目判断该目标的实现情况。

（2）设计演练情景与实施演练步骤。演练情景要符合演练组织单位的实际，并为演练活动提供初始条件，还需要通过一系列的情景事件来引导演练活动的继续进行，直到整个演练活动完成。演练情景应包括演练场景概述和演练场景清单。演练场景概述对每一处场景做概要说明，主要说明突发事件的类别、发生的时间和地点、事件发展的速度、强度与危险性、受事件影响的范围、救援人员和物资的分布、已经造成的损失和影响、事件后续发展的预测、气象及其他环境条件给处置事件带来的影响等。演练场景清单是明确演练过程中各场景的时间顺序

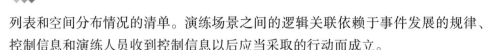

列表和空间分布情况的清单。演练场景之间的逻辑关联依赖于事件发展的规律、控制信息和演练人员收到控制信息以后应当采取的行动而成立。

（3）设计评估标准与方案。演练评估是通过观察、体验和记录演练活动，比较演练实际效果与目标之间的差异，总结演练成效和不足的过程。为便于演练评估操作，通常事先应设计好评估表格，包括演练目标、评估方法、评价标准和相关记录项等，有条件时还可以采用专业评估软件等工具进行评估。演练评估应以演练目标为基础，每项目标要设计合理的评估项目方法和标准，根据演练目标的不同，可以用选择项（是/否判断，多项选择）、主观评分（1—差、3—合格、5—优秀）、定量测量（响应时间、被困人数、获救人数）等方法进行评估。

（4）编写演练方案文件。演练方案文件是指导演练实施的详细工作文件。根据演练类别和规模的不同，演练方案可以编为一个或多个文件。编为多个文件时可包括演练人员手册、演练控制指南、演练评估指南、演练宣传方案、演练脚本等，分别发给相关人员。对高考、中考等国家考试的涉密应急预案演练或不宜公开的演练内容，还要制订相应的保密措施。

演练人员手册，主要包括演练概述、组织机构、时间、地点、参演单位、演练目的、演练情景概述、演练现场标识、演练后勤保障、演练规则、安全注意事项、通信联系方式等。演练人员手册可发放给所有参加演练的人员。

演练控制指南，主要包括演练情景概述、演练事件清单、演练场景说明、参演人员及其位置、演练控制规则、控制人员组织结构与职责、通信联系方式等。演练控制指南主要提供给演练控制人员使用。

演练评估指南，主要包括演练情景概述、演练事件清单、演练目标、演练场景说明、参演人员及其位置、评估人员组织结构与职责、评估人员位置、评估表格及相关工具、通信联系方式等。演练评估指南主要提供给演练评估人员使用。

演练宣传方案，主要包括宣传目标、宣传方式、传播途径、主要任务及分工、技术支持、通信联系方式等。

演练脚本，描述演练指向的突发事件场景、对事件的处置行动、执行人员、指令与对白、视频背景与内容字幕、解说词等。

社区为开展演练活动编写的演练方案文件，可以根据实际情况做出适当的简化。

（5）演练方案评审。对综合性较强、风险较大的应急演练，如火灾、恐怖或极端暴力事件、环境污染（附近化工厂毒气泄漏）事件等应急演练，评估组要对文案制订的演练方案进行评审，确保演练方案科学可行，以保证应急演练工作能够顺利进行。

3. 演练的宣传教育和动员培训

在演练开始前要就演练的预案内容、演练程序和相关知识技能等开展宣传教育和动员培训，确保所有参演人员能够掌握演练规则、演练情景和各自在演练过程中的任务。

学校应根据演练的主题，在演练前要依托广播、宣传橱窗、板报等传播载体，通过社区宣传、活动等多种途径和方式，向居民宣讲疏散演练方案，明确演练的必要性和基本步骤，有针对性地组织学习安全知识，掌握避险、撤离、疏散和自救互救的方法、技能，尤其是应急疏散类的演练，应确保参加演练的人员熟悉疏散程序、疏散信号、疏散路线、疏散顺序、疏散后的集合场地和时间要求等。

所有参演人员都要经过突发事件应急处置基本知识、演练基本概念、演练现场规则等方面的培训。对控制人员要进行岗位职责、演练过程控制和管理等方面内容的培训；对评估人员要进行岗位职责、演练评估方法、工具使用等方面内容的培训；对参演人员要进行应急预案、应急技能及个体防护装备使用等方面内容的培训。培训工作应当根据演练内容和要求，在相关部门专业人员的指导下开展。

4. 应急演练的保障准备

在社区应急预案演练之前，应做好人员、经费、场地、物资和器材、通信、安全等多方面保障工作。

（1）人员保障。演练参与人员一般包括演练领导小组、演练总指挥、总策划、文案人员、控制人员、评估人员、保障人员、参演人员、模拟人员等，有时还会有观摩人员等其他人员。在演练的准备过程中，演练组织单位和参与单位应当做到明确演练任务，合理安排工作，保证相关人员参与演练活动的时间；通过组织观摩学习和培训，努力提高演练人员的基本素质和技能。演练前社区应向相关部门报告，根据不同演练主题，加强与公安、交管、地震、消防、卫健、市场监管等部门的沟通协调，邀请专业人员到场指导，帮助完善演练方案、加强过程指导。

（2）经费保障。社区每年要根据应急演练规划编制应急演练经费预算，纳入年度财政（财务）预算中，并按照演练需要及时拨付经费。上级单位要对经费的使用情况进行有效的监督检查，确保演练经费的专款专用、节约高效。

（3）场地保障。根据演练方式和内容，经现场勘察后选择合适的演练场地。桌面演练一般可选择会议室等地方进行；实战演练应选择与情景现场情况相似的地点进行，并根据需要协调指挥部、集结点、接待站、供应站、救护站、停车场等设施。演练场地应有足够的空间，良好的交通、生活、卫生和安全条件，尽量避免干扰公共生产生活。

（4）物资和器材保障。根据需要，准备必要的演练材料、物资和器材，制作必要的模型设施等。信息材料，主要包括应急预案和演练方案的纸质文本、演示文档、图表、地图、软件等。物资设备，主要包括各种应急抢险物资、装备、办公设备、录音照相摄像设备、信息显示设备等。通信器材，主要包括固定电话、移动电话、对讲机、传真机、计算机、无线局域网、视频通信器材和其他配套器材，尽可能使用本单位已有的通信器材。演练情景模型，演练场地可以搭建必要的模拟场景及装备设施。

（5）通信保障。应急演练过程中的应急指挥机构、总策划、控制人员、参演人员、模拟人员之间要有及时可靠的信息传递渠道。根据演练需要，可以采用多种公用或专用通信系统，必要时可组建演练专用通信与信息网络，确保演练控制信息的快速传递。

（6）安全保障。演练活动必须确保在安全的状态下进行。演练的组织单位要高度重视演练组织与实施过程中的人身安全保障工作。①演练前要对人员身体情况做一次问询检查，凡有特异体质（先天性心脏病、癫痫等）的人员，演练前发烧、腿受伤等不宜进行紧张和奔跑活动的人员，要给予特殊考虑和安排。②大型或高风险的社区演练活动，要按规定制定专门的应急预案，采取预防措施，对关键部位和环节可能会出现的突发事件进行预先评判和有针对性的演练。③可以根据需要为演练人员配备个人防护装备，购买人身意外伤害险等商业保险。④对可能影响公众生活、容易引起公众误解和恐慌的应急演练项目，应提前向社会发布公告，告示演练的时间、地点、内容和组织单位，并做好可能出现问题的应对方案，避免造成负面社会影响。⑤演练现场应当制定必要的安保措施，落实保安人员具体负责执行；必要时可申请由公安机关对演练现场进行封闭或管制，以保证演练能够安全进行。⑥演练过程中出现意外情况时，由负责演练的总指挥与其他领导小组成员会商后，可决定提前终止演练活动。

（三）应急预案演练的事中有序实施

社区应急预案演练的实施过程，应确保在有序、稳妥、安全的基础上达到演练目标、发挥演练实效。对此，应做好行动与指挥、过程控制、解说、记录、宣传报道、结束与终止等一系列工作。

1. 演练的指挥与行动

演练正式启动前一般要举行简短仪式，由演练总指挥宣布演练开始并启动演练活动。参演各方人员依据演练方案分别执行各自的任务。

（1）演练总指挥负责演练实施全过程的指挥控制，当演练总指挥不兼任总策划时，一般由总指挥授权总策划对演练全程进行控制。按照演练方案要求，由应急指挥机构指挥各参演队伍和人员，开展对模拟突发事件的应急处置行动，直至完成各项演练活动。

（2）演练控制人员应充分掌握演练方案，按总策划的要求，熟练发布控制信息，协调参演人员完成各项演练任务。

（3）参演人员根据控制信息和指令，按照演练方案规定的程序开展突发事件应急处置行动，并完成各项演练活动。

（4）模拟人员按照演练方案要求，根据参加演练的单位或事件中的参与人员所承担的具体演练任务，开展处置或配合行动，并作出信息反馈。

2. 演练过程控制

总策划负责按演练方案控制演练过程，根据不同的演练类型，有针对性地开展过程控制，确保演练全程得以安全、顺利、稳妥推进并取得实效。

（1）桌面演练过程控制。在讨论式桌面演练中，演练活动主要是对所提出来的问题进行讨论。由总策划以口头或书面形式，部署引入一个或若干个问题，参演人员根据应急预案内容及有关规定，讨论应该采取的行动。在角色扮演或推演式桌面演练中，由总策划按照演练方案发出的控制信息，参演人员在接收到事件信息后，通过角色扮演或模拟操作，完成突发事件的应急处置工作。

（2）实战演练过程控制。在实战演练中，应当通过传递控制指令来控制演练的进程。在总策划按照演练方案发出控制指令后，控制人员向参演人员和模拟人员传递控制消息。参演人员和模拟人员接到信息后，按照发生真实事件的应急处置程序，根据应急行动方案，采取相应的应急处置行动。控制指令消息可由人工进行传递，也可以用对讲机、电话、手机、传真机、网络等方式进行传送，或者通过特定的声音、标志、视频等方式加以呈现。演练过程中，控制人员应随时掌握演练进展的情况，并向总策划报告演练中出现的各种问题。

3. 演练解说

在演练实施过程中，演练组织单位可以安排专人对演练过程进行解说。解说内容一般包括演练背景描述、进程讲解、案例介绍、环境渲染等要素。对于有演练脚本的大型综合性示范演练，可以按照脚本中的解说词进行讲解。

4. 演练记录

演练实施过程中，一般要安排专人，采用文字、照片和音像视频等手段记录演练的过程。文字记录一般可由评估人员完成，主要包括演练实际开始与结束时间、演练过程控制情况、各项演练活动中参演人员的表现、意外情况及其处置等内容，尤其要详细记录可能出现的人员"伤亡"（如人员进入到"危险"场所而没有安全防护，在规定的时间内受困人员不能完成疏散等）及财产"损失"等情况。照片和音像视频记录可安排专业人员和宣传人员在不同现场、以不同角度进行拍摄，尽可能全方位地反映演练实施的整个过程。

5. 演练宣传报道

演练宣传组应当按照演练宣传方案，做好演练活动的宣传报道工作。在认真做好信息采集、媒体组织、广播电视节目现场采编和播报等工作的基础上，扩大演练的宣传教育效果。对有关涉密的应急演练，要做好相关的保密工作。

6. 演练结束与终止

当演练完毕时，由总策划发出结束信号，演练现场总指挥宣布演练结束。演练结束以后，所有人员必须停止演练活动，并按照预定方案集合进行现场总结讲评或者组织疏散。保障部负责组织人员对演练场地进行清理和恢复。

演练实施过程中如果出现下列情况，经演练领导小组决定，由演练总指挥按照事先规定的程序和指令终止演练：

（1）出现真实的突发事件，需要参演人员参与应急救援处置工作时，应当终止演练，使参演人员迅速回归其工作岗位，履行应急处置职责。

（2）出现特殊或意外情况，短时间内不能妥善处置或解决时，可宣布提前终止演练。

（四）应急预案演练的事后评估总结

社区应急预案演练结束后，应及时开展评估和总结，以用于指导应急预案的修订和社区安全日常工作。

1. 演练评估

演练评估是在全面分析演练记录及相关资料的基础上，根据演练标准和方案，对比参演人员的现场表现与演练目标要求，对演练活动及其组织过程作出客观评价，并编写评估报告的过程。所有应急演练活动都应当进行演练评估，并在评估总结的基础上不断提高以后应对突发事件的处置水平。

演练结束后可通过组织召开评估会议、填写演练评价表和对参演人员进行访谈等方式对演练效果进行评估，也可以要求参演单位提供自我评估总结材料，进一步收集演练组织实施的情况，评估演练效果。

演练评估报告的主要内容一般包括演练执行情况，预案的科学性、合理性与操作性，应急指挥人员的指挥协调能力，参演人员的处置和协同配合能力，演练所用设施装备的适用性，演练目标的实现情况，演练的成本效益分析，对完善应急预案的工作建议等。

2. 演练总结

演练总结可分为现场总结和事后总结。在此基础上形成演练总结报告。

（1）现场总结。在演练过程完成的一个阶段或所有演练阶段结束以后，由演练总指挥、总策划、专家评估组长等在演练现场有针对性地进行讲评和总结。内容主要包括该阶段的演练目标实现、参演队伍及人员的表现、演练中暴露出来的问题和解决问题的办法等。

（2）事后总结。在演练结束以后，由文案组根据演练记录、演练评估报告、应急预案、现场总结等材料，对演练进行系统和全面的总结，并形成演练总结报告。演练参与单位也可以对本单位的演练情况进行总结。

演练总结报告的内容包括：演练目的、时间和地点、参演单位和人员、演练方案概要、发现的问题与原因、经验和教训，以及之后改进有关应急管理工作的建议等；其中重点包括：通过演练发现的主要问题，对演练准备情况的评价，预案有关程序、内容的建议和改进意见，在训练、器材设备方面的改进意见，演练的最佳顺序和时间的建议，对演练情况设置的意见，对演练指挥机关的意见等。

3. 成果运用

对演练中暴露出来的问题，演练单位应当及时采取措施予以改进，包括修改和完善应急预案的相关不实际的内容，有针对性地加强应急管理人员的教育和培训，对应急物资装备有计划地进行储备和更新等，并建立改进的时间任务表，按规定时间对改进情况进行监督检查。

完善社区应急管理机制的同时，还需要根据预案执行和演练的具体情况，做好以下四方面的完善工作。一是操作预案完善。预案制定的合理性和可操作性都有待在实际运用和演练中发现问题，并最终做出改进。二是组织结构完善。对预案执行过程中涉及岗位职责不清、人员配备失衡和关键岗位过于薄弱等问题展开全面分析，做出相应改进措施。三是信息基础完善。预案执行的数据可以通过构建信息系统和数据库的形式予以保存，作为未来预案改进的依据。四是制度完善。将一些好的经验和做法以制度、规范形式固化下来，提升社区应急管理工作的规范性。

4. 文件归档与备案

演练组织单位在演练结束后应将演练计划、演练方案、演练评估报告、演练总结报告、图像视频、有关领导讲话等文件资料归档保存。对于由上级有关部门布置或参与组织的演练，或者法律、法规、规章要求进行备案的演练，演练组织单位应当将相关资料及时上报有关部门备案。

5. 考核与奖惩

演练组织单位要注重对演练参与单位及相关人员进行量化考核。对在演练过程中出色完成任务的单位和表现突出的个人，给予必要的表彰奖励；对不按照要求参加演练，或因其行为影响到演练活动正常开展的单位和个人，视其影响程度给予必要的通报批评或行政问责。

三、社区应急预案的操作手册

应急预案是预防和应对各类突发公共事件的指导性文件，制订预案的目的在于运用和实施。而预防和应对突发公共事件是一项系统工程，涉及面广、牵涉单位多、面对情况复杂、人财物资源需求量大。为了使预案有针对性、适用性和可操作性，必须对预案的原则、内容、要求，对应急处置的指挥体系、信息系统、人财物保障体系等要素，进行简化、细化、具体化、程序化、标准化和可操作。为此，需要制定与各种社区应急预案相对应的预案操作手册，用于辅助应急预案演练并指导应急处置实施。

社区应急预案操作手册主要内容有如下方面。

（1）应急处置流程框架图。依据突发公共事件的级别，按照分级响应的原则，对突发公共事件事前、事中、事后各级政府采取的应急准备、先期处置、信息报送、应急响应、扩大应急、善后处理、恢复重建、总结评估等用图表形式来显示。

（2）应急处置流程说明。按照应急预案的规定和应急处置程序，各级各部门对信息报送、预警行动、组织指挥、处置行动、响应终止、后期处置等应急处置程序中的任务、目标、要求进行具体明确，也就是对应急处置流程框架图进行说明。

（3）应急信息网络系统。对建立的应急信息报送网络、应急指挥网络作出明确规定，保证应急处置行动时应急信息流的使用、调度畅通，指挥控制顺畅。

（4）监测和预测系统。掌握各级各部门现有的各类突发公共事件监测、预测网络和装备、器材，以及对各类不同突发公共事件的监测和预测能力，为预防和应对突发公共事件做好先期准备创造技术条件。

（5）应急报警系统。掌握各种报警系统和装备的作战技术水平，警报发布方式、手段，警报系统能够覆盖的范围等，为突发公共事件发生后进行有效的预警行动打下基础。

（6）应急专家。各地应建立本地区应急专家库，每个应急预案要建立专家组，每个专家要建立包括单位、职称、研究重点、联系方式等内容的专家档案。一旦应急需要，能够随时随地、快速得到各类专家的技术咨询，为应急指挥决策提供技术支撑。

（7）重大危险源登记。各地、各行业对本行政区域内的固定和流动重大危险源进行登记统计，制作重大危险源分布图，掌握重大危险源的性质、种类和事件发生后的危害程度、影响范围、处置办法等。能够使应急指挥员、救援队伍及时掌握险情，有针对地进行预防和处置。

（8）重要防护目标确定。建立本行政区域内重要防护目标档案，制作重要目标分布图。当突发公共事件发生后，明确对不同类别、不同防护级别重要目标的防护方法、防护要求等，有针对性和有重点地对重要目标进行事前、事中、事后的防护。

（9）应急管理机构登记。对本行政区域内各级、各部门的应急管理机构和人员的职责分工、通信联络进行详细登记，一旦发生突发公共事件，能联系上，并准时到岗到位。

（10）应急救援力量登记。应急救援力量主要包括驻军、武警、公安、消防、专业救援队伍等。对各类救援力量的人员和装备数量、救援能力、救助专业、联络方式、主管单位、主要负责人等进行详细登记，制作应急救援队伍分布图。一旦需要随时能够联系得上、拉得出、起作用。

（11）医疗保障能力登记。对本行政区域内医院、急救中心等进行登记，制作分布图。医院、急救中心、防疫站等医疗机构的救治专业、床位、救治力量、装备等都应登记翔实。救援行动展开后，能及时派出医疗专家、医疗抢救分队救治伤员。

（12）应急装备、设施、物资登记。对本行政区域内所有应急装备、设施的性能、数量等进行登记统计，对应急物资储备库、储备点的种类和数量、质量进行登记统计，一旦实施应急保障行动，保证能够随时供得上、供得足。

（13）应急物资供应企业名录。建立本行政区内大宗、常用、不需储备、随时可以生产的应急物资生产企业、物流业、市场等企业名录，一旦需要应急物资保障，可以随时、快速组织生产、调拨、征用等。

（14）公众疏散路线图。对本行政区内的企业、社区、学校、农村和其他公众密集区，针对不同的突发公共事件，制定人员避灾疏散撤离线路图，在突发事件来临时能够及时组织公众撤离，保证公众的人身安全。

（15）避难场所分布情况。对已经建立的专业应急避难场所和适合应急避难的场所进行登记统计，掌握每个避难场所的安置人数、保障时间等，制作避难场所分布图。

（16）应用技术支撑。对应急预案、应急管理、应急评估、应急资源等开发应用软件，建立应急管理数据库，为突发公共事件的预防和处置，为应急指挥和决策提供科学依据、提供技术支撑。

（17）外部联络。建立对上级、友邻市县（区）、驻军、非政府组织等建立通信联络，一旦应急需要可随时提出支援请求。

（18）新闻媒体联络。建立对电视台、广播电台、传媒网络等新闻媒体的联系，能够随时进行信息发布、预警和宣传教育。

（19）社会动员系统。对民营、私人企业的应急救援力量和装备、设施、物资，以及社会团体的应急力量和志愿者进行登记统计，建立通信联络。

（20）相关标准。制定应急信息报送规范格式、时限标准，各级预案启动的分级标准，突发事件评估标准等等。

以上各项内容，是针对所有预案或者总体应急预案提出，就某一专项应急预案或应急保障行动方案来说，内容必然有增有减，各地各部门在具体运用时，应当从实际实用出发。

实践范例：山东省济南市探索社区应急救援站建设

1. 社区应急救援站的内涵和意义

山东省济南市颁布《2020年济南市应急救援站建设实施方案》，在全国率先提出建设社区应急救援站，救援力量下沉，提升应急救援科技支撑，从风险预警、队伍建设、联动机制、考核等多维度形成应急闭环，是城镇应急的有益尝试。

社区应急救援站是"应急救援站、微型安全巡查车、专职应急救援员、安全物联网、区域应急指挥中心"五位一体基层应急管理工作模式。其整合各类基层应急资源，构建"统一指挥、反应灵敏、协调有序、运转高效"的应急救援指挥体系，集成和发挥"安全巡查、宣传培训、应急救援"三大职能于一体的"大安全、大应急、大减灾"工作体系。社区应急救援站充分发挥专职应急救援员的专业优势，加强大数据、物联网等科技应用，强化人防与技防融合，有效打通应急管理"最后一公里"，真正实现打早灭小、快速救援，最大限度减少事故灾害，提升人民群众的安全感和满意度。

2. 社区应急救援站的建设标准

按照"硬件+软件+队伍+工作制度机制"，济南市标准化推进社区应急救援站的建设。

（1）硬件。救援站配备有微型巡逻车（配备超细水雾灭火装置、手抬机动消防泵、灭火器等装备），还配备了防护类、侦检类、灭火类、破拆类、救生类、通信类等应急救援器材36类。

（2）软件。为基础数据库+消防物联系统建设。运用了云计算、大数据等技术，建立了社区、九小场所、重点单位基础信息数据库，明晰了各类场所单位的建筑概况、设施配备、危险源、应急安全组织体系等情况，实现基础信息数字化。利用科技手段，实时预警，24小时运行的安全隐患巡查、消防用水检测、智慧用电云检测、重点部位监控、无线烟感报警和无线燃气报警等物联系统，通过视频复用，实现安全隐患可视化。

（3）队伍建设。以街道综治办网格化管理，救援站队伍常规化配置。

（4）工作制度机制。通过微型消防车加装的北斗GPS系统和指挥中心应急指挥平台，实现"实时监控、区域联防、多站联动、互邻增援"。针对老旧小区的各类应急、安全、消防突发事件，可以做到1分钟接警、3分钟到场、5分钟处置，达到"打早灭小、快速救援"的效果。通过建立完善的风险隐患上传、任务派发、整改核查、责任追究的闭环式工作流程，实现隐患整治规范化，解决了公共安全和应急救援难题。

3. 社区应急救援站的实施效果

济南市历下区老旧小区多、消防设施落后、街巷交通不畅，让历下区面临"小火变大火、小灾变大灾"的巨大压力；该区坚持问题导向，按照"政府主建、街道主管、社会参与"模式，通过政府购买服务方式，试点建成 24 个社区应急救援站。这些救援站配有微型巡逻车、灭火器、对讲机、破拆救生器材等36 类应急装备，176 名救援人员全部取得保安员、安全管理员、救护员等职业技能鉴定证书，承担安全巡查、宣传培训、应急救援等任务。"一专多能、一站多用"的社区应急救援站，做到了"一分钟接警、三分钟到场、五分钟处置"，真正实现了快速救援、灭早打小的工作目标，成为群众身边的"安全堡垒"、应急管理的"闪亮名片"。2019 年，社区应急救援站共处置突发事件 1567 起，疏散群众 5000 余人。

社区应急救援站建成后，坚持全天候风险巡查，对巡查中发现的问题及时上门沟通，争取第一时间处置，并做好统计上报工作。对辖区重点风险场所重点排查风险。人员密集场所、商铺密集区、重点巡查区不间断巡查，整改安全隐患，处置辖区初期火情，联动处置其他辖区火情，组织大型消防安全演练，参与区安委会组织的综合应急演练；协助居民群众求助；与街道办、居委会网格员、安全员积极配合，建立了《社区安全巡查记录》《建筑物基本信息》《社区公共安全设施情况统计》《社区九小场所》《一楼一档》等社区基础档案。提升了企业员工和辖区居民的安全意识，初步建立起短距联动、高效运转的社区应急救援服务中心，辖区安全得到了有效保障。

实用工具：社区地震应急预案参考版本

第一条　编制目的。进一步加强社区地震应急工作，确保破坏性地震发生后社区应急处置工作迅速、高效、有序地进行，最大限度地减少人员伤亡；维护社会稳定，构建和谐社会。

第二条　编制依据。根据《××省地震应急预案》《××市地震应急预案》《××镇（街、区）地震应急预案》，结合社区实际情况，制定本地震应急预案（以下简称"预案"）。

第三条　指导思想。坚持预防为主、防御与救助相结合的方针，贯彻"统一领导、分级负责，信息畅通、反应及时，加强协作、整体联动"的工作原则，保证社区及时、准确、有效地实施预防、控制疏散和自救互救等措施，保障社区居民身体健康和生命、财产安全。

第四条　适用范围。预案适用于驻社区各单位及社区居民应对处置我市及周边省、市、海域发生破坏性地震或受其他破坏性地震影响，造成人员伤亡和经济损失时的地震应急救援工作。

第五条　启动条件。我市及周边省、市、海域发生破坏性地震或社区所在地受其他破坏性地震影响，造成人员伤亡和经济损失时，立即启动本预案。

第六条　组织机构及职责。在社区党组织的领导下，成立地震应急工作领导小组，全面负责社区地震应急工作。领导小组下设办公室、抢险救灾组、医疗救护组、疏散安置组、治安保障组等应急工作机构。社区地震应急工作领导小组、各工作组组成及职责见附件1，电话联系表见附件2。

第七条　健全制度。社区建立健全包括地震应急救援知识宣传、日常值班、灾情报告、应急检查与演练等地震灾害防范和应急处置各项规章制度，并落到实处，常抓不懈。

第八条　明确责任。社区建立健全应急岗位责任制度，明确应急管理机构、应急处置组织、管理人员以及各级各类人员的震时应急责任。完善各项技术规范和程序，明确人员疏散、报警、指挥以及现场抢险等程序，做到分工明确、责任到人。

第九条　应急准备。社区地震应急工作领导小组坚持预防为主、常备不懈的方针和独立自主、自力更生的原则，认真做好以下地震应急准备工作。

（一）明确应急工作领导小组办公地点及通信方式，在社区明显的位置张贴使用，并印发给相关部门和应急人员。

（二）定期修订社区预案，并组织指挥部成员学习和熟悉预案，适时组织演练；周密计划和充分准备抗震救灾设备、器材、工具等装备，落实数量，明确到人。

（三）利用已有的宣传阵地和载体宣传防震、避震、自救互救、应急疏散、逃生途径和方法等地震安全知识，并向社区居民发放地震安全知识画册、应急疏散路线图。

（四）制定并让社区居民熟悉应急疏散方案、疏散路线、疏散场地和避难场所。

（五）定期进行训练和演练，熟悉预案，明确职责，负责抢险工具、器材、设备的落实。

（六）制定治安管理措施，加强对重点部门、设施、线路的监控及巡视。

（七）开展防震科普知识宣传培训，提高社区居民识别地震谣传的能力；及时平息地震谣传或误传，安定人心。

（八）备足备齐并及时补充更新地震应急所需要的药品、器械、消毒、隔离、防护用品等（具体列表）。

（九）安排人员负责应急物资储备库管理。预案启动后，应急物资由抗震救灾指挥部统一调用。

第十条 应急演习。社区经常性地开展地震应急工作检查，每年定期开展 1～2 次综合性地震应急避险和自救互救演习，提高社区居民地震应急意识和在地震应急状态下的应变处置能力。

第十一条 临震应急反应。社区接到政府发布的临震预报后，领导小组应及时主持召开应急会议，宣布社区进入临震应急状态。按本预案做好地震应急的各项准备工作，包括进一步学习和熟悉地震应急预案、应急工作程序，开展防震科普知识的强化培训、避震及疏散演练，落实抢险救灾设备、物资保障，检查并排除水、火、电、暖设施和危险建筑物等安全隐患。

社区地震应急工作领导小组开展以下工作：

（一）召开社区抗震救灾领导小组工作会议，通报震情趋势，部署紧急避险和抢险救灾工作。

（二）随时了解、掌握地震动态并及时向社区抗震救灾领导小组各应急工作组通报。

（三）检查驻社区各单位、各应急救援工作组的应急措施和防震减灾准备工作的落实情况，检查消防设施。

（四）配合有关部门对辖区内的生命线工程和次生灾害源采取紧急措施和特殊保护措施，确保震时不受大的破坏。

（五）根据上级指挥机构发布的地震动态宣布临震应急期的起止时间，根据震情发展趋势决定社区居民避震疏散时间及范围。

（六）强化社区居民地震知识的宣传教育，防止发生地震谣传或误传，维护社会安定。

第十二条 震时应急反应。破坏性地震发生后，社区地震应急工作领导小组自动转为社区抗震救灾指挥部，社区居委会主任为指挥部指挥长，统一指挥、协调社区居民疏散、抢险救援等应急处置工作。指挥部全体成员应在30分钟内到社区会议室集中（不再另行通知），并根据抗震救灾指挥部的要求，立即组织开展抗震救灾工作。

（一）应急指挥。社区抗震救灾指挥部立即部署、协调和开展应急救援和救护工作。保持社区与政府抗震救灾指挥部、地震部门、民政部门的通信联系，向有关部门了解地震震级、发生时间和震中位置、震情趋势等情况，保证24小时通信畅通。积极争取救灾物资，安排好群众生活。

（二）人员疏散。疏散安置组应立即按照应急预案和人员疏散、转移方案，组织社区居民疏散、转移至安全区域，防止强余震造成人员伤亡。在疏散、转移时，应采取必要的防护、救护措施。

（三）抢救伤员。抢险救灾组立即组织青壮年本着先救人、后救物的原则，就近组织开展自救互救，抢救被埋压人员；协助专业救援队搜救被埋人员。医疗救护组组织社区卫生所开展救护工作，对需要救治的伤病员组织现场抢救，并帮助其迅速脱离危险环境；协助卫生医疗救护队抢救伤病员、开展社区疾病预防和水源卫生监控等工作。

（四）抢排险情。抢险救灾组协助有关部门对震后破坏的供排水、供电、社区内道路、基础设施进行抢排险，尽快恢复社区基础设施功能；组织社区力量配合有关部门尽快恢复供水、供电，保证社区居民用水、用电。协助公安、消防部队扑灭火灾和保护社区重点文档资料、重要设施。

（五）安全保卫。治安保障组尽快组织人力，加强治安管理和安全保卫工作，维护社区公共秩序，配合公安部门预防和打击各类违法犯罪活动，保证抢险救灾工作顺利进行。加强对社区公共财产、救济物品集散点等重点部位的警戒。

（六）信息收集。办公室在开展救援工作的同时，立即将伤病员数量、救治情况、救援力量以及建筑物倒塌、震灾损失的初步估计等情况，报告当地抗震救灾指挥部和民政部门。

（七）应急响应终止。社区地震灾害救援工作完成，伤病员在医疗机构得到救治，社区居民情绪稳定，并得到妥善安置，社区及时恢复正常的工作生活秩序，经批准可宣布地震应急响应终止。

第十三条　本预案自公布之日起执行。由社区地震应急工作领导小组负责解释。

附件1：社区地震应急工作领导小组组成及职责

一、领导小组及职责（注明由谁担任"地震助理员"）

组 长：社区居委会（书记）主任

副组长：社区居委会副主任、社区公安民警

成 员：略

地震应急领导小组下设办公室、抢险救灾组、治安保障组、医疗救护组、疏散安置组。

领导小组主要职责：

1. 震前防范

（1）制定本社区地震应急预案，落实任务，责任到人。

（2）负责本辖区防震减灾工作，部署和落实地震应急措施。

（3）宣传普及防震减灾知识，增强社区居民的防震减灾意识及自救互救能力。

（4）制定震时人员疏散方案，规划社区疏散路线及场地。

（5）组建社区志愿者队伍，落实抢险救灾人员，储备必需的救助工具和物资食品。

2. 震时应急

（1）组织社区居民开展抢险救灾，自救互救；组织社区居民紧急疏散到安全场地。

（2）开展灾情调查，及时掌握灾情、震情、险情及其发展趋势，报送政府抗震救灾指挥部办公室，在形势紧急时向上级部门请求支援。

（3）协调解决地震应急和抗震救灾中急需解决的重大问题。

（4）组织社区卫生所开展救护和卫生防疫工作。

（5）协助社区公安民警做好本社区的治安防范工作。

（6）组织社区居民做好防火、防毒、防爆等工作。

（7）负责救灾物资的接收、登记、发放工作。

（8）负责上级部门交办的其他工作。

二、各工作组及职责

1. 办公室

主 任：×××

副主任：×××

成　员：×××　×××　×××　×××

主要职责：

（1）负责迅速了解、收集和汇总灾情、震情、险情，及时向政府抗震救灾指挥部及当地地震部门报告。

（2）传达、贯彻、落实抗震救灾指挥部的决策；组织有关会议和接待工作。

（3）按照有关规定，及时向公众发布震情、灾情等有关信息。

（4）围绕抗震救灾和恢复重建工作，开展科学、有效的宣传，鼓励、动员群众战胜地震灾害；及时平息地震谣传或误传。

（5）适时宣传抗震救灾的先进事迹、模范人物，及时把党和政府的指挥意图、应急决策告诉群众，激励人们振奋精神，恢复生产，重建家园。

2. 抢险救灾组

组　长：×××

副组长：×××

成　员：×××　×××　×××

主要职责：

（1）立即集结抢险救灾人员和器材，根据指挥部的命令迅速开展抢险救灾。

（2）按照先人后物的原则，及时抢救被埋压的人员。

（3）协助医疗救护组及时运送重伤员。

（4）出现重大火灾、水灾等次生灾害后，立即配合组织救灾。

3. 治安保障组

组　长：×××

副组长：×××

成　员：×××　×××　×××

主要职责：

（1）维护社区社会治安，严厉打击各种违法犯罪活动。

（2）抢救并保护国家重要财产、文物、档案材料和贵重物品。

（3）协调供水、供电部门抢修供水、供电设施，保障社区居民生活用水、用电，防止次生灾害发生。

4. 医疗救护组

组　长：×××

副组长：×××

成　员：×××　×××　×××　×××

主要职责：

（1）积极组织社区卫生所开展救护工作，保证伤员及时得到救治。

（2）加强灾区卫生防疫，防止和控制疫情的发生蔓延。

5. 疏散安置组

组　长：×××

副组长：×××

成　员：×××　×××　×××　×××

主要职责：

（1）组织社区居民按照预定的疏散通道及路线疏散到避难场所。

（2）组织群众搭建防震棚，安置无家可归人员。

（3）组织群众做好各类次生灾害和强余震的防范工作。

（4）做好死难者的善后工作，妥善安置丧失亲人的孤儿和老人。

（5）组织救灾物资的接收、登记、分配、运送、发放工作。

附件 2：社区地震应急工作领导小组联系电话

应急机构	职务	姓名	工作部门	联系电话	移动电话
领导小组	组长				
	地震助理员				
	……	……	……	……	……
办公室	组长				
	……	……	……	……	……
抢险救灾组	组长				
	……	……	……	……	……
治安保障组	组长				
	……	……	……	……	……
医疗救护组	组长				
	……	……	……	……	……
疏散安置组	组长				
	……	……	……	……	……
……					……

附件3：地震应急预案备案登记表

预案名称				
编制单位		制定或修订时间		
通信地址		邮政编码		
承办单位或部门		联系电话		
报送人		联系电话		

备案说明：

审核意见：

审核单位：（公章）
年　月　日

备案时间		档案号	
登记人		联系电话	

注：备案说明应注明本预案是初始制定或修订；修订的重要内容；实施时间及其他需要说明事项。本登记
　　表一式三份，由报送单位与民政、地震局分别存档。

第六章 社区安全突发事件的 应 急 处 置

◎ 拓 扑 图

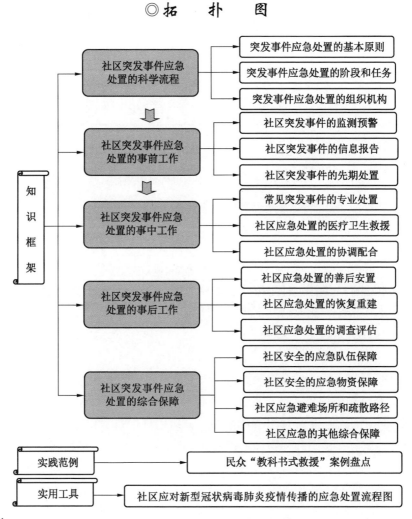

		突发事件应急处置的基本原则
	社区突发事件应急处置的科学流程	突发事件应急处置的阶段和任务
		突发事件应急处置的组织机构
	社区突发事件应急处置的事前工作	社区突发事件的监测预警
		社区突发事件的信息报告
		社区突发事件的先期处置
知识框架	社区突发事件应急处置的事中工作	常见突发事件的专业处置
		社区应急处置的医疗卫生救援
		社区应急处置的协调配合
	社区突发事件应急处置的事后工作	社区应急处置的善后安置
		社区应急处置的恢复重建
		社区应急处置的调查评估
	社区突发事件应急处置的综合保障	社区安全的应急队伍保障
		社区安全的应急物资保障
		社区应急避难场所和疏散路径
		社区应急的其他综合保障

实践范例	民众"教科书式救援"案例盘点
实用工具	社区应对新型冠状病毒肺炎疫情传播的应急处置流程图

◎ 本 章 概 要

　　社区突发事件应急处置，坚持以人为本、预防为主、统一调度、社会参与的原则。社区应在党委政府和有关部门的统一领导和部署下开展应急处突工作。应急处置总体上划分为事发、事中、事后3个阶段，事前应做好监测预警、信息报告、先期处置等工作，事中应做好现场处置、医疗卫生救援、协调配合与联动应急等工作，事后应做好善后安置、恢复重建、调查评估等工作。根据社区突发事件应急处置的任务和要求，成立相应的组织机构，包括指挥领导机构和通信联络组、宣传教育组、治安保障组、群众工作组、医疗救护组、后勤保障组等现场处置工作组。社区突发事件应急处置的各项工作，需要应急队伍、应急物资、应急避难场所和疏散路径及其他综合保障来确保实施，在社区应急预案中对各类应急保障予以明确，并在社区安全常态管理中对相关保障工作予以落实和充分准备。

第一节　社区突发事件应急处置的科学流程

一、社区突发事件应急处置的基本原则

　　社区突发事件是指突然发生，造成或者可能造成重大人员伤亡、财产损失、生态环境破坏和严重社会危害，危及社区公共安全和居民生命财产安全的紧急事件。一旦发生突发事件，社区应在党委政府和有关部门的统一领导和部署下开展应急处突工作，落实相应的处置工作和配合措施，总体上应遵循以下原则。

　　（1）坚持以人为本。把保障居民健康和生命财产安全作为首要任务，最大限度地降低突发公共事件给人民群众造成的损失。坚持优先抢救生命，加强抢险救援人员的安全防护，尽量避免和减少突发公共事件造成的人员伤亡。

　　（2）坚持预防为主。高度重视公共安全工作，增强忧患意识，坚持预防与应急相结合、常态与非常态相结合，并充分运用现代科学技术，完善工作机制，建立和完善监测、预测和预警体系，做到早发现、早报告、早控制、早解决，经常性地做好应对突发公共事件的思想准备、预案准备、机制准备和工作准备，并根据应急工作实践不断加以完善。

（3）坚持统一调度。在当地党委和政府以及街道（乡镇）统一领导下，统筹协调和调度辖区内外一切可利用的资源，实现资源的有效整合和利用，形成党委政府领导、行业主管部门指导，分级负责、条块结合、属地管理为主的突发公共事件应对处置体系。

（4）坚持社会参与。调动社区各方面的积极性，依托共驻共建优势，充分发挥社区辖区单位、各类群团和志愿者的作用，把社会、民众的参与同政府管理有效结合，形成政府统一指挥、公众积极参与、资源有效利用，协调有序、运转高效的突发公共事件社区应对机制，实现应对工作的社会化。

二、社区突发事件应急处置的阶段和任务

根据《突发事件应对法》等相关法律法规，结合灾害风险管理与应急管理理论，根据灾害发生的过程，针对我国突发事件应急处置的现状，社区突发事件应急处置，划分为事发、事中、事后 3 个阶段，每个阶段的主要任务侧重点各有不同，详见表 6-1。

表6-1　社区突发事件应急处置的三阶段及其主要任务

阶段	主　要　任　务
事发	1. 监测预警 2. 信息报告 3. 先期处置
事中	1. 现场处置 2. 医疗卫生救援 3. 协调配合与联动应急
事后	1. 善后安置 2. 恢复重建 3. 调查评估

三、社区突发事件应急处置的组织机构

根据社区突发事件应急处置的任务和要求，成立相应的组织机构，包括指挥领导机构和现场处置工作组。

（一）社区突发事件应急的领导指挥机构

设置社区突发事件应急的领导指挥机构，常态负责社区安全建设与管理的相关领导工作，突发事件应急处置时发挥现场指挥部的作用，具体包括领导小组及其办公室、值班室等办事机构。

成立突发公共事件应急领导小组（也可称为"指挥小组""协调小组"），协调开展灾害应急响应、紧急救援、灾民安置及灾后恢复重建等工作。其主要职责包括：①分析本地区公共突发事件的成因，组织开展社区安全风险评估工作；②协调制定社区突发事件管理的相关规定和实施办法，协调制定社区突发事件预案；③组织指挥和协调社区应急力量先期处置辖区内发生的一般突发事件；配合当地党委和政府以及有关部门，在现场应急指挥机构的统一指挥下，协助专业机构和人员开展营救、救治和转移工作，对接协调应急处置的相关保障；④指导社区各单位开展基层应急工作，疏散和引导群众开展自救，维护社区的正常生产生活秩序；⑤及时向上级应急机构报送有关突发事件的信息；⑥监督检查有关单位进行事故调查、善后处理以及恢复正常生活生产秩序的工作。一般而言，社区应急领导小组组长由社区党组织书记担任，副组长由社区居委会主任担任，成员由社区有关辖区单位负责人和社区两委会成员组成。

成立社区应急领导小组办公室，一般设在居委会，由治保主任担任办公室主任。其主要职责包括：①负责本辖区的突发事件应对工作，制定本级突发事件应急预案，组织开展应急演练；②落实突发事件的信息报告、先期处置，并配合上级应急部门的应急救援工作；③开展社区应急预案演练和应急宣传教育培训等工作，负责营救人员的培训、教育工作及救援时的队伍或人员的协调和调配工作；④负责应急期间的后勤保障和应急物资的协调和调配工作；负责协调应急期间的现场治安管理工作；⑤负责建立健全应急联动机制，落实应急管理责任，加强基层综合应急队伍建设和应急保障能力建设。

设置应急值班室，以随时有效处置应急工作，并实行 24 小时值班和领导带班制度。应急值班室工作职责：①负责记录各单位和街道上报的信息，并进行初步分析和核实；②将收集到的信息向值班领导汇报或报告社区主要领导和上级值班室；③对社区发生的突发事件，在接报核实，向分管领导或社区主要领导汇报后，先行赶赴现场开展先期应急救援工作。

（二）社区突发事件应急的现场工作组

针对突发事件应急处置的主要任务，在领导指挥部的基础上，成立相应的现场工作组，包括通信联络组、宣传教育组、治安保障组、群众工作组、医疗救护组、后勤保障组。

（1）通信联络组。一般由社区居委会成员组成；主要负责与街道（乡镇）应急人员的联络工作；按规定及时向街道（乡镇）发送灾情有关信息；接待相应的专业救灾队伍进入现场工作；保障应急指挥的通信畅通。

（2）宣传教育组。一般由社区居委会成员组成；主要负责收集和上报灾情、社情、民情等信息，为应急领导小组提供决策依据；准确宣传灾情，平息谣言、误传；平时做好突发公共事件的宣传教育和防灾减灾工作的工作报道；根据需要，可下设灾情收集组，由社区灾害信息员负责收集灾情情况，及时将灾情向组长汇报。

（3）治安保障组。一般由社区民警、居委会治保干部、社区保安、联防队成员等组成，主要负责实施安全警戒，维持现场秩序，严厉打击突发公共事件救援中的破坏分子；配合交通管理部门疏导周边交通，开辟应急通道，保障应急处置人员、车辆和物资装备应急通行需要。

（4）群众工作组。一般由社区居委会成员、社区工作人员、镇域内各企事业单位负责人、应急志愿者队伍组成，主要负责组织居民疏散避险，引导疏散、转移受灾居民及受灾户安置过渡工作，按照社区疏散路径将受灾居民转移到社区应急避难场所或安全地，协助疏散人员，安置受灾群众，引导居民开展自救互救，掌握和保障灾民生活基本情况。

（5）医疗救护组。一般由社区卫生部门有关人员组成，对接街道（乡镇）社区卫生服务中心、红十字会等单位或机构，主要负责开展伤员救护和卫生防疫等工作，救治受伤群众，防止疫情发生。

（6）后勤保障组。一般由社区居（村）委会、辖区企事业单位和物业公司（或管理企业）的有关人员组成，主要负责突发事件应急处置的各项后勤保障工作和救灾物资的筹集，对接抢修被损坏的公共设施。

第二节　社区突发事件应急处置的事前工作

一、社区突发事件的监测预警

（一）社区突发事件监测预警的系统建设

根据《突发事件应对法》，一般由县级以上人民政府及其有关部门建立健全突发事件监测和预警制度；根据突发事件的种类和特点，建立健全基础信息数据库，完善监测网络，划分监测区域，确定监测点，明确监测项目，提供必要的设备、设施，配备专职或者兼职人员，对可能发生的突发事件进行监测；及时汇总分析突发事件隐患和预警信息，根据有关法律、行政法规和国务院规定的权限和程序，发布相应级别的警报，决定并宣布有关地区进入预警期。

突发事件的监测预警系统建设，遵循"分类管理、分级预警、平台共享、规范发布"的原则：

（1）"分类管理"是指负有相关种类突发事件监测、预警职能的部门按照各自职责负责预警信息的制作、审核和签发工作。

（2）"分级预警"是指按照突发事件发生的紧急程度、发展态势和可能造成的危害程度，根据预警分级标准进行相应级别的预警发布。

（3）"平台共享"是指需要向社会或特定对象发布的预警信息，应通过属地政府统一的突发事件预警信息发布系统发布。

（4）"规范发布"是指通过属地政府突发事件预警信息发布系统发布的预警信息，要明确预警覆盖范围、预警受众对象、预警发布渠道和预警响应规则。

社区应配合开展建设相应的监测预警系统，加强对相关信息的全面收集、风险分析、实时监测、动态预警。常态下，社区应按照上级政府部门的相关要求和统一部署，建立健全重大危险源、综合动态信息、应急资源数据库的监测预警技术系统和工作制度，坚持平常监测和定点监测、专业监测和群众监测相结合，防患于未然，做到早发现、早报告、早处置；配合落实灾害信息员制度，切实承担灾情统计报送、台账管理、评估核查、灾害隐患排查、灾害监测预警、险情信息报送等监测预警的相关工作任务。危急状态下，对已发生的突发事件或发现有可能造成危害和衍生危害的突发事件，社区辖区单位及居民应立即报告单位领导和社区；社区应急值班人员要在规定时间内将突发事件报告街道（乡镇）主要领导；事件比较敏感或发生在敏感地区、敏感时间，极易演化为一般以上突发事件的，发现人可直接向有关单位拨打紧急救助电话。

部门加强农村和贫困地区灾害监测预报预警能力建设，提高监测站网密度，加强灾害信息报送，提高灾害预警信息发布的时效性、准确性。

（二）社区突发事件监测预警的工作流程

负有突发事件监测预警及其信息发布职能的政府部门和相关单位切实履行各自职责，建立健全监测网络，建立完善预警信息分级发布标准、流程和审批制度，做好相应类别的突发事件监测预警、信息审核、评估检查等工作；在社区层面，配合开展相应的基层监测和预警发布工作。

1. 分析研判

负有预警信息发布职能的部门和单位应当针对可能出现的突发事件进行分析研判，必要时组织有关专家学者、专业技术人员进行会商，形成预警信息发布建议。

2. 信息制作

达到预警级别标准的突发事件，经会商研判需要向社会发布的，由相关部门和单位按以下分工制作预警信息：涉及台风、暴雨、暴雪、寒潮、大风、高温、雷暴、冰雹、道路结冰、雾、霾等气象灾害的突发事件，其预警信息由气象部门制作；涉及水旱灾害、地质灾害、生物灾害、森林火灾等自然灾害的突发事件，其预警信息分别由水务、资源规划、农业农村等相关部门和单位负责制作；涉及工矿商贸企业安全生产事故、交通运输事故、公共设施和设备事故、环境污染和生态破坏事件等事故灾难的突发事件，其预警信息分别由应急管理、公安、交通运输、住建、水务、城管、供电、通信、消防、环保等相关部门和单位负责制作；涉及传染病疫情、群体性不明原因疾病、食品安全和职业危害、动物疫情等公共卫生事件，其预警信息分别由卫健、市场监管、农业农村等相关部门和单位制作。

3. 审核批准

预警信息发布应实行严格的审签制。负有预警信息发布职能的部门和单位形成预警信息发布建议报本级人民政府审批。发布一级、二级预警信息应由本级政府主要负责人、突发事件专项应急指挥机构主要负责人或受本级政府委托的部门、单位主要负责人签发；发布三级、四级预警信息应由受本级政府委托的部门、单位主要负责人或分管负责人签发。发布可能引起公众恐慌、影响社会稳定的预警信息，需经省、市人民政府批准。

4. 信息发布

承担预警信息发布职能的有关部门和单位将审核批准的预警信息发送到当地突发事件预警信息发布平台统一发布。国务院及其有关部门和单位、省人民政府及其有关部门和单位发布的可能影响属地政府的预警信息，属地政府相对应的职能部门和单位应通过当地突发事件预警信息发布平台及时转发并注明信息来源，同时报本级政府应急管理部门备案存档。

县（市、区）、乡（镇）人民政府负责组织落实预警信息在基层的传播工作，督促街道办事处、村（居）民委员会、企业事业单位组织指定专人负责预警信息接收传递工作。对老、幼、病、残等特殊人群和通信、广播、电视盲区及偏远地区的人群，应当充分发挥基层信息员的作用，通过走街串巷、进村入户，采用有线广播、高音喇叭、鸣锣吹哨、村干部逐户通知等传统手段传递预警信息，确保预警信息全覆盖；学校、医院、机场、车站、广场、公园、商场、旅游景点、厂矿企业等人员密集区和公共场所管理单位收到预警信息后，应通过告示、电子显示屏、内部广播等足以周知的方式立即播发预警信息。

预警级别确定后，除因涉及国家安全等原因需要保密的外，应当及时向社区公布已确定的预警级别等信息。突发公共事件预警信息发布内容包括：①突发公共事件性质、原因；②突发公共事件发生地及范围；③突发公共事件可能造成的损失估计；④突发公共事件的应对措施和采取的控制办法；⑥突发公共事件的其他情况。

5. 预警响应

预警信息发布后，社区层面的应急处置领导组应立即做出响应，各工作组进入相应的应急工作状态，依据已发布的预警级别适时启动相应的应急预案，履行各自所应承担的职责，并做好相关信息跟踪监测。具体包括：①及时向公众发布可能受到突发公共事件危害的警告或者劝告，宣传应急和防止、减轻危害的常识；②转移、撤离或者疏散容易受到突发公共事件危害的人员和重要财产，并进行妥善安置；③要求处置突发公共事件的队伍和人员进入待命状态，并可以动员、招募后备人员；④确保通信、交通、供水、供电、供气等公共设施正常；⑤调集所需物资和设备；⑥法律、行政法规规定的其他措施。

6. 动态管理

预警信息实行动态管理制度。发布预警信息的部门、单位应加强对预警信息动态管理，根据事态发展变化，适时调整预警级别、更新预警信息内容，并重新发布、报告和通报有关情况；有事实证明不可能发生突发事件或者危险已经解除的，发布预警信息的部门、单位应当及时宣布终止预警。预警信息的调整、解除流程，与预警信息的发布流程相同。

（三）社区突发事件的分类监测网络

在社区层面，应根据突发事件的类别，配合上级相关部门和单位的要求，分类加强基层的监测网络建设，依托气象、水文水利、地震、地质、测绘地理信息、农业、林业、海洋、草原、野生动物疫病疫源、传染病等灾害的监测设施、站网、系统等的建设，加强多灾种和灾害链综合监测，同时发挥全国灾害信息员队伍的作用，及时监测搜集灾害事故信息，提高自然灾害、事故灾难、公共卫生事件等的早期识别能力。以自然灾害和公共卫生事件为例，在社区层面建立分类监测网络建设工作，详见表6－2。

表6-2 社区突发事件的分类监测网络建设（以自然灾害和公共卫生事件为例）

序号	突发事件类别	社区层面的监测网络建设	对应部门
1	气象灾害	配合乡镇（街道）建设能测定四要素（温度、雨量、风向、风速）的自动气象站；协助气象主管单位设置灰霾、负氧离子、能见度、农业气候、大气电场、闪电定位等气象监测设施	气象部门
2	地震灾害	推进地震宏观测报网、地震灾情速报网、地震知识宣传网和乡镇防震减灾助理员的"三网一员"建设，完善群测群防体系，充分发挥群测群防在地震短临预报、灾情信息报告和普及地震知识中的重要作用。研究制定支持群测群防工作的政策措施，建立稳定的经费渠道，引导公民积极参与群测群防活动	应急管理部门或住建部门
3	地质灾害	推广网格化管理等先进典型经验，进一步完善全覆盖的地质灾害群测群防监测网络；对调查、巡查、排查、复查中发现的所有崩塌、滑坡、泥石流和地面塌陷等地质灾害隐患建立群测群防制度。明确群测群防员，给予经济补助，配备必要的监测仪器设备，充分利用移动互联网等通信技术，形成监测数据智能采集、及时发送和自动分析的监测预警系统	自然资源和规划部门
4	传染病疫情	配合县级卫生行政部门，有完整的传染病和突发公共卫生事件监测、实验室检测、健康危害因素监测、救灾防病信息网络直报等监测网络	卫健部门
5	食品安全事故	食品生产经营者发现其生产经营的食品造成或者可能造成公众健康损害的情况和信息，应当在2小时内向所在地县级卫生行政部门和负责本单位食品安全监管工作的有关部门报告；发生可能与食品有关的急性群体性健康损害的单位，应当在2小时内向所在地县级卫生行政部门和有关监管部门报告；食品安全相关技术机构、有关社会团体及个人发现食品安全事故相关情况，应当及时向县级卫生行政部门和有关监管部门报告或举报	食品药品监管部门、卫检部门

注：根据公开资料整理，为不完全统计。

（四）社区突发事件的分级预警机制

依据突发公共事件可能造成的危害程度、波及范围、影响力大小、人员及财产损失等情况，由高到低划分为特别重大（Ⅰ级）、重大（Ⅱ级）、较大（Ⅲ级）、一般（Ⅳ级）四个级别，对应相应的四级预警级别，依次用红色、橙色、黄色和蓝色表示，详见表6-3。

表6-3　社区突发事件的分级预警标准（通用）

突发事件预警级别	预警标准	对应颜色
特别重大突发公共事件（Ⅰ级）	突然发生，事态非常复杂，对省（市、自治区）公共安全、政治稳定和社会经济秩序带来严重危害或威胁，已经或可能造成特别重大人员伤亡、特别重大财产损失或重大生态环境破坏，需要省级人民政府统一组织协调，调度各方面资源和力量进行应急处置的紧急事件	红色
重大突发公共事件（Ⅱ级）	突然发生，事态复杂，对一定区域内的公共安全、政治稳定和社会经济秩序造成严重危害或威胁，已经或可能造成重大人员伤亡、重大财产损失或严重生态环境破坏，需要市级人民政府调度部门和相关单位力量、资源进行联合处置的紧急事件	橙色
较大突发公共事件（Ⅲ级）	突然发生，事态较为复杂，对一定区域内的公共安全、政治稳定和社会经济秩序造成一定危害或威胁，已经或可能造成较大人员伤亡、较大财产损失或生态环境破坏，需要县级人民政府调度部门或社会力量、资源就能够处置的事件	黄色
一般突发公共事件（Ⅳ级）	突然发生，事态比较简单，仅对较小范围内的公共安全、政治稳定和社会经济秩序造成严重危害或威胁，已经或可能造成人员伤亡和财产损失，只需要县级人民政府调度个别部门或社会力量、资源就能够处置的事件	绿色

1. 自然灾害的分级预警

社区自然灾害的分级预警，依据《中华人民共和国防洪法》《中华人民共和国防震减灾法》《中华人民共和国气象法》《自然灾害救助条例》《国家自然灾害救助应急预案》处置。发生相应灾害前，一般由相关部门发出相应等级的突发气象灾害预警信号、海洋灾害预警报标示符、水情预警信号等预警信息等至基层政府和社区（村），详见表6-4。

表6-4　自然灾害的分级预警标准

等级	预警级别	具体标准
IV	一般自然灾害	某一省（区、市）行政区域内发生一般自然灾害，一次灾害过程出现下列情况之一的： 死亡20人以上、50人以下； 紧急转移安置或需紧急生活救助10万人以上、50万人以下； 倒塌和严重损坏房屋1万间或3000户以上、10万间或3万户以下； 干旱灾害造成缺粮或缺水等生活困难，需政府救助人数占该省（区、市）农牧业人口15%以上、20%以下，或100万人以上、200万人以下
III	较大自然灾害	某一省（区、市）行政区域内发生较大自然灾害，一次灾害过程出现下列情况之一的： 死亡50人以上、100人以下； 紧急转移安置或需紧急生活救助50万人以上、100万人以下； 倒塌和严重损坏房屋10万间或3万户以上、20万间或7万户以下； 干旱灾害造成缺粮或缺水等生活困难，需政府救助人数占该省（区、市）农牧业人口20%以上、25%以下，或200万人以上、300万人以下
II	重大自然灾害	某一省（区、市）行政区域内发生重大自然灾害，一次灾害过程出现下列情况之一的： 死亡100人以上、200人以下； 紧急转移安置或需紧急生活救助100万人以上、200万人以下； 倒塌和严重损坏房屋20万间或7万户以上、30万间或10万户以下； 干旱灾害造成缺粮或缺水等生活困难，需政府救助人数占该省（区、市）农牧业人口25%以上、30%以下，或300万人以上、400万人以下
I	特别重大自然灾害	某一省（区、市）行政区域内发生特别重大自然灾害，一次灾害过程出现下列情况之一的： 死亡200人以上； 紧急转移安置或需紧急生活救助200万人以上； 倒塌和严重损坏房屋30万间或10万户以上； 干旱灾害造成缺粮或缺水等生活困难，需政府救助人数占该省（区、市）农牧业人口30%以上或400万人以上

2. 事故灾难的分级预警

社区事故灾难的分级预警，以安全生产事故为核心，依据《生产安全事故报告和调查处理条例》等，详见表6-5。

表6-5　事故灾难的分级预警标准

等级	预警级别	具体标准
IV	一般事故	造成3人以下死亡，或者10人以下重伤（中毒），或者1000万元以下直接经济损失
III	较大事故	造成3人以上10人以下死亡，或者10人以上50人以下重伤（中毒），或者1000万元以上5000万元以下直接经济损失
II	重大事故	造成10人以上30人以下死亡，或者50人以上100人以下重伤（中毒），或者5000万元以上1亿元以下直接经济损失
I	特别重大事故	造成30人以上死亡，或者100人以上重伤（中毒），或者1亿元以上直接经济损失

3. 公共卫生事件的分级预警

社区公共卫生事件的分级预警，依据《突发公共卫生事件应急条例》《国家突发公共卫生事件应急预案》等，详见表6-6。

表6-6　公共卫生事件的分级预警标准

等级	预警级别	具体标准
IV	一般突发公共卫生事件	腺鼠疫在一个县（市）行政区域内发生，一个平均潜伏期内病例数未超过10例；霍乱在一个县（市）行政区域内发生，1周内发病9例以下；一次食物中毒人数30～99人，未出现死亡病例；一次发生急性职业中毒9人以下，未出现死亡病例；发生伤亡10人以上、29人以下，其中，死亡和危重病例超过1例的突发公共事件，需要医疗卫生紧急救援（急救）的
III	较大突发公共卫生事件	发生肺鼠疫、肺炭疽病例，一个平均潜伏期内病例数未超过5例，流行范围在一个县（市）行政区域以内；腺鼠疫发生流行，在一个县（市）行政区域内，一个平均潜伏期内连续发病10例以上，或波及2个以上县（市）；霍乱在一个县（市）行政区域内发生，1周内发病10～29例，或波及2个以上县（市），或市（地）级以上城市的市区首次发生；一周内在一个县（市）行政区域内，乙、丙类传染病发病水平超过前5年同期平均发病水平1倍以上；在一个县（市）行政区域内发现群体性不明原因疾病；一次食物中毒人数超过100人，或出现死亡病例；预防接种或群体预防性服药出现群体心因性反应或不良反应；一次发生急性职业中毒10～49人，或死亡4人以下；一次事件伤亡30人以上、49人以下，其中，死亡和危重病例超过3例的突发公共事件，需要医疗卫生紧急救援（急救）的

表6-6（续）

等级	预警级别	具 体 标 准
II	重大突发公共卫生事件	在一个县（市）行政区域内，一个平均潜伏期内（6天）发生5例以上肺鼠疫、肺炭疽病例，或者相关联的疫情波及2个以上的县（市）；发生传染性非典型肺炎、人感染高致病性禽流感疑似病例；腺鼠疫发生流行，在一个市（地）行政区域内，一个平均潜伏期内多点连续发病20例以上，或流行范围波及2个以上市（地）；霍乱在一个市（地）行政区域内流行，1周内发病30例以上，或波及2个以上市（地），有扩散趋势；乙类、丙类传染病波及2个以上县（市），1周内发病水平超过前5年同期平均发病水平2倍以上；我国尚未发现的传染病发生或传入，尚未造成扩散；发生群体性不明原因疾病，扩散到县（市）以外的地区；发生重大医源性感染事件；预防接种或群体预防性服药出现人员死亡；一次食物中毒人数超过100人并出现死亡病例，或出现10例以上死亡病例；一次发生急性职业中毒50人以上，或死亡5人以上；境内外隐匿运输、邮寄烈性生物病原体、生物毒素造成我境内人员感染或死亡的；一次事件伤亡50人以上、99人以下，其中，死亡和危重病例超过5例的突发公共事件，需要医疗卫生紧急救援（急救）的；跨市（地）的有严重人员伤亡的突发公共事件，需要医疗卫生紧急救援（急救）的
I	特别重大突发公共卫生事件	肺鼠疫、肺炭疽在大、中城市发生并有扩散趋势，或肺鼠疫、肺炭疽疫情波及2个以上的省份，并有进一步扩散趋势；发生传染性非典型肺炎、人感染高致病性禽流感病例，并有扩散趋势；涉及多个省份的群体性不明原因疾病，并有扩散趋势；发生新传染病或我国尚未发现的传染病发生或传入，并有扩散趋势，或发现我国已消灭的传染病重新流行；发生烈性病菌株、毒株、致病因子等丢失事件；周边以及与我国通航的国家和地区发生特大传染病疫情，并出现输入性病例，严重危及我国公共卫生安全的事件；一次事件伤亡100人以上，且危重人员多，或者核事故和突发放射事件、化学品泄漏事故导致大量人员伤亡，事件发生地省级人民政府或有关部门请求国家在医疗卫生救援工作上给予支持的突发公共事件，需要医疗卫生紧急救援（急救）的；跨省（区、市）的有特别严重人员伤亡的突发公共事件，需要医疗卫生紧急救援（急救）的

4. 社会安全事件的分级预警

社区社会安全事件分级预警，根据《国家处置大规模恐怖袭击事件基本预案》《国家处置大规模群体性事件应急预案》等，详见表6-7。

表6-7 社会安全事件的分级预警标准（以群体性事件为例）

等级	预警级别	具 体 标 准
IV	一般群体性事件	未达到较大群体性事件级别的为一般群体性事件
III	较大群体性事件	参与人数在100人以上、1000人以下，影响社会稳定的事件；或在重要场所、重点地区聚集人数在10人以上，100人以下，参与人员有明显过激行为

表6-7（续）

等级	预警级别	具体标准
III	较大群体性事件	的事件；或已引发跨地区、跨行业影响社会稳定的连锁反应的事件；或造成人员伤亡，死亡人数3人以下、受伤人数在10人以下的群体性事件
II	重大群体性事件	参与人数在1000人以上，3000人以下，影响较大的非法集会、游行示威、上访请愿、聚众闹事、罢工（市、课）等，或人数不多但涉及面广和有可能进京的非法集会和集体上访事件；或阻断铁路干线、国道、省道、高速公路和重要交通枢纽、城市交通4小时以上的事件；或造成3人以上10人以下死亡；或10人以上30人以下受伤的群体性事件；或高校校园网上出现大范围串联、煽动和蛊惑信息，造成校内人群聚集规模迅速扩大并出现多校串联聚集趋势，学校正常教学秩序受到严重影响甚至瘫痪，或因高校统一招生试题泄密引发的群体性事件；或参与人数100人以上1000人以下，或造成较大人员伤亡的群体性械斗、冲突事件；或涉及境内外宗教组织背景的大型非法宗教活动，或因民族宗教问题引发的严重影响民族团结的群体性事件；或因土地、矿产、水资源、森林、水域、海域等权属争议和环境污染、生态破坏引发，造成严重后果的群体性事件；或已出现跨省区市或跨行业影响社会稳定的连锁反应，或造成了较严重的危害和损失，事态仍可能进一步扩大和升级的事件
I	特别重大群体性事件	参与人数3000人以上，冲击、围攻县级以上党政军机关和要害部门；或打、砸、抢、烧乡镇级以上党政军机关的事件；阻断铁路干线、国道、省道、高速公路和重要交通枢纽、城市交通8小时以上，或阻挠、妨碍国家重点建设工程施工、造成24小时以上停工；或阻挠、妨碍省重点建设工程施工、造成72小时以上停工的事件；或造成10人以上死亡或30人以上受伤；或高校内人群聚集失控，并未经批准走出校门进行大规模游行、集会、绝食、静坐、请愿等，引发跨地区连锁反应，严重影响社会稳定的事件；或参与人数500人以上，造成重大人员伤亡的群体性械斗、冲突事件

二、社区突发事件的信息报告

突发事件的紧急信息报告工作，是党委和政府及时、准确、全面掌握事件情况的重要途径，也是社区层面妥善解决各类突发事件的重要基础。信息渠道畅通与否和传递效率高低，直接影响突发事件防范应对各项工作，直接影响社会的和谐稳定。

社区的灾害信息员承担风险隐患巡查报告、突发事件第一时间报告、第一时间先期处置、灾情统计报告等职责。灾害发生后，灾害信息员要严格按照《自然灾害情况统计制度》要求，在灾后 2 小时内将本地区灾害情况统计、汇总、审核，并报上一级。对于造成 10 人以上人员死亡（含失踪）或房屋大量倒塌、城乡大面积受灾等严重损失的自然灾害，以及社会舆论广泛关注的热点和焦点灾害事件等，各级灾害信息员应在接报后立即电话上报初步情况，随后动态报告全面灾害情况。灾情稳定前，实行 24 小时零报告制度。接到应急管理部要求核实信息的指令，各级灾害信息员应及时反馈情况，对具体情况暂不清楚的，应先报告事件概要情况，随后反馈详情。原则上电话反馈时间不得超过 30 分钟，书面反馈（包括传真、微信、短信等方式）时间不得超过 1 小时。各级灾害信息员要规范信息报送渠道，除紧急情况外，应统一使用"国家自然灾害灾情管理系统"报送灾情。重特大自然灾害发生后，灾区各级灾害信息员要强化应急值守，确保在岗在位、通信畅通；灾后应及时、主动、准确报告灾情，避免迟报、漏报，不得虚报、谎报、瞒报灾情。此外，获悉突发事件信息的公民、法人或其他组织，要立即向所在地政府、有关主管部门或指定的专业机构报告；有关专业机构、监测网点和信息报告员要及时向所在地政府及有关主管部门报告突发事件信息。

突发事件的紧急信息报告执行首报、续报和终报制度。

（1）首报。一般而言，发生四类突发事件（示例详见表 6-8），社区居委会第一责任人应在第一时间将情况报告街道（乡镇）分管领导、街道党政办公室。一般级别突发事件原则应以电话、短信等方式在 30 分钟内报告。

（2）续报。根据突发事件和紧急事件级别及事态发展做好 1 小时之内书面报告和续报工作。

（3）终报。事件处理后，及时汇总相关信息，按照规范格式形成书面材料上报。

表6-8　突发事件紧急信息的报送范围（示例）

类别	具 体 事 项
自然灾害	1. 辖区内发布Ⅲ级（黄色）以上灾害预警信息的。 2. 辖区内发生Ⅲ级（黄色）以上气象、水旱、地震、海洋、生物等自然灾害，造成民居进水、农田受淹、建筑倒塌、防汛墙及海塘发生险情、交通受到严重影响、公共设施严重受损、人员伤亡及重大财产损失等灾害情况的

表6-8（续）

类别	具 体 事 项
事故灾难	3. 辖区内因生产、交通、旅游、医疗等各类安全事故造成3人以上死亡或10人以上伤亡或较大财产损失的。 4. 学生及未成年人或敏感人群在辖区内教学场所或其他敏感场所发生1人以上非正常死亡事件，可能引发次生事件的。 5. 辖区内消防安全重点单位、标志性建筑、旅游景点、人群密集场所、居民住宅尤其是高层住宅发生火灾事故，造成1人以上死亡或10人以上伤亡或较大财产损失的。 6. 辖区内大型群众性活动、节假日娱乐活动和大型商场、超市促销活动，以及其他人员聚集较多的场所因拥挤、踩踏造成1人以上死亡或10人以上伤亡的。 7. 铁路、轮渡、公交、轨道交通等重要公共交通设施在区域内发生故障或事故，造成人员伤亡、交通瘫痪或较大财产损失的。 8. 辖区内因设备故障或事故原因，造成供电、供气、供水、供油、通信等长时间、大面积中断，影响正常生产生活。 9. 危险化学品、放射性物质等各类危险品在辖区内生产、经营、储存、运输、使用、废弃过程中发生爆炸、泄漏、环境污染等情况的。 10. 辖区内桥梁隧道、道路设施、居民住宅等建筑物坍塌或严重受损，产生重大影响的
公共卫生事件	11. 辖区内发布Ⅲ级（黄色）以上疫情预警信息的。 12. 辖区内发生Ⅳ级（黄色）以上突发公共卫生事件或动植物疫情，影响公众健康和生命安全，对社会经济发展造成重大损失的。 13. 辖区内发生30人以上集体中毒事件
社会安全事件	14. 辖区内发生爆炸、劫持、核生化等恐怖袭击事件。 15. 辖区内发生杀人、爆炸、纵火、投毒、绑架、抢劫、伤害、强奸、制贩毒、劫持人质、攻击信息网络等影响重大的恶性刑事案件。 16. 辖区内发生涉枪、涉黑、涉恶等影响重大的案件。 17. 在区党政机关、标志性建筑等重要场所、重点地区发生10人以上群体性事件，且参与人员有明显过激行为，或在其他场所发生200人以上群体性事件。 18. 辖区内发生聚众堵路、阻塞交通，造成较大社会影响的事件。 19. 在辖区学校内发生未经批准的大规模聚集事件及在校园网上出现大范围串联、煽动活动的。 20. 在辖区内公共场所发生自焚、卧轨，或在辖区内重点要害部位、敏感区域发生跳楼等极端个人行为的。 21. 辖区内因动拆迁矛盾、重大工程施工等引发的恶性事件。 22. 辖区内发生有关涉外、涉港澳台侨、涉少数民族、涉宗教事务等敏感事件。 23. 辖区内发生涉及敏感时间、敏感地区或敏感人物，可能引发社会关注的事件。 24. 辖区内发生涉及有关政府部门权力使用，可能引发社会关注的事件。 25. 在互联网、手机短信上出现和辖区有关的影响社会稳定或引发网络炒作的负面舆情信息。 26. 其他可能对公共安全、社会稳定、经济建设造成较大影响的事件

表 6-8（续）

类别	具 体 事 项
其他事件	27. 在报送范围之内但尚未造成危害的情况。 28. 对已妥善处置的群体性事件。 29. 及国家安全以及其他可能对经济社会大局稳定造成重要影响的紧急情况。 30. 本身较为敏感、已经或可能在社会上形成舆论热点的事件。 31. 可能引发重大突发事件的内幕性、预警性、行动性信息

以社区为基础，基层政府、相关部门和单位要采取切实管用的措施，提高信息报送质量。

（1）明确信息要素。报告内容一般包括突发事件发生的时间、地点、信息来源、事件性质、简要经过、影响范围（含环境影响）、人员伤（病）亡和失联情况、房屋倒塌损坏和财产损失情况、交通通信电力等基础设施损毁情况、前期应对处置、现场救援情况、下一步工作措施，以及事发地政府、部门责任领导姓名、职务、联系方式等要素等。首报时不清楚的，可"先报事后报情"，同时坚持"边处置边报告，边核实边报告"的原则及时续报补充。针对一些可能发生次生灾害或扩大影响的重要情况，可增加一些有关的必要说明。值班信息要求语言精练、表述准确、简明扼要，篇幅控制在一页纸之内。

（2）加强信息核实。各镇（办、中心）、各部门各单位得知重要紧急情况线索后，要本着"速报实情、慎报原因、续报进展、终报结果"的原则，第一时间多方式、多渠道高度核实，多方印证，了解真实情况，确保信息准确，最大限度减少信息不完整、不准确问题。

（3）严格审核把关。要按照"快、准、简、实"的要求，严格审核把关，确保每一个信息都能做到速度快、内容准、要素齐、文字精、无差错。

（4）加强政务值班值守工作。严格执行领导带班和 24 小时值班制度，坚决杜绝擅离职守和联络不畅等现象发生。建立健全重要紧急信息应急处理机制，制定和完善重要紧急信息报送工作预案，进一步优化信息报送程序，理顺中间环节，防治和克服因层层审批而影响信息报送时效，做到"应报尽报、尽量早报、绝不迟报"，确保重要紧急信息早发现、早报告、早处置。

（5）社区层面、基层政府、相关部门单位要进一步健全完善信息沟通共享机制，扩大重大紧急事件信息收集覆盖面，提升第一时间获取信息的能力，一旦遇有重要紧急情况发生，确保第一时间了解掌握情况；要建立网络舆情监测机制，加强对微博、微信、网络媒体等互联网信息的监测分析，及时捕捉突发事件信息和重要紧急情况线索，对敏感性、趋势性、苗头性事件做到早发现、早报告。

（6）加强移动平台演练。移动平台的核心作用是保障突发事件现场与省政府领导、国务院领导之间的视频通话和处置会面，在遭遇地震、火灾等极端灾害的情况下保障各级政府间的通信联系。加强移动平台管理，做好日常维护保养，确保平台始终保持良好性能，要进一步建立健全移动平台视频调度机制，加强日常演练，确保紧急时刻拉的出、用得上。

三、社区突发事件的先期处置

突发公共事件发生或可能发生时，社区应及时、主动、有效地进行先期处置，控制事态，并及时将事件和有关先期处置情况按规定上报街道（乡镇）相关应急管理部门。同时，社区应组织应急救援队伍和人员进入紧急待命状态，赶赴现场，成立现场指挥部，维护好事发地治安秩序，做好交通保障、人员疏散、群众安置等工作，尽全力防止紧急事态的进一步扩大，并引导专业应急队伍快速准确到达事发现场。对于经过先期处置未能有效控制事态的，或者需要街道（乡镇）协调处置的重大突发公共事件，社区应根据事态发展状况组织领导组和工作组，启动社区相关预案。以掌握紧急救助、应急救援等专业技能为代表的应急救援员，作为专业的社区应急第一响应人，可应用其技能，在自我保护的前提下，快速判断现场，及时报警与求救，并在专业化的救援队伍到来之前，在条件允许的情况下，辅助遇险人员逃生，采取必要措施隔离危害，保障遇险人员和财物的安全。

（一）现场判断和记录汇报

应急救援员赶达灾害现场后，首先对现场进行判断，准确判断事故灾害种类，如实记录情况，迅速、有针对性地进行报警和求助。

1. 初级判断

应急救援员对现场的初步判断仅限于确定事件发生的位置、辨别事件的类型，以及初步统计事件引起的人员伤亡和财产损失情况。主要包括以下四项内容：①准确判断事件发生的时间、位置、造成事件的原因；②根据事件的特征判断事件类型；③初步判断人员伤亡情况，大概有多少人受伤，有多少人死亡，为事件严重性做出初步判断；④初步判断财产损失情况，是否存在财产损失，哪些情况可能造成财产损失等情况。

2. 报警与求助

了解情况之后，应急救援员要第一时间，有针对性地进行报警与求助。我国常用的报警求助电话有 110 治安类报警求助、119 火警类报警求助、120 医疗救护类报警求助，以及 122 交通事故类报警求助。每一类报警求助电话都有一定的受理范围，应急救援员需要了解各种常用报警求助方式的受理范围，有针对性地开展报警求助工作。

3. 遇险求救与救助

遇险时的求助，需要应急救援员根据自身的情况和周围的环境条件，发出不同的求救信号。一般情况下，重复三次的行动都象征寻求援助。常用声响、反光镜、抛物、烟火、地面标志等 7 种方式进行求救。

4. 情况记录与汇报工作

随着现场情况的进一步明晰，应急救援员需要着手准备情况记录工作，登记更加详细和准确的信息；并随时做好汇报的准备。情况记录要求简明、准确，汇报工作应包括事件的基本要素，最好能够提出评估意见，特别是采取措施的建议。

正规的情况记录，应结合现场的具体情况而定，可以考虑结合以下六个方面开展：①灾害涉及范围内的经济、社会、人口、地理等因素的情况信息；②指出可能受到次生灾害影响的人群、建筑物等情况；③比较全面地评估灾害的数量、种类、性质、特征、趋势等情况；④灾害造成的损失，还包括无形资产的损失；⑤水、电、通信和交通设施等城市生命线系统的损失情况；⑥救援物资的状况，缺口等情况。

情况记录后，在条件允许时及时汇报工作。注重四个"适合"的原则：在适合的时间，通过适合的方式，向适合的人员，汇报适合的信息。

（二）辅助逃生和隔离危害

1. 辅助逃生

紧急疏散是指在灾害已经来临时，为尽量减少人员伤亡，将处于危险环境中的公民紧急转移到安全地带的过程，可以在很大程度上减少人员伤亡。灾害发生后，应急救援员在条件允许的情况下，应紧急疏散灾害现场人员，特别注意要避免发生群聚或踩踏等事故。

在进行辅助逃生时，应急救援员一般可借鉴以下 7 个步骤：①在紧急情况下估计灾害损害程度和发展趋势，决定是否需要疏散人员。②做出疏散决定或接到高级应急救援员做出的疏散决定后，尽可能地汇总相关信息，选出较优的疏散路线和适当的疏散工具。③告知疏散决定，采取多种方式通知处在危险区的民众。④采取多种方式告知受害人群撤离的时间、撤出路线和适当的自救互救方式。确保每一个需要撤离的人按建议的最优路线撤出。⑤协助指导疏散交通，避免因拥挤堵塞而耽误撤离时间或造成不必要的人员伤亡。⑥密切关注人员伤亡情况，对疏散撤离中的伤病者给予基础的紧急医疗救护。⑦维持治安和秩序，确保疏散路线的安全畅通。⑧检查是否留有落伍者并及时营救这些人。

2. 隔离危害

应急救援员在第一时间赶赴紧急救助现场、进行辅助涉灾群众逃生的同时，要注意隔离危害，确保安全疏散地点远离危害、安全可靠。

应急救援员在隔离危害时，应注意三项重要内容：①以不引发再次损失为目标：选择地点之后，需要对临时安置区域实施一系列的保护措施，以隔离危害，保障安全，确保不发生人员、财产的再次损失。②隔离危害关键是鉴别危害物品和熟练使用工具。在进行隔离危害之时，必须首先明白什么是危害，什么能够带来危害，怎样对危害进行隔离；对此，应对危化品等可疑物进行适当排查和处理，并运用灭火器等常见工具降低火灾等危害发生的可能性。③在条件允许的情况下进行现场保护，以帮助救援救助工作的深入开展，辅助事故灾难、社会安全事件等突发事件应急处置事后的排查现场、清点证据。

（三）人员疏散和财产保护

人员疏散和安置工作要求应急救援员帮助受影响人员到达安全地带，并对其进行相对科学合理的安置。其目的是在最大限度上保障涉灾人员的生命安全。相比应急救援员所作的辅助逃生和隔离危害而言，人员疏散和临时安置是更加主动和精细的工作，以进一步保障涉灾人员和财产的安全。

1. 人员疏散

人员疏散是为了最大限度地减少突发灾害对生命财产的威胁，应急救援员需要及时地疏散灾害影响范围内的涉灾人员，并在此过程中维护现场秩序。

一般情况下，人员疏散包括 4 个步骤：①疏散决定。根据已经掌握的灾害信息，高级应急救援员要在综合研判的基础上，作出是否紧急疏散的决定。②信息发布。在需要实施疏散行动的情况下，高级应急救援员应立即制定疏散方案，并发布疏散时间、地点、路线和疏散次序等信息。③组织实施。在组织较大规模紧急疏散活动中，需要动用一定数量的交通工具时，应注意交通工具的组织（征用），疏散中应协调好有关部门和人员维护疏散秩序，以保障人员安全。④封锁疏散区。在组织实施疏散的同时，协调有关部门和人员，对疏散区进行封锁，并加强治安管理，以防危害扩散和治安事件的发生。

人员疏散的效果不仅与人员密度、出口通量和疏散速度有关，还与建筑结构、地形有关。要做好安全疏散，除了要有基本的疏散标志（我国常见的是四种疏散标志为消防安全疏散标志、疏散标示指示、疏散导流标志、警示标志）、安全疏散设施（如疏散通道、安全出口、避难室等）以外，还可以应用科学的疏散方法和技术，利用数学模型和虚拟系统的研究成果，结合人的心理和生理因素，制定科学、可行的安全疏散计划。在疏散方式方面，一般可借鉴指示灯引导疏散、广播系统引导疏散、人员引导疏散、基于GIS的应急疏散等方式方法。

对处在危险中的人群进行及时疏散，是减少生命财产损失最有效的方法。人员疏散时应遵循先近后远、先易后难的原则。先近后远的疏散原则：根据安全通道的距离由近及远疏散（先疏散离安全通道近的人员，后疏散远的人员），以保障安全通道的畅通。先易后难的疏散原则：根据受灾现场情况由易到难疏散，尽量降低人员伤亡。具体操作时根据实际情况灵活应对，以最短时间内疏散最多的涉灾人员为目标。

安置是将疏散后的撤离者和搜救到的幸存者转移到安全场所（通常为避难所）的工作。在协助安置人员工作时，可以在专业化救助队伍的指导下，开展4项工作。①通过现场判断确定需要避难的人口数量（包括幸存者、撤离者、伤员和应急工作者）来决定避难所的需求量；②维持避难所内良好的秩序和环境卫生；③记录好避难者的姓名和人数；④必要时寻求红十字会等社会团体的合作。

2. 保护重要财产

重要财产是指价值贵重、无法再生、数量稀少甚至独一无二，或者关系到国家利益的财产，如档案、文物、历史资料等。进行救助时，应急救援员需要对重要财产密切关注，寻找时机把财产转移到安全地带，隔离危害，保护好重要财产。

一般情况下，重要财产受到威胁之时，高级应急救援员就要筹备将重要财产进行转移，放置于安全地点，并着重进行保护。如果不具备转移重要财产的条件，则需要高级应急救援员，根据具体情况，对重要财产存放的地点进行重点保护。

不同类型的突发事件，在开展辅助逃生、隔离危害、人员疏散、财产保护等工作中均有其重点，表6-9列出社区常见突发事件的相关要点。

表6-9　社区常见突发事件的先期处置要点

常见突发事件	先期处置要点
台风、风暴潮	1. 转移避险。在台风、海啸、风暴潮到来前，组织沿海危险地区的人员及时转移到安全地区，将危房简屋中的人员转移到坚固的房屋内。 2. 停业避险。通知各种船只停止作业、进港避风，在台风来临时停止高空作业、田间劳动和露天集体活动，必要时中小学和幼儿园停课。 3. 组织加固或拆除高空易坠物和搭建物。加固或拆除（撤去）楼顶、窗口等高空的广告牌、花盆等物体和脚手架等搭建物，防止刮大风时倒塌坠落伤人。 4. 通知民众加强自我保护。如关紧门窗，不要到沿海危险地区活动，也尽量不要到室外活动等
暴雨灾害	1. 转移避险。在洪水到来前，组织危险地区的人员及时转移到安全地区；发生内涝时，组织人员转移到楼上、屋顶、高地等处暂时避险，或转移到安全地区进行临时安置。 2. 组织救援。当有人被洪水包围时，尽快通报有关部门和组织救援力量，积极进行救援。 3. 通知民众加强自我保护。如关闭电源、煤气，备足干粮食品、饮用水和日用品，带好手机，准备救生衣、救生圈等救生器材以备急需；不要攀爬带电的电线杆、铁塔，发现高压线铁塔倾斜或者电线断头下垂时要迅速远避，防止触电；下大暴雨时不要在马路上骑自行车。过马路或驾车通过地下立交桥时要留心积水深浅等
地震灾害	1. 转移避险。接到地震预报，应及时通知、组织民众从建筑物中撤出，转移到广场、操场、公园、绿地等空旷地带和农村地区避险；当突然发生地震时，应立即就地按照要领进行防护，待地震停止后，迅速组织居民从建筑物中撤出，转移到安全地区进行临时安置。 2. 组织公共场所流动人员应急防护。商店、旅馆、影剧院、体育场馆、车站、码头、机场、地铁等人员密集的公共场所，要及时组织流动人员采取应急防护措施，地震后有秩序地撤离。 3. 组织自救互救。在专业救援队伍和其他救援力量到达前，及时组织社区和基层单位的民防组织、志愿者和广大民众开展自救互救。 4. 搞好临时安置。组织居民撤出建筑物，转移到安全地区后，要组织做好临时安置工作。包括建立临时党政组织，稳定民众的思想情绪，及时提供食品、饮用水、衣被、帐篷等必需品，提供医疗服务，搞好卫生防疫等。 5. 搞好对次生灾害的防护。地震可能会引发火灾、危险化学品泄漏、水库和江河湖海堤坝决口、地面塌陷等次生灾害，要积极组织民众搞好对地震次生灾害的防护

表 6-9（续）

常见突发事件	先期处置要点
火灾	1. 组织逃生。采取广播提示等方法，将正确的逃生方法告诉火灾现场受困人员，组织、引导、帮助受困人员采取正确的方法逃离火灾现场。 2. 转移避险。当火灾有可能蔓延时，及时组织危险地区的人员迅速转移到安全地区。 3. 搞好临时安置。对于受火灾影响，失去家园或暂时不能返回家园的居民，组织做好临时安置工作，包括安排临时安置场所，稳定民众的思想情绪，及时提供食品、饮用水、衣被等必需品，提供医疗服务，搞好卫生防疫等
危化品事故	1. 组织受污染区人员防护。对于染毒空气已经污染或将要污染的地区，迅速告知居民立即关闭门窗，防止染毒空气进入家中；佩戴防毒面具或使用毛巾、口罩等就便器材进行呼吸道防护。 2. 控制受染区。对有毒有害化学物质污染的地区进行标志、隔离和警戒，防止无关人员进入、受到伤害。 3. 适时组织居民撤离。在已经受到化学污染的地区，当染毒空气可能持续较长时间时，可在空气中的染毒浓度已经明显下降，不会对人员造成明显伤害的情况下，适时组织民众撤离受染区；在染毒空气将要或可能污染的地区，当距染毒空气到达该地区还有一段时间，来得及组织居民撤离受染区的情况下，也可迅速组织居民转移到安全地区。 4. 视情况组织洗消。需要时，对受染的人员、物品、地面、空气和水源进行消毒处理。 5. 切断（控制）事故源，组织化学侦检和监测，抢救中毒人员等工作。 6. 发生化学恐怖袭击事件时，首先要迅速组织遭袭现场的人员有秩序地离开现场，疏散到安全地区，组织民众防护的其他方法与化学事故基本相同
建筑物倒塌	1. 主动躲避。对发生倒塌的建筑物及其周边危险区进行标示、隔离和警戒，防止无关人员进入受到伤害。 2. 及时撤离。当建筑物发生爆炸或出现倒塌征兆时，迅速组织建筑物内及周边区域内的人员疏散撤离至安全区域

（四）危险源评估和现场区域划分

危险源评估是指针对可能造成人员受伤、财产受损、环境受创的因素进行识别，并且对造成的损失程度进行评估的过程；在危险源测评的同时，还要实施现场区域划分，合理利用有限的安全地带，为保障救助工作顺利进行做好准备。

1. 危险源评估

应急救援员到达救助现场后，对引起人员伤亡和财产损失的危险源进行测评，确定危险源的准确位置，评估已经引起的人员伤亡和财产损失程度，以及危险源的影响范围、可能再造成的人员伤亡和财产损失等情况。

（1）损失程度评估。对灾害造成的人员、财产等实际损失进行评估，从而进一步明确灾害情况，确定灾害等级。在进行人员和财产的评估时，应收集灾害现场和受影响的周边地区，有关重要设施、居民区、商业建筑、重要交通线、运输、工业等多方面的信息，记录可以确定的损失，其中重点是人员伤亡损失情况；并将其分类汇总，准备向相关部门和人员汇报。

（2）影响范围评估。除了全面评估损失程度之外，还应从物理范围评估危害可能造成的影响。如图6-1所示，事件发生之后，以事件发生地为圆心向四周扩散。在一定范围之内，都可能受到直接影响。扩散越远受到直接影响越小，但是仍然有间接影响。

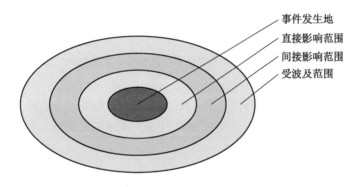

图6-1 事件物理影响范围

按照人员和财产的伤亡情况，应急救援员可以得出灾害损失和事件影响的范围模拟图。如图6-2所示，事件发生后，不同地区受到的损失和影响，以事件发生地为圆心呈向四周扩散状，越远程度越轻。依次形成死亡半径、重伤半径、财产损失半径、轻伤半径，构成同心圆。一般情况下，在相应的半径范围之内，受事件影响的损失程度，依次为人员死亡、人员重伤、财产损失、人员轻伤的情况。

灾害损失和事件影响范围的确定，便于准确定位受灾区域的受影响程度，从而针对实际情况选择恰当的疏散目的地，迅速响应、科学处理。

2. 现场区域划分

在完成危险源测评之后，为了保障人员的安全，需要根据危险源带来的地区影响，对现场区域进行划分，寻找适宜涉灾群众临时安置的安全地带，并对有限的安全地带进行功能划分，以提高使用率、保障紧急救助的顺利进行。

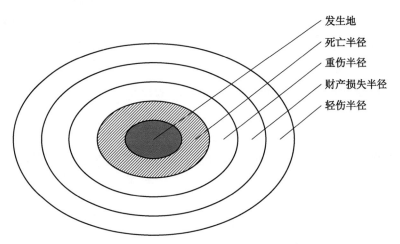

图6-2　灾害损失和事件影响的范围模拟图

现场区域的划分目的是保障人员和财产的安全、提高紧急救助的效率，其前提是有利于施救、有利于疏散。为实现其目的，应遵循规避潜在危险源、因地制宜、资源最优化使用三大原则。

（1）规避潜在危害源原则。潜在危害源是突发事件发生之后的重大隐患，可能会导致人员和财产的再次损失。灾害现场救助区域的划分首先要遵循规避潜在危害的原则，防御可能出现的衍生灾害。

（2）因地制宜的原则。根据现场地理环境的特点，进行区域划分：如地势高处存放需干燥的物品，距离火源较远处存放易燃物品等等，实现区域的合理划分。根据灾害的特征开展现场区域划分：根据灾害的特征和发展规律，按照危害最小化原则，开展区域划分；针对灾害的应对要求，根据便于救灾和抢险的原则，在最短时间内处置灾害。

（3）资源最优化使用原则。在保障救助功能顺利实现的前提下规划区域。紧急救助时，特定设备的使用，或者救助技能的发挥有其特殊的要求，如消防车在行进通道、灭火范围、供水来源等方面都有要求，这些因素在现场区域划分时都要有所把握。

在遵循现场区域划分原则的基础上，应利用现场有限空间，尽快按功能划出特定区域，为有序地开展施救活动提供前期保障。根据实际需要，可以将现场区域划分为人员聚集区、设备存放区、临时医疗救护区、心理辅导区、物资储备区、隔离警戒区、遗体临时存放区、现场指挥区等功能区。分别对人员、设备、医护、心理辅导、物资等方面进行集中管理和安排。同时，可以根据现实情况的需要适当增添、合并功能区。功能区的使用原则应根据不同区域的功能而定，总体原则是保障各区域的顺利运转。人员聚集区应注意现场秩序的维护；设备存放区应注意按照设备储存要求存放，为设备存放提供适宜的条件。例如，医疗救护区应注意保持环境的无菌化、保持人员的隔离；心理辅导区应注意营造轻松、安静的环境；物资储备区应注意保持干燥，保障物资的合理、正确储存。

第三节　社区突发事件应急处置的事中工作

根据《突发事件应对法》的规定，我国突发事件应急处置的责任主体是履行统一领导职责或者组织处置突发事件的各级政府，社区居委会和村委会作为基层单位，应服从政府发布的决定、命令，配合政府的应急处置措施，按照政府要求积极组织所在地的应急救援工作。

一、常见突发事件的专业现场处置

突发事件发生后，现场应急处置的专业化措施由《突发事件应对法》和其他单行的应急管理法律、法规、规章、预案等予以规定。由于在自然灾害、事故灾难、公共卫生事件、社会安全事件4类突发事件中，自然灾害、事故灾难和公共卫生事件在应对措施上具有更多的相似性和共通性，《突发事件应对法》将这3类事件放在一起，规定了一些必要措施，对于社会安全事件则单独规定了应急处置措施。

1. 自然灾害、事故灾难和公共卫生事件的应急处置措施

自然灾害、事故灾难或者公共卫生事件发生后，根据突发事件的性质、特点和危害程度，可以采取下列一项或者多项应急处置措施：

（1）在确保应急救援人员安全的前提下，组织营救和救治受害人员，疏散、撤离并妥善安置受到威胁的人员，以及采取卫生防疫等措施。

（2）迅速控制危险源，标明危险区域，封锁危险场所，划定警戒区，实行交通管制及其他控制措施，公安、交通等有关部门要保证紧急情况下抢险救援车辆的优先安排、优先调度、优先放行，确保抢险救灾物资和人员能够及时、安全

到达。

（3）在交通、通信、供水、排水、供电、供气、供热等公共设施不能正常使用的情况下，配合市专业部门实施临时过渡方案，保障社会生产生活基本正常。

（4）禁止或者限制使用有关设备、设施，关闭或者限制使用有关场所，中止人员密集的活动或者可能导致危害扩大的生产经营活动，以及采取其他保护措施。

（5）启用应急救援物资，必要时调用其他急需物资、设备、设施、工具。

（6）组织公民参加应急救援和处置工作，动员具有特定专长的人员提供服务。

（7）向受到危害的人员提供食品、饮用水、燃料等基本生活必需品，必要时提供避难场所。

（8）依法从严惩处囤积居奇、哄抬物价、制假售假等扰乱市场秩序的行为，稳定市场价格，维护市场秩序。

（9）依法从严惩处哄抢财物、干扰破坏应急处置工作等扰乱社会秩序的行为，维护社会治安。

（10）进入相关场所进行检查和封存物品。

（11）拆除、迁移妨碍应急处置和救援的设施、设备或者其他障碍物等。

（12）防止发生次生、衍生事件的必要措施。

（13）有关法律、法规、规章、规定，以及市政府认为必要的其他应急处置措施。

2. 社会安全事件的应急处置措施

社会安全事件发生后，政府有关部门开展应对工作，并由公安部门针对事件的性质和特点，依照有关法律、法规和国家其他有关规定，采取下列一项或者多项应急处置措施：

（1）尽快了解和分析事件起因，有针对性地开展法制宣传和说服教育，及时疏导、化解矛盾和冲突。

（2）维护现场治安秩序，对使用器械相互对抗或者以暴力行为参与冲突的当事人实行强制隔离，妥善解决现场纠纷和争端，控制事态发展。

（3）对特定区域内的建筑物、交通工具、设备、设施以及燃料、燃气、电力、水的供应进行控制，必要时依法对网络、通信进行管控。

（4）封锁有关场所、道路，查验现场人员的身份证件，限制有关公共场所内的活动。

（5）加强对易受冲击的核心机关和单位的警卫，在国家机关、军事机关、广播电台、电视台、外国驻华使领馆等单位附近设置临时警戒线，加强对重点敏感人员、场所、部位和标志性建筑的安全保护。

（6）严重危害社会治安秩序的事件发生时，立即依法出动警力，加大社会面检查、巡逻、控制力度，根据现场情况依法采取相应的强制性措施，尽快使社会秩序恢复正常。

（7）法律、法规和国务院规定的其他必要措施。

二、社区应急处置的医疗卫生救援

针对突发事件导致人员伤亡、健康危害，在专业处置的同时，应及时开展医疗卫生救援工作。医疗卫生救援机构或相应医疗救治专业应急队伍在接到救援指令后要及时赶赴现场，并根据现场情况全力开展医疗卫生救援工作。在实施医疗卫生救援过程中，既要积极开展救治，又要注重自我防护，确保安全。

为及时准确掌握现场情况，做好现场医疗卫生救援指挥工作，确保医疗卫生救援工作有序进行，有关卫健部门应在事发现场设置现场医疗卫生救援指挥部，主要或分管负责人到现场，靠前指挥，减少中间环节，提高决策效率，加快抢救进程。现场医疗卫生救援指挥部要接受突发事件现场处置指挥机构的领导，加强与现场各救援部门的沟通与协调。

1. 现场抢救

到达现场的医疗卫生救援应急队伍，要迅速将伤员转送出危险区，本着"先救命后治伤、先救重后救轻"的原则开展工作，按照国际统一的标准对伤病员进行检伤分类。分别用蓝、黄、红、黑4种颜色，对轻、重、危重伤病员和死亡人员做出标志，分类标记用塑料材料制成腕带，扣系在伤病员或死亡人员的手腕或脚踝部位，以便后续救治辨认或采取相应措施。现场伤员人数较多时，应在现场安全区域，按照国际统一检伤分类标准颜色分区设置伤病员等待区，按照病情轻重等待转运分流。

2. 转送伤员

当现场环境处于危险或在伤病员情况允许时，要尽快将伤病员转送并做好以下工作：

（1）对已经检伤分类待送的伤病员进行复检。对有活动性大出血或转运途中有生命危险的急危重症者，应就地抢救、治疗，做必要的处理后再实施监护下转运。

（2）认真填写转运卡提交接纳的医疗机构，并报现场医疗卫生救援指挥部汇总。

（3）在转运中，医护人员必须在医疗仓内密切观察伤病员病情变化，并确保治疗持续进行。

（4）在转运过程中要科学搬运，避免造成二次损伤。

（5）合理分流伤病员或按现场医疗卫生救援指挥部指定的地点转送。

（6）接受转运救治任务的医疗机构在接到指令以后要立即启动应急机制，做好救治准备工作，保证救治工作及时有效，并与转送机构做好交接。任何医疗机构不得以任何理由拒诊、拒收伤病员。

3. 疾病预防控制和卫生监督工作

突发事件发生后，有关卫健部门要根据情况组织疾病预防控制和卫生监督等有关专业机构和人员，开展卫生学调查和评价、卫生执法监督，采取有效的预防控制措施，防止各类突发事件造成次生或衍生突发公共卫生事件，避免发生灾后疫情，确保大灾之后无大疫。

三、社区应急处置的协调配合

突发事件往往需要协调和调动社会各方力量共同参与灾害应对，协调的实质是调度分配紧急救助的资源。社区在做好本职工作的基础上，应当配合当地党委政府以及有关部门，开展一系列协调配合工作；与相邻社区密切合作，建立全社会协同处置应对突发事件的机制；此外，还应加强与非政府的组织、机构、部门（如媒体和志愿组织）的协调，统筹救助资源，协同应对灾害；社区各辖区单位，各类群团、民间组织要根据实际情况，积极配合，支持现场指挥机构开展应急管理相关工作。

1. 协调配合政府部门

在救急救助的范畴，社区应与所在地区的应急管理、消防、民政、公安、教育、交通、城建、水务、气象、地震、民防等部门密切配合。此类协调往往包括三种模式：①依靠政府内部的层级关系，通过政府机构的上级单位，协调下级部门的行动；②依靠政府统一的指挥调度平台，由该平台协调对应责任的具体部门开展行动；③运用现代信息技术，告知分属于不同地区和不同层级的政府机构，统一开展行动。

2. 协调非营利组织

突发事件发生之后，往往会有红十字会、志愿救援队伍的非营利组织，热情的志愿者参与到救援救助中。对此社区应做好与非营利组织的协调工作，重点包括：①确保非营利组织成员（志愿者）的人身安全，为其提供必要的安全保障；②明确非营利组织的志愿服务，在法律法规的框架内和有效救助的要求下开展；③可以协助相关部门，建立与非营利组织之间的互动渠道，为其志愿服务提供必要的培训演练和技能审核，确保其拥有基本的救助知识和技能；④协调开展互助互济和经常性救灾捐赠活动，开通 24 小时捐赠热线，启动社会募捐机制，动员社会各界提供援助。

3. 协调企业等私人部门

根据情况的需要，社区可能还与一些私人部门开展合作，以求获得更大的救助支持和帮助。例如可通过采购、契约外包等方式，由私人部门负责提供相应的救助服务和紧缺物资。

4. 协调媒体组织

随着灾害影响的不断扩大，社区还需要协调媒体关系，配合相关部门共同开展信息发布和舆情应对。协调工作具体包括：①监督媒体报道内容的真实性和准确性；②在获得相关部门授权的情况下，及时回应关于灾害事件的流言误传，向公众发布准确的灾害现状和政府采取的应对措施；③通过媒体缓解公众的紧张情绪，向公众宣传防护救助常识，积极寻求各界的合作等。

5. 协调国际救援

灾害现场，如果有国际救助人员参与救助，或者需要国际方面的救援支持，还需要处理好与国际救援之间的关系。一方面了解和遵守涉外方面的救援救助问题，另一方面还要配合政府机构，积极促成与国际救援的友好合作。

第四节　社区突发事件应急处置的事后工作

一、社区应急处置的善后安置

在应急救援结束或者相关危险因素消除后，社区应积极协助配合政府部门和社会组织，开展各方面的善后处置工作。

（1）配合民政、商务等部门，开展受灾群众的安置，对受灾群众按规定给予抚恤，及时组织救灾物资和生活必需品的调拨和发放，保障群众基本生活，同时加强对社会捐助物资的接收、登记和储备管理工作，及时向社会公布有关信息。

（2）配合卫生、农业等部门，开展疫病控制工作。

（3）配合环保、环卫等部门，开展现场清理和消除环境污染。

（4）配合电力、市政、水务、交通等部门，及时组织修复被破坏的城市基础设施。

（5）配合气象部门，做好气象灾情评估、收集工作及救灾期间天气预报预警服务工作。

（6）配合事件处置主责部门、财政、发展改革等部门，落实相关补偿工作，对紧急调集、征用的人力物力给予补偿。

（7）配合属地街道（乡镇）办事处，做好受灾地区的社会管理工作。

（8）配合红十字会、慈善协会等社会公益性组织，广泛开展互助互济和经常性救灾捐赠活动。

（9）配合司法行政部门，组织法律援助机构和有关社会力量，为突发事件涉及人员提供法律援助，维护其合法权益。

（10）配合卫生部门，组织工会、共青团、妇联、红十字会等人民团体，及时采取心理咨询、心理辅导、慰问等有效措施，努力减少、消除突发公共事件已经或可能给人们造成的精神创伤。

（11）配合保险部门和保险机构，及时开展应急救援人员保险受理和受灾人员保险理赔工作。

二、社区应急处置的恢复重建

1. 秩序的恢复与逆转

短期内，应积极开展灾区秩序的恢复与逆转，以全面恢复并强化管理灾区的社会秩序状况，统筹考虑、科学开展灾区保平安、保畅通、保稳定各项工作。突发事件后需有效恢复和切实管理的社会秩序主要包括灾民安置、城市运转、社会治安、市场秩序、生产秩序等。

（1）灾民安置的秩序管理。强化灾民安置和生活相关的秩序管理，保障生活必需品供应，切实安顿好灾民的日常起居，保证短期内的正常生活。

（2）城市运转的秩序管理。社区应配合相关公安、交通、邮电、建设等有关部门尽快修复被损坏的交通、通信、供水、排水、供电、供气、供热等公共设施管理部门或公共服务类企业，涉及交通、通信、水利、能源等行业领域，确保城市得以恢复运转。

（3）社会治安秩序管理，社区应配合公安、城管、工商、质检等相关部门，切实维护灾区及邻近地区的社会治安秩序，根据《刑法》《治安管理处罚法》《人民警察法》等法律规定，有效防范现场和舆论场的各类刑事或治安案件，创造良好的社会安全、交通秩序、治安环境。

（4）市场秩序管理。社区应配合工商部门，做好灾区的市场秩序管理，以维护灾区市场秩序和社会稳定，切实保护消费者、经营者合法权益，促进灾区恢复重建工作顺利进行。

（5）生产秩序管理。要在安顿好灾民的日常起居基础上，逐渐恢复灾区的生产活动，逐步形成长期的安居乐业状态。一方面，灾区政府及农业行政主管部门应当及时组织修复毁损的农业生产设施，开展抢种抢收，提供农业生产技术指导，保障农业投入品和农业机械设备的供应；另一方面，政府有关部门应当优先组织供电、供水、供气等企业恢复生产，并对大型骨干企业恢复生产提供支持，为全面恢复工业、服务业生产经营提供条件。

2. 灾区的重建与发展

对遭受严重损失的灾区应进行重建，科学的灾区重建应坚持因地制宜、安全为先、以人为本、尊重自然的基本原则，依据相关法律规定，结合专业参考，全面开展科学的重建规划与实施，力争在恢复到灾前水平的基础上，该区域的生产生活和社会经济有更高的进步和发展。

（1）灾区重建的选址应统筹恢复重建与发展提升，综合考虑资源环境承载能力，严格落实恢复重建总体规划和专项实施方案，科学合理确定重建规模、方式、时序。严格按照生态保护区、旅游产业集聚区、农牧业发展区、人口聚居区的功能定位，优化城镇和产业布局，力求"生产空间集约高效、生活空间宜居适度、生态空间山清水秀"，促进灾区可持续发展。

（2）灾区重建应树立"防范胜于救灾"理念，强化全民防灾抗灾意识和全域安全意识，充分考虑资源环境承载能力，着力提升综合防灾减灾救灾能力，有效避让地质灾害隐患点地震断裂活动带引发的难以防治的地质灾害隐患点、泄洪

315

通道，严格执行抗震设防标准和建设技术规范，对居民住房实行强制性抗震设防标准，确保重建工程质量，保障灾区群众安全。

（3）灾区重建应把人民对美好生活的向往作为奋斗目标，把灾区群众的期待和安危冷暖体现到每一项工作中，把群众满意作为检验重建成果的最终标准，将城乡居民住房恢复重建摆在突出和优先位置，加快恢复完善公共服务体系，优先实施民生重建项目，全面提升灾区群众生产生活条件，增强灾区群众获得感、幸福感、安全感。

（4）灾区重建牢固树立人与自然是生命共同体的理念，树立尊重自然、顺应自然、保护自然的生态文明理念，坚持节约优先、保护优先、自然恢复为主的方针，把绿色发展理念贯穿灾后恢复重建全过程，严守生态资源消耗上线、环境质量底线和生态保护红线，强化世界自然遗产、自然保护区、风景名胜区、森林公园保护力度，持续推进生态修复。

（5）灾后重建规划是恢复重建工作的重要依据，必须建立在全面调研、科学评估、充分论证的基础上。具体要求有三方面：一是充分听取灾区干部群众的意见和建议，并开展科学民主决策；二是借鉴国内外灾后恢复重建的有益经验，组织专家对重大问题进行深入论证；三是要加强总体规划与各专项规划之间的衔接协调，形成有机整体。灾区重建规划应完成灾区评估、灾区方针设定、空间布局设置、专项规划制定等工作。

（6）灾区重建的全面实施，既要有序重建，根据灾区现状和具体规划，确定重建实施中各领域和版块的优先次序；也要有效重建，确保支持政策和保障措施提供充分，并通过监督检查、绩效考核等方式确保重建措施的落实到位。

三、社区应急处置的调查评估

突发事件的事后调查评估工作一般由政府相关部门负责。特别重大突发事件由国务院或国务院授权的有关部门组织开展调查评估，重大、较大突发事件的调查评估工作，在市委、市政府及相关部门的领导下组织开展；一般突发事件的调查评估由县（市、区）级人民政府相关部门组织开展。

负责组织开展调查评估工作的具体机构，应根据突发事件的具体情况，组建突发事件调查组，可聘请有关专家参与。开展突发事件调查评估工作，需对突发事件发生的原因、过程和损失，以及事前、事发、事中、事后全过程的应对工作，进行全面客观的调查、分析、评估，提出改进措施，形成突发事件调查评估报告，并在相关法律、法规、规章等有关规定的时间内完成。无具体规定的，一般应在 60 日内完成；特殊情况下，经区应急委批准，可适当延长期限。

第五节 社区突发事件应急处置的综合保障

社区突发事件应急处置的各项工作，需要综合保障来确保实施。在社区应急预案中对各类应急保障予以明确，并在社区安全常态管理中对相关保障工作予以落实和充分准备，确保突发应急时能够保障及时到位。

一、社区安全的应急队伍保障

社区安全的应急队伍建设，坚持专业化与社会化相结合，着力提高基层应急队伍的应急能力和社会参与程度；坚持立足实际、按需发展，兼顾财力和人力，充分依托现有资源，避免重复建设；坚持统筹规划、突出重点，逐步加强和完善基层应急队伍建设，最终基本形成统一领导、协调有序、专兼并存、优势互补、保障有力的基层应急队伍体系。突发公共事件发生时，按照专业队伍为主体、群众性队伍为辅助的原则，由社区应急领导小组调动应急队伍进行抢险，必要时请求上级政府支援，确保突发事件险情得到有效控制。

（1）依托综合应急消防站所建设，以站所建设带动乡镇（街道）政府专职消防队、企业专职消防队、微型消防站、志愿消防队等多元基层消防队伍建设。加强社区微型消防站建设，根据公安部消防局《关于创建消防安全社区活动的指导意见》，每个社区建立 1 个微型消防站，队员不少于 6 人，设站长 1 人、队员 5 人，由受过基本灭火技能训练的保安员、治安联防员、社区工作人员等担任，结合办公场所设微型消防站址和器材室，配备必要的消防器材。社区内有多个住宅小区的，每个设有管理部门、物业服务的住宅小区应建 1 个微型消防站。

（2）组织民兵、预备役人员、保安员、警务人员、医务人员等有相关救援专业知识和经验的人员，建立基层应急救援队伍，在防范和应对气象灾害、水旱灾害、地震灾害、地质灾害、森林草原火灾、生产安全事故、环境突发事件、群体性事件等方面发挥就近优势，在相关应急指挥机构组织下开展先期处置工作，组织群众自救互救，参与抢险救灾、人员转移安置、维护社会秩序、协助做好应急保障、善后处置、物资发放等工作。注重发挥社区楼栋长、网格员等在社区减灾和应急处置中的作用。

（3）推进灾害信息员队伍建设。信息员是应急管理的耳目，能够获取突发事件的源头信息。按照应急管理部、民政部、财政部《关于加强全国灾害信息员队伍建设的指导意见》（应急〔2020〕11号）的要求，行政村（社区）灾害信息员一般由村"两委"成员和社区工作人员担任，工作方式以兼职为主，主要承担灾情统计报送、台账管理以及评估核查等工作，同时兼顾灾害隐患排查、灾害监测预警、险情信息报送等任务，协助做好受灾群众紧急转移安置和紧急生活救助等工作。我国建立覆盖全国所有城乡社区，能够熟练掌握灾情统计报送和开展灾情核查评估的"省—市—县—乡—村"五级灾害信息员队伍，确保2020年底全国每个城乡社区有1名灾害信息员，为及时、准确、客观、全面掌握和管理灾情奠定坚实基础。

（4）引导社区内学校、医院、商场等企事业单位积极组织开展防灾减灾活动，加强单位自身的灾害综合风险防范，经常对单位人员进行防灾减灾教育，主动参与风险评估、隐患排查、宣传教育、应急演练等社区防灾减灾活动。

（5）加强志愿者队伍建设，积极推动志愿者等社会组织、社会力量全方位参与社区防灾减灾救灾工作。鼓励现有各类志愿者组织在工作范围内充实和加强应急志愿服务内容，为社会各界力量参与应急志愿服务提供渠道。有关专业应急管理部门要发挥各自优势，把具有相关专业知识和技能的志愿者纳入应急救援队伍。发挥共青团和红十字会作用，建立青年志愿者和红十字志愿者应急救援队伍，开展科普宣教和辅助救援工作。社区志愿者队伍的组织、技术装备、培训、应急预案演练、救援行动人身保险等方面，由镇突发公共事件领导小组给予支持和帮助。

二、社区安全的应急物资保障

社区安全的应急物资保障，由基层政府和有关部门建立救灾物资储备库，健全应急物资保障部门联动和社会参与机制，并在社区层面推行社区储备、社会储备、家庭储备等多种方式，实现应急物资靠前部署、下沉部署，努力满足可能发生灾害事故的峰值需求。突发事件发生后，社区应急领导小组办公室会同各相关部门和属地单位做好受灾群众的基本生活保障工作，确保受灾群众有饭吃、有水喝、有衣穿、有住处、有病能得到及时医治。

1. 政府及其相关部门应急物资储备

各级政府和应急指挥机构根据本领域、本系统、本地区突发事件风险隐患情况，逐步建立与安全需求相匹配的应急物资储备，建立政府储备与社会储备相结合、长期储备与临时储备相结合、研发能力储备与生产能力储备相结合的应急物资保障体系，完善紧急生产、政府采购、调用征用和补偿机制；应急部门编制救灾物资储备规划、品种目录和标准，会同发改、民政等部门确定年度购置计划，根据需要下达动用指令，根据相关规划、目录和标准，负责开展救灾物资的收储、轮换和日常管理，并根据市应急局的动用指令组织物资调运工作；粮食和物资局、商务、工业和信息化、卫生健康、市场监管、农业农村、水务、地震等部门重点做好粮食、生活必需品、药品、医疗器械以及专项救灾物资的储备管理工作，满足灾后人民群众的基本生活需要。

2. 社区应急物资储备

设有社区应急物资储备点，备有救援工具（如铁锹、担架、灭火器等）、广播和应急通信设备（如喇叭、对讲机、警报器等）、照明工具（如移动照明、应急灯、手电筒等）、应急药品和应急食品、饮用水、棉衣被等基本生活用品，并做好日常管理维护和更新。

3. 应急物资社会储备

建立应急物资社会储备机制，建立应急物资社会化储备制度，统筹利用企业、个人仓储设施，采取协议储备、协议供货、委托代储等多种方式，实施应急物资社会化储备；社区应与邻近超市、企业等合作开展救灾应急物资协议储备，保障灾后生活物资、救灾车辆和大型机械设备等供给。

4. 家庭等单元应急物资储备

鼓励和引导家庭、企事业单位、社会组织等社会个体单元配备防灾减灾用品，如逃生绳、收音机、手电筒、哨子、灭火器、常用药品等，推广使用家庭应急包。

三、社区应急避难场所和疏散路径

社区应急避难场所是指为应对突发性灾害，用于避难人员疏散和临时避难，具有一定规模的应急避难生活服务设施的场地和建筑。在地方政府相关部门的统一规划和协调下，社区应充分利用公园、广场、城市绿地、学校、体育场馆等已有设施，指定、改扩建或新建与人口密度、村居规模相适应的应急避难场所，保障在紧急情况下为群众提供紧急疏散、临时生活的安全场所；与此同时，设计科学的应急疏散路线，在应急避难场所、关键路口等位置，设置应急标志或指示牌，张贴应急疏散路线图，方便居民快速抵达；制定紧急疏散管理办法和程序，明确相关责任人，确保在紧急情况下广大群众安全、有序转移或者疏散，满足社区内居民紧急避险和临时安置等需求。

应急避难场所的建设应区分城市和乡村，并按照相关国家标准、地方规范等进行规划、建设、管理。应急避难场所建设应遵循"以人为本、安全可靠、平灾结合、就近避难"的原则，合理确定建设规模，充分利用区周边的防灾资源和现有的城市应急避难场所，满足发生突发性灾害时的应急救助和保障社区避难人员的基本生存需求。总体而言，城市社区按照住建部、国家发改委《城市社区应急避难场所建设标准》（建标〔2017〕25号）、《防灾避难场所设计规范》（GB 51143—2015）、住建部《防灾避难场所技术标准（征求意见稿）》（2020年发布）相关要求，通过共享、新建、扩建或加固等方式建设；农村社区因地制宜设置避难场所，明确可安置人数、管理人员、各功能区分布等信息。

社区应急避难场所的选址应符合所在城市居住区规划，遵循场地安全、交通便利和出入方便的原则，并应符合以下条件：①选择地势较高、平坦、开阔、地质稳定、易于排水、适宜搭建帐篷的场地；②避开周围的地质灾害隐患和易燃易爆危险源；③选择利于人员和车辆进出的地段；④选择便于应急供水、应急供电等设施接入的地段。

社区应急避难场所项目应包括避难场地、避难建筑和应急设施。避难场地应包括应急避难休息、应急医疗救护、应急物资分发、应急管理、应急厕所、应急垃圾收集、应急供电、应急供水等各功能区。避难建筑应由应急避难生活服务用房和辅助用房构成。生活服务用房宜包括避难休息室、医疗救护室、物资储备室等，辅助用房宜包括管理室、公共厕所等。应急设施应包括应急供电、应急供水、应急排水、应急广播和消防等。

公共交通工具、公共场所和其他人员密集场所的经营单位或管理单位要制定人员密集场所疏导方案，为交通工具和有关场所配备报警装置和必要的应急避险设备、设施，注明其使用方法，标明安全撤离路线，保证安全通道的畅通。有关单位要定期检测、维护其报警装置和应急避险设备、设施，使其处于良好状态，确保正常使用。

四、社区应急的其他综合保障

突发事件应急处置的其他保障，如交通运输、治安、技术、医疗等保障，社区应等根据具体突发事件的应急工作需求，联动配合相关部门，落实相应的保障措施，具体详见表6-10。

表6-10　社区突发事件应急处置的其他保障

序号	应急保障	相关工作要求	负有职责和社区对应协调的部门
1	经费保障	突发事件应急准备和救援工作所需资金，一般由基层乡镇（街道）政府每年按照镇财政支出额的适当比例安排公共财政应急储备资金和突发公共事件应急专项准备金；社区应急领导小组办公室提出具体预算，经镇财政所审核后列入年度本级财政资金预算，明确应急经费来源、使用范围、数量和监督管理措施，以及应急状态时经费保障措施。突发公共事件发生后，首先要根据实际情况调整部门预算内部结构，削减部门支出预算，集中财力应对突发公共事件；其次要经政府批准启动专项准备金，必要时动用公共财政应急储备金。财政和纪委部门要加强对突发事件财政应急资金的监督管理，保证资金专款专用，提高资金使用效益。鼓励公民、法人和其他组织为应对突发公共事件提供资金援助	财政部门、属地政府等
2	通信与信息保障	社区应明确应急工作责任单位及人员的通信联络方式，并提供备用方案；整合完善区域性的应急指挥通信网络系统，建立应急指挥与信息保障平台，保障文字、语音、视频信息及指令的集中收发。平时依托和利用功用通信网，建立有线和无线相结合、基础电信网络与机动通信系统相配套的应急通信体系；在必要时可以紧急调用或征用社会通信设施；组织移动、联通、电信等通信运营企业依托公共通信网、卫星网、微波等多种传输手段，增强基础电信网络的应急通信能力，协助完善各级、各类指挥调度机构间通信网络，保障通信畅通	应急管理部门、通信管理部门等
3	交通运输保障	社区应配合相关部门，建立健全公路、港口、轨道交通、铁路、航空等输送能力应急调度机制，保证处置突发事件所需物资设备、应急救援人员和受到突发事件危害人员的优先运送；配合修复毁坏的公路、港口设施、轨道交通、城市道路、铁路、航空设施，保证交通干线和重要路线的畅通和运输安全；必要时依法紧急动员或征用其他部门及社会的交通设施装备；配合实施事发区域道路交通管控措施，加强应急道路保障	交通运输部门、公安交警部门等

表 6 – 10（续）

序号	应急保障	相关工作要求	负有职责和社区对应协调的部门
4	医疗卫生救援保障	社区应配合相关部门，开展公共卫生事件监测与信息报送，根据现场抢救、院前急救、专科救治、卫生防疫等环节的需要，调度、安排医务人员和医疗物资装备；配合属地政府，明确医疗救治和疾病预防控制机构的资源分布、救治能力和专业特长等，明确相应的应急准备措施、医疗卫生队伍和医疗卫生设备、物资调度等方案	卫健部门、疾控部门等
5	治安保障	社区应配合相关部门，在突发事件现场周围，根据需要设立警戒区和警戒哨，做好现场控制、交通管制、疏散救助群众等工作；做好重要目标物、重要场所和基础设施的警卫工作，严防危害社会安全稳定的事件发生；加强社会面治安秩序管控和大型群众性活动的治安保卫工作，依法查处、打击违法犯罪行为，提高处置危害公共安全突发事件的能力	公安部门、政法部门等
6	技术保障	相关部门开展科研活动，加强风险预防、预警、预测和应急处置技术的研究开发和引进，不断改进技术装备，根据应急处置工作的需要，会同有关部门调集有关专家和技术队伍支持应急处置工作	应急管理部门、科技部门等

实践范例：民众"教科书式救援"案例盘点

案例1：校园突发岩石崩塌，师生疏散避灾

2021年3月4日上午，广西壮族自治区河池市罗城仫佬族自治县四把镇龙马村小学发生一起突发性岩石崩塌，在落石砸到教室之前，学校全体教职工仅用时50秒就安全有序撤离到空旷操场，上演了一场"教科书式避灾"。罗城仫佬族自治县四把镇龙马村龙马小学教师卢金条介绍当时情况："8时20分左右，突然听到轰隆隆的声音，当时情况非常着急，我第一个时间的反应就是让孩子们跑出去；我跑到一楼的办公室，然后拿起那个铃（平常我们做地震演练，平常遇到什么紧急的事我们就摇这个铃来警报），摇了铃以后那些学生就跑出来了"。龙马小学背靠山体，险情发生时，学生们正在上晨读课，听到有少量碎石垮落的声音，学校老师反应迅速，有序地组织学生撤离教室。师生们刚安全撤离出教室，一块巨石随之滚落，砸穿了一年级教室的墙体。不过由于撤离及时，全校师

生成功避险，未发生人员伤亡，目前学校也正在积极组织对学生的安抚工作。这次教科书式的撤离，离不开平时的训练。据了解，校方曾多次组织师生开展自然灾害应急演练，提高大家应对自然灾害和突发事件的应急自救和互救能力。

案例2：居民楼突发火灾，儿童预警疏散

2020年12月18日22时许，上海市金山区朱泾镇北圩新村一居民楼发生火灾。大部分人此时都入睡，9岁的麻文博正躺在床上，透过卧室与客厅的隔断，发现客厅有红光冒出，他赶紧一咕噜下了床。此时，明火已经烧到了天花板，火势已然蔓延。他马上叫醒已经睡着的爸爸，让他立即拨打"119"。叫醒爸爸后，又喊醒了外公，然后下楼挨家挨户敲响邻居的家门，让他们赶紧撤离。并在楼道内用尽气力，高声呼喊："着火了！大家快走啊！"由于从家中着急奔出，没有带手机，他又赶紧跑到楼下，到路边拦车，让私家车的司机帮忙拨打119和110报警。由于少年的机智，整幢楼的人都安全撤离了。防火监督员王修强为麻文博的行为点赞："小朋友非常勇敢，在保证自己安全的前提下，帮助邻居们疏散逃离，为救援赢得了时间！"发生火灾时，很多大人都难免慌乱，9岁男孩为何如此镇定，发生大火时不仅不害怕还能想到去救邻居？麻文博说："在学校里，我学过相关的火灾突发应急逃生知识。"他补充说，"我是男孩子，要做男子汉，关键时刻，更要站出来。"金山区消防救援支队从接警到扑灭大火，仅耗时不到20分钟。经清点，共疏散18人，救出2人。

案例3：高层住宅区突发大火，物业灭火救援

2020年5月26日18时许，浙江省绍兴市越城区灵芝街道滨江金色家园7幢2401室阳台上的明火燃烧猛烈，浓烟不断往上翻滚。这一幕刚好被市民拍下，一时间在各种微信群、朋友圈传播开来。眼看火势越烧越大，社区物业立即启动应急处置预案，组织工作人员和微型消防站队员展开自救，通过逐层排查确定起火房间。敲门确认无人应答后，他们只好选择破拆救援。当地消防救援部门第一时间出动9辆消防车赶往现场处置，利用消防电梯快速到达起火楼层，就在消防员抵达现场时，起火房门已被赶到的微型消防站队员打开，消防员立即出水枪进行扑救，不到10分钟就把明火扑灭，无人员伤亡。19时10分左右，金色家园小区内的消防车道畅通，电动自行车摆放在规定位置，小区居民三五成群正在讨论小区火灾。在2401室，阳台和靠阳台的那个房间过火严重，玻璃已经破碎，室内空调被高温熔化，几个保安正在起火房间里处理积水，由于扑救及时，其他房间未过火。

案例4：老人突发大面积心梗，少年心肺复苏救人

2020年10月27日，上海63岁的王老伯在参加完同学聚会后突发疾病，倒在街边失去意识。此时，上海格致中学高一学生盛晓涵迅速上前，对老伯进行持续的心肺复苏。正是救护车赶到前的这场救助，为老伯抢回了一条命。当天，上海格致中学15岁的高一学生盛晓涵晚8点多才离开学校。就在快到家时，他发现路边围了一群人，依稀还听见抽泣声。他挤进去一看，一名老伯倒在地上，另一名老伯扶起他上半身，帮他拍着背。因为不知道老人晚餐吃了什么，盛晓涵先用海姆立克急救法拍挤压了两下，见没有任何食物吐出，他赶紧下一步施救，让老人平卧。他发现老人脉搏微弱，而且体温下降，仅有微弱的喘息，这一切都符合心脏骤停的特征。他一边疏散围观人员，一边解开老人胸前纽扣，开始体外按压。为了让救援更有效，他赶紧教会旁边的人"鼻式人工呼吸"，协助救人。盛晓涵说，"当时胸外按压大概有五六分钟，根本没空看时间，这是很紧急的救援过程，万一中间停了，很可能导致将要康复的病人再次陷入危机。"

案例5：不慎落水后，女孩自救

2020年8月27日，北京市丰台区莲花池公园的水面上有一个女孩漂浮着。当目击者试图询问女孩情况时，女孩没有任何动作，也不说话，始终保持身体漂浮状态。目击者纷纷猜测女孩情况，有人说"女孩还活着，她的身体在动"。十几分钟后，女孩被公园工作人员用捞鱼网兜拨到岸边获救，身体无大碍。女孩被救后指了指自己落水的方向，距离被救地点很远；围观群众推测，女孩漂浮至少有20分钟。之后据媒体采访，女孩自己不小心掉到公园水里，虽然不会游泳，但女孩凭借自救知识和强大心理素质，落水后没有挣扎，而是立刻冷静下来，以仰泳姿态漂浮在水上，等待救援。

实用工具：社区应对新型冠状病毒肺炎疫情传播的应急处置流程图

社区层面应对新型冠状病毒肺炎疫情传播的精细化应急处置流程，可参考北京市海淀区青龙桥街道社区新型冠状病毒肺炎疫情社区传播应急处置流程图，如图6-3所示。

第七章　社区安全的宣教培训和文化建设

◎ 拓　扑　图

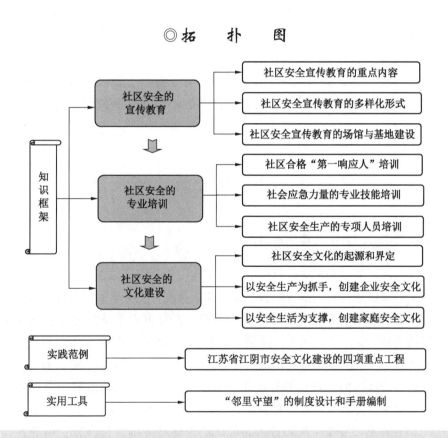

◎ 本　章　概　要

社区应做好全面安全宣传教育的重点工作，包括安全理念观念、安全法律法规、安全形势任务、安全措施经验、安全知识技能、安全事故警示教育等；

社区安全宣传教育应坚持线上和线下相结合，通过"五进"、主题活动、文化作品等多样化形式，结合安全宣教、培训、参观、体验的场馆与基地建设，让安全宣传教育工作达到喜闻乐见、入脑入心的效果。针对社区安全的风险防控和应急处置，还应开展针对性的专业培训，重点包括社区合格"第一响应人"培训、社会应急力量的专业技能培训、社区安全生产的专项人员培训。在宣教和培训的基础上，全面推进社区安全的文化建设。安全文化是蕴含安全的态度、价值观、知识、制度、行为模式和能力等的综合，社区安全文化覆盖社区安全与建设的方方面面，以人为本，以文化为手段，激发各相关主体加强自我保护和安全互助、参与安全共建共治共享的意识，让人民群众的安全法治意识、预防避险能力、自救互救技能、应急处置能力得到显著提升，真正实现安全理念"植入人心、融入血液、嵌入认知、落于行动"。要实现以上目标，其重点在于：以安全生产为抓手，创建企业安全文化；以安全生活为支撑，创建家庭安全文化。

第一节　社区安全的宣传教育

一、社区安全宣传教育的重点内容

社区应做好全面安全宣传教育的重点工作，包括安全理念观念、安全法律法规、安全形势任务、安全措施经验、安全知识技能、安全事故警示教育等。

（1）重点做好安全发展理念的宣传教育。宣传习近平总书记关于安全系列重要讲话精神，党中央、国务院的决策部署，安全事关人民群众生命财产安全和改革发展稳定大局的重要意义，以人为本、安全发展的观念，"安全第一、预防为主、综合治理"的方针，引导各类企事业单位、各类社会组织和全社会树立安全发展理念，营造安全人人有责、安全从我做起的良好氛围。

（2）重点做好安全生产和自然灾害防治形势任务的宣传教育，引导社会各方科学理性认识灾害事故，增强忧患意识、风险意识、安全意识和责任意识。辩证分析当前安全形势，既要大力宣传总体向好的发展态势，又要客观介绍依然严峻复杂的客观现实；通过历史变化、现实成就和国际比较，引导全社会深刻认识安全工作的长期性、艰巨性、复杂性和反复性，形成全社会对安全形势的理性认识和合理预期；及时回应安全热点问题，通俗易懂、图文并茂地阐释安全"是什么、为什么、怎么干"。

（3）重点做好安全生产、防灾减灾救灾和应急救援等工作举措和措施经验的宣传教育，推进工作理念、制度机制、方法手段创新运用，强化社会安全自觉，深化社会共治理念。宣传阐释当前和未来时期安全工作的总体思路、主要目标和重点措施，党和政府保护人民群众生命健康安全的决心、举措和成效；宣传阐释企业安全主体责任、政府部门监管责任和党委政府领导责任的内容和界限，防范遏制重特大事故相关方法措施，安全理念创新、制度创新、机制创新和体制创新的措施；宣传安全好经验、好做法和先进人物事迹，纳入道德模范、时代楷模、最美人物等系列宣传，展示安全监管、应急管理、消防救援、公安、卫生防疫等相关部门和队伍的品质风貌。

（4）重点做好相关法规制度标准的宣传教育，宣传党委政府、监管部门的安全监管职责，企业和从业人员等各方面的安全权利、义务和责任，提高安全法治意识、法治水平和法治素养。要深入宣传依法治安在实施推进全面依法治国战略部署方面的重要意义，深入普及以《安全生产法》《突发事件应对法》《消防法》和各类自然灾害防治法为核心的安全法律法规标准，宣传政府及有关部门、企业和从业人员等各方面安全的权利、义务；讲好安全法治故事，直播公开审判案例，公布企事业单位或个人的安全不良信息和安全"黑名单"；加强安全舆论监督，全面推进安全信息公开，定期曝光安全重大隐患、违法违规生产经营建设行为和发生重特大事故的企业及其负责人。

（5）重点做好公共安全知识和技能的宣传教育，普及与人民群众生产生活息息相关的风险防范、隐患排查、应急处置和自救互救等安全常识，营造良好安全舆论氛围，夯实社会安全基础。通过撰写报道、制作节目、开展活动等方式全面普及与人民群众息息相关的生产生活安全知识，进一步提升全社会的安全文明素质；有针对性地加强全员安全教育培训，全面提升按章作业的思想自觉和行为自觉，全面提高风险辨识、隐患排查治理、事故应急处置和逃生自救互救能力；针对重大活动、重要节日和重点时段，有针对性地进行重点宣传。

（6）重点做好安全事故的警示教育。围绕容易发生重特大事故的行业领域、重点时间节点、关键薄弱环节，强化季节性动向性安全预防预警宣传；突出应急响应、事故原因分析、问题整改和人文关怀，及时准确公开重特大典型事故的信息，稳妥做好生产安全事故报道，突出事故原因剖析、事故教训警示，提醒各地举一反三、严防类似事故发生。

二、社区安全宣传教育的多样化形式

社区安全的宣传教育应坚持线上和线下相结合。一方面，利用现有公共活动场所或设施（图书馆、学校、宣传栏、橱窗等），通过设置防灾减灾专栏专区、张贴减灾宣传材料、设立安全提示牌等加强宣传教育；另一方面，利用现代技术手段，充分发挥广播、电视、网络、手机、电子显示屏等载体的防灾减灾宣传作用。

（一）安全宣传教育的"五进"活动

扎实推进全民应急宣传教育进企业、进学校、进社区、进农村、进家庭，切实加强各行业、各领域、各区域的人员宣传教育。

1. 安全宣传教育进企业

安全宣传教育进企业，旨在推动落实企业安全生产主体责任，健全完善并严格落实安全生产责任制、安全生产管理制度，建立健全安全生产风险防控和隐患排查治理体系，增强企业防控安全风险和应急处置能力。强化企业负责人安全责任意识，提升从业人员安全素质，培育企业安全文化，筑牢安全管理防线，推动企业建立自我约束、持续改进的内生机制。可采取的具体措施和主要形式包括6个方面。

（1）将安全宣传教育纳入企业日常管理，与生产经营各项工作同研究、同部署、同落实；将安全生产宣传教育培训纳入企业发展规划，健全培训制度，创新培训形式；将安全生产宣传教育作为企业班前会、月度例会、生产经营会和安全生产工作会议的固定议题。

（2）推动企业落实安全生产主体责任，定期举办"安全大讲堂"，企业主要负责人带头讲安全课；组织安全生产法治宣讲会，增强职工法律意识；开展安全生产经验交流活动，组织职工、家属观看安全生产警示教育片。

（3）鼓励企业开展"公众开放日"活动，邀请社会公众走进企业，近距离接触生产、了解生产，为企业安全管理建言献策；组织企业积极参加"安全生产月""安康杯"竞赛、"青年安全生产示范岗"创建等活动；组织企业职工开展安全应急培训演练，提高应急处置、自救互救能力。

（4）广泛开展"查找身边的隐患"活动，设立隐患线索举报平台，健全激励奖励机制；要依法建立安全"吹哨人"和内部举报人制度，加大举报奖励力度，及时发现风险隐患，检举重大风险隐患和违法行为，保护社会、集体和个人的安全权益。

（5）结合开展专家指导服务，推动企业做好风险辨识防控、隐患排查治理、按章作业等工作，提高企业安全水平；邀请新闻媒体走进企业，开展"安全生产大家谈""安全一线面对面"等报道活动，宣传先进典型和经验做法，支持新闻媒体开展舆论监督，曝光安全隐患和违法违规行为。

（6）加强企业安全文化建设，推动企业安全文化创建和安全诚信体系建设，开展安全文化创演活动；设置安全宣传栏和岗位安全标识，张贴安全宣传标语、风险警示公告、安全操作提示、应急处置措施和程序等；鼓励地方政府与企业共建共享安全教育体验场馆，满足企业安全培训需求。

2. 安全宣传教育进农村

安全宣传教育进农村，旨在提升乡镇政府和村民自治组织的安全意识和安全管理能力。建立农村安全宣传有组织体系、有展示窗口、有便民册子、有广播设施等"四有"工作机制，拓展安全宣传手段，全面提升农民安全意识和应急避险能力，为乡村振兴战略提供有力的安全支撑。可采取的具体措施和主要形式包括以下方面。

（1）充分发挥乡村干部、安全网格员、灾害信息员、科技志愿者、科普信息员等在农村安全宣传中的主力军作用，调动挂职干部、大学生村官、支教教师等开展安全宣传的积极性，引导广大乡村开展契合本地实际的安全宣传活动。

（2）推动安全宣传纳入美丽休闲乡村、乡村旅游重点村、休闲农业示范县、全域旅游示范区创建工作之中；结合村规民约的制修订，鼓励村委会结合实际出台《村民安全行为规范手册》，建立乡村安全重点对象"特殊关爱"和"邻里守望"制度；结合各地实际，利用"村村响、户户通"广播、惠民电影、流动科技馆、"科普中国""科学辟谣"信息化平台等方式，广泛开展安全宣传。

（3）根据不同地域特点，完善农村应急避难场所功能设施、区划标识等，因地制宜开展有针对性的灾害避险逃生、自救互救演练；有条件的乡镇要推动建设安全教育科普站（室、所、点），增强安全宣传的普及性、趣味性和互动性；偏远的景区、主要道路和山林、草原、古村寨、文物古建筑等重点部位，依法设立相应安全警示标识。

（4）利用农闲、节庆、集市、庙会等民俗活动和农民工进城、返乡等时机，针对务工青壮年，农村留守老人、儿童、妇女和孤寡、智残障等不同对象，开展精准化安全宣传和咨询服务，有针对性地普及灾害应对和建筑施工、道路交通、水上交通、火灾等方面的安全知识。

（5）积极开展群众性安全文化创演活动，鼓励民办文艺团体、农民业余文艺演出队进行安全文艺创作；充分发挥图书馆、活动室等场所的安全教育功能，在乡村公共场地、人群聚集地合理设置安全宣传橱窗，营造安全氛围。

3. 安全宣传教育进社区（小区）

安全宣传教育进社区（小区），旨在增强社区（小区）安全管理和应急处置能力，提升社区（小区）居民安全素质和应急能力。加大社区（小区）公益宣传力度，深入普及生活安全、交通安全、消防安全常识以及应急避险、自救互救技能。发挥新媒体平台优势，结合社区（小区）特点开展示范性、浸润式安全宣传，营造安全稳定的社会生活环境。可采取的具体措施和主要形式包括以下方面。

（1）将安全宣传作为重要内容纳入全国综合减灾示范社区（小区）、全国综合减灾示范县、全国科普示范县（市、区）和安全发展示范城市创建的评定工作；发挥社区（小区）内医院、学校、企事业单位以及社会应急力量、社区（小区）安全网格员在安全宣传中的作用，推动建立社区（小区）应急宣传教育制度体系。

（2）加强社区（小区）安全宣传阵地建设，推动建设一批灾害事故科普宣教和安全体验基地，加大各类科技馆、展览馆、体验馆等公益开放力度，拓宽社区（小区）居民接受应急宣传教育的途径；推动社区（小区）安全体验场所建设，丰富应急避难场所内容和设施功能，将安全元素充分融入社区（小区）公园、广场等。

（3）建立社区（小区）专兼职安全宣传员制度，从社区（小区）居委会、小区业主委员会、物业公司等，选取熟悉社区（小区）和居民状况的人员，担任安全宣传员、监督员，鼓励社区（小区）党员、退休职工、教师等加入安全宣传志愿者队伍；社区（小区）内福利院、养老院等机构，要依法建立应急宣传教育制度、责任人和应急疏散预案。

（4）结合地区和社区（小区）实际，利用全国防灾减灾日、国际减灾日、世界气象日、安全生产月、消防宣传月、全国科普日等节点，定期开展应急宣传教育、隐患排查治理和火灾、地震等群众性应急演练，提升社区（小区）居民应急避险和自救互救能力。

（5）策划创作寓教于乐、通俗易懂的安全微视频、公益广告、动漫作品等，设计编印安全手册、海报、挂图、横幅等，在户外电子屏、社区（小区）微信群、宣传栏等广泛投放；定期开展以安全为主题的消夏晚会、社区（小区）演出等活动，浓厚安全氛围。

4. 安全宣传教育进学校

安全宣传教育进学校，旨在提升师生的安全意识和能力，使学生和教职工做到能应急懂避险、能自救会互救。推动安全教育纳入国民教育体系，在课堂教学、社会实践、班级活动中落实安全教育内容，保障师资、教育资源、时间、场地。发挥育人功能，强化学生和教职工安全意识，做到安全宣传从早抓起、从小抓起，根植安全理念。推动建立学校与政府、企事业单位、新闻媒体的共建协作，普及生活安全、交通安全、消防安全等方面的知识。可采取的具体措施和主要形式包括5个方面。

（1）落实《中小学公共安全教育指导纲要》，丰富学校安全教育资源，推广典型教育活动，推动将应急宣传教育内容纳入学校教育教学计划，保证安全教育时间。

（2）加强校园安全风险防控体系建设，定期开展校园安全隐患排查，将安全宣传纳入平安校园创建工作中；指导学校建立事故灾害处置预案，健全学校安全事故报告、处置和部门协调机制；定期组织师生开展安全应急疏散演练，组织安全专题讲座。

（3）用好安全教育平台和各类安全教育资源，在各类科技馆中植入安全教育内容；利用全国中小学生"安全教育日"，专题开展安全知识教育；在学校宣传栏、校报校刊、黑板报、校园网和"两微一端"等平台设立安全专栏。

（4）丰富校园安全教育"第二课堂"，结合实际开展安全宣传专题教育活动；聘请"校外安全辅导员"，开办安全知识小课堂、移动课堂等；利用寒暑假期开学前后，开展以安全知识为主题的开学教育和安全教育进军训、进夏（冬）令营等活动。

（5）加强大中小学与社区、农村、企业、部队、社会机构等的联系，搭共建单位，结安全对子，共享安全教育资源；鼓励有条件的学校设立安全体验教室，积极推动建设公共安全教育实训基地，拓展安全教育校外实践领域。

5. 安全宣传教育进家庭

安全宣传教育进家庭，旨在积极推动家庭安全知识宣传教育，提升以家庭为单元的安全能力建设。以生活安全和防灾减灾知识普及为重点，以点带面、辐射带动，结合家庭特点开展个性化、亲情式安全教育，汇聚关注安全的家庭合力，发挥安全宣传走进家庭、影响社会的积极作用。可采取的具体措施和主要形式包括5个方面。

（1）将家庭应急宣传教育融入"文明家庭""五好家庭"等创建活动中，面向家庭宣传安全防护知识，提升家庭成员的安全防护意识和能力，推动形成良好的社会安全秩序。

（2）推广家庭安全方面的伦理道德标准和价值观，扬安全家风，立安全家规家训，深植家庭安全理念；开展"我把安全带回家""给爸爸妈妈的安全家书"等家庭成员共同参与的邻里联谊和家校共建活动。

（3）广泛开展家庭"安全明白人"活动，提倡健康的家庭安全行为及生活方式，养成良好安全行为和生活习惯；指导家庭加强安全防范，查找、消除安全隐患，掌握避险逃生技能，熟悉避难逃生路线，提升家庭和邻里自救互救能力。

（4）编印发放家庭应急手册、安全读本、安全倡议书、知识卡片等，利用报刊、电视、广播、网络等媒体和百姓宣讲、广场舞、文艺演出、邻居节等活动，普及家庭安全常识。

（5）提倡家庭基本安全教育、保险等资源投入，推动建立并推广家庭应急物资储备清单，引导家庭储备简易应急物资，鼓励有条件的地区面向家庭免费发放应急安全包、灭火器等。

（二）安全宣传教育的主题活动

围绕各类安全相关的主题日、主题周、主题月等，开展社区安全宣传教育的主题活动。

（1）开展"全国中小学生安全教育日"（每年3月最后一周的星期一）、"4·15全民国家安全教育日""5·12防灾减灾日""世界急救日"（每年9月的第二个星期六）、"119全国消防日""12·2全国交通安全日"等安全宣传的主题日活动。

（2）以"防灾减灾周""安全生产月"为契机，组织开展安全生产宣传系列活动，包括防灾减灾和安全生产主体的文艺巡演、书法、绘画和摄影作品展览、公开课、巡回演讲、主题征文等。

（3）建立"安全生产万里行"全市行、全省行、常年行工作机制，配合相关部门，制作"安全生产报告"等调查性栏目，配合开展安全隐患曝光平台、生死之间安全生产警示录、守护生命主题演讲、安全生产知识竞赛等群众喜闻乐见的安全生产宣传教育精品力作。

（4）创新开展本社区的安全宣传教育主题活动。发动社区的企事业单位、志愿者队伍、社会组织等，围绕社区安全的生产安全、交通安全、公共场所安全、居家安全、治安安全、消防安全、燃气安全、学校安全、老年人安全、儿童安全、体育运动安全、涉水安全、防灾减灾等重点领域，与社区党建、公共文化、公共服务等特色或优势相结合，创新开展本社区的安全宣传教育主题活动。

（三）安全宣传教育的文化作品

社区应配合相关部门和属地政府，发挥其优势和特长，开展安全文化作品创作和展播活动。

（1）推动社区内相关专业团队或个人，发挥人民群众的积极性和创造性，创作安全主题公益广告、影视剧、动漫、微视频、游戏等作品，分门别类地宣传普及企业、机关、社区、家庭等安全知识。

（2）开展群众性安全文艺活动，通过举办群众喜闻乐见的专题晚会、巡回演出、文艺汇演等普及安全知识；

（3）配合开展安全优秀剧目、图书、影视片、音乐作品评选、传播、推介活动，开展应急安全教育经验交流推广、儿童安全理念宣传推广、在线应急知识答题、应急安全有奖征文、应急"微视频"创作大赛、安全应急文化舞台剧创作和巡演、应急安全精品课评比、中小学生应急知识比赛、安全应急动漫作品大赛等文化创意活动。

三、社区安全宣传教育的场馆与基地建设

国家高度重视安全科普、宣传、教育、体验、培训等的基地和场馆建设，国务院《国家综合防灾减灾规划（2016—2020年）》要求加强防灾减灾科普宣传教育基地建设，国务院《安全生产"十三五"规划》在文化服务能力建设工程中提出"建设安全生产主题公园、主题街道、安全体验馆和安全教育基地"；国务院办公厅《全民科学素质行动计划纲要实施方案（2016—2020年）》提出加强安全生产、地震、气象等行业类、科研类科普教育基地建设；国务院安委会办公室《关于加强全社会安全生产宣传教育工作的意见》指出"要积极建设安全科普体验场馆，开发安全体验项目"。

我国安全宣传教育的基地和场馆建设进入到集中快速发展的时期，形式和内容呈现多样性，经营模式处于探索阶段，从场馆形式、内容设计、面向对象、建设主体和运营模式等方面，可分为6类。

　　（1）政府投资建设的重大灾害纪念馆。以展示灾难情况为主要内容，具有纪念、展示、宣传、教育、科研等功能，主要承担爱国主义教育、青少年思想道德教育、防灾减灾知识普及、科普研究、对外形象宣传等任务。

　　（2）政府投资建设的综合性安全体验场馆，一般由地方政府投资，委托第三方兴建的公益性场馆，体验内容包括消防、交通、应急救护、石油化工、建设施工、劳动保护等，并免费向社会公众开放，场馆工作人员的工资和设备日常维护费用均由政府买单。

　　（3）数量庞大的专业性应急安全体验场馆，主要包括消防类、地震类、建筑类、交通类等。

　　（4）学校的安全体验场馆，在应急系统和教育系统的联合推动下，部分地区将应急安全教育纳入国民教育体系，列入学生实践内容中。

　　（5）移动式体验馆，此类体验馆规模不一、数量较大，更贴近群众的特性，有效填补了大型综合体验馆的空白，扩大了应急科普的覆盖面；大篷车、模块化搭建等移动式应急安全体验馆突出了轻便、快捷、灵活等特点，不仅能够较好地解决了建设大型体验场馆所涉及的资金、场地、维护等问题，还能提升设备周转利用率和科普范围，有效提升民众的应急素养。

　　（6）企业自主建设和民间投资建设的应急安全体验场馆。近年来，政府对应急宣教工作的重视和人们日益增长的安全需求客观形成了良好的市场预期，部分私营企业也纷纷拓展此类业务，结合企业自身的技术研发、产品服务、业务范围，推出应急安全体验场馆、设备以及培训等内容；或者由企业、民营机构、社会第三方甚至个人自行投资建设的应急安全体验场馆，综合类、专项类或者面向特定群体类均有涉及，免费开放或市场化运营的均有出现。

　　在社区层面，可以微型消防站、社区服务站等的建设为基础，争取街道乡镇、相关部门的指导和支持，引入社会组织、专业公司等外部力量，针对安全生产、消防安全、用电安全、燃气安全、交通安全、应急避险、医疗救护、院前急救、防灾减灾、校园安全、居家安全等版块，充分采用虚拟现实（VR）、增强现实（AR）、人工智能、3D仿真等技术，运用声、光、电、游戏等手段，将创新科技与安全知识深度融合，强化居民安全意识。每一位居民都可以通过亲身体验、实景模拟等更具趣味性的方式，来促进其强化安全意识、全面了解安全防范常识、掌握应急避险措施和医疗急救技能。社区安全宣传教育场馆的建设，在未来还应做好以下 7 个方面工作。

（1）充分调动社区内利益相关群体参与的积极性与主动性，将安全场馆建设与中小学安全教育、高危行业职业教育、农民工技术培训、社区文化活动等相结合。

（2）加强与属地政府和相关部门的联动协作，争取更多政策、资金、技术等支持和保障，不断提升社区安全场馆的应用效能和社会效应。

（3）积极争取社会资源，与科协等专业力量联动，与社会资本形成合力，推动应急安全体验场馆与现有科技馆融合发展，在科技馆中增加应急安全体验教育内容，节省开支，提高场馆的利用率。

（4）充分利用全国"防灾减灾日""安全生产月""消防宣传周"等活动节点，在应急安全体验场馆开展公众开放日、科普讲座、文化沙龙等活动，强化场馆公益科普属性。

（5）积极推动应急安全体验场馆纳入国家综合性减灾示范县和国家安全产业示范园区创建工作中，鼓励引导社会力量投资建设应急安全体验场馆。

（6）充分发挥应急安全体验场馆文化教育和体验式旅游的特性，结合特色文化产业发展和文化旅游等相关方针政策，积极推进将此类场馆纳入文化和旅游产业发展中，拓宽应急安全体验场馆的发展空间。

（7）线上线下结合，推动建设网上体验式应急安全馆。

第二节　社区安全的专业培训

针对社区安全的风险防控和应急处置，还应开展针对性的专业培训，重点包括社区合格"第一响应人"培训、社会应急力量的专业技能培训、社区安全生产的专项人员培训。

一、社区合格"第一响应人"培训

"第一响应人"是第一个到达事发现场的专业救援人员，承担事故现场的自救互救、报警互救等任务。针对"第一响应人"，应培养其合格的应急救援意识、技能、方法，从而抓住官方应急部门或专业救援队伍到来之前的黄金时间，利用简单工具、组织现场人力指导展开简单的施救活动，对事发现场采取简易有效的指挥、协调、控制措施，从而挽救生命或减轻死伤，有效减轻突发事件对群众生命财产安全造成的冲击与影响。

国际上已有针对"第一响应人"的培训。联合国城市搜索救援顾问团（IN-SARAG）专门为灾害发生后，第一时间在灾区开展应急响应的应急人员和救援人员而设计，不仅有助于提高当地应急响应人员的防震救灾意识和应急救援能力，还将有利于加强政府、社会和公众三位一体的综合防震减灾和应对突发公共事件能力建设，对于发挥整体优势，形成防震减灾联防合力，减轻地震等自然灾害损失具有重要的意义。美国开展针对"社区紧急反应队"（Community Emergency Response Team，一般简称 CERT）组织的专业培训，CERT 是以基层社区为单位的灾害事故应对公众组织，由政府、企业或社会组织机构提供经费、装备和培训等支持，公众自愿参加，进而开展社区防灾、减灾和应急等相关工作；通过加强 CERT 的组织构建、人员培养、全面培训，以切实加强基层应急能力建设，调动更多的力量来参与应急管理工作，形成防范化解社区和家庭风险的合力。

我国针对"第一响应人"的培训，主要是国家职业资格应急救援员的培训。应急救援员，又称为"紧急救助员"，是指从事突发事件的预防与应急准备，受灾人员和公私财产救助，组织自救、互救及救援善后工作的人员，是具有一定救助专业技能，能够直接或间接参与救助活动的人员。合格的应急救援员组建成了两种队伍：专业化的救助队伍，如应急管理人员、消防人员、医护人员、搜救人员等；社会化的救助队伍，如导游、志愿者、社会工作者等。

在处置各种突发事件的过程中，应急救援员担当着多种角色，主要包括 7 方面。

（1）处理协调者。紧急救助工作涉及各方人员、各方利益，需要救助人员沟通各方情况、协调各方行动。这就要求救助人员必须思维敏捷、果断冷静，能够有效处置各类突发事件，果断指挥和管理现场其他人员，沉稳应对灾害发生后可能出现的各种情况。

（2）医疗救护者。在救助现场，救助人员的重要任务是对伤者实施医疗救护，其内容主要包括对伤者实施生命体征检查、伤情判断和临时处置等，在专业医护人员到达之前进行能力所及的现场救护，以便争取宝贵的救治时机。

（3）媒体应对者。灾害发生后，及时、准确地向社会通报信息是救助活动的重要环节。不实的报道会引起社会恐慌，给救援工作带来负面影响。为防止舆情影响正常秩序和干扰救助活动，救助人员应具备较好的语言表达和沟通能力，提供客观、真实的灾害信息，在适当的范围内做好媒体应对的工作。

（4）现场评估者。对灾害现场进行评估是实施救援的前提。救助人员应根据现场的具体情况对灾害波及的范围、人员伤亡和财产损失等做出研判，及时地提供较完整的评估信息，并将灾害信息按程序上报；协助救援组织在现场评估的基础上实施初步救助行动。

（5）安全保障者。积极组织脱险和维护现场秩序，并及时开展自救与互救，防止因次生灾害造成更大的损失。

（6）心理疏导者。灾害的发生不同程度地影响人的心理健康，救助人员和被救助人员均需要心理疏导，心理疏导发挥着稳定情绪、鼓舞士气、安抚民心等作用，灾害现场阶段主要是安抚情绪，恢复重建阶段主要是消除灾害阴影。

（7）应急管理者。部分救助人员还担当着应急管理者的角色，在对灾害现场进行总体控制的同时，对施救活动进行指导，协助有关部门开展灾后恢复工作，参与预案制定和演练指导工作，总结救灾经验和提高救灾能力。

紧急救助任务艰巨、复杂、危险，对此应急救援员应具有合格的职业道德和心理素质：遵纪守法，服务社会，爱岗敬业，一丝不苟，精通业务，操作规范，反应迅速，冷静沉着，有高度的责任心和使命感，勇于奉献。应急救援员应具备一定的专业基础知识，掌握生命救助的基本知识，自然灾害、事故灾难、公共卫生和社会安全事件的特征及处置要点，按照执业要求的层级划分掌握其他相关的专业知识，熟悉与紧急救助有关的法律法规，了解国内外紧急救援机构设置概况，明白应对突发事件响应程序及工作流程。

应急救援员还应具备求助、沟通、组织、医疗救护等方面的基本能力素质，主要包括以下方面：

初步判断灾害发生的时间、位置，并且估计灾害可能造成的伤亡情况和潜在危害；准确报警和求助，使用电话、手机或其他方式在第一时间准确报警，掌握报警的时机及报警的标准术语和报告要点；收集、分析有关信息，并进行现场信息记录；与现场人员进行沟通，告知和动员在场人员有序撤离，有时还可能承担起各部门和人员之间的协调工作；有效控制现场，掌握疏散的原则和疏散方法、路线选择等技巧，组织和引导人员逃生和撤离，避免因恐慌和群集引起更严重的踩踏等次生灾害；进行简单的医疗救助工作和院前的初级救护，抢救生命、控制伤情、减小痛苦，防止或减缓人员伤情恶化，参加灾害影响者的急救工作，并协助专业医护工作者进行救治工作等。

根据国家职业大典的规定，合格的应急救援员应满足一定的职业工作时限要求，参加统一的课程学习和技能培训，通过统一的知识和技能考试，从而取得相应等级的资格证书。

（1）紧急救助员应经职业紧急救助员正规培训达规定标准学时，取得结业证书并获得执业资格证书。

（2）高级紧急救助员应在取得职业紧急救助员职业资格证书后，连续从事本职业工作3年以上，经本职业高级紧急救助员正规培训达规定标准学时，取得结业证书并获得执业资格证书。

（3）紧急救助师应取得职业高级紧急救助员职业资格证书后，连续从事本职业工作4年以上，经本职业紧急救助师正规培训达规定标准学时，取得结业证书并获得执业资格证书。

二、社会应急力量的专业技能培训

当前，我国应急救援力量主要包括国家综合性消防救援队伍、各类专业应急救援队伍、社会应急力量、人民解放军和武警部队。国家综合性消防救援队伍主要由消防救援队伍和森林消防队伍组成，是我国应急救援的主力军和国家队，承担着防范化解重大安全风险、应对处置各类灾害事故的重要职责；各类专业应急救援队伍主要由地方政府和企业专职消防、地方森林（草原）防灭火、地震和地质灾害救援、生产安全事故救援等专业救援队伍构成，交通、铁路、能源、工信、卫生健康等行业部门都建立了水上、航空、电力、通信、医疗防疫等应急救援队伍，主要担负行业领域的事故灾害应急抢险救援任务；社会应急力量由社会组织自发自愿的队伍组成，依据人员构成及专业特长开展水域、山岳、城市、空中等应急救援工作，一些单位和社区建有志愿消防队，属群防群治力量；人民解放军和武警部队是我国应急处置与救援的突击力量，担负着重特大灾害事故的抢险救援任务。

在社区层面，主要是社区内的志愿消防队、志愿救援队等社会应急力量发挥作用，参与基层防灾减灾工作。鼓励社会应急力量在城乡社区、学校等基层单位，因地制宜开展科普宣教、风险排查、培训演练等常态防灾减灾工作。

应急管理部组建以来，认真贯彻落实习近平总书记关于应急管理重要指示精神，部省联动、上下一体推进社会应急动员各项工作，通过建章立制、搭建平台、调查摸底、能力测评等一系列措施，强化社会应急力量的组织归属感，引导其健康有序发展。2019 年 5 月 7 日，全国首届社会应急力量技能竞赛在重庆举行，竞赛内容分为理论考试和技能竞赛两部分。其中，理论考试以相关法律法规和应急救援基础知识为主，技能竞赛包括破拆、绳索、水域 3 大类 12 个竞赛项目，通过搭建实战训练比武平台，筛选一批政治可靠、素质过硬、遵规守纪的社会应急队伍，推动与消防等应急救援队伍共训共练，带动提升社会救援力量的整体能力和水平，提高社会救援力量的凝聚力、组织力和动员力。同时，向公众宣传应急知识和技能，提高全社会自救互救技能和水平。2020 年 12 月，应急管理部组织的全国骨干社会应急力量培训班在国家（浙江）陆地搜寻与救护基地正式开训，开设地震、山岳、水域、交通事故救援等领域理论与实操课程，由浙江省消防救援总队、贵州省消防救援总队、中国地震应急搜救中心选派的示范示教队负责具体教学工作，通过全流程实操、现场展演等形式，将体能、技能、战术、心理等训练穿插融合，让练兵备战更科学、更高效。

全国各省市也在积极鼓励和引导社会应急力量的发展，对社会应急力量的专业培训进行组织、管理和推进。例如，浙江省出台《关于培育支持社会救援力量发展的指导意见》（浙应急救援〔2018〕83 号），要求将社会救援力量纳入应急管理部门统一培训体系，组织力量统一编写社会救援力量基础培训施教内容，规范训练标准。依托现有的场地扩大救援领域的设施建设，搭建应急管理部门、消防救援队伍与社会救援力量协同训练的基地。探索建立政府购置应急装备提供给社会救援力量用于日常训练、紧急救援等活动的工作机制及政府应急救援时调用社会救援力量特有装备的工作机制。广东省拟出台《关于加强社会应急力量建设的指导意见》[①]（征求意见稿），要求加强专业培训，提升应急救援能力。组织举办技能竞赛，加强社会应急力量在知识和技能方面的专业能力培训。在社会应急力量扩大发展规模的同时，加强对队伍的招募、培训和管理工作。会同消防救援部门，进一步强化社会应急力量专业能力培训，免费提供消防、矿山、危化等财政投入建立的训练场地共训共用，定期开展训练和联合演练，注重突出专业性、针对性、实用性，有效提升队员专业处置能力和水平。

---

① 截至本书出版之日，该文件尚未正式发布。

三、社区安全生产的专项人员培训

安全生产是社区安全的重要组成部分,社区内生产经营单位的主要负责人和安全生产管理人员必须具备与本单位所从事的生产经营活动相应的安全生产知识和管理能力,对此安全生产相关培训是企业需履行的法定职责和义务。《安全生产法》第二章企业安全生产保障部分共27条,其中直接涉及安全培训的就有9条。根据《安全生产法》,生产经营单位应当对从业人员进行安全生产教育和培训,保证从业人员具备必要的安全生产知识,熟悉有关的安全生产规章制度和安全操作规程,掌握本岗位的安全操作技能,了解事故应急处理措施,知悉自身在安全生产方面的权利和义务;生产经营单位的主要负责人应组织制定并实施本单位安全生产教育和培训计划,安全生产管理机构以及安全生产管理人员应组织或者参与本单位安全生产教育和培训,如实记录安全生产教育和培训情况,从业人员应当接受安全生产教育和培训,掌握本职工作所需的安全生产知识,提高安全生产技能,增强事故预防和应急处理能力。危险物品的生产、经营、储存单位以及矿山、金属冶炼、建筑施工、道路运输单位的主要负责人和安全生产管理人员应当由主管的负有安全生产监督管理职责的部门对其安全生产知识和管理能力考核合格;危险物品的生产、储存单位以及矿山、金属冶炼单位应当有注册安全工程师从事安全生产管理工作。

基于此,围绕安全生产,社区辖区内的生产经营单位应积极推进主要负责人、安全生产管理人员、特种作业人员及其他从业人员的安全生产知识技能培训,详见表7-1。

表7-1 安全生产的人员专项培训

培训对象	安全生产培训主要内容和要求	法律依据
生产经营单位主要负责人	培训内容主要包括: (1)国家安全生产方针、政策和有关安全生产的法律、法规、规章及标准。 (2)安全生产管理基本知识、安全生产技术、安全生产专业知识。 (3)重大危险源管理、重大事故防范、应急管理和救援组织以及事故调查处理的有关规定。 (4)职业危害及其预防措施。 (5)国内外先进的安全生产管理经验。 (6)典型事故和应急救援案例分析。 (7)其他需要培训的内容。 初次安全培训时间不得少于32学时。每年再培训时间不得少于12学时	《生产经营单位安全培训规定》(国家安全监管总局令第3号)

表7-1（续）

培训对象	安全生产培训主要内容和要求	法律依据
生产经营单位安全生产管理人员	培训内容主要包括： （1）国家安全生产方针、政策和有关安全生产的法律、法规、规章及标准。 （2）安全生产管理、安全生产技术、职业卫生等知识。 （3）伤亡事故统计、报告及职业危害的调查处理方法。 （4）应急管理、应急预案编制以及应急处置的内容和要求。 （5）国内外先进的安全生产管理经验。 （6）典型事故和应急救援案例分析。 （7）其他需要培训的内容。 初次安全培训时间不得少于32学时。每年再培训时间不得少于12学时	《生产经营单位安全培训规定》（国家安全监管总局令第3号）
特种作业人员	特种作业，是指容易发生事故，对操作者本人、他人的安全健康及设备、设施的安全可能造成重大危害的作业。特种作业的范围由特种作业目录规定。各类特种作业人员应当接受与其所从事的特种作业相应的安全技术理论培训和实际操作培训。现行特种作业目录于2010年印发，共10个作业类别、54个操作项目（含煤矿）。2020年修订后的特种作业目录（征求意见稿）包括12个作业类别，分别为电工作业、焊接与热切割作业、高处作业、制冷与空调作业、煤矿安全作业、金属非金属矿山安全作业、石油天然气安全作业、冶金（有色）生产安全作业、危险化学品安全作业、烟花爆竹安全作业、有限空间安全作业、应急救援作业以及应急管理部会同有关部门认定的其他作业，下细分66个操作项目	《特种作业人员安全技术培训考核管理规定》（国家安全监管总局令2010年第30号令发布，国家安全监管总局2015年第80号令修订）
加工、制造业等生产单位的其他从业人员	加工、制造业等生产单位的其他从业人员，在上岗前必须经过厂（矿）、车间（工段、区、队）、班组三级安全培训教育。 厂（矿）级岗前安全培训内容应当包括： （1）本单位安全生产情况及安全生产基本知识。 （2）本单位安全生产规章制度和劳动纪律。 （3）从业人员安全生产权利和义务。 （4）有关事故案例。 （5）煤矿、非煤矿山、危险化学品、烟花爆竹、金属冶炼等生产经营单位厂（矿）级安全培训除包括上述内容外，应当增加事故应急救援、事故应急预案演练及防范措施等内容。 车间（工段、区、队）级岗前安全培训内容应当包括： （1）工作环境及危险因素。 （2）所从事工种可能遭受的职业危害和伤亡事故。 （3）所从事工种的安全职责、操作技能及强制性标准。 （4）自救互救、急救方法、疏散和现场紧急情况的处理。	《生产经营单位安全培训规定》（国家安全监管总局令第3号）

表 7-1（续）

培训对象	安全生产培训主要内容和要求	法律依据
加工、制造业等生产单位的其他从业人员	（5）安全设备设施、个人防护用品的使用和维护。 （6）本车间（工段、区、队）安全生产状况及规章制度。 （7）预防事故和职业危害的措施及应注意的安全事项。 （8）有关事故案例。 （9）其他需要培训的内容。 班组级岗前安全培训内容应当包括： （1）岗位安全操作规程。 （2）岗位之间工作衔接配合的安全与职业卫生事项。 （3）有关事故案例。 （4）其他需要培训的内容	《生产经营单位安全培训规定》（国家安全监管总局令第3号）
其他从业人员	煤矿、非煤矿山、危险化学品、烟花爆竹、金属冶炼等生产经营单位必须对新上岗的临时工、合同工、劳务工、轮换工、协议工等进行强制性安全培训，保证其具备本岗位安全操作、自救互救以及应急处置所需的知识和技能后，方能安排上岗作业	《生产经营单位安全培训规定》（国家安全监管总局令第3号）

　　按照《国务院办公厅关于印发职业技能提升行动方案（2019—2021年）的通知》（国办发〔2019〕24号）"实施高危行业领域安全技能提升行动计划"要求，2019年应急管理部、人力资源和社会保障部、教育部、财政部、国家煤矿安全监察局联合发布《关于高危行业领域安全技能提升行动计划的实施意见》（应急〔2019〕107号），重点在化工危险化学品、煤矿、非煤矿山、金属冶炼、烟花爆竹等高危行业企业（以下简称高危企业）实施安全技能提升行动计划，推动从业人员安全技能水平大幅度提升。该实施意见中高危企业是安全技能提升培训的责任主体，对高危企业进一步明确安全生产专项人员培训的相关要求。内容包括：企业主要负责人要组织制定并推动实施安全技能提升培训计划，围绕提升职工基本技能水平和操作规程执行、岗位风险管控、安全隐患排查及初始应急处置的能力，构建针对性培训课程体系和考核标准；严把新上岗员工安全技能培训关，新上岗人员安全生产与工伤预防培训不得少于72学时、考核合格后方可上岗，要建立健全并严格落实师带徒制度；依法明确从事特种作业岗位的人员，新任用或招录特种作业人员要参加专门的安全技能培训，考试合格后持证上岗；有能力的企业设立职工培训中心、编制课程体系、建立考核标准和题库，自主组织安全技能培训考核；其他不具备能力的企业要委托有能力的企业或机构，提供

长期、量身定制的培训考核服务；建立健全内部培训师选拔、考核和退出机制，大力推动管理、技术人员和能工巧匠上讲台，并给予授课技巧培训和基本课件、通用案例等支持，逐步实现企业在岗培训以企业内训师承担为主。

第三节　社区安全的文化建设

一、社区安全文化的起源和界定

（一）安全文化的起源与发展

从人类发展历史的过程来看，安全文化伴随人类的产生而产生、伴随人类社会的进步而发展，其发展可分为 17 世纪前、17 世纪末期至 20 世纪初、20 世纪 50 年代、20 世纪 50 年代以来的四个阶段，其发展脉络见表 7 - 2。

表 7 - 2　人类安全文化的发展脉络

阶　段	安全文化的发展阶段	观念特征	行为特征
17 世纪前	古代安全文化	宿命论	被动承受型
17 世纪末期至 20 世纪初	近代安全文化	经验论	事后型，亡羊补牢
20 世纪初至 50 年代	现代安全文化	系统论	综合型，人机环对策
20 世纪 50 年代至今	发展的安全文化	本质论	超前、预防型

我国是世界上自然灾害最为严重的国家之一，灾害种类多，分布地域广，发生频率高，造成损失重。数千年的中华文明史同时也是一部安全文化史，在漫长的历史进程中，中华民族形成并积累了"赈济、调粟、养恤、安辑、蠲缓、除害、放贷、节约、仓储、治水"等防灾减灾救灾思想、实践经验和优秀传统。新中国成立后，随着工业化和城市化的推进，除了传统的自然灾害外，工业安全生产事故开始频繁出现，对产业工人的生命安全造成严重威胁。除了技术改进、管理制度完善之外，国际理念中的安全文化建设也逐步被引进。

国际上"安全文化"的概念提出起源于 20 世纪 80 年代的国际核工业领域。1986 年国际原子能机构在"切尔诺贝利核电站事故评审会"上首次提出"安全文化"概念，1993 年 11 月，第二届世界安全科学大会确定"生产、生活及其环境的安全科学"为主题，安全文化开始辐射到公众安全文化。我国跟踪国际核工业安全的发展，把国际原子能机构的研究成果和安全理念引入我国。1992 年将国际核安全咨询组（INSAG）组织编写的《安全文化》小册子翻译出版。1993 年 10 月在四川成都召开了"亚太地区职业安全卫生研讨会暨全国安全科学技术交流会"。1994 年 3 月国务院应急办公室召开了全国核工业系统核安全文化研讨会，同年 6 月，劳动部时任部长李伯勇在《安全生产报》试刊上发表了题为"把安全生产提高到安全文化高度来认识"的文章。在这一认识基础上，我国将"安全文化"引入了传统产业，把核安全文化深化到一般安全生产领域，在很长一段时间内，安全文化主要指安全生产领域的组织和个人文化，着重于企业和产业工人的安全文化培育。2005 年国家安全生产监督管理总局召开全体会议，时任局长李毅中第一次提出"安全生产五要素（安全文化、安全法制、安全责任、安全科技、安全投入）"概念，其中排在第一位的安全文化是最核心要素。

（二）安全文化的界定和外延

根据安全文化的起源和发展，归纳国内外相关研究机构和学术专家的论述，"安全文化"的定义一般有"广义说"和"狭义说"两类。

"狭义说"的定义强调文化或安全内涵的某一层面，例如人的素质、企业文化范畴等，例如 1991 年国际安全核安全咨询组在 INSAG—4 报告中将安全文化界定为"存在于单位和个人中的种种素质和态度的总和，它建立一种超出一切之上的观念，即核电厂的安全问题由于它的重要性要保证得到应有的重视"。"广义说"把"安全"和"文化"两个概念都作广义解，安全不仅包括生产安全，还扩展到生活、娱乐等领域，文化的概念不仅包涵了观念文化、行为文化、管理文化等人文方面，还包括物态文化、环境文化等硬件方面。例如英国保健安全委员会核设施安全咨询委员会（HSCASNI）组织提出"一个单位的安全文化是个人和集体的价值观、态度、能力和行为方式的综合产物，它决定于保健安全管理上的承诺、工作作风和精通程度。具有良好安全文化的单位特征：相互信任基础上的信息交流，共享安全是重要的想法，对预防措施效能的信任"。

总之，安全文化是人们在安全管理实践中不断积累的理论成果的结晶，是人类社会的组织和个体在从事安全生产、安全生活和其他社会安全实践活动中，所传承和创造的蕴含安全的态度、价值观、知识、制度、行为模式和能力等的综合。安全文化的基本出发点是"以人为本、安全第一"；安全文化的范畴既包括精神、思想层面的，也包括行为、制度、物态层面的；安全文化的内涵是安全观念文化和安全行为文化；安全文化的外延涉及安全科技、安全管理、安全制度及安全环境等；安全文化的基本形态是人的安全意识、态度、价值观、行为方式等；安全文化建设的目的是提高人的安全素养，实现"人本安全"。

（三）社区安全文化的内涵和要素

社区安全文化是社区发展到一定时期，为创造安全环境，在内外环境作用下、在社区发展过程中形成的具有社区特色的物质和非物质的安全物质、行为、制度、思想、观念、道德、精神、态度、行为等关系的集合体，以保障社区安全发展为宏观目标，以保证社区系统免受或减轻社区安全问题的危害为最终目的，以提升社区全员的安全素质为直接目的，以保护人的身心健康、尊重人的生命、实现人的价值为根本目的，与社区的类型、特点、历史传承及发展阶段等诸多因素相关。社区安全文化建设主要是通过创造良好的人文氛围和协调的社会关系，一方面控制居民的不安全行为，减少人为事故，另一方面，增强居民归属感与责任感，使其积极参与维护社区安全的工作。

社区安全文化的主体突破组织和区域界限，具有多元化和广泛性特征，包括社区的党政部门、企事业单位、家庭、个人、社会组织等共同构成的社区体系，涉及能源、建筑、教育、娱乐、科技、文化、卫生、体育、交通、环保、消防、金融、网络通信、公共服务和社会福利等多个方面。社区安全文化的主体是包含社区全体居民在内的所有对象，全民参与和互动有助于拓宽社区安全文化的建设途径，将可能受到社区公共安全问题影响的所有利害相关方凝聚起来，进而逐渐形成管控社区公共安全风险的治理网络，提高了社区安全文化建设的针对性和可操作性，利于社区安全文化的效用发挥。

作为社区文化的重要组成部分，社区安全文化强调个人价值与社会价值的统一，安全价值与经济、社会和生态效益的统一，具有社区文化的导向、凝聚、规范、保护和激励等基本功能。

（1）导向功能。安全文化可为社区经营和社会活动提供科学的指导思想和健康的精神氛围。有计划地开展全民安全宣传教育是实现安全生产、文明生活的一项重要任务，也是提高居民与社会团体安全素质的重要课程。

（2）凝聚功能。安全文化能使居民在安全的价值观念、目标和行为准则等方面保持一致，形成心理认同的整体力，更加关心社区安全生产生活的状况，自觉地使其思想和行为符合客观需要。

（3）规范功能。通过文化的渗透与暗示，安全文化使居民认同安全的价值观念、目标和行为准则，实现自我控制，形成有形与无形、强制与非强制相结合的规范作用。

（4）保护功能。决策者、管理者和居民三方面共同参与，构成社区安全文化的三位一体，有助于保护国家安全和居民生命财产。

（5）激励功能。积极的思想观念和正确的行为准则，可形成强烈的使命感和持久的驱动力。倡导安全文化有利于帮助居民认识安全工作的意义，激发其产生安全行为和安全价值规范的内在动力，预防不安全行为。

社区安全文化具有广泛的内涵。依据社区特性及安全文化的层次结构，社区安全文化系统划分为安全物质文化、安全制度文化和安全精神文化三个层次，同时受政治、经济、法律和文化等环境的影响，如图7-1所示。其中，物质文化和制度文化属于显性范畴，精神文化属于隐性范畴，二者相互作用，共同推动社区安全文化的发展。

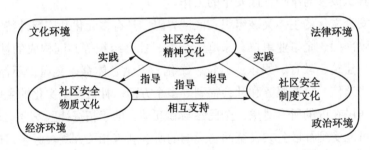

图7-1 社区安全文化的组成和架构

（1）社区安全物质文化作为社区安全文化的基础，是保护居民身心安全的工作生活环境及相应的设施设备、物资储备、资源配备等。

（2）社区安全制度文化是为了实现安全生产、保护居民生命财产安全而制定的相关规章制度、应急管理机制、安全教育培训制度及安全管理责任制等。

（3）社区安全精神文化是居民在客观世界和内心世界对安全的认识能力与辨识结果的综合体现，是居民长期实践形成的心理思维的产物，包括社区经营、宣传教育、人际关系活动中产生的文化现象。

（4）宏观环境是社区安全文化赖以生存的土壤。每个社区都属于一个特定的国家、城市、地区，在漫长的历史发展过程中，国家沉淀下来的政治制度、经

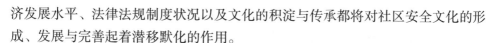

济发展水平、法律法规制度状况以及文化的积淀与传承都将对社区安全文化的形成、发展与完善起着潜移默化的作用。

在上述框架下，社区安全文化的实质是以人为本，以文化为手段，激发各相关主体加强自我保护和安全互助、参与安全共建共治共享的意识，让人民群众的安全法治意识、预防避险能力、自救互救技能、应急处置能力得到显著提升，真正实现安全理念"植入人心、融入血液、嵌入认知、落于行动"。

二、以安全生产为抓手，创建企业安全文化

（一）企业安全文化的内涵

实践中，安全文化以安全生产为开端，2006年《"十一五"安全文化建设纲要》（安监总政法〔2006〕88号）提出"安全文化是安全生产在意识形态领域和人们思想观念上的综合反映，包括安全价值观、安全判断标准和安全能力、安全行为方式等。安全文化建设是以提高全民安全素质为目标，组织开展一系列宣传教育活动，旨在牢固树立安全第一的安全理念，遵章守法的管理理念，安全操作的工作理念，提高各类企业及全社会的安全意识，提高群众自我安全保护的技能"。2011年《安全文化建设"十二五"规划》（安监总政法〔2011〕172号），从安全生产、安全发展、全民安全意识等方面，对安全文化的内涵进行进一步拓展和完善，提出"坚持以人为本、安全发展的理念和'安全第一、预防为主、综合治理'的方针，以《中共中央关于深化文化体制改革推动社会主义文化大发展大繁荣若干重大问题的决定》为指导，以深入贯彻落实《国务院关于进一步加强企业安全生产工作的通知》精神为主线，以促进企业落实安全生产主体责任、提高全民安全意识和防范技能为重点，突出事故预防、提高风险控制能力，推进安全文化理论和建设手段创新，增强安全文化建设工作的实效性和针对性，构建自我约束、持续改进的安全文化建设长效机制，不断提高安全文化建设水平，切实发挥安全文化对安全生产工作的引领和推动作用，促进加强和创新安全生产工作"。

企业安全文化（Enterprise safety culture）是指被企业组织的员工群体所共享的安全价值观、态度、道德和行为规范组成的统一体；企业在安全文化建设过程中，应充分考虑自身内部的和外部的文化特征，引导全体员工的安全态度和安全行为，实现在法律和政府监管要求之上的安全自我约束，通过全员参与实现企业安全生产水平持续进步。原国家安监总局曾出台《企业安全文化建设导则》

（AQ/T 9004—2008）和《企业安全文化建设评价准则》（AQ/T 9005—2008），给出企业安全文化建设的模式和版块，提出企业安全文化建设的基本要素，包括安全承诺、行为规范与程序、安全行为激励、安全信息传播与沟通、自主学习与改进、安全事务参与、审核与评估等。

（二）安全文化建设示范企业的创建

2010 年始全国开始开展安全文化建设示范企业创建活动；原国家安监总局《安全文化建设"十二五"规划》（安监总政法〔2011〕172 号）进一步提出"大力推进安全文化建设示范工程。到 2015 年，建立国家级安全文化建设示范企业 300 家"；2013 年 12 月 11 日，国家安全监管总局宣教中心印发《全国安全文化建设示范企业管理办法》，并制定形成"全国安全文化建设示范企业评价标准"，各省市积极推行并形成安全文化建设示范企业的地方标准（表 7-3）。

表7-3　企业安全文化建设与评价的指标体系

一级指标	二 级 指 标
基本 条件	1. 企业在申报前 3 年内未发生死亡或一次 3 人（含）以上重伤生产安全责任事故。 2. 获得省级安全文化建设示范企业命名。 3. 安全生产标准化一级企业
组织 保障	1. 设置安全文化建设的组织管理机构和人员，并制定工作制度（办法）。 2. 按规定提取、使用安全生产费用，把安全生产宣传教育经费纳入年度费用计划，保证安全文化建设的投入。 3. 制定安全文化建设的实施方案、规划目标、方法措施等。 4. 定期公开发布企业安全诚信报告，接受工会组织、群众的监督
安全 理念	1. 安全理念体系完整，安全理念、安全愿景、安全使命、安全目标等内容通俗易懂，切合企业实际，具有感召力。 2. 体现"以人为本""安全发展""风险预控"等积极向上的安全价值观和先进理念。 3. 广泛传播安全理念，所有从业人员参与安全理念的学习与宣贯，并能够理解、认同
安全 制度	1. 建立健全科学完善的安全生产各项规章制度、规程、标准。 2. 建立健全安全生产责任制度，领导层、管理层、车间、班组和岗位安全生产责任明确，逐级签订《安全生产责任书》。 3. 制定安全检查制度和隐患排查整治及效果评估制度。 4. 建立生产安全事故报告、记录制度和整改措施监督落实制度。 5. 建立应急救援及处置程序

表7-3（续）

一级指标	二 级 指 标
安全环境	6. 生产环境、作业岗位符合国家、行业的安全技术标准，生产装备运行可靠，在同行业内具有领先地位。 7. 危险源（点）和作业现场等场所设置符合国家、行业标准的安全标识和安全操作规程等。 8. 车间墙壁、上班通道、班组活动场所等设置安全警示、温馨提示等宣传用品，设立安全文化廊、安全角、黑板报、宣传栏等安全文化阵地，每月至少更换一次内容。 9. 充分利用传统媒体与新兴媒体等媒介手段，采用演讲、展览、征文、书画、文艺汇演等形式，创新方式方法，加强安全理念和知识技能的宣传。 10. 有足用的安全生产书籍、音像资料和省级以上有关安全生产知识传播的报纸、杂志，每年有不少于2篇在省（含）以上新闻媒体刊登的安全生产方面的创新成果、经验做法和理论研究方面的文章
安全行为	1. 从业人员严格执行安全生产法律法规和规章制度。 2. 从业人员熟知、理解企业的安全规章制度和岗位安全操作规程等，并严格正确执行。 3. 各岗位人员熟练掌握岗位安全技能，能够正确识别处理安全隐患和异常。 4. 从业人员知晓由于不安全行为所引发的危害与后果，形成良好的行为规范。 5. 建立考核从业人员行为的制度，实施有效监控和纠正的方法。 6. 为从业人员配备与作业环境、作业风险相匹配的安全防护用品，从业人员能按国家标准或行业标准要求自觉佩戴劳动保护用品。 7. 从业人员具有自觉安全态度，具有强烈的自我约束力，能够做到不伤害自己、不伤害他人、不被别人伤害、不使他人受到伤害。 8. 主动关心团队安全绩效，对不安全问题保持警觉并主动报告
安全教育	1. 制定安全生产教育培训计划，建立培训考核机制。 2. 定期培训，保证从业人员具有适应岗位要求的安全知识、安全职责和安全技能。 3. 从业人员100%依法培训并取得上岗资格，特殊工种持证上岗率100%，特殊岗位考核选拔上岗。 4. 每季度不少于1次全员安全生产教育培训或群众性安全活动，每年不少于1次企业全员安全文化专题培训，有影响，有成效，有记录。 5. 建立企业内部培训教师队伍，或与有资质的培训机构建立培训服务关系，有安全生产教育培训场所或安全生产学习资料室。 6. 从业人员有安全文化手册或岗位安全常识手册，并理解掌握其中内容。 7. 每年举办一次全员应急演练活动和风险（隐患或危险源）辨识活动。 8. 积极组织开展安全生产月各项活动，有方案、有总结
安全诚信	1. 健全完善安全生产诚信机制，建立安全生产失信惩戒制度。 2. 企业主要负责人及各岗位人员都公开作出安全承诺，签订《安全生产承诺书》；《安全生产承诺书》格式规范，内容全面、具体，承诺人签字。 3. 企业积极履行社会责任，具有良好的社会形象

社 区 安 全

表 7-3（续）

一级指标	二 级 指 标
激励 制度	4. 制定安全绩效考核制度，设置明确的安全绩效考核指标，并把安全绩效考核纳入企业的收入分配制度。 5. 对违章行为、无伤害和轻微伤害事故，采取以改进缺陷、吸取经验、教育为主的处理方法。 6. 对安全生产工作方面有突出表现的人员给予表彰奖励，树立榜样典型
全员 参与	1. 从业人员对企业落实安全生产法律法规以及安全承诺、安全规划、安全目标、安全投入等进行监督。 2. 从业人员参与安全文化建设。 3. 建立安全信息沟通机制，确保各级主管和安全管理部门保持良好的沟通协作，鼓励员工参与安全事务，采纳员工的合理化建议。 4. 建立安全观察和安全报告制度，对员工识别的安全隐患，给予及时的处理和反馈
职业 健康	1. 建立完善的职业健康保障机制，建立职业病防治责任制。 2. 按规定申报职业病危害项目，为从业人员创造符合国家职业卫生标准和要求的工作环境和条件，并采取措施保障从业人员的职业安全健康。 3. 工会组织依法对职业健康工作进行监督，维护从业人员的合法权益。 4. 企业定期对从业人员进行健康检查并达到标准要求，维护从业人员身心健康
持续 改进	1. 建立信息收集和反馈机制，从与安全相关的事件中吸取教训，改进安全工作。 2. 建立安全文化建设考核机制，企业每年组织开展安全文化建设绩效评估，促进安全文化建设水平的提高。 3. 加强交流合作，吸收借鉴安全文化建设的先进经验和成果
加分 项	1. 近3年内获得省（部）级及以上安全生产方面的表彰奖励。 2. 通过职业安全卫生管理体系认证。 3. 实行安全生产责任保险。 4. 安全文化体系具有鲜明的特色和行业特点，形成品牌，开展群众性的创新活动

三、以安全生活为支撑，创建家庭安全文化

社区是居民生活的聚集地，社区安全文化的建设，应以安全生活为支撑，围绕个体的衣食住行和日常起居，创建家庭安全文化。

（一）家庭安全文化的五层次建设

家庭安全文化依赖于家庭成员间的亲情，目的是提高家庭成员的安全意识和素质，进而促进平安家庭、平安企业、平安社会建设。它是家庭安全价值观和安

全行为规范的集合，通过家庭组织体系对家庭成员的思想、意识、行为等施加影响。家庭安全文化主要包括安全情感文化、安全观念文化、安全制度文化、安全行为文化、安全物质文化

（1）安全情感文化是家庭安全文化的基础，也是维系家庭良好关系的纽带。情感是家庭成员之间或家庭成员对家庭事务的心理体验和心理反应，如夫妻之间、母子之间、父子之间、兄弟姐妹之间的感情等。家庭情感促成家庭成员间爱的责任，即爱自己、爱家人、爱家庭财产等，帮助家庭成员实现安全思想意识一致，安全理想信念相投，以及安全行为习惯相近。例如，要塑造家庭成员对安全责任的正确认识——"安全和健康是对家人最好的爱""保护家庭成员安全是家庭成员共同的责任和义务"等。

（2）安全观念文化主要是指家庭安全价值观，是家庭安全文化的核心。具体表现为安全道德、家俗、伦理，以及对安全问题真、善、美的鉴别和认识标准，或一些安全精神追求等。例如，对安全相对重要度的认识（健康和安全是第一位的，优先于所有事务）、对安全管理的认识（别人对你的安全惩罚、提醒、教育、批评都是为了你的安全）、对伤害行为的态度（有损于他人安全和健康的行为是不道德的，甚至是违法，要坚决杜绝）等。

（3）安全制度文化主要是指家庭成员的最基本安全行为规范，包括国家有关安全法律、法规、制度等在家庭中的落实和积淀，正式的家庭安全公约、基本准则和承诺，以及为维护家庭成员正常、安全生活，协调家庭与外部关系而形成的口头安全约定等内容。

（4）安全行为文化包括知识性安全文化、自律性安全文化和投资性安全文化。知识性安全文化。包括家庭成员的安全知识水平、危险应变能力、自救互救能力等，主要表现在家庭安全教育方面，家庭中的未成年人要接受安全教育，中老年人也要经常学习安全知识，使家庭成为经常性、终身性的安全教育学校，不断提高家庭成员的安全素质。自律性安全文化。主要表现为家庭成年成员要严于律己、遵守基本安全原则、不偷懒、不敷衍等，给家庭的未成年人做好榜样，直至所有家庭成员都养成良好的自律习惯，家庭成员间要养成开展安全批评和自我安全批评的好风气。投资性安全文化。是指安全与健康投资行为，如购置专用设施设备、商务保险、健康险、意外险、定期体检及安全教育投资等，同时包括以强身健体、放松身心为目标的各种文娱、体育、保健活动等。

（5）安全物质文化是指通过家庭成员的衣、食、住、行、游及家庭配置的

相关设施等物质材料所体现出来的家庭安全文化。如住房的位置、楼层和质量，住房内部装修和家具的安全性，住房各大系统的通风情况，家庭专用安全设施设备，外出时家庭成员所配备的安全防护工具等。

　　基于对家庭安全文化的层次划分，构建家庭安全文化结构，如图 7-2 所示。家庭安全情感文化是家庭安全文化的基础，贯穿于家庭安全文化的其他层次，是建设完善家庭安全文化的前提条件；家庭安全物质文化、行为文化和制度文化是家庭安全观念文化的外化层或对象化，是家庭安全观念文化"外化"的表现形式，是观念转化为制度、行为和物质的"外化"结果；家庭安全观念文化是人的思想、信念和意志的综合表现，是人对安全内涵和自身内心世界的认识能力与辨识结果的综合体现，是家庭安全价值观长期作用形成的心理深层次的积淀和升华产物，是家庭物质文化、行为文化和制度文化"内化"的结果，是家庭安全文化结构系统的特质和核心。其中，家庭安全物质文化可视为家庭安全文化结构

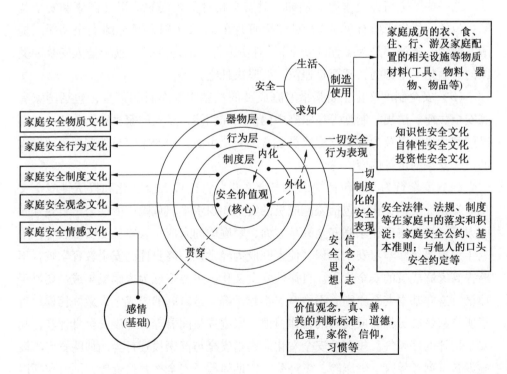

来源：王秉．浅谈家庭安全文化建设［J］．现代职业安全，2017（5）：46.

图 7-2　家庭安全文化的内在结构

系统中的"硬件"，家庭行为文化和制度文化可视为家庭安全文化结构系统中的"软硬组合件"，而家庭情感文化和观念文化可视为家庭安全文化结构系统中的"软件"。它们之间相互影响，相互促进，共同构成家庭安全文化结构系统。

（二）家庭安全文化的核心是个体安全的"应知应会"

家庭安全文化的核心是个体安全的"应知应会"。对于在防灾避灾和自救互救等方面应知道的知识常识和应掌握的技能方法，针对日常生活中的常见风险点、安全防范点、应急应对手段、预防准备措施等，应加强相应的宣传教育。

1. "知风险"

了解突发事件的分类分级等基本常识，掌握居家、外出等的主要风险。

（1）居家五大风险："火"，火灾是家庭安全第一杀手，各种不规范用火、用电容易引发火灾事故；"气"，燃气泄漏后，可能引起火灾、爆炸、中毒；"盗"，防范措施不到位引发入室盗窃甚至人身伤害；"毒"，因知识缺乏和疏忽而造成食物中毒或药物中毒；"伤"，主要烧烫伤和出血伤等意外伤害。

（2）外出五大风险："车"，各种交通风险，包括驾车、乘车的风险；"行"，外出步行时遇到的风险；"水"，溺水事故，中小学生暑期的"第一杀手"；"公"，公共场所的风险，如踩踏、火灾、暴恐等；"咬"，宠物咬伤或抓伤，以及毒蛇咬伤、海蜇蜇伤等。

（3）特殊风险：特殊地点风险，如高层建筑消防是世界性难题，难灭、难救、难逃；特殊时间风险，如地震、台风、雷电、高温、冰雪等自然灾害；特殊群体风险，老人常见的疾病突发、跌摔伤和遭遇诈骗等风险，小孩常见的交通、溺水、坠楼、触电、被诱拐等风险。

2. "会防范"

掌握预先防范常见风险和事故的措施和做法。

（1）居家安全，重点包括防火灾、防燃气事故、防盗抢、防中毒、防烧烫伤。

（2）外出安全，主要包括防车祸、防步行意外、防溺水、防公共场所意外、防动物咬伤。

（3）特殊地点安全，例如高层建筑注意防火，定期检查防火门、消防栓、报警器等设施是否好用，安全出口、疏散通道是否畅通、明亮，家中是否配备缓降器等辅助逃生装置。

（4）特殊时间安全，例如随时关注天气状况，及时了解预警信息并作出相应准备，遇台风、雷雨等恶劣天气尽量不要外出，外出时避开大树、广告牌和临时建筑。

（5）特殊群体。老年人群体：患病特别是心脑血管疾病的老人应避免剧烈运动或情绪激动，注意防范过冷和过热天气，外出携带急救药物，避免摔倒造成骨折，不要轻信保健品广告和中奖等诈骗电话、信息；儿童群体：家长带儿童外出时要随时保证孩子在视线范围内，教育孩子不吃陌生人的东西、不给陌生人带路，不要单独让孩子留在家中或留在汽车里，过马路、乘电梯、人多时要与儿童手拉手，乘车使用儿童安全座椅等。

3. "能应对"

掌握紧急状态下报警求救、自救互救的基本技能和方法。一是如何拨打紧急电话，包括掌握 110、119、120 等常用号码，拨打时说明要点；二是火灾处置，掌握初期火灾扑救、疏散逃生、发出警报等的要点；三是燃气泄漏处置、溺水急救、烧烫伤急救、出血急救等的科学反应和先期处置；四是心肺复苏术、海姆立克救生法、AED 使用等的基本技巧和正确步骤。

4. "有准备"

做好家庭应急方案、家庭应急物资等常见常用的灾害准备措施。家庭应急方案，包括制定家庭应急预案和家庭应急疏散图，并和家人进行演练；张贴家庭成员及邻居亲朋电话联络表，以备急用；参加应急体验和培训，学习应急技能。家庭应急物资：预警装备，指燃气报警器、火灾警报器、漏电保护器等；处置装备，包括灭火器、救生绳、缓降器、防毒面具、手电筒、哨子、收音机等，以及汽车灭火器、逃生锤；食物和饮用水、常见药物，并及时更新。

实践范例：江苏省江阴市安全文化建设的四项重点工程

重点工程 1：实施安全理念凝练工程，为城市安全文化立魂

（1）基于"人心齐"的"三保"安全文化理念。把全市上下各级各部门各单位、各类从业人员、全社会市民群众的理念和实践统一到"安全发展、以人为本"上来。将安全生产内容纳入各级党委中心组学习、中青年干部培训、党员冬训等各级各类党员领导干部培训内容中，建立面对班组长、外来务工人员、企业员工的安全培训体系，各类法定安全培训人员数量每年增长 5%，将安全教育列入中小学校、职业院校的课程中，开展形式多样、丰富多彩的安全宣教活动。初步形成了各层次的安全理念："对于党委政府来说，保安全就是保改革、

保稳定、促发展；对于生产经营者来说，保安全就是保效益、保品牌、保市场；对于市民及职工群众来说，保安全就是保生命、保健康、保幸福。"

（2）基于"民性刚"的"三化"安全文化理念。江阴将"民风淳厚、民性刚烈"的精神传承于安全文化建设，将安全理念和制度"内化于心、固化于制、外化于行"，使安全成为全体市民自觉、自愿的行为，推动高起点、高质量、高水平建设安全文化城市。"内化于心"，江阴市采用各种方式传播安全文化理念：电台、电视台每天在黄金时间播出安全公益广告，在闹市区、居民区、务工人员聚居区的电子屏、板报栏上刊登安全标语及常识，微信公众号、微博等新媒体不断推送各类安全知识、警示案例，让安全理念深入人心。"固化于制"，江阴市建立了一系列安全文化建设制度：在安全责任分解上落实党政一体、一岗双责，各级党委、政府所有班子成员都有安全责任；在企业全员安全培训上落实"上好一堂安全课、观看一次警示教育片、做好一张试卷"等细致要求，确保实效性；在全社会安全宣传上落实分工合作，有关部门根据各自职责范围及监管领域动员相关宣教资源，形成浓厚的宣传文化氛围。"外化于行"，严格考核奖惩激励制度：将安全文化建设作为工作考核的重要内容，未完成量化工作任务的要扣分，超额完成任务的、有先进经验被上级推广表彰的、在上级媒体发表先进工作经验的，均给予额外加分。

（3）基于"敢攀登、创一流"的"清零"安全文化理念。江阴具有强大的执行力和强烈的荣誉感。古人云："行之以躬，不言而信。"江阴市委书记和市长出席全市创建全国安全文化建设城市动员大会，提出安全是发展的前提、民生的保障、稳定的基础，要始终保持"从零开始、从头抓起"的"清零"安全理念和"如履薄冰、如临深渊"的危机意识，把安全文化建设纳入全国文明城市创建体系进行推进，争创全省乃至全国一流的安全生产工作业绩。如今，"清零"安全理念已深入人心，成为各级各单位特别是领导干部抓安全生产工作的座右铭。在每年的全市安全生产会议上，江阴市委常委、市长副市长等参加会议，并就所管辖领域签订责任状。市级以下各级党委政府领导班子成员也每年签订安全生产责任状，对主管范围内的安全生产工作负责，每年进行一次安全述职；各有关部门和全市生产经营单位层层分解落实安全生产责任，层层签订安全责任状及告知承诺书，做好安全述职。通过层层落实安全生产责任，进一步强化安全意识，实现安全发展。

重点工程2：实施精品创作推广工程，为城市安全文化塑形

江阴市坚持以宣传安全发展、强化安全意识为中心的精品创作导向，面向社会推出一批优秀的安全生产宣传作品，满足人民群众对安全生产多方面、多层次、多样化的精神文化需求，丰富群众性安全文化，增强安全文化作品的影响力和渗透力。

（1）内容贴近实际。江阴秉持安全文化作品"来源于实践、对实践指导"的原则，充分利用安全生产监管监察中发现的正反两方面典型和案例，创作安全宣传文化作品。将安全管理先进企业的典型经验拍成专题片，将典型事故案例制作成警示教育片，将出现处罚频率较高的案例类型制作成适合微信微博传播的图文信息，将法律法规、安全知识用图文并茂的方式制作成海报招贴。

（2）形式丰富多样。面对不同的受众采用不同的作品形式。对社会大众，展示安全带来幸福、安监守护平安等主题，以家常生活场景、温馨和谐画面为主，潜移默化引导人民关注安全生产的公益宣传片；对企业经营者及员工，展示一些直截了当告诉他们该干什么、不该干什么、不然会有什么后果的警示教育片；对特定人群，宣传特定规范的安全文艺节目，如获得江苏省安全生产优秀文艺作品二等奖的音乐电视《建筑安全八步法》；还有立足短平快、普通市民群众抬头即见，在街头广告牌、电子广告屏、电视节目移动字幕等载体随处可见的安全标语、安全小视频、小动画等。

（3）作品栏目并重。在创作精品安全文化作品的同时，江阴市注重建设优秀的安全文化栏目载体。江阴市在全省率先开通了"江阴安监"微信公众号，每个工作日推送3条信息，内容涵盖法律法规、安监工作动态、典型违法处罚、事故案例、安全常识等，并通过知识竞赛、"江阴市最美安全员"网络评选投票等活动赢得了众多的关注，粉丝量最高达到7万多，在全国县级安全生产公众号排名中始终处在前列，成为江阴市安全生产宣传工作的一个品牌、一张名片。与江阴电视台合作的《法治全澄—江阴安监》栏目以"现身说法、以案说法"为特色，已经成为宣传安全生产工作的品牌节目，并且与对事故企业的行政处罚自由裁量相结合，成为安监执法体系的重要部分。

重点工程3：实施宣教阵地建设工程，为城市安全文化定锚

安全生产服务全社会，也必须依靠全社会。江阴坚持面向全社会开展安全宣传，形成了固定式安全宣教设施（场馆）、传统新闻媒体、新媒体相互补充、各施所长的安全宣教阵地体系，广覆盖、多频次地开展安全生产宣传教育，收到了轰轰烈烈、铺天盖地的宣传效果，营造了浓厚的安全文化氛围，逐步形成了独具江阴特色的城市安全文化，成为江阴市一张十分亮丽的城市名片。

（1）建设完善固定式安全文化宣教设施（场馆）。自 2012 年以来，江阴先后建成了一批消防警示教育馆、安全文化主题公园、交通安全主题教育馆等的市级场馆，一批某区某镇安全文化公园、澄江街道消防主题公园、申港街道消防安全园等的镇街场馆，一批某镇绿园社区防灾减灾馆、澄江街道君山路社区防灾减灾馆等的社区场馆，一批行政村、外来务工人员聚居区安全宣传栏、工业集中区安全画廊等的村园阵地，在全市范围内形成了市、镇、村联动互动宣传的良好局面。按照"一镇一公园、一村一橱窗、一区一板报"的要求建设安全宣教阵地，即每个镇（街道、园区）都至少建设一个安全主题公园，每个行政村都至少建设一个安全宣传橱窗，每个工业集中区、外来务工人员集中居住区都至少建设一个安全板报栏。安全重点监管部门面向社会、面向企业、面向员工建设一批安全生产宣教设施，完善已有的交通安全、消防安全等警示教育馆，加快生产安全警示教育基地（安全文化体验馆）建设，适时建设其他重点领域警示教育设施。各生产经营单位结合自身特点，在内部人员集聚区、交通要道等区域，因地制宜设置电子屏、板报栏，宣传安全常识技能。

（2）发挥媒体集群效应，扩大安全生产工作知晓面。充分发挥传统媒体作用，在江阴电视台设立《江阴安监》《老顾说交通》《法治全澄》节目，播出安全生产先进典型、事故企业现身说法、交通法规宣传、消防安全等系列节目；同时在江阴电视台、电台等媒体黄金时间的 10 多个时段滚动播出公益广告、安全提示、事故警示短片、安全电影、安全歌曲，每天总播出时间达到 40 分钟。充分运用新媒体传播手段，自 2012 年起创办每周 1 期的《江阴安监手机报》，并将其发送给市、镇、村三级党委、政府相关领导、全市安全监管人员、生产经营单位负责人和安全管理员，一些高危、骨干企业将手机报转发给班组长及安全管理人员。率先开通的"江阴安监"微信公众号除了传播安全信息外，还链接了"安全资格模拟考试系统"及"安全知识培训网上学习系统"，方便从业人员学习。

重点工程 4：实施示范标杆引领工程，为城市安全文化聚力

江阴市充分发挥安全生产先进典型的标杆示范作用，广泛开展系列安全发展创建活动以及企业"勇当标杆、学习标杆"活动，发掘、培养、宣传、推广一批安全生产先进地区、行业、企业、个人，在全市掀起比、学、赶、帮、超的安全文化建设热潮，总结提炼出具有普遍适用性和推广性的企业安全文化创建模式，提升了全社会安全生产水平。

（1）在企业层面，推进"勇当标杆、学习标杆"安全文化建设。采取"典型引路，以点带面"的工作方针，选树一批具有先进性和代表性的安全文化标杆企业。全市创建5家省级安全文化示范企业。先后选树打造了帝斯曼工程塑料（江苏）有限公司和江阴贝卡尔特钢帘线有限公司"安全树文化"、江阴兴澄特种钢铁有限公司"零事故运动"、江阴怡达化学有限公司"万米安全长城"等各具特色的外企、央企和民企安全文化示范典型，并号召全市企业学习。"安全是1，其他是0""安全是一份沉甸甸的责任""事故是可以预防的"等安全理念深入企业。全市每个乡镇（街道、开发区）至少创建2家示范标杆企业，各重点行业主管部门至少创建1家示范标杆企业。通过开展集中宣传、集中交流、专题培训、主题特色活动，学习示范标杆企业的安全文化和安全管理经验，建立健全适合自身发展的安全管理体系，形成自己的企业安全文化。比如，江阴兴澄特种钢铁有限公司形成了具有鲜明个性和时代特色的"兴澄特钢企业安全文化十大安全理念"：安全使命、安全愿景、安全目标、安全价值观、安全效益观、安全道德观、安全责任观、安全预防观、安全执行观、安全精益观。

（2）在政府层面，评选安全生产先进地区和部门。根据安全生产绩效考核，在全市范围内表彰一批安全生产先进地区和部门，在全市安全生产大会上通报表彰。江阴市政府安委会每年组织严格的工作考核，并在此基础上评出综合奖项"全市安全生产先进单位"，以及三类单项奖项"生产安全、交通安全、防火安全先进单位"。在年度工作会议上对这些单位的先进做法进行点评表扬，特别优秀的单位做交流发言。不定期组织安全现场会、交流观摩会等学习观摩，在全市掀起了比学赶帮超安全生产先进的热潮。

（3）在个人层面，评选"最美安全员"。市政府安委会组织了两届"最美安全员"的评选活动，依托江阴日报、江阴安监微信平台组织投票评选，并在江阴电视台跟踪报道，营造安全生产正向激励的氛围。两届"最美安全员"的评选都遵循"基层组织初选、评委把关审核、群众自助投票、票数决定当选"的原则，充分体现了公开公平公正的原则。由于入围候选者绝大部分来自各行各业基层安全生产工作一线，所以吸引了大批市民职工群众参与其中，在社会上掀起了关注安全生产、了解安全生产、参与安全生产，为安全人点赞加油鼓劲的热潮。第二届"最美安全员"评选过程中，仅网络上就有100多万张有效选票，相当于每个江阴人都投了一次票！同时，江阴市还把每位"最美安全员"的事迹拍摄成宣传片，在电视台、闹市区电子大屏幕、微信公众平台等媒体反复播出，对推进全市安全生产工作发挥了重大作用。

（4）在社会层面，开展安全特色主题宣教活动。组织"安全冬训"活动，针对冬季特点和年终岁末职工容易思想松懈的特点，全市开展集中安全教育培训活动，组织应急救援演练等一系列安全活动。实施"全员培训实事工程"，按照"下发一本教材、观看一张警示教育光盘、上好一堂安全教育课、做好一张安全试卷、颁发一张安全培训证书"的要求，对全市60多万名企业职工进行了一次轮训。采取网上培训的方式，开发了39门贴近企业一线操作岗位、互动性强的课件，将2万名安全监管干部、企业安全管理人员、班组长、高危一线岗位等人员纳入培训对象。组织"建好责任链、共筑防火墙，安全走进企业"活动，采取聘请专家为企业排查隐患、观看安全板报、放映安全警示片、上一堂安全课的形式，帮助企业提高安全水平。组织送安全影片下乡等"七进"活动，广泛传播安全知识，通过特色活动推进安全文化建设。

实用工具："邻里守望"的制度设计和手册编制

1．"邻里守望"的内涵和目标

"邻里守望"（Neighborhood Watch）是西方社区安全模式和警务工作模式的重要内容之一，警方等执法力量将社区居民联合起来、互相帮助，共同预防犯罪，改进当地治安状况[1]。邻里守望的价值观是守信、负责、透明、关爱、真实、包容、可持续和独立。邻里守望在预防犯罪的同时关注社区安全，由此形成的邻里守望组织，由地方政府或警察部门发起，由市民志愿人员组织和参与，通过一系列活动和项目，提升民众的警惕性，加强家庭安全措施，引导社区民众团结互助、全员参与，培育社区互助精神和伙伴合作，及时发现犯罪和可疑事件并向警方报告，抑制犯罪和不良行为，共同建设治安稳定、安全防范能力强、生活工作环境良好的社区。

美国在1972年开始推行"邻里监督计划"，将其作为减少入室抢劫案件的数量的一项特别措施；英国在1982年在米林顿郡和切斯特郡实施第一个邻里守望项目，之后的10年间全国邻里守望项目发展到8万多个、覆盖了4百万个家

---

① NATIONAL NEIGHBORHOOD WATCH – A DIVISION OF THE NATIONAL SHERIFFS' ASSOCIATION. https：//www.NNW.org，2018－09－10.

庭，平均不到 6 户当中就有 1 户是邻里守望项目的成员。邻里守望最初是为了减少入室盗窃，之后在形式和内容上都逐步有了新的发展：形式上，在邻里守望的基础上，因地制宜增加了农村守望、商务守望、河道守望、旅店守望、马守望等；内容上，在继续坚持以预防犯罪为核心工作的基础上，逐步增加了制止故意损坏公共或他人财物，禁止涂鸦、遗弃汽车，还负责发现需改进和增加照明设施、便利设施，以及寻人等。邻里守望模式通过一系列邻里互助、居民与执法者有序参与的活动，促进邻里守望的作用发挥。以美国明尼苏达州金谷市为例，通过邻里守望博客、交互式犯罪地图系统、警民联欢夜、邻里守望大会、邻里守望标志、社区拓展活动、公寓住宅"零犯罪"活动、企业犯罪预防培训、市民警校、警营开放日活动、自行车巡逻体验活动、夜间留灯行动、"咖啡会议"、警民共同购物活动、自行车竞技表演活动、金谷犯罪预防基金等一系列活动和项目，促进邻里守望作用发挥。

在邻里守望模式下，警察的职责并非掌控社区而是协助推广邻里守望制度，各邻里守望组织独立进行犯罪预防活动。警局负责提供信息、指导激励及其他必要帮助，而其成功与否有赖于全体社区居民的共同参与。三者是相互依存、相辅相成的关系。警察的职责主要包括：帮助邻里守望组织发展壮大；通过犯罪预警、街区监督员提示使组织成员了解最新犯罪动态；应街区监督员之约参加邻里守望会议；协助组织"警民联欢夜"活动或其他社交聚会。邻里守望组织成员的职责主要包括：掌握社区居民姓名，迅速辨识邻居与其车辆；留意邻居动向，若发现可疑迹象，立即报警；做称职的报警人，既不要执行私刑，也不要拿自己与他人的生命财产安全来冒险或贸然制止犯罪；做称职的目击者，准确描述嫌疑人和嫌疑车辆特征。街区监督员的职责主要包括：掌握本街区最新地图及人员名单；发布邻里守望大会信息并动员大家积极参与，也可安排某一成员与警方单独会面；吸纳新成员；组织"警民联欢夜"及邻里守望组织的年度聚会等。

2. "邻里守望"的制度设计

以美国明尼苏达州明尼阿波利斯市下辖的金谷市为例，说明邻里守望制度的具体实施。

1）概述

邻里守望制度是一种居民主动参与、与执法者积极合作的犯罪预防措施。它将同一街区或相邻建筑的居民组织起来成为警察的"耳目"。这些特殊"耳目"能够在发现可疑行为后即刻报警，成员间还可通过邻里交流，学习家庭防范技巧、了解当地犯罪趋势。"邻里守望"有助于提升社区居民归属感，引发其对社区问题的关注，从而在根本上提高社区的宜居指数。

邻里守望制度具体包括三方面：促进邻里结识并组成一个互帮互助的协作共同体；教会居民识别与检举邻里间可疑行为；对居民进行基本的犯罪预防技能培训以降低被害率。

2）目标

（1）通过警民联系与宣传教育减少犯罪率，提高破案率。

（2）提高居民犯罪预防的能力与水平。

（3）探索系统有效的社区犯罪预防战略战术。

（4）提高当地安全水平与居民生活质量。

3）职责

警察的职责并非掌控社区而是协助推广邻里守望制度，各邻里守望组织独立进行犯罪预防活动。警局负责提供信息、指导激励及其他必要帮助，而其成功与否有赖于全体社区居民的共同参与。三者是相互依存、相辅相成的关系。

邻里守望组织成员的职责主要包括：①掌握社区居民姓名，迅速辨识邻居与其车辆；②留意邻居动向，若发现可疑迹象，立即报警；③做称职的报警人，既不要执行私刑，也不要拿自己与他人的生命财产安全来冒险或贸然制止犯罪；④做称职的目击者，准确描述嫌疑人和嫌疑车辆特征。

街区监督员的职责主要包括：①掌握本街区最新地图及人员名单（地图可在警局网站"社区服务"专栏中获得），名单里有每名成员（包括子女、合住人员）的姓名、电话号码、紧急联系方式、宠物、车辆、电子邮件以及其他授权共享的信息；②发布邻里守望大会信息并动员大家积极参与，也可安排某一成员与警方单独会面；③吸纳新成员；④组织"警民联欢夜"及邻里守望组织的年度聚会；⑤参加"街区监督员"年会。

警察的职责主要包括：①帮助邻里守望组织发展壮大；②通过犯罪预警、街区监督员提示使组织成员了解最新犯罪动态；③应街区监督员之约参加邻里守望会议；④协助组织"警民联欢夜"活动或其他社交聚会。

4）具体做法

（1）邻里守望博客：邻里守望博客是一个在线发布涉警新闻与犯罪预防信息、进行警民联系的平台。它取代了原先的《邻里守望监视者季刊》，从而大大节省了印刷与邮寄成本。

（2）交互式犯罪地图系统：与传统警用信息平台相比，交互式犯罪地图系统覆盖面更广、更新更及时、内容更丰富，深受居民喜爱，它能提供包括最新警情、性犯罪者身份识别、犯罪预警、防范技巧在内的相关信息。

（3）警民联欢夜（Night to Unite）：警民联欢夜（原为"邻里守望夜"）在每年八月第一个星期二举行。居民可在明尼苏达州各地参加诸如聚餐会、冰激凌社交会、户外烧烤、自行车游行等一系列活动，从而增强社区凝聚力、拉近警民关系。

（4）邻里守望大会：警局每年在春秋两季组织两次邻里守望大会来通报最新的犯罪趋势，任何人均可参会。警局鼓励居民组建并壮大邻里守望组织，留意、举报一切可疑行为与人员，以共同维护自身安全与邻里安全。邻里守望大会以圆桌论坛的形式，在警方参与下，由居民对公共安全、城市工作、法律法规、社区资源等方面存在的问题各抒己见，畅通警民沟通渠道，减少信息不对称情况的发生。

（5）邻里守望标志：邻里守望标志主要设置在社区的街头巷尾，一方面能够起到相当的警示作用（根据近几年抓获的入室盗窃犯罪分子供述，他们往往更倾向于对那些没有张贴"邻里守望"标志、居民对安全问题关注度不高的社区下手）；另一方面，也有助于本地居民增强自我保护意识，发现可疑行为，立刻报警，从而减少犯罪发生，加快破案速度。

（6）社区拓展活动：全方位、多层次加强社区交流是金谷市警察局的重要任务。犯罪预防、社区会议、社区教育、社区合作都是构建坚实警民关系的基石。金谷市警察局以居住地为单位，通过社区拓展活动，为居民提供安全贴士、展示近期的犯罪数据等。

（7）公寓住宅"零犯罪"活动：金谷警局每季度都会召开会议与公寓楼群管理者进行沟通协调，同时积极与青年居民交流，了解其校内外的表现情况，鼓励其学习上进，将来加入警队服务社会，从而降低辍学率。

（8）企业犯罪预防培训：鉴于辖区内企业数目庞大，金谷警局为企业家及员工提供多主题、全方位的安全防范课程培训，涵盖居家安全、诈骗防范、商业犯罪预防、性骚扰防治等。

（9）市民警校：金谷警局通过设立市民警校，为市民提供免费的安全教育系列课程。该课程面向成年人，以实战为导向，旨在增强居民对执法者的角色认同。2016年1月12日至3月1日的18：00—21：00，部分市民在警局特训室中，进行了长达八周的课程集训，内容涵盖911报警电话接听、现场勘查、犯罪数据分析、特警作战、武力使用、巡逻操练等工作的体验活动，效果良好。

（10）警营开放日活动：每年6月，金谷警方会与消防部门联合举办开放参观日，邀请民众游览内部建筑设施，在可控范围内感受"火灾"的危害，参观警车和消防车，与警员和消防员会面洽谈了解其工作。

（11）自行车巡逻体验活动：金谷居民可通过事先预定，与警员一同骑自行车巡逻，感受角色互换，以直接了解金谷警员的日常工作状态，增加对警方工作的支持与认可。

（12）夜间留灯行动：锁与灯均是有效的犯罪预防工具。在夜间开启室外灯，如前门灯、后门灯及车库灯，既可威慑犯罪，也可方便出行。可以使用的灯具包括节能荧光灯、LED灯、太阳能灯等。具体要求有如下方面：在每个房屋入口安装光电传感器（这既是出于给过往行人照明的目的，也是对自身安全的考虑，当亮起灯时，窃贼无处藏匿；若有人意图破门而入，邻居也可及时发现并报警）；使用遮光灯（日光灯过于刺眼，人眼需要20秒钟才能适应，而裸灯容易被拧下破坏，因此要使用兼具其长而各去其短的遮光灯）；在无法留灯的区域或庭院内安装行动探测器，消除安全死角；注意"鱼缸效应"（在夜间，屋内灯火辉煌，屋外则一片漆黑，这会使屋外之人可以清晰窥探屋内情形，发现贵重物品存放位置，掌握户主动向，而室内人则由于玻璃反光，无法看清外部情形），因此，应降下百叶窗，拉上窗帘，不给犯罪分子以可乘之机。

（13）"咖啡会议"：金谷警局每年不定期于麦当劳、星巴克或其他当地餐馆举办由两名警员主持的非正式"咖啡会议"，听取民众的意见与建议。

（14）警民共同购物活动：如果有孩子对给家人买什么礼物一头雾水，与警察共同购物便是一个不错的选择。在活动中，金谷警局的陪同警员会给出礼物清单，帮助孩子们选择礼品，并在结束后与其共进晚餐。

（15）自行车竞技表演活动：是由警民共同参与的自行车竞技活动。参与者可与警员追逐竞速，切磋骑行技艺，赢得包括骑行安全徽章、骑行头盔的购买礼券在内的各种礼物。2014年，约有250名儿童参与其中。

（16）金谷犯罪预防基金：该基金由非营利性、以社区为基础的志愿者团队掌管，主要来自社区居民和企业的捐赠，可用于资助金谷警局开展各类公益项目，以及对提供犯罪情报信息人员的论功行赏，从而各尽所能，携手共创安全社区。

5）作用

（1）降低非法侵入类犯罪的发案率，使包括普通盗窃、入室盗窃、恶意涂鸦在内的犯罪行为得到有效遏制。

（2）提高居民警惕性，让居民了解犯罪趋势及防范技能，对减少犯罪意义极大。

（3）警示潜在犯罪分子。

（4）提供犯罪预警：在警局网站上注册的用户会定期收到本市或者其他地区多发犯罪的预警邮件，从而有的放矢地进行防范。

3. 邻里守望的手册编制

以美国明尼苏达州明尼阿波利斯市下辖的金谷市为例，说明邻里守望手册的具体制作。

金谷警局精心制作了《邻里守望手册》，内容涵盖犯罪预防目标、邻里守望概述、如何识别可疑情况、如何正确报警、如何有效进行犯罪预防、相关网络资源在内的各个方面。最重要的内容有如下方面。

1）如何识别可疑情况

快速识别可疑情况是预防犯罪的关键，以下等行为已经属于可疑范畴，及时正确报警才能将犯罪扼杀在萌芽阶段：

（1）发现有人需要警察、消防或医疗救助。

（2）听到警报器响声、窗门玻璃破碎声、尖叫求救声。

（3）发现不明人员在邻居房屋外徘徊游荡。

（4）发现有人在商店开门前或关门后进进出出。

（5）发现车辆停在某一地区长期未动。

（6）发现有人在车内进行交易。

（7）发现某住宅每天有大量人员和车辆进出。

（8）发现有人私闯民宅。

（9）发现有人持枪走动。

2）如何正确报警

在金谷警局，报警电话一经接入，报警者的姓名与地址就会呈现在接线员的电脑上。若使用的是公用电话，会显示其所在地址；若使用手机报警，通话会由指挥中心免费转接至最近的警员。报警时，应注意以下几点：

（1）简明扼要地描述嫌疑人和嫌疑车辆特征（如身高、体重、体格、穿着、口音、反常情况、行进方向等)。

(2) 保持冷静,控制语速,保证清晰度。

(3) 在回答完接线员所有问题前请勿挂断电话。

(4) 将事件的性质、时间、地点、涉及人员等重要信息准确告知接线员。

3) 如何有效进行犯罪预防

(1) 居家安全提示:在财产遭受侵害时,家庭财产清单能快速进行财产损失评估,核实保险赔付范围,从而大大加快赔付进程。表格式家庭财产清单:使用表格包括财物简述,如质地、形状、编号、价值、购买日期等信息记录在案,并随财产增减及时更新。可视化家庭财产清单:使用视频或照片对家庭财产的性状、特征进行记录,表明所有关系。

(2) 假期安全提示:外出度假期间,应确保住宅无安全漏洞。可使用新型智能锁"御敌于家门之外"和可定时启动的收音机或电视机,以"空城计"迷惑他人。在金谷市邻里守望制度覆盖的社区,居民还可以联系可信赖的邻居代为收邮件、报纸,铲雪,修剪草坪,以及在"垃圾清运日"清理垃圾。外出前将应急信息和紧急联系人上报警局。应急信息包括:姓名、地址、电话、出发与返程日期、紧急联系人、长明灯位置、拥有的车辆情况(样式、车型、出厂日期、颜色、车牌)、有无可能的访客等。

(3) 停车安全提示:根据金谷市规定,除非特许,在街区停车72小时后务必挪车。暴雪警报期间,在铲雪车清扫前请勿在街面泊车。

4) 如何进行宠物管控

金谷市市民不得饲养超过三只以上的猫狗宠物,并且需要为其办理相关证照;此外,主人有义务带宠物接种狂犬疫苗并将"已接种"标牌挂在其项圈上。此外还包括:

(1) 宠物排泄物问题:主人不得放任宠物污染草坪、公园或其他设施,在遛宠物时,应随身携带工具将排泄物清理干净。

(2) 宠物噪声问题:主人有义务制止宠物的"过度吠叫"(指犬只延续至少五分钟、间隔低于30秒的吠叫行为),以防扰民。

(3) "皮带约束"法案:除能使用口令进行控制的外,只要离开主人居住地范围,犬只必须使用犬绳进行约束。在公园等公共场所,任何情况下不得解除犬绳。

(4) 宠物伤人问题:任何宠物伤人事件均必须即刻上报警局。

（5）宠物丢失问题：宠物丢失后应及时拨打电话或发送邮件联系警局进行登记。寻回的宠物将在"金谷市动物收容所"进行饲养，并于七天后转移至"金谷市动物保护协会"。

5）家庭安全自查表

在《邻里守望手册》的最后部分，附有一张家庭安全自查表，具体内容包括：

（1）是否已上锁？当您在家时是否锁好房门？当您在家的后院时是否锁好前门（或当您在前院时是否锁好后门）？如果您仅仅是花几分钟时间出门办事，这段时间内是否会锁好房门？当您出门时，是否会关严窗户？地下室的窗户是否全部关严，或者已用螺丝及木条封闭？您是否全天锁牢您的地下车库？

（2）房屋是否看起来有人居住？当您外出参加晚会，您是否会在室外或室内留灯？当您傍晚或整天外出时，您是否会保持收音机、电视机等处于开启状态？

（3）当您外出度假时：您是否请邻居帮您照看房子？是否有人时常帮您拉动帷幕、窗帘及百叶窗？是否有人帮您除草、扫雪？是否有人帮您收取信件及报纸？

（4）您是否已使用"庭院安全系统"？

（5）如自行车和除草机这样的物品，您是否会锁好并置于隐蔽处？

（6）在工具及扶梯使用完毕后，您是否会将其锁好？

（7）您是否按时修剪庭院的花丛灌木？

（8）如果您有围栏的话，您的邻居是否可以透过围栏看到您的房屋？

（9）如果您有室外照明灯，是否有阴影区可让窃贼藏身？

（10）您是否使用了"整体安全系统"？

（11）您的手机是否存有911紧急报警电话？

（12）您的手机是否存有标注着邻居姓名、电话及住址的街区地图（若无，可自邻里守望组成员处索取）？

（13）当有陌生人来访，在进行正式谈话前，您是否会先确认他们的身份？

（14）您是否会教育孩子当有陌生人敲门时，要说"我爸爸妈妈正忙着呢"而不是"我爸爸妈妈不在家"？

（15）如果有陌生人前来寻求帮助，您是否会报警或拨打其他相关电话，而不是轻易让他们进门？

第八章　社区安全治理的评估和考核

◎ 拓　扑　图

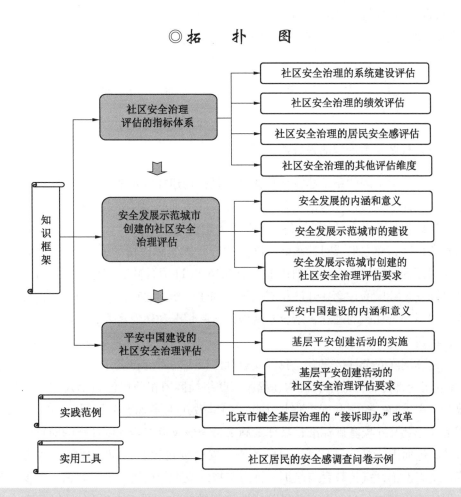

◎ 本　章　概　要

　　针对社区安全治理成效，科学设置评估与考核机制来增强社区安全建设与建设的内生动力。现有的社区安全治理评估主要聚焦三类，一是构建社区安全建设的系统性标准规范基础上的系统建设评估，二是基于平衡计分卡的社区安全治理绩效评估，三是以人为本、后果导向的社区安全治理的居民安全感评估。与此同时，我国在安全发展示范城市创建中，对社区安全治理提出评估要求，涉及城市安全源头治理、风险防控、监督管理、保障能力、应急救援和安全状况的各方面；我国在平安中国建设和基层平安创建活动中，对社区安全治理提出评估要求，各地根据实际情况提出平安社区、平安村（居）、平安学校、平安企业、平安单位等的建设和考核标准。

第一节　社区安全治理评估的指标体系

一、社区安全治理的系统建设评估

社区安全治理的系统建设评估体系，是指构建社区安全建设的系统性标准规范，并以此形成评估社区安全系统建设和长效治理的指标体系。我国引入由世界卫生组织倡导并推动的国际"安全社区"建设运动后，对标国际"安全社区"的相关标准，建立形成对标国际标准并符合我国实际国情的系统建设评估体系。中央层面的全国性安全社区创建工作于 2016 年 11 月停止；部分地方省市继续响应国际安全社区的理念并开展相应的国际创建工作。北京市、四川省等部分省市根据国际安全社区的理念，结合本地区的实际情况和建设需要，形成本土化的安全社区建设的评估体系。

延续国际安全社区建设，我国安全社区治理的系统建设评估，总体上应满足"建立了跨部门合作的组织机构和程序，联络社区内相关单位和个人共同参与事故与伤害预防、控制和安全促进工作，持续改进地实现安全目标"的安全社区基本界定及其 6 项基础标准；具体实施中，一般设定安全社区评审的前置性基本条件，进而围绕机构与职责，风险诊断，安全促进项目，应急预案、队伍与演练，基础设施，宣传教育与培训，评审与持续改进等板块，进行评估，并设置对于创建特色的加分和存在高危风险或严重问题的"一票否决项"。现以北京市为例予以说明。2020 年 6 月，北京市应急管理局修订印发《北京市安全社区管理办法》《北京市安全社区评审标准》（京应急发〔2020〕20 号），最新的《北京市安全社区评审标准》（修订版）详见表 8 - 1。

表 8-1　《北京市安全社区评审标准》(修订版)

一级指标	二级指标	评审内容	满分分值	考核分数
申请评审前的基本条件		1. 持续开展安全社区创建工作 2 年以上 (含两年)	—	是/否
		2. 在创建过程中未发生较大 (含) 以上生产安全责任事故、因灾造成的责任事故及社会影响较大的安全事件	—	是/否
		3. 创建单位将安全社区工作列入"领导班子工程",由创建单位"党政一把手"担任创建机构组长,建立完善的工作协调机制,"一把手"每季度召开工作调度会	—	是/否
		4. 街道辖区内"综合减灾示范社区"比例不低于 50%;乡镇辖区内"综合减灾示范社区"的比例不低于 20%	—	是/否
		5. 辖区每个社区 (村) 均编有灾害风险图和灾害隐患清单、有指定的应急避难场所、有有效的灾害预警手段、有必要的应急物资储备	—	是/否
1. 机构与职责(15 分)	1.1 领导机构与职责	1. 建立了跨界合作的领导机构,成员涵盖辖区内相关部门、社会组织、企事业单位及其负责人、人大代表、居民代表及志愿者等。领导机构的主要职责包括:组织制定创建总体目标与规划;为创建工作提供或协调组织保障、资源保障及技术支持;开展总体绩效评估并确保持续改进工作有效进行	3	
	1.2 工作机构与职责	2. 成立符合辖区实际情况的工作机构,包括创建办公室和跨界合作的促进工作组。工作机构的主要职责包括:制定、修订工作制度;组织开展风险诊断;制定各类促进项目的目标与计划,并负责策划、组织实施、评估与持续改进	3	
	1.3 工作制度	3. 建立完善的信息共享、协同联动、社会力量参与、干部考核等工作机制,并与当地派出所、消防、医疗等机构建立应急联动机制	2	
		4. 建立健全并落实协商议事、风险诊断、促进项目管理、应急预案编制与演练、灾害预警发布与报送、宣传教育与培训、绩效评估等工作制度	2	
	1.4 资金投入	5. 有专项、筹措等各渠道的资金投入,用于地区促进项目实施、减灾物资配置、宣传教育开展等,保障安全社区创建顺利进行	3	

表 8-1（续）

一级指标	二级指标	评审内容	满分分值	考核分数
1. 机构与职责（15分）	1.5 工作档案	6. 结合评审标准，以文字、照片、音频、视频等多种形式建立并保存安全社区创建过程信息记录。	2	
2. 风险诊断（13分）	2.1 诊断方法	7. 选择并运用实地走访调查、隐患排查、安全检查表、数据分析、伤害监测、专家经验、社区座谈等方法，全面识别辖区各领域灾害风险与安全隐患	3	
	2.2 诊断机制	8. 各单位应指定专人结合工作推进动态开展风险诊断。生产安全、交通安全、消防安全、社会治安、燃气安全等方面数据分析不少于每季度一次，全面的风险与隐患清单汇总不少于每年一次。风险诊断结果能够反馈给领导机构和相关工作机构，并应用于评估、改进及策划促进项目等方面	5	
	2.3 风险诊断报告	9. 针对不同人群、环境和设施，尤其是针对高风险环境、高危人群、脆弱群体的风险进行评估，并形成数据真实、细致完整、研判准确、结论明确的诊断报告。报告至少包括事故与伤害数据分析、各领域风险与隐患清单、灾害风险地图、脆弱人群清单、居民安全需求等5方面内容	5	
3. 安全促进项目（24分）	3.1 目标和计划	10. 根据风险诊断报告，结合地区特点和安全需求，安全促进工作组制定可量化的事故与灾害预防控制目标和计划，干预重点应关注高风险环境、高危人群、脆弱群体	4	
	3.2 项目策划	11. 安全促进工作组依据事故与灾害预防控制目标和计划，策划和实施安全促进项目，项目结构完整，有针对性、示范性、多措并举，效果好	6	
		12. 项目覆盖综合减灾、生产安全、消防安全、交通安全、社会治安、燃气安全等主要方面，且覆盖目标人群或场所不少于60%	5	
	3.3 组织实施	13. 安全促进项目应明确责任人员，并能够履行职责，发挥作用，组织实施安全促进项目。且能够体现社会组织、志愿者和辖区单位的参与情况，证明已多渠道整合辖区相关资源	5	
		14. 安全促进项目有明显的工作过程，能够提供相应的对比数据或客观证据证明工作效果，并用于持续改进	4	

表 8-1（续）

一级指标	二级指标	评 审 内 容	满分分值	考核分数
4. 应急预案、队伍与演练（13分）	4.1 编制应急预案	15. 建立街道（乡镇）、社区（村）两级应急预案体系，预案应针对本街道（乡镇）、社区（村）面临的各类灾害风险。应急预案应符合应急预案编制导则，可操作性强，并定期修订更新	4	
	4.2 应急队伍建设	16. 针对地区主要灾害类型，配备专职/兼职应急救援力量，队员应具备较丰富的实践经验并能够履行职责，确保快速、有效的第一时间响应，发挥作用	3	
		17. 街道（乡镇）所辖每个社区（村）有一支志愿者或社工队伍，承担灾害应急和安全社区创建的有关工作；至少设有一名基层灾害信息员，从事应急信息采集报送工作	3	
	4.3 应急演练	18. 辖区采取多种形式每半年组织一次应急演练，参加人员涵盖社会组织人员、企事业单位员工和社区（村）居民。演练内容包括了组织指挥、灾害预警、灾情上报、人员疏散、转移安置、自救互救、善后处理等环节。	3	
5. 基础设施（12分）	5.1 建立应急避难所	19. 社区设有符合标准的应急避难场所，农村通过新建、改建或确认等方式设置避难场所。避难场所标注信息明确，张贴有应急疏散示意图，避难场所、关键路口设置应急标志或指示牌	3	
	5.2 应急物资储备	20. 建立完善的街道（乡镇）—社区（村）应急物资储备体系，街道（乡镇）应建立应急物资储备点，根据本地实际情况储备有应急抢险救援、应急照明、应急通信和生活救助等常用物资和装备，并制定较为完善的应急物资储备管理制度	3	
	5.3 其他设施	21. 街道（乡镇）建立完善的公共消防设施，配有微型消防站、社区（村）物联网消防远程监控平台等设施	3	
		22. 建立城市公共安全应急管理系统，综合运用物联网、大数据、可视化等技术，实时监控并及时处置辖区内自然灾害、生产安全事故、火灾等突发事件	3	
6. 宣传教育与培训（10分）	6.1 宣传教育与培训计划	23. 根据安全促进目标与计划，每年制定符合社区实际情况的宣传教育与培训计划，每季度有针对综合减灾、生产安全、交通安全、消防安全、社会治安、燃气安全、自救互救等主要领域的主题教育活动	2	

表 8-1（续）

一级指标	二级指标	评审内容	满分分值	考核分数
6. 宣传教育与培训（10分）	6.2 设施和资源	24. 吸纳和整合辖区内安全宣传教育设施和资源，采取多种形式组织实施安全教育培训工作，利用辖区内电子显示屏、电视、微信公众号、刊物、图书馆、安全专栏等开展安全教育，教育培训要重点覆盖辖区主要事故与灾害风险	3	
	6.3 专题活动	25. 结合全国防灾减灾日、唐山地震纪念日、全国消防日、安全生产月、全国科普日、国际减灾日、世界气象日等节点，集中开展防灾减灾宣传教育活动	2	
	6.4 骨干培训	26. 创建领导机构和各工作机构的骨干每半年至少参加一次安全社区评审标准和创建相关工作内容的培训	2	
	6.5 经验交流	27. 街道（乡镇）积极组织前往同类型单位或已创建成功单位的经验交流活动，每年至少组织一次	1	
7. 评审与持续改进（8分）	7.1 总体评估	28. 每半年组织一次对安全社区工作的绩效评估，包括创建工作的计划、过程和效果等方面存在问题和不足，制定改进计划，落实改进措施	3	
		29. 绩效评估应关注辖区重点风险及所涉及的人群与场所，注重实际问题解决的程度及主要灾害风险的管控情况，能够量化的应当量化，评估后应形成报告	3	
	7.2 社区动态管理	30. 建立完善的综合减灾示范社区（村）动态管理规章制度，每年对已获评的综合减灾示范社区（村）进行抽查，确保社区（村）持续符合标准	2	
8. 创建特色（5分）	8.1 有效的工作方法	31. 街道（乡镇）领导机构在创建过程中有效的整合资源、调动社区（村）居民、企事业单位、社会组织和志愿者参与的工作方法	1	
	8.2 有可供借鉴灾害预警经验	32. 在灾害预警方面，有独到的经验做法，对推动全市综合减灾工作具有一定示范意义，如利用本土知识和工具进行灾害监测预警预报	1	
	8.3 具有示范效应的项目	33. 街道（乡镇）在综合风险管控方面有结构完整、针对性强、多措并举、成效显著的促进项目，且具备在全市推广示范的价值	2	

表 8 - 1 （续）

一级指标	二级指标	评审内容	满分分值	考核分数
8. 创建特色（5分）	8.4 宣传教育特色	34. 建有固定的安全宣教场所，场所内以高科技或创新的形式开展安全宣传教育，每月至少对辖区内居民、企业或社会开放1次，有便于社会公众或居民预约服务的联络方式	1	
9. 否决项		35. "一把手"或骨干层对北京市安全社区概念不清、方法不明，没有实质参与创建工作中，未有效整合辖区单位资源，且无明显工作痕迹		
		36. 风险诊断工作流于形式，未识别出重大灾害事故风险和安全隐患，未能将诊断结果用于指导减灾安全促进工作		
		37. 安全促进项目立项依据不充分，针对性不够或以日常工作替代，不能有效解决辖区实际问题		
		38. 创建单位安全基础管理不到位，未对辖区内重大灾害事故风险及安全隐患进行实质干预		
		39. 工作报告内容与实际严重不符		

注：来源《北京市应急管理局关于修订印发〈北京市安全社区管理办法〉〈北京市安全社区评审标准〉的通知》（京应急发〔2020〕20号）。

根据表 8 - 1，进一步形成北京市安全社区评分准则，具体包括：

（1）8项一级指标，28项二级指标，总分100分，最小评分单元为0.5分。每项二级指标评分标准共分为：有无此项内容、有无证据、有无效果三部分。

（2）总分80分（含80分）及以上，且各二级指标均不为0分的，该次评审通过；总分低于70分，或某二级指标为0分的，该次评审不通过。

（3）实行"一票否决"制，出现"否决项"则评审为不通过。

二、社区安全治理的绩效评估

在公共产品供给理论视角下，"公共安全"可以被视为一种公共产品。这一产品的生产者是社区，消费者为社区居民。故而可以将社区与居民之间的关系抽象为居民通过向社区支付一定的管理费用，获得相应的"商品"——安全保障，以及社区通过向居民提供安全保障获得居民支付的管理费用。基于上述假设，社区安全被抽象成为一种简单的商品供给与消费模型，在这一模型框架下，可结合平衡计分卡，构建一套结果与过程兼顾的社区安全治理的绩效评价指标体系。

平衡计分卡（Balanced Score Card），源自罗伯特·卡普兰和大卫·诺顿（Robert Kaplan and David Norton）于 1990 年所从事的"未来组织绩效衡量方法"研究计划。该研究的结论《平衡计分卡：驱动绩效的量度》发表在 1992 年 1 月的哈佛企管评论上，此后成为风行世界的企业绩效评估方法。平衡计分卡认为，传统的财务会计模式只能衡量结果因素，但无法评估企业前瞻性的驱动因素。因此，必须改用一个将组织的远景转变为一组由四项观点组成的绩效指标架构来评价组织的绩效。此四项指标分别是：财务、顾客、企业流程、学习与成长。平衡记分卡有利于组织把笼统的概念转化为切实的目标，从而寻求财务与非财务之间、眼前与长远的目标之间，以及外部与内部绩效之间的平衡。

为适应社区安全治理的非营利行为、公共性和公益性、特殊财务核算体系等特征，对平衡计分卡的客户感知、内部业务流程、学习与成长、财务四维度进行调整，最终形成 4 个维度，11 个二级指标，32 个三级指标的社区安全治理绩效评估指标体系，其中 4 个维度分别为客户感知维度、财务维度、内部流程维度、学习成长维度。其中，客户感知维度，细化为居民满意度、居民素质、基础设施和服务、灾害频度 4 个二级指标；财务维度，下设经费预算和经费效果 2 个二级指标；内部流程维度，考察社区公共安全管理过程，分为信息系统、规章制度、人员配备 3 个二级指标；学习与成长维度，关乎社区公共安全管理工作的开展以及绩效的提升，被分为员工现状和员工成长 2 个二级指标。表 8-2 作为示例，供参考。

表 8-2　社区安全治理的绩效评估指标体系示例

一级指标	二级指标	三级指标
客户感知	居民满意度	1. 社区居民感受到的犯罪威胁程度。 2. 社区公共秩序良好度。 3. 社区保安人员与居民关系友好度。 4. 社区外来流动人口管理情况等
	居民素质	1. 社区应急知识普及教育开展情况。 2. 社区居民安全意识等

表8-2（续）

一级指标	二级指标	三 级 指 标
客户感知	基础设施和服务	1. 社区安全保卫设施完备程度。 2. 社区医疗卫生设施与服务良好度。 3. 社区消防设备完备程度。 4. 社区保安工作的严密程度。 5. 社区保洁工作的频率等
	灾害频度	1. 社区治安案件发生频度。 2. 社区水电气热等生活能源和生命线工程安全事件发生频度。 3. 社区公共卫生事件发生频度。 4. 社区居民意外伤害发生频度等
财务	经费预算	1. 年度公共安全预算经费。 2. 年度居民人均公共安全经费。 3. 年度社区安全工作人员人事费用等
	经费效果	公共安全预算产出情况等
内部流程	信息系统	1. 社区公共安全信息系统的反应时间（与公安、消防、应急管理、卫健等部门和属地政府联动响应）。 2. 社区工作人员拥有计算机和移动终端的数量
	规章制度	1. 公共安全建设与管理规章制度完善程度。 2. 突发事件应急预案完备程度、制定修订率、演练频率。 3. 公共安全相关工作程序的合理性、科学性、实用性等
	人员配备	1. 社区每千人拥有的安全工作人员数。 2. 社区每千人拥有的应急志愿者数。 3. 社区灾害信息员的配备数量等
学习成长	员工现状	1. 社区安全工作人员的工作满意度。 2. 社区安全工作人员的专业素质、学历构成。 3. 基层工作人员参与决策程度等
	员工成长	1. 近三年社区安全工作人员年培训频数。 2. 近三年社区安全工作人员年培训时间。 3. 近三年社区安全工作人员年人均培训支出等

注：根据《城市社区公共安全管理绩效评价研究》等论文整理。

三、社区安全治理的居民安全感评估

让人民群众获得感、幸福感、安全感更加充实、更有保障、更可持续是公共安全和应急管理等一系列工作的最终目标之一。2020 年 10 月 29 日中国共产党第十九届中央委员会第五次全体会议通过《中共中央关于制定国民经济和社会发展第十四个五年规划和二〇三五年远景目标的建议》即提出"不断增强人民群众获得感、幸福感、安全感，促进人的全面发展和社会全面进步"。基于此，居民安全感是社区安全治理评估的重要指标，也是检验社区安全治理效果的重要因素。社区居民安全感是社区居民对其居住社区安全现状、安全管理水平、安全保障能力、安全风险防控、安全应急能力等各方面的主观认知、感受和意识。

国内外有关社区居民安全感的研究，一般涉及四方面：一是对已有安全因素和事件的主观关注；二是在自身环境中主观感受到的安全和监控威胁；三是对安全风险的主观评估；四是由于安全感状况所引发的一系列行为及其影响。我国关于居民安全感的调查，最早见于 1988 年公安部"公众安全感指标研究与评价"的课题。该课题将公众安全感定义为公民对社会治安状况的主观感受和评价，是公民在一定时期内的社会生活中对人身、财产等合法权益受到侵害和保护程度的综合的心态反应；并认为公众安全感由五个方面的因素组成，即社会治安综合评价、执法公正情况评价、对公安工作的满意程度、敢于作证的比重、敢走夜路的比重。五方面因素的具体指标包括：违法犯罪案件发案率、治安灾害事故发生率、违法犯罪青少年比重、居民遭受侵害的程度、居民担心受害的地域、警察可见度、警察对居民求助的反应速度、警察接报案后的反应速度、破案率、查处违法犯罪青少年的效果、对警察的信赖程度、单身在家担心受侵害程度、女工上下夜班需要接送情况、遭受侵害后报案的比重、遭受侵害后敢于反抗的比重、邻里互助的程度、采取治安防范措施的情况、对"四防"检查成效的评价[①]。基于此，影响居民安全感的因素可进一步分为主体和客体两个维度。主体因素包括：①生理因素，如性别、年龄、健康状况、神经类型；②心理要素，如个体直觉、情绪反应、承受能力、精神状况；③个人境遇，包括受害历史、文化程度、职

---

① 公安部公共安全研究所：《你感觉安全吗？——公众安全感基本理论及调查方法》，群众出版社，1991。

业、地位、经济收入、婚姻状况；④自卫能力，如身体素质、防卫技能、防卫意识、自卫器械。客体因素包括：①管理控制，如执法态度、罪犯惩处、犯罪预防、警民关系、治安管制；②违法犯罪与灾害侵害，进一步分为违法犯罪（如暴力侵害、财产犯罪、人身侵犯、骚扰侵犯）、治安灾害（如交通肇事、火灾、其他灾害）、治安事故（如意外爆炸、剧毒污染、拥挤死伤、异常死伤）；③环境秩序，如治安动态、公共程序、社区环境、社会活动。

四、社区安全治理的其他评估维度

社区安全的建设与管理，亟待形成科学、有效、实用、全面的多维评价机制，调动各方的主观能动性，实现社区安全的可持续和长期有效。

1. 多角色评价

一是面向致灾因子的评价，包括风险分析、原因分析、后果分析、损害预估、趋势预测、可减缓性评价、耦合性价等；二是面向承灾体的评价，包括脆弱性评价、可挽救性评价、可恢复性评价、抗逆性评价、损失评估、承受力评估等；三是面向应急主体的评价，包括准备能力评价、响应能力评价、救援能力评价、指挥能力评价、协调能力评价、社会动员能力评价、恢复能力评价、社会弹性评价等。

2. 多阶段评价

一是事前评价，包括风险评价、脆弱性评价、应急管理能力评估、预警指标和阈值估计等；二是事中评价，包括衍生风险评价、次生灾害评估、连锁反应预测、风险升级预估、可减缓性评价、可挽救性评价、快速恢复评价等；三是事后评价，包括损失评估、可恢复性评价、社会影响评价、应急绩效评价等。

3. 多范围评价

一是多区域评价，包括企事业单位评估、社区（村）评估、乡镇评估、城市评估、省级评估、全国性评估等；二是多时间评价，包括短期评估、终期评估、长期评估、年度/季度/月度评价、每周评估、每日评估、实时监测与评估等；三是多群体评价，包括个体评估、群体评估、集体评估、极端群体评估、敏感群体评估、重点群体评估、随机调查评估等；四是多系统评价，包括子系统评价、系统间关联性评价、对比评价、整体评价等。

第二节 安全发展示范城市创建的社区安全治理评估

一、安全发展的内涵和意义

党中央、国务院高度重视安全发展，坚持以人民为中心的发展思想，坚持生命至上、安全第一，确立了发展决不能以牺牲安全为代价的安全发展理念。2005年，党的十六届五中全会强调"坚持节约发展、清洁发展、安全发展，实现可持续发展"，"安全发展"首度出现在党的重要文件里，把安全发展与节约发展、清洁发展并列起来，共同构成了科学发展观的内涵。2006年，胡锦涛同志主持中央政治局第30次集体学习会议时指出，安全生产关系人民群众生命财产安全，关系改革发展稳定的大局。党的十六届五中全会把安全发展作为一个重要理念纳入我国社会主义现代化建设的总体战略，十六届六中全会把安全生产纳入构建社会主义和谐社会的总体布局。随后党的十七大则进一步强调"坚持安全发展，强化安全生产管理和监督，有效遏制重特大安全事故"。2011年，国务院40号文件《国务院关于坚持科学发展安全发展促进安全生产形势持续稳定好转的意见》首次提出要大力实施安全发展战略。2014年，新修改的《安全生产法》很大的一个亮点就是把安全发展写进法律，总则第三条明确要求"坚持以人为本、坚持安全发展"，这等于把安全发展理念上升为一种法律的规范，意义非常重大。2014年，习近平总书记在中央国家安全委员会第一次全体会议上首次提出国家安全观重大战略思想，为国家安全发展指明了方向，即社会安全，从而为安全发展提供了评价和检验效果的标准。2016年，《中共中央国务院关于推进安全领域改革发展的意见》坚持的五条原则中第一条就是安全发展。贯彻以人民为中心的发展思想，始终把人的生命放在首位，正确处理安全与发展的关系，大力实施安全发展战略，为经济社会发展提供强有力的安全保障。十八大以来，以习近平同志为总书记的党中央，对于安全生产工作作出一系列重要指示和战略部署，从指导思想、战略布局、体制机制、政策法规、治理体系等诸多方面，不断丰富安全发展理论体系，引领安全发展向纵深挺进，为安全生产形势持续稳定好转提供了强大的思想武器、精神动力和基础保障，并呈现出强劲和持久的后续推动力。习近平总书记在中共中央政治局就健全公共安全体系第二十三次集体学习时强调牢固树立切实落实安全发展理念，确保广大人民群众生命财产安全。习近平总书记指出，发展决不能以牺牲人的生命为代价，这必须作为一条不可逾越的红线。十八届五中全会进一步确立了"以人民为中心"的发展理念，要求牢固树立安全发展理念，坚持人民利益至上。党的十九大提出"树立安全发展理念，弘扬生命至上、安全第一的思想，健全公共安全体系，完善安全生产责任制，坚决遏制重特大安全事故，提升防灾减灾救灾能力。"2020 年 10 月 29 日，十九届五中全会通过《中共中央关于制定国民经济和社会发展第十四个五年规划和二〇三五年远景目标的建议》，要求"把安全发展贯穿国家发展各领域和全过程"。

中办国办《关于推进城市安全发展的意见》对于"安全发展"作出全方位、立体化的阐释和要求。总体而言，"弘扬生命至上、安全第一的思想，强化安全红线意识，推进安全生产领域改革发展，切实把安全发展作为城市现代文明的重要标志，落实完善城市运行管理及相关方面的安全生产责任制，健全公共安全体系，打造共建共治共享的城市安全社会治理格局，促进建立以安全生产为基础的综合性、全方位、系统化的城市安全发展体系，全面提高城市安全保障水平，有效防范和坚决遏制重特大安全事故发生，为人民群众营造安居乐业、幸福安康的生产生活环境。"具体而言，"安全发展"的内涵由 4 大领域（17 个方面）组成：一是加强城市安全源头治理，包括科学制定规划、完善安全法规和标准、加强基础设施安全管理、加快重点产业安全改造升级；二是健全城市安全防控机制，包括强化安全风险管控、深化隐患排查治理、提升应急管理和救援能力；三是提升城市安全监管效能，包括落实安全生产责任、完善安全监管体制、增强监管执法能力、严格规范监管执法；四是强化城市安全保障能力，包括健全社会化服务体系、强化安全科技创新和应用、提升市民安全素质和技能。

二、安全发展示范城市的建设

安全发展作为城市安全文化的精髓，在我国的具体实践中通过开展安全发展示范城市的创建等一系列工作予以实施。通过开展安全发展示范城市创建工作，落实完善城市运行管理及相关方面的安全生产责任制，加强公共安全和城市运行管理，健全公共安全体系，有利于补短板、强基础，打造共建共治共享的城市安全社会治理格局，促进建立以安全生产为基础的综合性、全方位、系统化的城市安全发展体系。

379

自 2013 年起，国务院安委办开始启动安全发展示范城市创建工作，先后印发了《国务院安委会办公室关于开展安全发展示范城市创建工作的指导意见》和《国务院安委会办公室关于进一步加强创建全国安全发展示范城市试点工作的通知》，组织研究起草了《国家安全发展示范城市建设基本规范（征求意见稿）》和《国家安全发展示范城市考评办法（征求意见稿）》，多次召开现场交流会，13 个城市（区）被批准为创建全国安全发展示范城市试点单位。

党的十八大以来，习近平总书记多次就城市安全工作发表重要讲话、作出重要指示批示。党中央、国务院高度重视城市安全工作。2016 年 12 月，中共中央、国务院印发《关于推进安全生产领域改革发展的意见》，提出"强化城市运行安全保障。"要求"定期排查区域内安全风险点、危险源，落实管控措施，构建系统性、现代化的城市安全保障体系，推进安全发展示范城市建设。"

2018 年 1 月，中办国办印发《关于推进城市安全发展的意见》，要求到 2020 年建成一批与全面建成小康社会目标相适应的安全发展示范城市。国务院安委会将推进城市安全发展列入 2019 年度重点工作，2019 年 11 月印发了《国家安全发展示范城市评价与管理办法》，对国家安全发展示范城市评价与管理工作的总体要求、基本条件、评价程序、管理措施等作了规定。同时，为进一步指导各地做好创建工作，国务院安委办印发了《国家安全发展示范城市评价细则》（2019版）《国家安全发展示范城市评分标准》（2019 版），提出了示范创建工作的总体要求、指标设置的基本原则、评价程序、管理措施等，进一步规范安全发展示范城市创建过程中的评价与管理工作，制定并细化城市安全源头治理、风险防控、监督管理、保障能力、应急救援和安全状况等六个方面指标，为城市创建、省级复核以及国家评议提供量化对照，引领城市安全管理发展方向，发挥好示范导向和激励作用。截至 2020 年 3 月，全国共有 252 个城市组织开展了创建活动。2020 年 7 月、8 月，国务院安委办、应急管理部两次召开安全发展示范城市创建工作视频推进会议，对创建工作进行动员部署和指导，要求各地区要制定合理规划目标，把安全发展示范城市创建工作全面融入城市安全管理中，补短板强弱项，不断提高城市安全风险防范能力。在开展安全发展示范城市创建过程中，各地区要在科技、管理、文化三个维度切实做好"1 + 3 + 1"的重点工作。即建设1 个安全监测预警平台，实现信息化实时感知、智能化快速预警、自动化及时处置；构建 3 个全过程管理环节，做到合理规划布局、主动风险管理、高效应急处置；打造 1 个安全文化体系，做到安全理念牢固、安全氛围浓厚、安全行为自觉。2020 年 9 月，国务院安委会办公室印发《国家安全发展示范城市建设指导手册》（安委办函〔2020〕56 号），以指导各地区实施国家安全发展示范城市创建工作，推动全面提高城市安全保障水平。

三、安全发展示范城市的社区安全治理评估要求

安全发展示范城市的创建和评估中，将社区安全纳入进来，《关于推进城市安全发展的意见》中明确提出"加强安全社区建设"。中央印发的《国家安全发展示范城市评价与管理办法》《国家安全发展示范城市评价细则》（2019 版）《国家安全发展示范城市评分标准》（2019 版）《国家安全发展示范城市建设指导手册》等相关文件，对于国家安全发展示范城市中的社区安全治理提出相关要求，详见表 8 - 3。此外，各省在省级安全发展示范城市创建的标准制定和管理办法中，也对社区安全治理给出相应标准和规范。

表 8 - 3 国家安全发展示范城市的社区安全风险评估要求

所属板块	社区安全的相关要求	所属板块
1. 市政安全设施	电动车和电动自行车充电网络建设覆盖率、具备充电场所的社区数量达到相应标准	城市安全源头治理
2. 消防站	社区消防站"四有"（有消防工作站、消防宣传橱窗、公共消防器材点、志愿消防队伍）达标建设	城市安全源头治理
3. 高层建筑、"九小"场所安全风险	（1）高层建筑按规定设置消防安全经理人、楼长，消防安全警示、标识公告牌；高层建筑特种设备注册登记和定检达标。 （2）消防安全重点单位"户籍化"工作验收达标；"九小"场所开展事故隐患排查，按计划完成整改；"九小"场所按规定配置简易消防设施；餐饮场所按规定安装可燃气体浓度报警装置；各类游乐场所和游乐设施开展事故隐患排查，按计划完成整改。 （3）开展群租房安全专项整治并基本建立长效机制，群租房发现登记、租住人员信息登记、重大安全隐患整改达标，全面清查"三合一"场所并开展综合整治工作	城市安全风险防控
4. 老旧房屋建筑安全风险	开展城市老旧房屋安全隐患排查工作，并按计划完成隐患整改。对排查出的老旧房屋情况进行分类，对疑似老旧房屋要及时通知房屋产权人或使用人进行相关评估鉴定，根据鉴定结果和处理建议督促房屋产权人及时进行解危处置，消除安全隐患	城市安全风险防控

表 8 – 3（续）

所属板块	社区安全的相关要求	所属板块
5. 地质、地震灾害	（1）开展老旧房屋抗震风险排查、鉴定和加固工作，开展摸底排查工作，逐步解决部分老旧房屋抗震隐患。加快实施地震易发区房屋设施和老旧房屋加固工程，有计划分步骤对危房进行人员紧急搬迁或采取抗震加固措施，提升城市房屋抗震防灾水平。 （2）对出现地质灾害前兆、可能造成人员伤亡或者重大财产损失的区域和地段，及时划定为地质灾害危险区，予以公告，并在地质灾害危险区的边界设置明显警示标志，并且向受威胁的群众发放地质灾害防灾工作明白卡、地质灾害防灾避险明白卡和地质灾害危险点防御预案表	城市安全风险防控
6. 城市安全监管责任	社区安全生产检查员配备达标	城市安全监督管理
7. 城市社区安全网格化	（1）合理划分网格，将全市所有社区纳入安全网格化管理体系，建立健全安全网格化管理工作机制和信息管理平台。 （2）给社区安全网格配备相应的网格员，制定网格员管理办法，明确工作流程和考核办法，定期开展安全教育培训，确保网格员按时到岗。 （3）对于网格员发现上报的隐患及相关问题，要及时将任务派发相关部门进行处理，实时跟踪处理进度情况（或相关部门要将处理情况及时反馈），形成闭环管理	城市安全保障能力
8. 城市社区安全文化建设	城市社区开展安全文化创建，相关节庆、联欢等活动体现安全宣传内容，相关安全元素和安全标识等融入社区	城市安全保障能力
9. 安全知识宣传教育	（1）市级政府或有关部门组织开展安全生产、防灾减灾救灾、应急救援、职业健康、爱路护路宣传教育"进企业、进农村、进社区、进学校、进家庭"活动。 （2）建立梯次培训网络、组织领导干部轮训、强化普法教育；中小学组织开展消防、交通等生活安全以及自然灾害应急避险安全教育活动；定期开展消防逃生、地震等灾害应急避险演练和交通安全体验活动，提升市民的安全保护意识和自救互救能力	城市安全保障能力
10. 市民安全意识和安全满意度	（1）通过固化制度，常抓不懈，提高市民安全意识，推动市民安全行为自觉。 （2）市民对用电安全、用气安全、危险化学品安全、消防安全、应急救护、应急避险等，以及居家、户外、公共场所、自然灾害安全知识知晓率高，安全意识强	城市安全保障能力

表 8－3（续）

所属板块	社区安全的相关要求	所属板块
11. 应急预案体系	（1）基层（街道）预案中信息上报、处置联动等内容要与上级政府总体预案、专项预案、部门预案有效衔接。 （2）按预案要求，采取桌面推演、实战演练等形式，定期开展安全生产、消防救援、抗震救灾、地质灾害、防汛防台风等 2 项以上应急演练	城市安全应急救援
12. 社会应急力量	（1）将社会应急力量参与救援纳入政府购买服务范围，明确购买服务的项目、内容和标准，支持社会力量参与应急救援工作。 （2）出台支持引导大型企业、工业园区和其他社会力量参与应急工作的相关文件，支持引导政策中应明确基本原则、重点范围、主要任务和工作要求等内容。 （3）完善社会应急力量登记审查、调用补偿、保险保障等制度，引导健康发展和有序参与应对突发事件	城市安全应急救援
13. 企业应急救援队伍	（1）易燃易爆物品、危险化学品等危险物品的生产、经营、储存、运输单位，矿山、金属冶炼、城市轨道交通运营、建筑施工单位，以及宾馆、商场、娱乐场所、旅游景区等人员密集场所经营单位，按照《生产安全事故应急条例》（国务院令第 708 号）要求建立应急救援队伍。 （2）小型企业或者微型企业等规模较小的生产经营单位，可以不建立应急救援队伍，但应当指定兼职的应急救援人员，而且可以与邻近的应急救援队伍签订应急救援协议。 （3）核电厂等大型核设施营运单位，大型火力、水力、新能源发电厂，民用机场，主要港口内符合建队条件的大型港口企业，生产、储存易燃易爆危化品的大型企业，酒类企业、钢铁冶金企业、烟草企业，轨道交通企业，其他火灾危险性较大、距离消防队较远的大型企业，按照《关于规范和加强企业专职消防队伍建设的指导意见》（公通字〔2016〕25 号）要求建立专职消防队	城市安全应急救援
14. 全国综合减灾示范社区创建取得显著成绩	行政区域内创建全国综合减灾示范社区数量较多、质量较高，具有较强的示范效应	鼓励项

注：根据中央《国家安全发展示范城市评价与管理办法》《国家安全发展示范城市评价细则》（2019 版）、《国家安全发展示范城市评分标准》（2019 版）、《国家安全发展示范城市建设指导手册》，以及《北京城市安全发展评价指标体系》《江苏省级安全发展示范城市评价细则》（2020 版）等整理，为不完全统计。

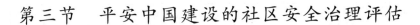

第三节 平安中国建设的社区安全治理评估

一、平安中国建设的内涵和意义

习近平总书记始终心系平安建设，在浙江工作期间就创造性地提出并实施了"平安浙江"战略；党的十八大以来，中央提出了建设平安中国的战略目标，对平安中国建设作出一系列重要指示，并在不断完善平安中国建设的内涵和要求。

2005 年 10 月，中共中央办公厅、国务院办公厅转发《中央政法委员会、中央社会治安综合治理委员会关于深入开展平安建设的意见》，明确开展平安建设的目标是"确保人民群众安居乐业，确保社会稳定和国家长治久安"。2013 年 5 月，习近平总书记在工作指示中要求，把"平安中国"建设置于中国特色社会主义事业发展全局中来谋划。2013 年 11 月，党的十八届三中全会通过《关于全面深化改革若干重大问题的决定》，提出"全面推进平安中国建设"。在党的十九大报告中进一步对建设"平安中国"提出了具体要求，提出"建设平安中国，加强和创新社会治理，维护社会和谐稳定，确保国家长治久安、人民安居乐业"。基于此，平安中国的建设主要聚焦社会治安综合治理和社会秩序安定和谐，主要工作围绕积极预防和妥善化解社会矛盾，依法打击整治违法犯罪和突出治安问题，加强公共安全和应急处置，加强流动人口、特殊人群、"两新组织"服务管理，加强信息网络管理，加强教育引导、凝聚社会共识等开展。主要任务包括：一是打击境内外敌对势力的渗透破坏活动，防止严重危害国家安全和政治稳定的情况发生；二是从源头上预防和减少矛盾纠纷，努力化解不和谐因素，防止严重危害社会稳定的重大群体性事件发生；三是维护城乡社会治安秩序，使突出治安问题和治安乱点得到有效整治，防止严重危害群众安全感的重大治安问题发生；四是预防和减少重特大生产安全事故，防止严重危害人民群众生命财产安全的群死群伤事故发生，努力把人员伤亡、财产损失和负面影响降到最低程度；五是依法查处经济犯罪案件，及时消除经济领域的不稳定因素，防止严重危害社会主义市场经济秩序的经济案件发生。

2019 年 10 月，党的十九届四中全会通过《关于坚持和完善中国特色社会主义制度推进国家治理体系和治理能力现代化若干重大问题的决定》，进一步提出"建设更高水平的平安中国"的相关要求。2020 年 10 月，中共十九届五中全会提出"统筹发展和安全,建设更高水平的平安中国",并在《中共中央关于制定国民经济和社会发展第十四个五年规划和二〇三五年远景目标的建议》中明确提出加强国家安全体系和能力建设、确保国家经济安全、保障人民生命安全、维护社会稳定和安全的四方面具体要求。2020 年 11 月,平安中国建设工作会议在北京召开,习近平总书记对平安中国建设工作作出重要指示,中央政法委书记郭声琨在会上强调,要以共建共治共享为导向,以防范化解影响安全稳定的突出风险为重点,以市域社会治理现代化、基层社会治理创新、平安创建活动为抓手,建设更高水平的平安中国。

对标"十四五"规划的宏伟蓝图,对标人民群众对平安的新期待,建设更高水平的平安中国的总体思路是:坚持以习近平新时代中国特色社会主义思想为指导,全面贯彻党的十九大和十九届二中、三中、四中、五中全会精神,认真学习贯彻习近平总书记关于平安中国建设的重要指示精神,增强"四个意识"、坚定"四个自信"、做到"两个维护",紧紧围绕坚持和完善中国特色社会主义制度、推进国家治理体系和治理能力现代化总目标,坚定不移走中国特色社会主义社会治理之路,落实总体国家安全观,以共建共治共享为导向,以防范化解影响安全稳定的突出风险为重点,以市域社会治理现代化、基层社会治理创新、平安创建活动为抓手,不断推进理念思路、体制机制、方法手段创新,全面提升平安中国建设科学化、社会化、法治化、智能化水平,确保政治更安全、社会更安定、人民更安宁、网络更安靖,让人民群众的获得感成色更足、幸福感更可持续、安全感更有保障,为实现"两个一百年"奋斗目标和中华民族伟大复兴的中国梦创造安全稳定的政治社会环境。

建设更高水平的平安中国,具有丰富的内涵:一是领域更宽广,把平安中国建设融入"五位一体"总体布局,实现经济安全、政治安全、文化安全、社会安全和生态安全的全方位之治;二是体制更完善,党的领导优势和我国社会主义制度优势得到充分发挥,共建共治共享的格局不断深化拓展,全社会参与平安建设的自觉性、主动性显著增强;三是成效更明显,既能更快更好解决突出问题,又能更有力更有效地从源头上进行预防,确保政治更安全、社会更安定、人民更安宁、网络更安靖;四是人民更满意,人民群众对平安建设的关切和感受得到有效回应,人民群众获得感、幸福感、安全感更加充实、更有保障、更可持续,促进全体人民共同富裕取得更为明显的实质性进展。

建设更高水平的平安中国,最终落脚点在于更有效地应对重大风险、解决突出问题,确保人民安居乐业、社会安定有序、国家长治久安。其重点一是深入推进维护国家政治安全工作体系和能力建设,打好维护国家政治安全主动仗,确保政治更安全;二是防范化解经济金融风险、社会矛盾风险、个人极端风险等重点领域风险,加强源头治理力度,有效维护社会大局稳定;三是提升维护公共安全效能,提高对影响群众安全突出问题的精准打击力、对动态环境下社会治安的主动防控力、对安全生产风险隐患的综合治理力,为人民群众创造安业、安居、安康、安心的良好生产生活环境;四是推进网络社会综合治理,有效打击网络违法犯罪活动,有效维护网络信息数据安全,健全网络社会综合防控体系,努力营造清朗网络空间。

二、基层平安创建活动的实施

建设更高水平的平安中国需创新实现路径。平安创建活动是平安中国建设的重要路径,尤其是通过基层平安创建活动的开展,拓展平安创建的广度和深度,积小平安为大平安,以各地各行业平安汇聚为全国平安。

在 2003 年中央综治委"南昌会议"推出平安建设的经验后,平安建设在全国城镇乡村迅速展开。各地还结合实际开展了"平安社区""平安乡镇""平安大道""平安铁道线""平安校园""平安家庭""平安医院""平安油区""平安寺庙"等基层平安创建活动,积小平安为大平安。2004 年,在全国综合治理工作会议上,时任中央政法委书记罗干同志明确提出,要"按照'政府引导、社会参与、市场运作、群众受益'的思路,推进社会治安工作的社会化、法制化、科技化"。2005 年 5 月,胡锦涛同志在接见全国社会治安综合治理先进集体、先进工作者代表时明确要求深入开展基层安全创建和平安建设活动,切实把社会治安综合治理的各项措施落到实处。2005 年 10 月,党的十六届五中全会把"深入开展平安创建活动"写进了《中共中央关于制定国民经济和社会发展第十一个五年规划的建议》;2005 年 12 月 5 日,中共中央办公厅、国务院办公厅转发了《中央政法委员会、中央社会治安综合治理委员会关于深入开展平安建设的意见》,提出"继续广泛深入地开展基层安全创建活动,认真开展'平安家庭'创建活动,着力整合群防群治力量,形成人人参与治安防范的工作格局;在深入开展基层安全创建活动的基础上,要重点开展好平安县(市、区)活动,进而开展建设平安市(地)、平安省(区、市)活动,推动平安建设向纵深发展"。2006 年 11 月和 2007 年 4 月中央综治委先后下发了《关于深入开展农村平安建设的若干意见》（综治委〔2006〕24 号）和《关于深入推进农村平安建设的实施意见》，提出广泛开展"平安乡镇"、"平安村寨"创建活动；2020 年 4 月 21 日，平安中国建设协调小组第一次会议在京召开，提出探索平安中国建设的有效路径，研究如何通过开展平安社区、平安乡镇、平安县市、平安行业等多种形式的平安创建活动，积极探索以平安社区为根基、以平安市域为抓手、以平安行业为支撑的平安中国实现路径，积小平安为大平安，不断增强平安中国建设的示范性、引领性。

总体而言，新时代平安中国建设中的平安创建活动，应拓展广度和深度，以各地各行业平安汇聚为全国平安。具体任务有三：一要提升标准，围绕"发案少、秩序好、服务优、群众满意"创建目标，以解决影响安全稳定的突出问题为着力点，以组织和动员广大人民群众积极参与为着眼点，深入开展高标准、宽领域、大范围、多层面的平安创建活动；二要丰富内涵，立足实际、因地制宜，在深入开展基层平安创建活动的基础上，开展形式多样的地区平安创建、行业平安创建和单位平安创建活动；三要创新方法，加快推动平安创建方式方法创新，通过完善评比考核标准，健全举报奖励、公益反哺、以奖代补激励机制等，把各方面的智慧和力量凝聚起来，形成"全民参与、平安有我"的生动局面。

三、基层平安创建活动的社区安全治理评估要求

新时代的基层平安创建活动中，对社区安全治理提出相关的评估要求，各地根据实际情况提出平安社区、平安村（居）、平安学校、平安企业、平安单位等的建设和考核标准，表 8－4 作为示例供参考。

表 8－4　国家安全发展示范城市的社区安全风险评估要求

平安创建活动类型	涉及社区安全的评估要求和考核标准	来源
1. 平安社区	（1）治保、民调、帮教组织健全并运转良好，社区居民对社区安全防范关注及参与程度较高，有关社区安全防范的重大事项能通过居民代表大会的机制进行解决。 （2）治安保卫、民事调解、安置帮教、外来流动人口管理等各项工作制度健全，工作有记录、有台账。建立社区治安状况告知制度，定期向社区群众公示社区治安情况。	北京市"平安社区"达标验收标准

表 8-4（续）

平安创建活动类型	涉及社区安全的评估要求和考核标准	来源
1. 平安社区	（3）有专兼职相结合的治安巡逻队伍和看门护院力量。对社区范围内各种治安防范力量形成有效整合。设立社区警务站，社区群众对社区民警工作满意率达 70% 以上。（街道自行组织开展问卷调查） （4）楼房区以小区为单位，建立和完善人防、物防、技防立体防范系统。社区公共部位照明设施齐全，无照明死角，环境整洁，无明显混乱区域。 （5）年内无重大刑事案件、无重大治安案件、无重大治安灾害事故。其他一般刑事案件发案率不超过社区总人口的 1‰。常住人口犯罪率不超过 1‰，外来流动人口登记办证率不低于 80%。（协调派出所提供数据）。 （6）社区群众对社区治安的满意率在 80% 以上。（街道自行组织开展问卷调查）。 （7）社区建成综治维稳工作站，并纳入社区服务工作站统一管理，社区党委（党总支、党支部）书记担任综治维稳工作站站长。 （8）建立安全稳定信息员队伍，扩大信息报送范围，建立信息奖励机制等。对参与维护稳定的各类群防群治队伍进行台账式、实名制管理，任务、标准和责任明确	北京市"平安社区"达标验收标准
2. 平安村（居）	（1）治保、民调、帮教组织健全并运转良好，村民对治安防范关注和参与程度高。 （2）治安保卫、民事调解、安置帮教、外来流动人口管理等各项工作制度完善，工作有记录、有台账。建立治安状况告知制度，定期向村民公布治安情况。 （3）以自然村落为单位，建立专兼职相结合或义务、半义务的治安巡逻队伍。 （4）村委会与各自然村之间能够实现通信联络，出现刑事类警情能及时报出，有在第一时间内可以动员村民对犯罪分子进行围堵的必要设施。村容村貌整洁。 （5）年内无重大刑事案件、无重大治安案件、无重大治安灾害事故。其他一般刑事案件发案率不超过全村总人口的 0.5‰。常住人口犯罪率不超过 0.5‰。（协调派出所提供数据） （6）村民对村庄治安的满意率在 80% 以上。（乡镇自行组织开展问卷调查） （7）村建成综治维稳工作站，并纳入村服务工作站统一管理，村党委（党总支、党支部）书记担任综治维稳工作站站长。 （8）建立安全稳定信息员队伍，扩大信息报送范围，建立信息员奖励机制等。对参与维护稳定的各类群防群治队伍进行台账式、实名制管理，任务、标准和责任明确。 （9）重点村搬迁改造中未发生有社会影响的重大刑事案件，无遗留重大矛盾纠纷，无遗留因搬迁改造导致的群体上访问题和个人极端事件	北京市"平安村"达标验收标准

表 8-4（续）

平安创建活动类型	涉及社区安全的评估要求和考核标准	来源
3. 平安家庭	（1）家庭成员崇尚科学，反对迷信，积极进取，勤于学习，努力工作或积极参与生产劳动，勤劳致富；有健康文明意识，男女平等，互敬友爱，尊老爱幼，树立有现代家庭和教育观念。家庭成员对家庭事务能团结协作，共同承担。家庭成员相互间，在家庭生活中遇到矛盾时，不激化不扩大，能心平气和地在家庭内部中自我解决，无家庭暴力现象发生。 （2）邻里关系融洽，家庭成员在对待邻里街坊邻居时，能礼让尊重，不恃强凌弱或是曲意逢迎。能主动协调邻里关系促进团结，当遇到邻里之间发生矛盾或不愉快时，能秉持公心积极主动地去帮助化解，防止矛盾激化或事态扩大，同时采取适当的方式及时向基层组织反映，帮助基层组织及时了解掌握事情的发展情况。 （3）积极支持基层组织开展工作，有能力和精力的家庭成员，能积极参与社会公众安全的群防群治等公益性活动。 （4）有一定文化基础的家庭成员，能积极主动学习各种防灾减害知识，熟悉匪警、火警、突发事故紧急求助电话，并在亲友和邻里之间宣传和讲解相关知识，家庭主要成员对一般性的灾害事故具有一定的防范能力和较强的防范意识。爱护基层组织配备的公共防灾减害基础设施，家庭主要成员会使用会保养。 （5）家庭成员不参与各类群体性事件。对自身的合法权益，能通过合理合法的途径进行维护和保护，不以偏激的行为或言论要挟基层组织或当事人。 （6）家庭成员对社会不良现象，能有正确的认识和理解，不做负面宣传，无参与黄赌毒等的不良社会行为，无参与、习练有害气功、邪教组织或是其他非法组织，无反党反社会主义言论以及其他违法犯罪活动行为	南昌市平安家庭标准
4. 平安单位	（1）党政领导重视平安创建工作，综治"四制"落实，综治组织健全，人员经费和办公场所落实，制度完善。 （2）治安防范组织健全，措施落实；重点和要害部位人防、物防、技防措施落实；无重大刑事案事件和治安灾害事故，实现可防性案件零发案。 （3）综治宣传、法制教育和依法治理工作卓有成效，单位职工无犯罪现象发生。 （4）及时排查调处矛盾纠纷，把各类矛盾纠纷化解在单位内部，做到无罢工、非法游行和集体上访。 （5）积极参加和大力支持社会面上的社会治安治理工作；不发生因本单位工作失误、失职而对社会造成负面影响的问题。 （6）单位内部和职工家属楼院落实防范措施，治安秩序良好，群众有安全感，治安状况满意率和基本满意率达95%以上	常德市平安单位创建标准

表8-4（续）

平安创建活动类型	涉及社区安全的评估要求和考核标准	来源
5. 平安学校	（1）学校综治领导机构健全，明确分管综治工作的领导。责任落实，高校设立了综治警务室和校园110指挥中心，中小学设立了综治室，有单独的办公用房以及必备的办公设施，明确专人具体负责，院系、年级组以及学校下属单位都签订了社会治安综合治理责任书，落实了治安责任。 （2）治安防范工作扎实。定期分析治安形势，学校对教职员工及其下属单位工作人员思想做到了底数清、情况明，对重点人员管理帮教措施到位，无"法轮功"和非法宗教现行活动；能及时调处各种矛盾纠纷，校园内部矛盾纠纷化解率100%，无群体性事件；校园保安员、治安信息员、义务消防员、护校队员、治安志愿者等群防群治队伍组建齐全，做到了人员造册登记、业务培训经常举行、例会定期召开、情况及时通报，各种队伍发挥作用较好；人防、物防、技防措施落实，学校重点要害部位防范措施到位，并建立应急预案。学生的管理有序，学生外住手续严格，外住和住校学生做到100%造册登记。 （3）法制宣传教育深入。兼职法制副校长和法制辅导员制度建立，中小学学生法律启蒙教育列入了教学内容，高校设置了法律选修课程，并经常开展法律综治教育，对学生开展法律综治宣传教育，校园综治宣传氛围浓厚。无"黄、赌、毒"等社会丑恶现象。 （4）预防青少年违法犯罪工作扎实，对后进生落实了帮教人员，及时进行关心帮助，充分发挥学校、家庭、社会三方面的作用，共同做好教育转化工作，无学生违法犯罪。 （5）学校治安秩序良好，建立了与辖区综治办、派出所经常性的联系机制，各种危害学校师生人身安全和影响学校正常教学秩序的违法行为得到及时打击和整治，学校及其周边治安环境明显改观，无重大刑事案件、无重大治安灾害事件。师生安全感不断增强，对校园治安秩序及周边治安环境的满意率达95%以上	南昌市平安学校标准
6. 平安企业	（1）企业内部安全防范：按照《江苏省企业事业单位内部治安保卫条例》等有关规定，建立并落实内部治安保卫工作责任制，将内部治安保卫工作纳入单位目标管理，落实内部治安保卫制度和治安防范措施；企业应当将生产、经营、财务等起关键作用的部位和场所确定为治安保卫重要部位，根据安全防范需要设置必要的安全技术防范设施，实施重点保护；存放枪支弹药、爆炸物品、剧毒化学品、放射源、麻醉药品、生化制品等的企业仓库（库房），应根据国家和地方有关技术标准或防范需求，安装安防监控信息系统，落实安全监管措施；积极整治、优化治安环境。 （2）矛盾纠纷排查调处：加强涉企矛盾纠纷的排查化解；建立并落实社会稳定风险评估制度；加强矛盾纠纷应急处置。	江苏省"平安企业"创建标准

表8-4（续）

平安创建活动类型	涉及社区安全的评估要求和考核标准	来源
6. 平安企业	（3）开展诚信法治企业建设：开展"诚信守法企业"创建，规范、合法、诚信发展，推进现代企业制度的建立和完善；深化依法治企工作，依法生产、依法经营、依法管理，做到法人治理结构健全，内部管理制度和法律风险防范机制较为完善，法治化管理水平不断提升；加强企业职工法治宣传教育；制定符合行业实际的企业社会责任评估指标体系，建立履行社会责任的监督机制。 （4）构建和谐劳动关系：严格落实《中共中央国务院关于构建和谐劳动关系的意见》的精神，把构建和谐劳动关系融入企业管理的方方面面和全过程，纳入管理体系和发展战略；坚持运用法治思维和法治方式协调劳动关系，把劳动关系的建立、运行、监督、调处等环节纳入法治化轨道；依法保障员工合法权益；健全劳动关系矛盾调处机制。 （5）打击涉企各类违法犯罪：在企业开工建设、生产、经营全过程实行治安跟进制度。加大企业周边环境整治力度，全面排查整治各类社会治安问题，坚决打击强买强卖、强揽工程、寻衅滋事、敲诈勒索等黑恶势力和涉企违法犯罪活动；对影响项目建设和企业生产经营的刑事案件，做到快侦快破、快诉快判，重大案件要实行挂牌督办；开展打击侵犯知识产权和制售假冒伪劣商品专项行动，强化自主品牌司法保护力度，维护企业自主创新权益，提升企业市场竞争力，确保企业和员工合法权益不受侵害	江苏省"平安企业"创建标准
7. 平安医院	（1）创建工作组织领导：地方党委、政府把创建活动纳入地方整体工作目标、平安建设的总体规划；地方党政主管领导担任创建活动领导小组组长，参加领导小组会议，部署创建工作，深入医疗机构调查研究，总结经验，分类指导，帮助解决创建活动中遇到的困难和问题；建立健全由综治部门牵头，卫生部门为主，公安、民政、工商、宣传等部门和单位参与的创建工作机构，并对辖区内创建工作开展专项检查和定期考核；创建工作机构加强组织协调和督促检查，研究制订开展创建活动检查考核和表彰奖励办法。 （2）部门分工协作机制：有创建工作方案，有协调工作机制，各部门职能明确，责任落实，定期召开工作联席会议，印发工作简报；领导小组成员对创建工作熟悉，工作有部署、有措施、有落实；创建办工作人员目标、任务明确，具体内容熟悉；公安机关依照《企业事业单位内部治安保卫条例》规定，指导、监督医疗机构加强内部治安保卫工作，依法打击侵害医护人员、患者人身财产安全和扰乱医疗机构秩序的各类违法犯罪活动，开展医院及周边地区治安秩序整治专项行动，加强医院公共场所的治安管理，强化对医院周边流动人口、暂住人口和出租房、旅馆、招待所的管理，各种治安隐患得到及时排查、消除，协助医院建立医警协作机制；民政部门按有关规定建立对弃婴、流浪乞讨人员中的危重病人、精神病人的救助制度；对弃婴、流浪乞讨人员中的危重病人和精神病人有效开展医疗救助工作；落实优抚对象和困难群体的医疗救助政策；协助联系被遗弃患者家属的工作；工商部门依法清理和查处违法医疗广告；城管部门对"号贩子""医托"、在医院内散发	全国"平安医院"创建工作考核办法及考核标准

表 8-4（续）

平安创建活动类型	涉及社区安全的评估要求和考核标准	来源
7. 平安医院	小广告行为，以及医院周边市容环境开展监督管理工作；宣传部门和新闻单位积极宣传创建活动，制订以创建工作为主题的宣传计划和方案，对医疗纠纷的报道客观、真实，舆论导向正确；建立创建"平安医院"宣传工作的长效机制（如利用新闻媒体开辟"平安医院"建设专栏等）。 （3）医院安全管理：卫生部门将创建工作列为加强医院管理的重要内容，定期检查指导创建工作，医疗事故鉴定和医疗事故处理程序完善，信访问题处理妥当；打击非法行医，依法履行医疗服务活动监管职责；辖区各级医院将创建工作列入整体工作目标，成立创建活动领导小组和工作机构，主要领导亲自抓，有创建工作方案，人员落实，分工明确，定期召开工作会议，开展多种形式的宣传活动；辖区各级医院内部治安保卫保障机制和工作机制完善，内部治安保卫机构和保卫队伍健全，防盗窃、防扒窃、防诈骗、防火灾、防破坏等各种安全防范设施完善，各种不安定因素和安全隐患得到及时排查和消除；辖区各级医院安全生产责任落实，岗位职责和技术操作规程完善；消防疏散出口、通道畅通，消防设施、灭火器材、报警系统、安全标志和应急照明齐全、灵敏有效，符合规范要求，无火灾隐患；辖区各级医院制订防恐怖、防破坏、防灾害事故的应急处置预案并组织演练，对重点安全岗位工作人员定期培训；辖区各级医院对患者在院期间的安全管理有措施、有落实，防止意外事故和突发事件对患者造成伤害，保护患者在就诊期间的财产安全和生命安全；辖区各级医院有突发群体性事件应急处置指挥系统，应急处置工作预案完善，信息报告与反馈程序执行严格；辖区各级医院对医疗废弃物的安全管理有措施、有落实；辖区各级医院医疗急救车通道畅通，医院内人车分流，主出入口无堵塞现象；辖区各级医院有防范邪教组织和非法组织活动的措施并加以落实。 （4）医疗服务质量：辖区医疗机构遵守医疗服务管理法律法规，定期开展医德医风教育和法律法规培训；辖区医疗机构医疗安全措施完善，执行严格，安全用药有措施、有落实；辖区医疗机构医疗技术人员执业资格管理严格，诊疗、护理技术规范和常规执行严格，医院感染控制和血液管理严格；辖区医疗机构有医疗质量管理机构和考核机制；医疗事故处理工作质量高，程序规范。 （5）医患关系与医疗纠纷处理：辖区医疗机构建立健全党政领导齐抓共管的院务公开工作机制，积极推行院务公开，采取多种形式及时公开医疗服务、收费信息，加强医疗价格管理，杜绝不合理收费现象；辖区医疗机构建立健全医患沟通制度，建立健全化解医患矛盾和预防、排查、调解医疗纠纷的工作机制，医患纠纷解决及时；卫生部门和辖区医疗机构建立健全医疗服务社会监督评价机制，定期征求患者对医疗服务和医院管理的意见，患者的综合满意度提高；卫生部门和辖区医疗机构设立医疗事故争议处置工作机构和工作机制，患者投诉举报渠道畅通，投诉处理程序完善、规范，投诉处理妥善、及时。	全国"平安医院"创建工作考核办法及考核标准

表8-4（续）

平安创建活动类型	涉及社区安全的评估要求和考核标准	来源
7. 平安医院	（6）加分项目：创建工作被全国创建"平安医院"活动协调小组作为典型在全国推广其经验的；"平安医院"创建工作典型经验被中央主流媒体专题报道的；"平安医院"创建工作作为典型被中央部门表彰的；积极推行医疗责任保险；探索建立医患纠纷仲裁调解等第三方参与的调解机制，人员、经费、工作条件有保障。 （7）减分项目：对"医闹""医托"等严重扰乱医疗秩序的违法行为打击不力；辖区医疗机构住院患者年度内发生食物中毒事件，酌情减分；辖区医疗机构因管理不善发生毒麻药品和精神用药被盗、非法转让事件；辖区医疗机构发生放射源污染事件；辖区医疗机构年度内发生违法自采自供血液事件。 （8）一票否决项目：辖区医疗机构年度内发生负完全责任或主要责任的一级医疗事故，或因医疗纠纷引发群体性事件，造成恶劣社会影响；辖区医疗机构发布虚假违法医疗广告，误导患者，造成恶劣社会影响；辖区医疗机构年度内发生擅自采集血液，发生临床用血传播疾病的重大事故，造成恶劣社会影响；辖区医疗机构年度内发生重大安全事故或社会影响恶劣的案（事）件	全国"平安医院"创建工作考核办法及考核标准

实践范例：北京市健全基层治理的"接诉即办"改革

"接诉即办"是党建引领"街乡吹哨、部门报到"改革的深化延伸，是首都基层治理的改革创新，是落实以人民为中心的发展思想的生动实践。2020年10月28日，中共北京市委北京市人民政府发布《关于进一步深化"接诉即办"改革工作的意见》，北京市通过"接诉即办"的一系列改革措施，优化民众评议政府的社会评价机制，健全基层治理的应急机制、服务群众的响应机制和打通抓落实"最后一公里"的工作机制。

1. 坚持基本原则，贯彻落实相关指导思想精神

总体而言，以习近平新时代中国特色社会主义思想为指导，深入贯彻习近平总书记视察北京重要讲话精神，紧紧围绕首都城市战略定位，加强"四个中心"功能建设、提高"四个服务"水平，坚持"人民城市人民建，人民城市为人民"的理念，强化党建引领、大抓基层的鲜明导向，建立机制完备、程序规范、标准清晰、法治保障的"接诉即办"制度体系和基层统筹、条块结合、多方参与、共建共管的"接诉即办"工作体系。

（1）坚持党建引领、高位推动。将党的领导贯穿于"接诉即办"工作全过程，加强市、区两级党委统筹指挥，压实各级党组织主体责任，发挥基层党组织的战斗堡垒作用，激励党员干部担当作为，将党的政治优势、组织优势和密切联系群众优势转化为治理优势。

（2）坚持人民至上、需求导向。坚持民有所呼、我有所应，聚焦人民群众的操心事、烦心事、揪心事，紧扣"七有"要求和"五性"需求，以"接诉即办"引领各级党委和政府到基层一线解决问题，形成闻风而动、快速响应的为民服务长效机制。

（3）坚持改革创新、科技驱动。树立"全周期管理"意识，围绕权责关系、运行机制，优化改革路径，转变治理理念，创新治理模式，实现政府治理、社会调节和市民协同良性互动，将改革向更深层次、更高水平推进；运用大数据、云计算、区块链、人工智能等先进技术，建立健全大数据辅助科学决策和社会治理的机制，推动"接诉即办"改革与"城市大脑"建设有机融合。

（4）坚持基层统筹、条块联动。本着"小事不出社区、大事不出街乡、难事条块一起办"的原则，推动工作重心下移、权力下放、力量下沉，以群众诉求为导向，充分发挥基层统筹作用，条块结合、上下协同、形成合力，更好为人民群众提供家门口的服务。

2. 坚持党的领导，筑牢为民服务的责任体系

（1）完善领导体系。成立市委"接诉即办"改革领导小组，负责全市"接诉即办"工作的顶层设计、统筹谋划、整体推进。完善党委领导、政府负责、市级部门和街道（乡镇）以及承担公共服务职能的企事业单位落实、社区（村）响应、专班推动的责权明晰的领导体系。各区各部门各单位党政主要负责同志为"接诉即办"工作第一责任人。

（2）健全工作体系。完善市、区、街道（乡镇）"接诉即办"工作体系，明确各级"接诉即办"工作职责，规范细化"接诉即办"主体范围。健全以市民服务热线为主渠道的"接诉"体系，受理并直派群众各类诉求。完善由各区、街道（乡镇）、市级部门、承担公共服务职能的企事业单位等组成的"即办"体系，对群众诉求快速响应、高效办理。注重调动社会力量和人民群众广泛参与，以区域化党建为抓手，推动基层群众性自治组织、社会组织、市场力量等协同发力，形成"接诉即办"的工作合力。

3. 注重协同联动，健全科学高效的运行机制

（1）构建全渠道受理机制。畅通电话、网络、媒体等"接诉"渠道，实现全渠道受理群众诉求。强化智能热线建设，打造北京12345网上互动平台，开通社情民意"直通车"，充分利用各区、市级各部门网络平台，融合媒体反映渠道，形成品牌统一、覆盖全面、服务高效的线上线下"接诉即办"受理系统。

（2）实行诉求分类处理机制。按照咨询、建议、举报、投诉、需求等诉求类型，实行差异化管理。咨询类诉求由市民热线服务中心或承办单位回复解答。建议类诉求由承办单位研究并反馈反映人。属于行政机关职责范围的投诉、涉及行政执法的举报，由承办单位办理。纪检监察类举报、信息公开申请以及诉讼、仲裁、行政复议等涉法涉诉诉求，引导反映人通过法定渠道反映。对违反法律法规规章政策规定、违反社会公序良俗以及虚假恶意诉求来电，依法纳入信用管理。需求类诉求主要由街道（乡镇）和市、区两级有关部门以及承担公共服务职能的企事业单位办理。建立与110、119、120等紧急救助系统的一键转接机制。强化企业诉求处理，优化企业服务热线，畅通政企沟通"绿色通道"，加强政策咨询、办事引导、建议收集等服务功能。

（3）建立快速精准派单机制。建立"接诉即办"职责目录，实行动态调整更新，按照管辖权属和职能职责，分别直派或双派街道（乡镇）、区政府、市级部门和承担公共服务职能的企事业单位。扩大和延伸诉求直派范围，建立向区级部门直派机制。完善首接单位负责制。建立派单审核会商机制，对复杂疑难诉求在派单前进行会商研究。建立派单争议审核机制，优化退单流程和标准。按照"谁审批谁监管、谁主管谁监管"的原则，完善行业问题的分类和动态调整机制。

（4）实施限时办理机制。建立诉求分级分类快速响应机制，各级市民热线服务中心和涉及水、电、气、热等重点民生领域的公共服务部门，提供7×24小时服务。根据诉求的轻重缓急程度和行业标准，原则上实行2小时、24小时、7天和15天四级处置模式。对法律法规规章有明确规定或确需较长时间解决的诉求，延长办结期限。对于短时间内难以解决的群众诉求，列入挂账管理，明确挂账事项范围、标准、程序，完善挂账销账和监督提醒机制。建立挂账事项办理责任制，形成条块合力，及时协调推动，创造条件解决。

（5）健全协同办理机制。各街道（乡镇）随时接办群众诉求，能够自行解决的，及时就地解决；对于需要跨部门解决的复杂问题，由街道（乡镇）"吹哨"召集相关部门现场办公、集体会诊、联合行动，共同研究解决。对跨行业、跨区域的诉求，建立联动办理机制，拆分诉求事项，细化职责分工，协同推进解决。建立分级协调办理机制，对本级难以解决的重点、难点诉求，提请上级党委和政府、行业主管部门协调解决。健全完善本市国有及国有控股企业参与"接诉即办"工作体系。

（6）完善统筹推动机制。充分发挥区委书记月度工作点评会、市委"接诉即办"专题会统筹调度和点评推进作用，加强对历史遗留问题、超出市属管辖权等重大疑难诉求的专题协调。以"接诉即办"高频热点或行业共性诉求为牵引，统筹各类工作机构、专班及部门开展专项治理。建立央地、军地"接诉即办"联动工作机制。

（7）完善督查督办联动机制。加强市、区两级督查督办联动，各级党委和政府督查部门实行联动督办，对市领导交办、群众关注、媒体反映的热点问题加大督办力度，对挂账和未按时解决的诉求实行跟进督办。探索建立第三方评估机制。建立年度重点诉求办理台账，实行入账管理、销账推进。

（8）健全分级分类考评机制。将解决群众诉求作为考评工作的导向，坚持考评内容合法合理、考评方法公开公平、考评纪律严格公正。健全以响应率、解决率、满意率为核心的"三率"考评体系，规范考评流程，细化考评主体、范围、标准。健全区级层面"七有""五性"综合评价制度。完善媒体反映问题考评机制。建立考评负面清单，对不合法、不合理的诉求不纳入考评，由相关部门做好群众工作。对诉求办理主责单位和协办单位实行差别化考评。加大对区级部门考评力度，对"报到"部门、"吹哨"街道（乡镇）实行双考评。完善回访机制，杜绝层层回访，加强不满意诉求的分析研究。健全加分激励机制。在工作体系内实行考评标准、过程、结果全口径公开，运用区块链技术，实现考评过程、结果可追溯，全程接受监督。

（9）健全诉求分析通报机制。对群众诉求开展大数据分析、研究，为市委、市政府重大决策提供支撑。完善"日报告、周分析、月通报"机制，将群众当日诉求报送市领导和各区各部门主要负责同志；每周对阶段性热点问题和群众突出诉求进行汇总分析，提出工作建议；每月对全市各街道（乡镇）、各区、市级部门、承担公共服务职能的企事业单位"接诉即办""三率"考评情况进行通报，分别确定10个先进类、进步类、整改类和治理类街道（乡镇）。

（10）完善风险预警防范机制。发挥社情民意"晴雨表"作用，强化诉求数据动态监测和分析研判，及时就苗头性、风险性诉求向相关部门提出预警。对突发性、群体性、极端性诉求，向公安部门、属地党委和政府实行双派单，快速处置、化解矛盾、防范风险。建立与政法、宣传、网信、司法、应急等部门的信息共享和协同联动工作机制，完善应急响应机制，及时回应社会关切。

4. 推进精治共治法治，提升综合系统的治理效能

（1）主动治理、未诉先办。推动"接诉即办"从"有一办一、举一反三"向"主动治理、未诉先办"转化，通过一个诉求解决一类问题，通过一个案例带动一片治理。加强市区联动，主动巡查调研，党员干部要主动上门征询群众需求，在成诉前发现问题、解决问题。对群众诉求的高频问题、重点区域，开展专项治理。从"小切口"入手研究复杂疑难问题解决路径，推进专项改革。对市民诉求最集中的治理类诉求，由市疏解整治促提升专项行动工作办公室推进整改。聚焦"七有""五性"，补齐民生短板，办好民生实事。推广"热线+网格"服务模式，整合热线、网格工作力量，主动发现问题、解决问题。

（2）依法治理、"即办"有据。强化依法办理、依法解决的理念，提升各级领导干部运用法治思维、法治方式开展群众工作的能力，既充分考虑群众实际困难，又严格在法治框架内解决群众诉求。坚持依法履行职责，厘清政府、市场、社会、个人职责边界，政府提供基本服务，做好普惠性、兜底性工作，对应当由市场、社会、个人解决的诉求，运用市场机制和社会力量，避免过度干预，防止大包大揽。依法推行诉求反映人身份信息实名认证，建立个人和企业信息保护机制。针对"接诉即办"高频反映问题，在进行专项整治的同时，加快补齐法规制度短板。加快推动"接诉即办"立法，修订相关法规规章，形成系统完备的制度体系。

（3）多元治理、共建共管。健全社区管理和服务机制，完善基层矛盾纠纷化解机制，发挥好社区议事厅、小区业主委员会和物业管理委员会等在社区治理中的作用。抓好区域化党建，整合辖区内各类资源，引导中央单位、驻京部队等参与"接诉即办"工作。借鉴"回天有我"社会治理创新模式，调动社会组织、企业等多方力量。发挥人大代表、政协委员、专家学者作用，动员网格员、街巷长、社区党员等各方面力量，全方位汇集民意诉求。发挥统一战线优势作用，动员支持各民主党派、工商联和无党派人士参与治理。发挥群团组织、社会服务机构、行业协会商会作用，将诉求化解在前端。建立与新闻媒体协同响应机制，依托媒体资源发现问题，共同推动诉求解决。

（4）数据治理、智慧应用。建立群众诉求数据库，实现民意诉求数据全口

径汇总。依托大数据平台和目录区块链体系，打通市、区、街道（乡镇）、社区（村）数据通道，构建"接诉即办"数据治理新秩序，实现群众诉求、民生大数据与"城市大脑"融合，赋能城市管理、社会治理、民生保障工作。加强市民服务热线系统平台智能化建设，推进大数据、区块链、云计算、人工智能、语音识别、远程视频、智能辅助等科技手段广泛应用。加强政策咨询知识库建设，实现实时更新、标准统一、智能快捷。

5. 落实保障措施，确保长效和持续发力

（1）提高政治站位。各区各部门各单位要深刻认识做好"接诉即办"工作的重要意义，切实把思想统一到市委、市政府决策部署上来，确保"接诉即办"改革深入推进。党政主要负责同志要强化责任落实，创新工作方式方法，因地制宜破解难题，创造具有区域、行业特点的治理经验。

（2）强化队伍建设。建立干部在一线锻炼、业绩在一线考评、选人用人在一线检验的机制，不断提升党员干部的群众工作能力。选派政治过硬、业务熟练、服务意识强的业务骨干负责"接诉即办"工作，承担热点问题、诉求多发街道（乡镇）的督导工作。探索市民服务热线工作人员与街道（乡镇）、社区（村）工作人员交流挂职机制。加大培训力度，将"接诉即办"纳入各级党校（行政学院）培训重要内容。加强街道（乡镇）平台建设，配强基层力量。加强座席人员选拔管理，强化专业能力培训，适当提高待遇标准。

（3）强化宣传引导。及时总结各单位在"接诉即办"、服务群众工作中的经验做法和典型案例，加大宣传工作力度，对"接诉即办"改革进行案例化、栏目化、视听化传播，引导群众正确认识、合理期待、积极参与。讲好"接诉即办"故事，充分展示首都超大城市基层治理的成效。

（4）强化激励保障。将"接诉即办"考评结果纳入全面从严治党（党建）工作考核、政府绩效考核等范围，将群众诉求办理情况作为干部选拔任用、评先评优的重要参考。围绕群众反映的热点难点问题，加大对解决民生实事类诉求的投入力度。提高对市民服务热线的技术平台、座席服务等方面的保障水平，为做好"接诉即办"工作提供必要条件。

（5）严格监督问责。加强"接诉即办"专项监督，紧盯责任落实，紧盯"办"的态度、"办"的作风、"办"的标准、"办"的时限、"办"的效果，紧盯群众诉求解决情况，紧盯群众反映的违规违纪违法问题等，进一步提高监督质效。对群众诉求办理中的形式主义、官僚主义，以及不作为、乱作为，违规、违纪、违法等问题纳入监督执纪执法范围，一经发现，坚决查处、严肃追责问责。要进一步发挥媒体监督作用，充分畅通群众监督渠道，构建完善"接诉即办"的社会监督体系。

实用工具：社区居民的安全感调查问卷示例

对社区居民安全感的调查

衷心感谢您的支持！

Q1：您的性别？

A. 男

B. 女

Q2：您的年龄是？

A. 18 周岁以下

B. 18—35 周岁

C. 36—60 周岁

D. 60 周岁以上

Q3：您是否已婚？

A. 是

B. 否

Q4：您的文化程度是？

A. 小学及以下

B. 初中

C. 高中（中专）

D. 大专

E. 本科及以上

Q5：您的职业是？

A. 机关事业单位工作人员

B. 企业从业人员

C. 农民

D. 学生

E. 自由职业者

F. 离退休人员

G. 其他

Q6：您经常选择哪种方式出行？

A. 公共汽车

B. 私家车

C. 自行车

D. 步行

E. 摩托车、电动车

F. 其他

Q7：您认为对您饮食选择有较大影响的有哪些因素？

A. 食品卫生

B. 食品价格

C. 食品信誉

D. 食品宣传

Q8：您对食品安全问题的关心程度？

A. 非常关心

B. 比较关心

C. 不太关心

D. 无所谓

Q9：在社区居住时间？

A. 2 年以下

B. 2~5 年

C. 5 年以上

Q10：社区的治安如何？

A. 不安全

B. 一般安全

C. 很安全

Q11：相比过去，您的社会安全感有何变化？

A. 提高了

B. 下降了

C. 没什么变化

Q12：您认为下列哪些具体因素在您的生活中更加直接地影响您的安全感？

（可多选）

A. 交通事故

B. 社会治安（偷盗抢劫等）

C. 非典、地震等突发性事件

D. 食品安全

E. 未来的生活无法保障

F. 医疗教育

G. 土地征迁问题

H. 环境污染问题

I. 物价上涨问题

Q13：社区有没有做过关于安全的调查与知识普及？

A. 从来没有

B. 很少有

C. 定期有

Q14：您认为定期的安全知识普查是否必要？

A. 很有必要，对我很有帮助

B. 有没有都可以

C. 没什么用

Q15：您认为受教育程度的高低对于您的安全感有无影响？

A. 有，受教育程度高安全感高

B. 有影响但关系不大

C. 没有影响

Q16：社区成员基本构成？（多选）

A. 知识分子

B. 外来务工人员

C. 企事业人员

D. 其他

Q17：您认为您所居住的社区存在哪些安全问题？（可多选）

A. 危房

B. 电线老化

C. 社区成员复杂

D. 环境污染

E. 其他

Q18：您认为生活中最容易发生哪些伤害和事故（包括老人、成人、儿童）？请选出前三位。

A. 治安事件

B. 交通事故

C. 火灾

D. 跌落、损伤

E. 烧伤、烫伤

F. 溺水

G. 酗酒

H. 触电

I. 动物袭击

J. 医疗事件

K. 管道破裂

Q19：您认为最容易受到不法侵害的地区是：

A. 公共汽车

B. 火车站

C. 繁华市中心

D. 郊区住宅

Q20：您对网络媒体可以对个人信息进行最细微搜索持什么意见？

A. 支持，人肉搜索揭露了社会丑恶面

B. 没什么，跟自己无关，增加娱乐话题

C. 反对，个人隐私需要得到尊重

Q21：您认为政府对网络的监管是否会影响到您的社会安全感？

A. 会，非常明显

B. 会，但不太明显

C. 完全无变化

Q22：您在上当受骗后做出的反应：

A. 自认倒霉

B. 报案

C. 告诫身边人防止类似情况发生

D. 找其他方式宣泄

Q23：在节假日外出或在拥挤的场所，您将您的现金及贵重物品放在：

A. 提包或背包内

B. 放在贴身处

C. 不随身携带

D. 拿在手里

Q24：下列哪类措施有助于增加您的安全感？（可多选）

A. 安保工作到位

B. 完善治安防范设施

C. 加强自我保护意识

D. 遇害时及时得到帮助

Q25：在您看来，影响我市社会治安的主要因素有：（可多选）

A. 流动人口多

B. 对犯罪打击力度弱

C. 民众法制观念淡漠

D. 其他

Q26：您对社会治安最不满意的是哪些方面？（可多选）

A. 赌博问题

B. 抢劫问题

C. 家中被盗问题

D. 打架斗殴问题

E. 公共场所失窃问题

F. 相关部门的执法问题

Q27：您对社会治安最关注的是哪些问题？（可多选）

A. 居住地的安全

B. 机动车（电动车）被盗

C. 遇到非法侵犯时能得到合法保护

D. 外出人身财物安全

E. 外出交通安全

Q28：您认为应该如何搞好社会治安增强公众安全感？（可多选）

A. 增加安保人员

B. 加大矛盾纠纷调处化解力量

C. 加大打击违法犯罪力度

D. 加强外来人员管理

E. 整治城镇交通秩序

F. 法制宣传教育

Q29：您认为您所在社区的安全状况还有哪些地方需要改善？

_____

_____

Q30：您认为您所在城市的安全状况还应如何提高？

_____

_____

参 考 文 献

［1］唐钧．公共危机管理［M］．北京：中国人民大学出版社，2019.

［2］唐钧．新媒体时代的应急管理与危机公关［M］．北京：中国人民大学出版社，2018.

［3］唐钧．风险评估与危机预警报告（2015—2016）［M］．北京：社会科学文献出版社，2016.

［4］唐钧．社会稳定风险评估与管理［M］．北京：北京大学出版社，2015.

［5］唐钧．政府风险管理［M］．北京：中国人民大学出版社，2015.

［6］唐钧．论公共安全体系的建构和健全［J］．教学与研究，2021（1）：81－89.

［7］张涛，龚琬岚．综合防灾减灾规划的国际经验借鉴［J］．中国减灾，2020（15）：58－61.

［8］唐钧．应急管理的属性适配和体系优化［J］．中国行政管理，2020（6）：125－129.

［9］唐钧，龚琬岚．综合应急救援负面舆情治理的八大原则［J］．社会科学文摘，2020
（3）：14－16.

［10］龚琬岚．传染病疫情的危机特征和应对策略——以新型冠状病毒感染的肺炎疫情为例
［J］．城市与减灾，2020（2）：28－32.

［11］唐钧．重大疫情的社会综合风险预警［J］．城市与减灾，2020（2）：2－7.

［12］唐钧，龚琬岚．"十四五"公共安全规划的先行先试——以江阴市公共安全体系规划纲
要编制为例［J］．中国减灾，2020（5）：34－38.

［13］唐钧，龚琬岚．公共安全的体系健全和十四五规划创新——以江阴市公共安全体系总体
规划纲要（2019—2025年）为例［J］．中国机构改革与管理，2020（2）：47－50.

［14］唐钧，龚琬岚，孙庆凯．基层治理的五种创新趋势分析［J］．中国机构改革与管理，
2018（12）：6－8.

［15］龚琬岚．公众安全感的三道防线［J］．城市与减灾，2018（3）：51－55.

［16］唐钧．社会公共安全的治理研究［J］．中国人民大学学报，2018，32（1）：50－58.

［17］唐钧．社会公共安全风险防控机制：困境剖析和集成建议［J］．中国行政管理，2018
（1）：116－121.

［18］唐钧．社会公共安全风险防控的困境与对策［J］．教学与研究，2017（10）：94－102.

［19］唐钧．公共安全与政府责任［J］．中国党政干部论坛，2017（5）：12－15.

［20］唐钧．论政府风险管理——基于国内外政府风险管理实践的评述［J］．中国行政管理，
2015（4）：6－11.

［21］中国人民大学课题组，唐钧，龚琬岚．我国社会风险治理的现状与分析［J］．中国机
构改革与管理，2014（10）：35－38.

［22］饶文文，李慧杰，龚琬岚．风险社会中亟待加强紧急救助队伍建设［J］．中国减灾，
2014（1）：38－41.

［23］唐钧，郑雯．培育防灾减灾文化全面应对风险社会［J］．中国减灾，2012（9）：40－42.

［24］唐钧，范坤，郑雯．安全社区建设的趋势：规范化、精细化、人性化［J］．中国减灾，
2011（19）：12－13.